Springer-Lehrbuch

Klaus Weltner

Leitprogramm Mathematik für Physiker 1

 Springer Spektrum

Klaus Weltner
Universität Frankfurt
Institut für Didaktik der Physik
Max-von-Laue-Straße 1
60438 Frankfurt, Germany
weltner@em.unifrankfurt.de

ISSN 0937-7433
ISBN 978-3-642-23484-2   ISBN 978-3-642-23485-9 (eBook)
DOI 10.1007/978-3-642-23485-9

Die Deutsche Nationalbibliothek verzeichnet diese Publikation in der Deutschen Nationalbibliografie; detaillierte
bibliografische Daten sind im Internet über http://dnb.d-nb.de abrufbar.

Springer Spektrum
© Springer-Verlag Berlin Heidelberg 2012

Planung und Lektorat: Vera Spillner, Birgit Münch
Einbandabbildung: Gezeichnet von Martin Weltner
Einbandentwurf: WMXDesign, Heidelberg

Gedruckt auf säurefreiem und chlorfrei gebleichtem Papier

Springer Spektrum ist eine Marke von Springer DE. Springer DE ist Teil der Fachverlagsgruppe Springer
Science+Business Media
www.springer-spektrum.de

Vorwort

Das Lehrwerk „Mathematik für Physiker" besteht aus zwei gleichgewichtigen Teilen: dem Lehrbuch und den hier vorliegenden Leitprogrammen. Die Leitprogramme können nur in Verbindung mit dem Lehrbuch benutzt werden. Sie sind eine ausführliche Studienanleitung mit individualisierten Übungen und Zusatzerläuterungen. Das Konzept, der Aufbau und die Ziele der Leitprogramme sind im Lehrbuch auf Seite 3 beschrieben und können dort nachgelesen werden. Nur ein Punkt sei genannt: Die Übungen und Aufgaben sind der aktuellen Kompetenz der Studierenden angepasst und können in der Regel richtig gelöst werden. Das führt zu hinreichend vielen Erfolgserlebnissen, und der Lernende gewinnt Selbstvertrauen und stabilisiert seine Lernmotivation.

Die Methodik, das selbständige Studieren durch Leitprogramme der vorliegenden Art zu unterstützen, hat sich in der Praxis seit Jahren bewährt. Vielen Studienanfängern der Physik, aber auch der Ingenieurwissenschaften und der anderen Naturwissenschaften, haben die Leitprogramme inzwischen geholfen, die Anfangsschwierigkeiten in der Mathematik zu überwinden und geeignete Studiertechniken zu erwerben und weiterzuentwickeln. So haben sie dazu beigetragen, Studienanfänger etwas unabhängiger von Personen und Institutionen zu machen. Diese Leitprogramme haben sich als ein praktischer und wirksamer Beitrag zur Verbesserung der Lehre erwiesen. Niemand kann dem Studierenden das Lernen abnehmen, aber durch die Entwicklung von Studienunterstützungen kann ihm seine Arbeit erleichtert werden. Insofern sehe ich in der Entwicklung von Studienunterstützungen einen wirksamen Beitrag zur Studienreform.

Nun eine kurze Bemerkung zum Gebrauch dieses Buches:

Die Anordnung des Buches unterscheidet sich von der Anordnung üblicher Bücher. Es ist ein „verzweigendes Buch". Das bedeutet, beim Durcharbeiten wird nicht jeder Leser jede Seite lesen müssen. Je nach Lernfortschritt und Lernschwierigkeiten werden individuelle Arbeitsanweisungen und Hilfen gegeben.

Innerhalb des Leitprogramms sind die einzelnen Lehrschritte fortlaufend in jedem Kapitel neu durchnumeriert. Die Nummern der Lehrschritte stehen auf dem rechten Rand. Mehr braucht hier nicht gesagt zu werden, alle übrigen Einzelheiten ergeben sich bei der Bearbeitung und werden jeweils innerhalb des Leitprogramms selbst erklärt.

Frankfurt/Main, November 2011   *Klaus Weltner*

Inhaltsverzeichnis

Kapitel 1
Vektoralgebra

K. Weltner, *Leitprogramm Mathematik für Physiker 1.*
DOI 10.1007/978-3-642-23485-9_1 © Springer-Verlag Berlin Heidelberg 2012

1

Liebe Leserinnen und Leser.

Das Leitprogramm, das hier vor Ihnen liegt, soll Sie unterstützen beim Studium und Gebrauch des Lehrbuches

Mathematik für Physiker

Daher werden Sie abwechselnd mit dem Lehrbuch und mit diesem Leitprogramm arbeiten. Das Leitprogramm ist eine Studienunterstützung, die Ihnen eine selbständige Erarbeitung des Lehrbuchs oder Teilen davon ermöglicht und erleichtert. Im einzelnen ist dies bereits in der Einleitung des Lehrbuchs beschrieben.

Die Lehrschritte sind kapitelweise durchnummeriert. Die Reihenfolge der Bearbeitung hängt später von Ihnen ab.

---------------------▷ ②

47

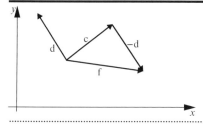

$$\vec{f} = \vec{c} - \vec{d}$$
$$\vec{f} = \vec{c} + (-\vec{d})$$

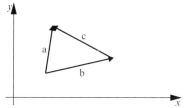

$\vec{c}$ ist ein Differenzvektor

Schreiben Sie die Vektorgleichung

$$\vec{c} = \ldots\ldots\ldots$$

---------------------▷ ㊽

93

Dies könnten Sie aus dem letzten Abschnitt herausgeschrieben haben:

Einheitsvektor: Betrag 1;   Richtung beliebig

Einheitsvektoren
in Achsenrichtung: Bezeichnung: $\vec{i}, \vec{j}, \vec{k}$ oder: $\vec{e}_x, \vec{e}_y, \vec{e}_z$

Komponente in Achsenrichtung: Produkt aus Einheitsvektor und Betrag
Komponentendarstellung: Abkürzende Schreibweise, Angabe der Beträge der
                                Komponenten in Achsenrichtung

$$\vec{a} = (a_x, a_y, a_z) = \begin{pmatrix} a_x \\ a_y \\ a_z \end{pmatrix}$$

---------------------▷ ㊾⁴

2

Vorbemerkungen zum Leitprogramm

Das Leitprogramm enthält:

1. Zusätzliche Erläuterung und individuelle Hilfen.

   Nicht jede Darstellung im Lehrbuch ist für jeden Leser in gleicher Weise angemessen. Unterschiede in den Vorkenntnissen spielen eine große Rolle. Das Leitprogramm enthält daher Zusatzerläuterungen und Hilfserklärungen. Da nicht jeder die gleichen Hilfen braucht, ist das Leitprogramm so aufgebaut, dass für individuelle Schwierigkeiten – soweit sie vorhergesehen werden können – spezielle Hilfen angeboten werden. Sie werden das Leitprogramm daher nur zu einem Teil bearbeiten müssen.

--------------------- ▷ ③

48

$\vec{c} = \vec{a} - \vec{b}$

Wieder entscheiden Sie selbst über den Fortgang Ihrer Arbeit:

Keine Fehler, keine Schwierigkeiten ------------------- ▷ (54)

Fehler gemacht oder weitere Erläuterungen gewünscht ------------------- ▷ (49)

94

Exzerpte anzufertigen ist mühsam, man muss sich dazu überwinden. Aber bereits durch die Anfertigung des Exzerptes prägt man sich die Bezeichnungen und Definitionen besser ein. Das, was man verstanden hat, muss man nämlich zusätzlich im Kopf verarbeiten und umsetzen. Dabei beginnt man aktiv zu lernen.

------------------- ▷ (95)

3

Das Leitprogramm enthält:

2. Arbeitseinteilung und Hilfen zur Selbstkontrolle
   Das Leitprogramm teilt Ihr Studium anhand des Lehrbuchs in Arbeitsabschnitte ein, die Sie gut bewältigen können. Dann hilft es Ihnen, mit Fragen und Aufgaben selbst zu kontrollieren, ob Sie das Lehrziel das Abschnitts erreicht haben. Es hilft Ihnen weiter, das Gelernte zu festigen und zu üben.
3. Erläuterung von Arbeits- und Studiertechniken
   Das Leitprogramm macht Sie mit den Techniken geistigen Arbeitens bekannt. Im Laufe Ihres Studiums werden Sie Ihren persönlichen Weg finden, effektiv mit Lehrbüchern zu arbeiten. Das Leitprogramm bietet Ihnen einige Vorschläge dafür an. Sie reichen von der Lernplanung bis zu Ratschlägen für Problemlösungsstrategien. Einige Arbeitstechniken werden durch lernpsychologische Befunde begründet, andere werden nur mitgeteilt.

-------------------- ▷ (4)

49

Die Differenz $\vec{a} - \vec{b}$ lässt sich mit Hilfe des Gegenvektor als Addition schreiben: $\vec{a} - \vec{b} = \vec{a} + (-\vec{b})$. Handlungsanweisung für die Bildung der Differenz $\vec{a} - \vec{b}$:

1. Bilde den Gegenvektor $-\vec{b}$
2. Addiere diesen Gegenvektor zu $\vec{a}$. Die Summe ist der Differenzvektor.

Bilden Sie die Differenz $\vec{a}_3 = \vec{a}_1 - \vec{a}_2$:

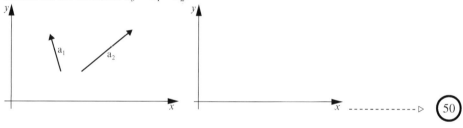

------------ ▷ (50)

95

Summe zweier Vektoren in Komponentenschreibweise

Differenz von Vektoren in Komponentenschreibweise

Jetzt folgt wieder eine Phase selbständigen Studiums anhand des Lehrbuches.
Thema der Abschnitte: Rechnerische Addition und Subtraktion von Vektoren

STUDIEREN SIE im Lehrbuch 1.6.4 Summe von Vektoren in Komponentenschreibweise
1.6.5 Differenz von Vektoren in Komponentenschreibweise
Lehrbuch, Seite 25–27

BEARBEITEN SIE danach Lehrschritt

-------------------- ▷ (96)

Mit dem Leitprogramm verfolgen die Verfasser zwei Ziele:

1. Ihnen die Erarbeitung des Lehrbuches zu erleichtern
2. Ihre Fähigkeiten zu fördern, selbständig zu arbeiten und sich wirksame Arbeitstechniken anzueignen.

   Damit werden Sie unabhängiger und selbständiger in Ihrem Studium.

Am besten wir beginnen mit der Arbeit, dann sehen Sie es sofort selbst.

BEARBEITEN Sie nun Lehrschritt --------------------▷ ⑤

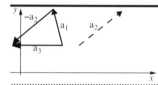

50

$$\vec{a}_3 = \vec{a}_1 - \vec{a}_2$$

Es gibt ein zweites gleichwertiges Verfahren zur Bildung des Differenzvektors $\vec{a} - \vec{b}$:

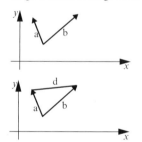

1. Schritt: Man zeichnet $\vec{a}$ und $\vec{b}$.
2. Schritt: Man verbindet die Pfeilspitzen und hat damit die Differenz
3. Schritt: Man muss die Differenz orientieren. Dazu formen wir die Gleichung um.

   Aus $\vec{d} = \vec{a} - \vec{b}$ wird. $\vec{d} + \vec{b} = \vec{a}$

Wir orientieren jetzt $\vec{d}$ so, dass diese Gleichung erfüllt ist.

Zeichnen Sie die Pfeilspitze richtig ein. ----------▷ 51

96

Gegeben seien zwei Vektoren in Komponentendarstellung

$\vec{a} = (3, 4)$

$\vec{b} = (2, -2)$

Ermitteln Sie rechnerisch $\vec{c} = \vec{a} + \vec{b}$

$$\vec{c} = (\ldots\ldots\ldots\ldots)$$

--------------------▷ 97

33

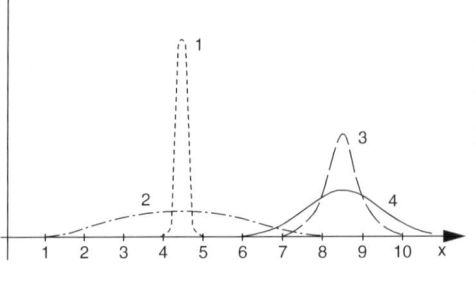

Die Abbildung zeigt vier verschiedene Gauß-verteilungen, die sich durch die Lage des Mittelwertes und die Größe der Standard-abweichung unterscheiden.

Ordnen Sie die Verteilungen 1, 2, 3, 4 nach steigender Größe von σ.

Verteilung: .... (kleinstes σ)

....

....

....

.... (größtes σ)

BLÄTTERN SIE ZURÜCK ---------------------- ▷ 34

66

$$\sigma_{MR} = \sqrt{\left(\frac{\partial f}{\partial R_1}\right)^2 \sigma_{R_1}^2 + \left(\frac{\partial f}{\partial R_2}\right)^2 \sigma_{R_2}^2}$$

Bekannt sind uns $\sigma_{R_1} = 0{,}9\,\Omega$ und $\sigma_{R_2} = 1{,}1\,\Omega$. Wir können die partielle Ableitung bilden und erhalten

$$\frac{\partial f}{\partial R_1} = \frac{\partial}{\partial R_1}\left(\frac{R_1 R_2}{R_1 + R_2}\right) = \frac{R_2^2}{(R_1 + R_2)^2} = \ldots\ldots$$ Hinweis: Hier brauchen jetzt nur die bekannten

$$\frac{\partial f}{\partial R_2} = \frac{\partial}{\partial R_2}\left(\frac{R_1 R_2}{R_1 + R_2}\right) = \frac{R_1^2}{(R_1 + R_2)^2} = \ldots\ldots$$ Werte von R_1 und R_2 eingesetzt zu werden.

BLÄTTERN SIE ZURÜCK ---------------------- ▷ 67

99

Sie haben das ————————— ENDE des ersten Bandes erreicht.

5

Skalare und Vektoren

Ihre erste Aufgabe ist es, im Lehrbuch den ersten Abschnitt des ersten Kapitels zu lesen, zu studieren und sich die neuen Begriffe einzuprägen.

STUDIEREN SIE im Lehrbuch   1.1 Skalare und Vektoren,
                                        Lehrbuch, Seite 13–16

BEARBEITEN SIE nun den Lehrschritt   ---------------------▷ ⑥

51

$$\vec{d}+\vec{b}=\vec{a}$$

Üben wir noch einmal: Welche Gleichung gilt für den Vektor $\vec{d}$ in der Zeichnung?

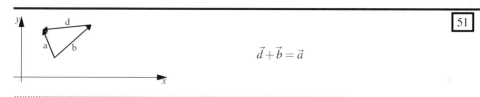

☐ $\vec{d}=\vec{a}-\vec{b}$ --------------------▷ ㊸

☐ $\vec{d}=\vec{b}-\vec{a}$ --------------------▷ ㊴

97

$\vec{c}=(5,\,2)$

Hier sind weitere Aufgaben das gleichen Typs:

A $\vec{a}=(-2,\,1)$
   $\vec{b}=(1,\,3)$
   $\vec{c}=\vec{a}+\vec{b}=(\ldots\ldots\ldots\ldots)$
B $\vec{v}_1=\left(15\frac{m}{sec},\ 10\frac{m}{sec}\right)$
   $\vec{v}_2=\left(2\frac{m}{sec},\ -5\frac{m}{sec}\right)$
   $\vec{v}=(\vec{v}_1+\vec{v}_2)=(\ldots\ldots\ldots\ldots)$

--------------------▷ ㊸

32

Die Beurteilung der Genauigkeit einer Messreihe und des aus ihr gewonnen Mittelwertes mit Hilfe der Fehlerrechnung beruht auf der Annahme, dass die Messwerte um den Mittelwert wie eine Normalverteilung streuen.

Diese Annahme scheint zunächst sehr willkürlich.

Dennoch wird diese Annahme durch die Beobachtung bestätigt.

Macht man eine sehr große Zahl von Messungen unter sonst gleichen Bedingungen und trägt man die Messergebnisse graphisch auf, so erhält man durchweg Verteilungen, die einer Gauß'schen Glockenkurve entsprechen.

 ◁ - - - - - - - - - - - - - - - - - - (33)

65

Der Widerstand R entspricht im Lehrbuch der Größe g. Der Widerstand R_1 entspricht x, der Widerstand R_2 entspricht y.

Die einander entsprechenden Funktionsgleichungen sind:

$$g = f(x,y) = \frac{x \cdot y}{x+y} \qquad \text{(Lehrbuch)}$$

$$R = f(R_1,R_2) = \frac{R_1 \cdot R_2}{R_1+R_2} \qquad \text{(Aufgabe)}$$

Die Formel für das Fehlerfortpflanzungsgesetz lautet:

$$\sigma_{Mg} = \sqrt{\left(\frac{\partial f}{\partial x}\right)^2 \sigma_x^2 + \left(\frac{\partial f}{\partial y}\right)^2 \sigma_y^2}$$

Mit den Bezeichnungen für die Widerstände wird daraus

$$\sigma_{MR} = \ldots\ldots\ldots\ldots$$

 ◁ - - - - - - - - - - - - - - - - - - (66)

98

Sie haben sich nun den ersten Band der „Mathematik für Physiker" anhand der Leitprogramme erarbeitet. Damit haben Sie sich eine gute Grundlage für Ihr weiteres Studium geschaffen. Die Arbeit mag Ihnen manchmal Mühe bereitet haben, aber es darf Ihnen auch Befriedigung verschaffen, dass Sie bis hierher durchgehalten haben. Sie haben Arbeitstechniken kennen gelernt und praktiziert, die Ihnen helfen werden, auch die Aufgaben zu bewältigen, die noch vor Ihnen liegen. Das kann und soll Ihnen Mut machen. Mit Geduld und Arbeit werden Sie auch die noch kommenden Aufgaben bewältigen.

 ◁ - - - - - - - - - - - - - - - - - - (99)

6

Nachdem Sie den Abschnitt „Skalare und Vektoren" gelesen haben, kontrollieren Sie bitte, ob Sie die neuen Begriffe richtig verstanden und behalten haben. Füllen Sie die Lücken aus oder schreiben Sie auf einen Zettel, was in den Lücken stehen müsste.

Bestimmungsgrößen für einen Skalar: ....

Bestimmungsgrößen für einen Vektor: ....

Die richtige Antwort finden Sie immer oben im nächsten Lehrschritt.

BEARBEITEN SIE danach Lehrschritt ----------------------▷ 7

52

$\vec{d} = \vec{a} - \vec{b}$ ist leider falsch!
Aus der Zeichnung im vorhergehenden Lehrschritt liest man die folgende Gleichung ab: $\vec{a} + \vec{d} = \vec{b}$.
Löst man diese Gleichung nach $\vec{d}$ auf, erhält man $\vec{d} = \vec{b} - \vec{a}$.
Hinweis: Man darf mit Vektoren bezüglich Addition und Subtraktion wie mit reellen Zahlen rechnen.

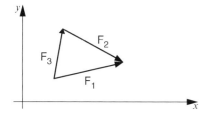

Gesucht ist: $F_2 = $ ....
Hinweis: Suchen Sie zuerst einen Vektor, der als Summe der anderen dargestellt werden kann, notieren Sie die Gleichung und formen Sie um.

----------------------▷ 53

98

$\vec{c} = (-1, 4)$

$\vec{v} = \left(17\frac{m}{sec}, 5\frac{m}{sec}\right)$

Hinweis: Bei Vektoren, die physikalische Größen darstellen, müssen die Maßeinheiten mitberücksichtigt werden. Das war im letzten Beispiel der Fall. Es handelte sich um Geschwindigkeiten.

Gegeben sei $\quad \vec{a} = (4, 2)$
$\qquad\qquad \vec{b} = (2, 2)$
Wir suchen den Differenzvektor $\vec{d} = \vec{a} - \vec{b}$

$$\vec{d} = (......, ...)$$

----------------------▷ 99

31

Mittelwert und Varianz kontinuierlicher Verteilungen
Normalverteilung

Im Abschnitt 12.3 werden die anhand diskreter Messwerte gebildeten Begriffe „Mittelwert" und „Varianz" auf kontinuierliche Verteilungen übertragen.

Der Abschnitt 12.4 schließt an die Überlegungen in Kapitel 11 an, in der die Normalverteilung als Grenzverteilung der Binomialverteilung dargestellt wurde.

STUDIEREN SIE im Lehrbuch   12.3 Mittelwert und Varianz bei kontinuierlichen
                                      Verteilungen
                                12.4 Normalverteilung
                                      Lehrbuch, Seite 275–278

BEARBEITEN SIE DANACH Lehrschritt   - - - - - - - - - - - - - - - - - - - ▷ (32)

64

$R = 89{,}19\,\Omega$

....

Jetzt bestimmen wir nach dem Fehlerfortpflanzungsgesetz den mittleren Fehler. Wir gehen aus von dem Ausdruck für den Gesamtwiderstand R

$$R = \frac{R_1\, R_2}{R_1 + R_2}$$

Dies entspricht auf S.191 des Lehrbuches dem Ausdruck $g = f(x,y)$. Dann berechnen wir

$$\sigma_{MR} = \dots\dots\dots\dots$$

Falls Schwierigkeiten oder wenn Hilfe erwünscht   - - - - - - - - - - - - - - - - - - - ▷ (65)

Kann Aufgabe lösen, ZURÜCK BLÄTTERN   - - - - - - - - - - - - - - - - - - - ▷ (68)

97

Fehlerfortpflanzungsgesetz

Regressionsgerade

....

- - - - - - - - - - - - - - - - - - - ▷ (98)

7

Skalar: Betrag (Maßzahl und Maßeinheit)
Vektor: Betrag (Maßzahl und Maßeinheit) und Richtungsangabe

Es geht weiter mit der Selbstkontrolle.
Geometrisch lässt sich ein Vektor als .... darstellen.
Der Vektor vom Nullpunkt eines Koordinatensystems zu einem Punkt P heißt ....
Ein Vektor vom Betrag 1 heißt ....

Die richtigen Antworten finden Sie immer oben im nächsten Lehrschritt.

BEARBEITEN SIE danach Lehrschritt ▷ 8

53

$F_2 = F_1 - F_3$

Falls Sie jetzt noch Schwierigkeiten haben sollten, noch einmal die Abschnitte 1.2 und 1.3 im Lehrbuch wiederholen und dabei die Übungsaufgaben 1.2. und 1.3 auf Seite 31 und 32 des Lehrbuches lösen.

▷ 54

99

$\vec{d} = (4-2,\ 2-2) = (2,\ 0)$

Auch die Subtraktion von Vektoren wird auf die Subtraktion der Komponenten zurückgeführt.

$\vec{v}_1 = \left(5\frac{\text{m}}{\text{sec}}, 5\frac{\text{m}}{\text{sec}}\right) \qquad \vec{v}_2 = \left(10\frac{\text{m}}{\text{sec}}, 2\frac{\text{m}}{\text{sec}}\right)$

$\vec{v} = \vec{v}_1 - \vec{v}_2 = (\ldots\ldots\ldots, \ldots\ldots\ldots)$

$\vec{F}_1 = (2{,}5\ \text{N},\ 0\ \text{N}) \qquad \vec{F}_2 = (1\ \text{N},\ 2\ \text{N})$

$\vec{F}_1 + \vec{F}_2 = (\ldots\ldots\ldots, \ldots\ldots\ldots)$

$\vec{F}_1 - \vec{F}_2 = (\ldots\ldots\ldots, \ldots\ldots\ldots)$

▷ 100

30

160

In der Praxis ist es oft die billigste und einfachste Lösung, Messungen zu wiederholen, um die Genauigkeit eines Mittelwertes zu erhöhen.

Voraussetzung ist allerdings, dass systematische Fehler ausgeschlossen sind.

- - - - - - - - - - - - - - - - - - ▷ (31)

63

Zwei elektrische Widerstände R_1 und R_2, die jeweils mehrmals gemessen wurden, haben die Werte:

$$R_1 = (150 \pm 0{,}9)\Omega$$

$$R_2 = (220 \pm 1{,}1)\Omega$$

a) Wie groß ist der Gesamtwiderstand R bei Parallelschaltung von R_1 und R_2.

b) Wie groß ist der mittlere Fehler (Standardabweichung) von R?

Zunächst berechnen wir den Gesamtwiderstand R der Parallelschaltung. Hier gilt die Formel:

$$\frac{1}{R} = \frac{1}{R_1} + \frac{1}{R_2} \quad \text{oder} \quad \frac{1}{R} = \frac{R_1\,R_2}{R_1 + R_2}$$

$R = \ldots\ldots\ldots\ldots$

- - - - - - - - - - - - - - - - - - ▷ (64)

96

Zufallsfehler

Varianz

Standardabweichung

Standardabweichung des Mittelwertes $\sigma_N = \dfrac{\sigma}{\sqrt{N}}$

Ein Wert werde aus verschiedenen Werten berechnet. Die verschiedenen Werte haben auch verschiedene Messfehler. Dann ergibt sich der Fehler des zusammengesetzten Wertes durch das $\ldots\ldots\ldots\ldots$

Das Prinzip der Methode der kleinsten Quadrate führt uns zu einem vertieften Verständnis von Ausgleichskurven. Berechnet wurde der einfachste Fall der Ausgleichsgeraden. Sie heißt in der Literatur oft $\ldots\ldots\ldots\ldots$

- - - - - - - - - - - - - - - - - - ▷ (97)

8

Gerichtete Strecke
Ortsvektor
Einheitsvektor

....

Es folgt eine kleine Übung. Ordnen Sie zu: Skalar oder Vektor

Masse	....	Kraft	....
Temperatur	....	Dichte	....
elektr. Feldstärke	....	Druck	....

Hinweis: Statt in das Buch zu schreiben, können Sie auch die Antworten auf einem Zettel notieren. Dann kann das Leitprogramm mehrfach benutzt werden.

BEARBEITEN SIE nun Lehrschritt -- ▷ ⑨

54

Hier sind noch zwei Aufgaben:

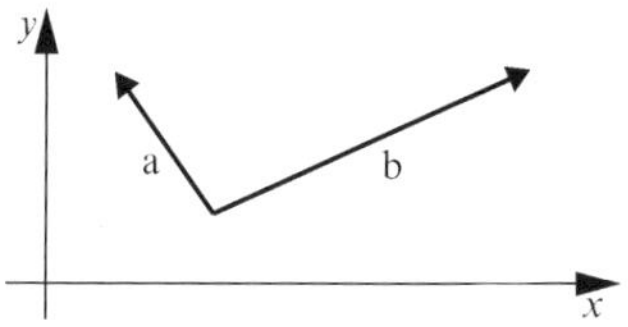

1. Zeichnen Sie den Differenzvektor $\vec{d} = \vec{a} - \vec{b}$ ein.

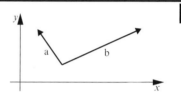

2. Bilden Sie die Gleichung und formen Sie um: $\vec{d} =$ ....

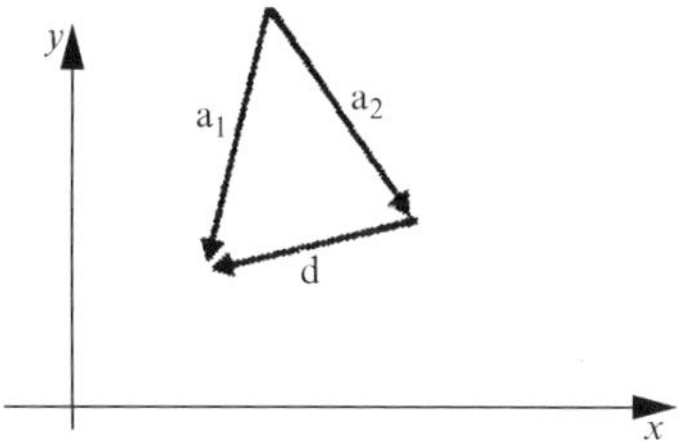

--------------------- ▷ (55)

100

$\vec{v} = \left(-5\frac{\text{m}}{\text{sec}}, 3\frac{\text{m}}{\text{sec}}\right)$

$\vec{F}_1 + \vec{F}_2 = (3{,}5\,\text{N},\ 2\,\text{N})$

$\vec{F}_1 - \vec{F}_2 = (1{,}5\,\text{N},\ -2\,\text{N})$

Hinweis: Bei Geschwindigkeiten und Kräften müssen die Maßeinheiten angegeben werden.

....

Betrachten wir nun Vektoren im Raum, d.h. Vektoren mit drei Komponenten:

$\vec{a} = (1,\ 2,\ 1)$
$\vec{b} = (2,\ 1,\ 0)$

$\vec{c} = \vec{a} + \vec{b} = (..........)$
$\vec{d} = \vec{b} - \vec{a} = (..........)$

-------------------- ▷ (101)

⎡29⎤

Neunmal

....

Eine Erhöhung der Zahl der Messungen reduziert die Standardabweichung des Mittelwertes. Das bedeutet, dass dann die Abweichung zwischen dem Mittelwert und dem „wahren Wert" wahrscheinlich geringer ist.

Wie viele Messungen wären nötig, um den Stichprobenfehler des Mittelwertes von $0,04\,cm^3$ auf $0,01\,cm^3$ herabzudrücken.

Ursprünglich hatten wir $N = 10$ Messungen.

Nun brauchen wir $N = $ .... Messungen.

------------------- ▷ (30)

⎡62⎤

Sie kennen inzwischen den Begriff der partiellen Ableitung.

STUDIEREN SIE im Lehrbuch   12.6 Fehlerfortpflanzungsgesetz
                                     Lehrbuch, Seite 279–280

BEARBEITEN SIE DANACH Lehrschritt   ------------------- ▷ (63)

⎡95⎤

1. Mit Hilfe der Fehlerrechnung kann man die Größe von .... -Fehlern abschätzen.

2. Die Maßgröße für die Streuung der Einzelmesswerte um den Mittelwert heißt: ....

3. Die Wurzel aus der Varianz ist ebenfalls ein Maß für die Streuung. Sie heißt: ....

4. Mittelwerte streuen weniger als Einzelwerte. Mittelwerte sind zuverlässiger. Die Standardabweichung des Mittelwertes aus N Einzelwerten ist ....

------------------- ▷ (96)

Masse:	Skalar	Kraft:	Vektor
Temperatur:	Skalar	Dichte:	Skalar
elektr. Feldstärke:	Vektor	Druck:	Skalar

$\boxed{9}$

....

Jetzt hängt der Fortgang von Ihrer Entscheidung ab.

Wählen Sie den für Sie passenden Lehrschritt:

Bisher alles richtig   ------------------- ▷ ⑫

Druck falsch eingeordnet   ------------------- ▷ ⑩

Fehler gemacht oder weitere Erläuterung gewünscht   ------------------- ▷ ⑪

$\boxed{55}$

1.

$$\vec{d} = \vec{a} - \vec{b}$$

2.

$$\vec{d} = \vec{a}_1 - \vec{a}_2$$

Es geht hier ohne Aufgabe weiter.   ------------------- ▷ ㊶

$\boxed{101}$

$$\vec{c} = \vec{a} + \vec{b} = (3,\ 3,\ 1)$$

$$\vec{d} = \vec{b} - \vec{a} = (1,\ -1,\ -1)$$

....

Für den Fall, dass Sie den Grundgedanken noch nicht ganz verstanden haben, stehen Ihnen weitere Erläuterungen zur Verfügung. Entscheiden Sie selbst:

Bisher keine Schwierigkeiten   ------------------- ▷ ⑩⑧

Weitere Erläuterungen und Übungen gewünscht   ------------------- ▷ ⑩②

28

Ausgangspunkt der Überlegung war eine bestimmte Messreihe. Sie enthält 10 Messungen. Daraus ergab sich die Standardabweichung des Mittelwertes.

Jetzt fragen wir uns, wie viele Messungen müssen wir durchführen, damit die Standardabweichung halbiert wird.

Die Antwort ist in folgender Formel enthalten:

$$\sigma_M = \frac{\sigma}{\sqrt{N}}$$

Vergrößern wir N, wird σ_M kleiner. Wollen wir den Nenner verdoppeln, muss N viermal so groß werden. Wollen wir den Nenner verdreifachen, muss N .... so groß werden.

- - - - - - - - - - - - - - - - - - - ▷ 29

61

Jetzt kennen Sie die Aussage des Fehlerfortpflanzungsgesetzes. Das ist das wichtigste für die Praxis. Die Formel in Abschnitt 10.6, Seite 279 im Lehrbuch werden Sie erst benutzen können, wenn Sie das Kapitel „Partielle Ableitungen" bearbeitet haben.

Danach aber sollten Sie zu diesem Abschnitt des Leitprogramms zurückkehren und die Lehrschritte ab 62 bearbeiten. - - - - - - - - - - - - - - - - - - - ▷ 62

Im Moment SPRINGEN SIE VOR auf - - - - - - - - - - - - - - - - - - - ▷ 73

94

$$r^2 = \frac{\left(\sum x_i y_i - N\overline{xy} - N\overline{xy} + N\overline{xy}\right)^2}{\left(\sum x_1^2 - N\overline{x}^2\right)\left(\sum y_i^2 - N\overline{y}^2\right)}$$

Dies ergibt, etwas weiter vereinfacht, das endgültige Ergebnis:

$$r^2 = \frac{\left(\sum x_i y_i - N\overline{x}y\right)^2}{\left(\sum x_1^2 - N\overline{x}^2\right)\left(\sum y_i^2 - N\overline{y}^2\right)}$$

- - - - - - - - - - - - - - - - - - - ▷ 95

10

Der Druck ist ein Skalar und kein Vektor. Der Druck hat *keine* Vorzugsrichtung.

Die skalare Größe Druck und die vektorielle Größe Kraft stehen allerdings in physikalischem Zusammenhang:

Betrachten wir ein in einem Zylinder eingeschlossenes Gas. An jedem Punkt im Innern herrscht der gleiche Druck. Er hat keine Richtung.

Infolge des Drucks übt das Gas eine Kraft auf die Zylinderwand aus. Die Kraft ist ein Vektor. Die Richtung dieser Kraft wird nur durch die Richtung der *Wand* bestimmt: Die Kraft steht senkrecht in Bezug auf die Wand. Der Druck ist ein Skalar. Die Kraft ist ein Vektor.

Hatte bei der Beantwortung der übrigen Fragen Fehler   -------------------- ▷   ⑪

Sonst alles richtig   -------------------- ▷   ⑫

56

Weitere Übungsaufgaben stehen im Lehrbuch am Ende des Kapitels Vektorrechnung I auf den Seiten 31–34.

Lösen Sie diese Übungsaufgaben nicht jetzt, sondern nach einem oder zwei Tagen. Dann ist diese Wiederholung wirksamer.

Merkhilfe: Legen Sie sich einen Zettel in das Lehrbuch und schreiben Sie darauf

Übungsaufgaben zu Abschnitten 1.2 und 1.3 lösen

Damit ist dieser Abschnitt beendet.   -------------------- ▷   ㊄

102

Jeder Vektor lässt sich eindeutig in Komponenten in Richtung der Koordinatenachsen zerlegen. Man erhält diese Komponenten durch die Projektion des Vektors auf die Koordinatenachsen.

Gegeben sei ein Vektor $\vec{a}$. Zeichnen Sie seine Projektionen auf die x– und y–Achse ein.

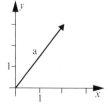

-------------------- ▷ ⑩③

27

$N_a = 4 \cdot N$
$N_b = 9 \cdot N$
$N_c = 100 \cdot N$

....

Lösung gefunden - - - - - - - - - - - - - - - - - - - ▷ (31)

Erläuterung oder Hilfe erwünscht - - - - - - - - - - - - - - - - - - - ▷ (28)

60

Das Fehlerfortpflanzungsgesetz sagt weiter – etwas vereinfacht: Wenn ein Wert aus mehreren Einzelwerten berechnet wird, ist die Güte des Endergebnisses durch die Güte der Einzelwerte bestimmt. Der am schlechtesten bestimmte Einzelwert begrenzt die Güte des Endergebnisses. Salopp ausgedrückt:

Ein Konvoi fährt niemals schneller als das langsamste Schiff.

- - - - - - - - - - - - - - - - - - - ▷ (61)

93

$$r^2 = \frac{\left(\sum(x_i y_i - x_i \bar{y} - \bar{x} y_i + \overline{xy})\right)^2}{\sum\left(x_i^2 - 2x_i\bar{x} + \bar{x}^2\right)\sum\left(y_i^2 - 2y_i\bar{y} + \bar{y}^2\right)}$$

Wir können vereinfachen, wenn wir beachten, dass $\sum x_i = N \cdot \bar{x}$ und $\sum y_i = N\bar{y}$.

Vereinfachen Sie

$$r^2 = \ldots\ldots\ldots$$

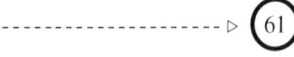 - - - - - - - - - - - - - - - - - - - ▷ (94)

11

Es ist wichtig, die Begriffe und ihre Bedeutungen zu kennen.

Mathematik ist eine Symbolsprache. Sprache setzt Kenntnis der Worte, der Symbole, voraus. Was wir hier im Augenblick treiben, ist eine Form des Vokabellernens. Wir sollten seine Bedeutung nicht unterschätzen.

- Wer die Begriffe – die Vokabeln – und ihre exakten Bedeutungen nicht sicher kennt, wird später Schwierigkeiten haben, wenn mit diesen Begriffen neue Sachverhalte erklärt werden.

------------------- ▷ (12)

57

Das rechtwinklige Koordinatensystem
Komponente und Projektion eines Vektors

Jetzt folgt zunächst wieder eine Phase selbständigen Studiums anhand des Lehrbuchs.

STUDIEREN SIE im Lehrbuch

1.4 Das rechtwinklige Koordinatensystem
1.5 Komponente und Projektion eines Vektors
Lehrbuch, Seite 19–22

BEARBEITEN SIE danach Lehrschritt ------------------- ▷ (58)

103

Zeichnen Sie nun für den Vektor $\vec{b}$ die Projektionen auf die x– und y–Achse ein.

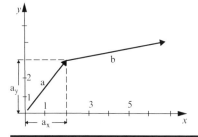

------------------- ▷ (104)

26

40

Wir können die Genauigkeit der Schätzung des wahren Wertes erhöhen, wenn wir die Anzahl der Einzelmessungen vergrößern.

....

Gegeben seien N Einzelmessungen. Wie grob müsste bei sonst gleichen Bedingungen die Zahl der Messungen sein, damit die Standardabweichung des Mittelwertes reduziert wird auf:

a) die Hälfte $N_a = $ ....

b) ein Drittel $N_b = $ ....

c) ein Zehntel $N_c = $ ....

◁ - ▷ (27)

59

30%

Erläuterung: Im Kapitel „Potenzreihenentwicklung" wurde folgende Näherung behandelt:

$$y = (x + \Delta x)^3 = x^3 \left(1 + \frac{\Delta x}{x}\right)^3$$

Nun sei $\dfrac{\Delta x}{x} = 10\%$

$$y = x^3 (1 + 0{,}1)^3 \approx x^3 (1 + 3 \cdot 0{,}1) = x^3 (1 + 0{,}3)$$

Wenn x um 10% zunimmt, nimmt x^3 näherungsweise um 30% zu. Daraus lernen wir, dass sich ein Fehler umso stärker auswirkt, je höher die Potenz ist, mit der diese Größe in dem Rechenausdruck steht.

Allgemeiner ausgedrückt: Ein Fehler einer Größe wirkt sich umso stärker aus, je stärker der Rechenausdruck von dieser Größe bestimmt wird.

◁ - ▷ (60)

92

Es war $r^2 = \dfrac{(\sum \hat{x}_i \cdot \hat{y}_i)^2}{\sum \hat{x}_i^2 \cdot \sum \hat{y}_i^2}$

Wir setzen ein $\hat{x}_i = x_i - \bar{x}$ $\hat{y}_i = y_i - \bar{y}$

$$r^2 = \frac{\left(\sum (x_i - \bar{x})(y_i - \bar{y})\right)^2}{\sum (x_i - \bar{x})^2 \cdot \sum (y_i - \bar{y})^2}$$

Rechnen Sie jetzt die Klammern geduldig aus

$r^2 = $ ....

◁ - ▷ (93)

12

Die Darstellung vektorieller Größen durch Pfeile hat einen großen Vorteil:
Man kann mit dem Pfeil .... und .... des Vektors symbolisieren.

--------------------- ▷ (13)

58

Wieder folgen einfache Aufgaben. Bei der Lösung stellen Sie selbst fest, ob Sie alles verstanden haben, oder ob Sie den Lehrbuchabschnitt erneut studieren sollten.
Wiederholen wir zunächst die neuen Bezeichnungen.

Im Koordinatensystem heißt die
x–Koordinate eines Punktes $P(x, y)$ ....
y–Koordinate eines Punktes $P(x, y)$ ....
Die Koordinatenachsen teilen die Ebene ein in vier ....

--------------------- ▷ (59)

104

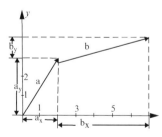
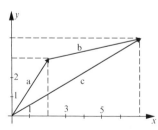

Lesen Sie nun aus der Zeichnung die Komponenten der Vektoren $\vec{a}$, $\vec{b}$ und $\vec{c}$ ab und schreiben Sie diese Vektoren in Komponentendarstellung.
$\vec{a} = (\ldots\ldots, \ldots\ldots)$
$\vec{b} = (\ldots\ldots, \ldots\ldots)$
$\vec{c} = (\ldots\ldots, \ldots\ldots)$ --------------------- ▷ (105)

$$\sigma_M = 0,04 \, \text{cm}^3$$

$$V = (2,60 \pm 0,04) \, \text{cm}^3$$

Wir können erwarten, dass der wahre Wert mit einer Wahrscheinlichkeit von 68% zwischen $2,56 \, \text{cm}^3$ und $2,64 \, \text{cm}^3$ liegt.

Das bedeutet, dass mit einer Wahrscheinlichkeit von 32% der wahre Wert außerhalb dieses Intervalls liegen kann. Diese Unsicherheit ist oft zu groß.

Wie viele Messungen müsste man durchführen, wenn die Standardabweichung des Mittelwertes auf $0,02 \, \text{cm}^3$ gesenkt werden soll?

$$N = \ldots\ldots\ldots\ldots$$

-------------------- ▷ (26)

58

Leider nicht richtig. Genau um dieses Problem geht es bei der Fehlerfortpflanzung. Bedenken Sie, dass die Masse gegeben ist durch

$$M = \tfrac{4\pi}{3} R^3 \cdot \rho$$

Fehlerbehaftet sind R und ρ.

Falls sich ρ um 10% vergrößert, vergrößert sich M um 10%. Falls sich R um 10% vergrößert, vergrößert sich R^3 um .... %. Denken Sie an das Kapitel Potenzreihen, Abschnitt 7.6.1 Polynome als Näherungsfunktionen.

-------------------- ▷ (59)

91

$$\overline{x} = 0 \qquad \overline{y} = 0$$

Für das Schwerpunktsystem ist die Korrelation (Lehrbuch, Seite 287):

$$r^2 = \frac{\left(\sum \hat{x}_i \cdot \hat{y}_i\right)^2}{\sum \hat{x}_i^2 \cdot \sum \hat{y}_i^2}$$

Schwerpunktsystem $(\hat{x}_i, \, \hat{y}_1)$ und ursprüngliches System $(x_i \; y_i)$ sind verknüpft durch die Transformationsgleichungen

$$\hat{x}_i = x_i - \overline{x}$$

$$\hat{y}_i = x_i - \overline{x} \quad \text{Setzen Sie ein und berechnen Sie } r^2 \text{ im ursprünglichen System } r^2 = \ldots\ldots$$

Lösung gefunden -------------------- ▷ (94)

Erläuterung oder Hilfe erwünscht -------------------- ▷ (92)

13

Betrag und Richtung

....

Hier eine Übung in Bezeichnungen: Welche Symbole bezeichnen Vektoren?

☐ $\vec{b}$ ☐ b

☐ $|PQ|$ ☐ PQ

☐ $\overrightarrow{PQ}$

--------------------- ▷ ⑭

59

x–Koordinate: Abszisse   Gedächtnishilfe:
y–Koordinate: Ordinate   Es ist wie beim Alphabet. **x** kommt vor **y**
Quadranten   **A**bszisse kommt vor **O**rdinate

....

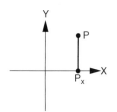

Das Lot von P auf die x-Achse trifft diese im Punkt P_x.

Diesem Punkt entspricht eine Zahl auf der x–Achse.

Diese Zahl heißt $x-$............ des Punktes P.

P_x ist die P .... des Punktes P auf die x–Achse.

--------------------- ▷ ⑥⓪

105

$\vec{a} = (2,\ 3)$ $\vec{b} = (5,\ 1)$ $\vec{c} = (2+5,\ 3+1) = (7,\ 4)$

....

Ein Boot fahre auf einem Fluss. Der Fluss habe die Geschwindigkeit $\vec{v}_1 = \left(10\frac{m}{sec}, 0\frac{m}{sec}\right)$
Das Boot habe in Bezug auf das Wasser die Geschwindigkeit $\vec{v}_2 = \left(0\frac{m}{sec}, 2\frac{m}{sec}\right)$
Die Bewegung des Bootes gegenüber dem Land setzt sich zusammen aus der Bewegung des
Wassers und der Bewegung des Bootes gegenüber dem Wasser. Es gilt $\vec{v} = \vec{v}_1 + \vec{v}_2$

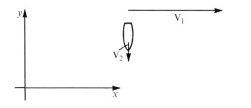

Komponenten von $\vec{v} = (.........., ...)$

--------------------- ▷ ⑩⑥

24

Vierfache

....

Rechnen wir noch die Standardabweichung des Mittelwertes für die Messung der Silberkette mit dem Überlaufgefäß. Zahl der Messungen N = 10.

Das Volumen der Kette hatten wir bestimmt zu $\quad V = 2{,}60\,\mathrm{cm}^3$

Standardabweichung der Einzelmessungen: $\quad \sigma = 0{,}13\,\mathrm{cm}^3$

Standardabweichung des Mittelwertes: $\quad \sigma_M = \ldots\ldots\ldots\ldots$

Wir geben das Ergebnis vollständig an: $\quad V = \ldots\ldots\ldots\ldots$

- - - - - - - - - - - - - - - - - - - ▷ 25

57

Vollkommen richtig.

Die Masse ist $M = \frac{4\pi}{3}\, R^3 \cdot \rho$

Falls sich ρ um 10% verändert, verändert sich die Masse um 10%.

Falls sich R um 10% verändert, verändert sich die Masse um $\ldots\ldots\ldots$ %.

Springen Sie auf   - - - - - - - - - - - - - - - - - - - ▷ 59

90

Die ursprünglichen Variablen seien x_i und y_i.

Im Schwerpunktsystem haben wir die Variablen $\quad \hat{x}_i = x_i - \overline{x}$ und $\hat{y}_i = y_i - \overline{y}$

Im Schwerpunktsystem sind die Mittelwerte $\quad \overline{x} = \ldots\ldots\ldots\ldots$ und $\overline{y} = \ldots\ldots\ldots\ldots$

- - - - - - - - - - - - - - - - - - - ▷ 91

14

Vektoren: $\vec{b}$, $\boldsymbol{b}$, $\overrightarrow{PQ}$,

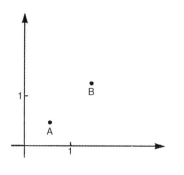

Ein Auto fährt von A nach B. Kann die Ortsveränderung als Vektor dargestellt werden?

☐ ja
☐ nein

----------------------- ▷ (15)

60

x–Koordinate

Projektion

Zeichnen Sie die Projektionen der beiden Punkte auf die x–Achse und die y–Achse ein.

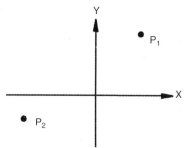

----------------------- ▷ (61)

106

$\vec{v} = \left(10\frac{m}{\sec}, 2\frac{m}{\sec} \right)$

Gegeben sei

$\vec{b} = (2, 4)$

$\vec{a} = (3, 4)$

Gesucht ist der Differenzvektor

$\vec{d} = \vec{b} - \vec{a}$

$\vec{d} = (\ldots\ldots\ldots, \ldots\ldots\ldots)$

----------------------- ▷ (107)

23

$$d = (0,142 \pm 0,0006)\text{mm}$$

....

Der Stichprobenfehler des Mittelwertes sollte abgerundet werden.

Begründung: Der Stichprobenfehler des Mittelwertes ist das Ergebnis einer Abschätzung. Die Angabe zu vieler Stellen ist daher sinnlos.

Oft ist der Mittelwert einer Messreihe noch zu ungenau. Wenn man den Stichprobenfehler des Mittelwertes halbieren will, muss man die Zahl der Messungen erhöhen und zwar um das .... fache.

 (24)

56

Leider nicht richtig. Genau um dieses Problem geht es bei der Fehlerfortpflanzung. Bedenken Sie, dass die Masse gegeben ist durch

$$M = \frac{4\pi}{3} R^3 \cdot \rho$$

Fehlerbehaftet sind R und ρ.

Falls sich ρ um 10% vergrößert, vergrößert sich M um 10%. Falls sich R um 10% vergrößert, vergrößert sich R^3 um .... %. Denken Sie an das Kapitel Potenzreihen.

Abschnitt 7.6.1 Polynome als Näherungsfunktionen.

 (59)

68

Im Lehrbuch sind die allgemeinen Formeln für die Berechnung von Korrelation r^2 und Korrelationskoeffizient r angegeben. Abgeleitet wurde dort zum Schluss r^2 für den Sonderfall, dass die Daten im Schwerpunktsystem gegeben sind. Diese Ableitung erpart sehr viel Rechenaufwand und ist wesentlich leichter nachvollziehbar.

Wer diese Ableitung nachgerechnet hat, hat das Entscheidende verstanden. Mancher mag dann das Bedürfnis verspüren, noch die allgemeine Formel aus dem abgeleiteten Ausdruck zu gewinnen. Dafür ist hier die Umformung angegeben.

Möchte die Umrechnung kennen lernen  (90)

Möchte auf die Umrechnung verzichten  (95)

15

Ja

....

Hinweis: Jede Ortsveränderung von A nach B hat eine Richtung. Wenn Andreas aus A-Dorf seine Bettina in B-Dorf besucht, so ist dies eine andere Ortsveränderung, als wenn Bettina von B-Dorf aus ihren Andreas in A-Dorf besucht.

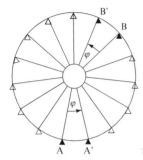

Hier ist ein Riesenrad. Andreas sitzt in der Gondel A, Bettina sitzt in der Gondel B. Das Riesenrad dreht sich um den Winkel φ.

Zeichnen Sie die Vektoren $\overrightarrow{AA'}$ und $\overrightarrow{BB'}$ Haben beide Vektoren die gleiche Richtung?

☐ ja
☐ nein

---------------------▷ 16

61

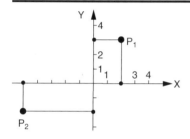

Welche der Bezeichnungen für den Punkt P_1 oben ist richtig?

☐ $P_1 = (2, 3)$............................ ---------------------▷ 62

☐ $P_1 = (3, 2)$.................................... ---------------------▷ 63

107

$$\vec{d} = \vec{b} - \vec{a} = (2 - 3,\ 4 - 4) = (-1, 0)$$

....

Falls Sie jetzt noch Schwierigkeiten haben, so bitte Dozenten oder Kommilitonen fragen – oder noch einmal die Abschnitte 1.6.4 und 1.6.5 im Lehrbuch studieren. Versuchen Sie danach noch einmal die Aufgaben zu bearbeiten, die Ihnen Schwierigkeiten gemacht haben.

Erst danach ---------------------▷ 108

Keine Schwierigkeiten ---------------------▷ 108

22

$$\sigma_M = \frac{\sigma}{\sqrt{N}} = \sqrt{\frac{0{,}046 \cdot 10^{-4}\,\text{mm}^2}{11}} = 0{,}0006\,\text{mm}$$

....

Es ist sicher etwas mühselig, derartige Rechnungen durchzuführen. Hier hilft der Taschenrechner, der meist ein Statistikprogramm besitzt, mit dem alles viel leichter geht. Jetzt wäre es an der Zeit, die Rechnungen parallel mit dem Statistikprogramm Ihres Taschenrechners durchzuführen.

Als Ergebnis einer Messreihe gibt man in der Praxis den Mittelwert und den Stichprobenfehler des Mittelwertes in der folgenden Form an:

Drahtdicke: $d = \mu \pm \sigma_M$

$d = \ldots\ldots\ldots$

 23 ◁ ----------------------

55

10%   Hinweis: Der Radius war R = 1 dm. Der Fehler betrug 0,1 dm = 1 cm
Damit beträgt der Fehler 10% des Radius.

Relativer Fehler ist der Fehler bezogen auf den Wert. Relative Fehler werden meist in Prozent angegeben. Hier beträgt der relative Fehler in beiden Fällen 10%. Die Masse hängt von zwei Werten ab, dem Radius und der Dichte. Beide Werte sind fehlerhaft.

Wie wirken sich die Fehler auf den Fehler des Gewichtes aus?

Beide Fehler wirken sich gleich aus   56 ◁ ----------------------

Der Fehler im Wert des Radius wirkt sich stärker aus   57 ◁ ----------------------

Der Fehler im Wert der Dichte wirkt sich stärker aus   58 ◁ ----------------------

88

Korrelationsrechnungen führt man mit dem Taschenrechner oder mit dem PC mit Hilfe von Statistikprogrammen aus. Dann braucht man nur die Ausgangsdaten einzugeben. Sonst sind sie sehr zeitaufwändig. Allerdings ist es notwendig, sich mit dem jeweiligen Statistikprogramm vertraut zu machen. Zur Übung empfiehlt es sich, die Daten der Abbildungen auf der Seite 285 im Lehrbuch abzuschreiben und die angegebenen Korrelationen zu überprüfen.

 68 ◁ ----------------------

16

Nein.
Hinweis: Schauen Sie sich im Zweifel die
Richtungen auf dem Bild an.

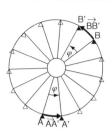

Gegeben sind zwei Vektoren $\vec{a}$ und $\vec{b}$.

Verschieben Sie $\vec{a}$ und $\vec{b}$ in ihrer Richtung.

Hinweis: In den Abbildungen sind Vektoren mit fetten
lateinischen Buchstaben bezeichnet.

- - - - - - - - - - - - - - - - - - - ▷ (7)

62

Richtig!

Zeichnen Sie die Punkte ein: $P_1 = (-1, 2)$
$P_2 = (-2, -1)$

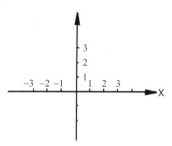

WEITERBLÄTTERN bis zum übernächsten Lehrschritt

- - - - - - - - - - - - - - - - - - - ▷ (64)

108

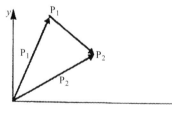

Gegeben seien zwei Punkte P_1 und P_2 mit den Ortsvektoren $\vec{p}_1$ und $\vec{p}_2$;
Komponentendarstellung: $\vec{p}_1 = (p_{1x}, p_{1y})$; $\vec{p}_2 = (p_{2x}, p_{2y})$.
Gesucht ist der Vektor, der von P_1 nach P_2 geht, also $\overrightarrow{P_1P_2}$:
$\overrightarrow{P_1P_2} = \ldots\ldots\ldots\ldots$

Komponentendarstellung: $\overrightarrow{P_1P_2} = (\ldots\ldots, \ldots\ldots)$

- - - - - - - - - - - - - - - - - - - ▷ (109)

$\boxed{21}$

Standardabweichung des Mittelwertes
Stichprobenfehler des Mittelwertes
Mittlerer Fehler des Mittelwertes

$$\sigma_M = \frac{\sigma}{\sqrt{N}}$$

Rechnen Sie hier noch einmal selbständig das Beispiel, das schon im Lehrbuch behandelt wurde.
Gegeben sei eine Messreihe von 11 Messungen (Dicke eines Drahtes).
Mittelwert $\bar{x} = 0,142$ mm
Schätzung der Varianz $\sigma^2 = 0,046 \cdot 10^{-4}$ mm^2
Gesucht: Stichprobenwert des Mittelwertes
$\sigma_M = \ldots\ldots\ldots$

◁- (22)

$\boxed{54}$

Wir gehen von einer einfachen Fragestellung aus. Das Gewicht einer sehr großen Steinkugel soll bestimmt werden.
Gegeben seien folgende Messwerte mit ihren Fehlern.

Radius $R = (1 \pm 0,1)$ dm $(1$ dm $= 0,1$ m$)$

Dichte $\rho = (2 \pm 0,2)\,\dfrac{\text{kg}}{(\text{dm})^3}$ Volumen $= V = \dfrac{4\pi R^3}{3}$

Masse $M = V \cdot \rho$

Wie groß wird der Fehler bei der Angabe der Masse sein?
Die Fehler betragen jeweils $\ldots\ldots$ % der Werte.

◁- (55)

$\boxed{87}$

Korrelation und Korrelationskoeffizient

Mit den Begriffen „Korrelation" und „Korrelationskoeffizient" wird die „Stärke" des Zusammenhangs zwischen zwei Größen bestimmt, die nicht in einem eindeutigen Zusammenhang stehen, die aber auch nicht unabhängig voneinander sind. Mitrechnen und Umformungen kontrollieren!

STUDIEREN SIE im Lehrbuch 12.7.2 Korrelation und Korrelationskoeffizient
Lehrbuch Seite 284–286

Hinweis: In der 10. Auflage des Lehrbuches ist ein Fehler. Die Formel auf Seite 284 muss lauten: $r^2 = \dfrac{\left(\sum x_i y_i - N\,\overline{xy}\right)^2}{\sum \left(x_i^2 - N\bar{x}^2\right)\sum\left(y_i^2 - N\bar{y}^2\right)}$

BEARBEITEN SIE DANACH Lehrschritt ◁- (88)

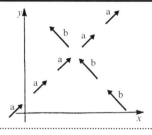

17

Die Linie, die entsteht, wenn Vektoren in Ihrer Richtung verschoben werden, heißt Wirkungslinie.

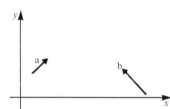

Zeichnen Sie zu $\vec{a}$ und $\vec{b}$ parallel verschobene gleichwertige Vektoren.

- - - - - - - - - - - - - - - ▷ (18)

63

Leider falsch, Sie haben die Reihenfolge der Koordinaten vertauscht. Merken Sie sich: erst x–, dann y–Koordinate.

Gedächtnishilfe: Erst kommt die x–Koordinate. Wie beim Alphabet. Es ist zwar trivial, aber es muss im Gedächtnis fest sitzen.

Zeichnen Sie die Punkte ein:
$P_1 = (-1, 2)$
$P_2 = (-2, -1)$

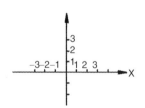

- - - - - - - - - - - - - - - ▷ (64)

109

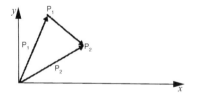

$$\overrightarrow{P_1P_2} = \vec{p}_2 - \vec{p}_1$$
$$\overrightarrow{P_1P_2} = (p_{2x} - p_{1x};\ p_{2y} - p_{1y})$$

Die Gleichung lässt sich rasch verifizieren und in der Zeichnung wiedererkennen durch die leichte Umformung: $\overrightarrow{P_1P_2} + \vec{p}_1 = \vec{p}_2$
Gegeben seien $\vec{p}_1$ und $\vec{p}_2$ mit den Komponenten:

$$\vec{p}_1 = (1, 4)$$
$$\vec{p}_2 = (3, 3)$$

$$\overrightarrow{P_1P_2} = (\ldots\ldots, \ldots\ldots)$$

- - - - - - - - - - - - - - - ▷ (110)

Die ganzen, vielleicht mühselig erscheinenden, Überlegungen hatten das Ziel,
den *mittleren Fehler des Mittelwertes* zu bestimmen.

Andere Bezeichnungen dafür sind

.　.　.　.　.　.　.　.　.　.　.　.　.

.　.　.　.　.　.　.　.　.　.　.　.　.

Diese Bezeichnungen sollten uns deshalb geläufig sein, weil sie häufig gleichbedeutend, also
synonym, gebraucht werden.

Der mittlere Fehler des Mittelwertes einer Messreihe ist umso geringer, je größer die Zahl der
Messungen N ist.

Es gilt die Beziehung

$\quad \sigma_M = $.　.　.　.　.　.　.　.　.　.　.　.　.

- - - - - - - - - - - - - - - - - - - ▷ (21)

Fehlerfortpflanzungsgesetz

Im Abschnitt 12.6 über Fehlerfortpflanzung wird ein Begriff benutzt, der erst im zweiten Band
des Lehrbuches im Kapitel 14 „Partielle Ableitung" erläutert wird. Aus diesem Grund sollten
Sie diesen Abschnitt erst dann studieren, wenn Ihnen partielle Ableitungen bekannt sind. Den
Sachverhalte selbst allerdings können Sie qualitativ jetzt schon verstehen. Er ist wichtig und wird
hier in den folgenden Lehrschritten erläutert.

- - - - - - - - - - - - - - - - - - - ▷ (54)

In der Praxis berechnet man Regressionsgeraden ebenso wie Mittelwerte und
Standardabweichungen des Mittelwertes mit Hilfe von Taschenrechnern oder mit dem PC.
Dafür gibt es in allen Fälle Statistikprogramme. Wichtig ist es für Sie, ein einziges Mal die
Rechnung „per Hand" durchgeführt zu haben, um zu sehen, was der Rechner eigentlich
macht.

- - - - - - - - - - - - - - - - - - - ▷ (87)

18

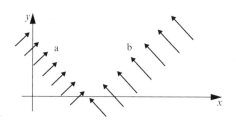

Freie Vektoren werden als gleich betrachtet, wenn sie in Betrag und Richtung übereinstimmen.

Man kann Vektoren verschieben, und zwar

a) in ihrer ....

b) .... zu sich.

------------------- ▷ 19

64

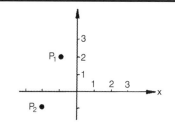

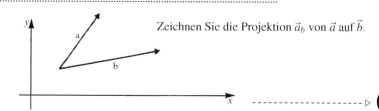

Zeichnen Sie die Projektion $\vec{a}_b$ von $\vec{a}$ auf $\vec{b}$.

------------------- ▷ 65

110

$$\overrightarrow{P_1P_2} = \vec{p}_2 - \vec{p}_1 = (2, -1)$$

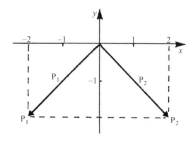

$\vec{p}_1 = (-2, -2)$
$\vec{p}_2 = (2, -2)$

a) Zeichnen Sie den Vektor $\overrightarrow{P_1P_2}$ ein, der P_1 mit P_2 verbindet.

b) Komponentendarstellung:

$$\overrightarrow{P_1P_2} = (......., ...)$$

------------------- ▷ 111

19

Falls Sie Schwierigkeiten hatten, ist es angebracht, noch einmal im Lehrbuch den Abschnitt 12.2 (Seite 270–276) zu lesen und dabei das Beispiel zu rechnen. Hier halten wir nur fest:

1. Die Messreihe ist eine Stichprobe aller möglichen Messwerte.

2. Die Messreihe hat einen Mittelwert, eine Varianz und eine Standardabweichung.

3. Die Grundgesamtheit aller möglichen Messwerte hat ebenfalls einen Mittelwert, eine Varianz und eine Standardabweichung. Wir schätzen diese aufgrund der Werte der Stichprobe. Die geschätzten Werte sind größer als die Werte der Stichprobe.

-------------------- ▷ 20

52

$R = (10{,}32 \pm 0{,}2)\Omega$

Beim letzten Beispiel wurde deutlich, dass das Ergebnis fast vollständig durch die genauere Messung bestimmt wird. Gewogene Mittel zu bilden ist vor allem dann vorteilhaft, wenn Messungen mit ähnlicher Genauigkeit zusammengefasst werden.

-------------------- ▷ 53

85

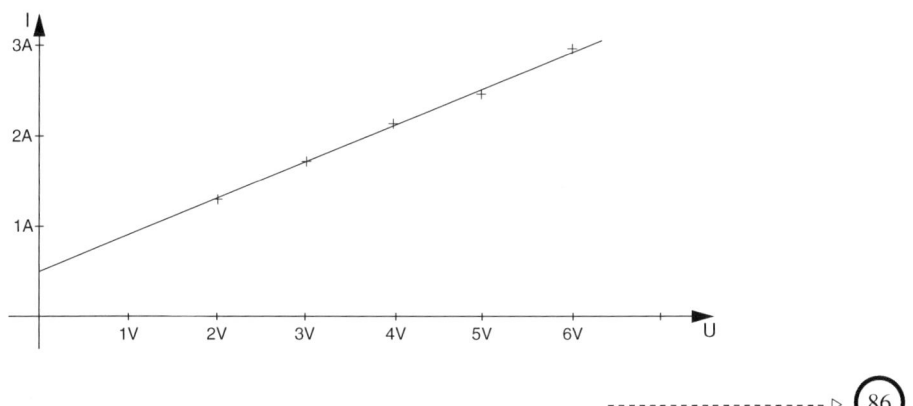

-------------------- ▷ 86

19

Richtung oder Wirkungslinie
parallel zu sich

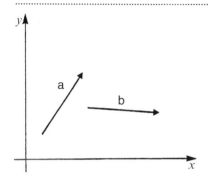

Es hat einen Grund, dass wir die Verschiebung von Vektoren üben: Bei der Addition und Subtraktion müssen wir Vektoren verschieben.
Verschieben Sie $\vec{b}$ so, dass der Anfangspunkt von $\vec{b}$ mit dem Anfangspunkt von $\vec{a}$ zusammenfällt.

------------------- ▷ (20)

65

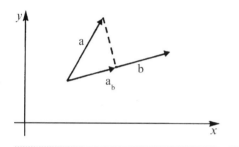

Antwort richtig, keine Schwierigkeiten

------------------- ▷ (68)

Erläuterung gewünscht

------------------- ▷ (66)

111

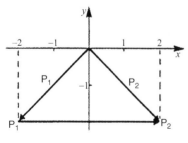

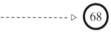
$$\overrightarrow{P_1P_2} = (4,\ 0)$$

Alles richtig

------------------- ▷ (115)

Erläuterung erwünscht, Fehler gemacht

------------------- ▷ (112)

$\boxed{18}$

$d = 4{,}4 \cdot 10^{-2}\,\text{mm}$ $\sigma = 1{,}14 \cdot 10^{-2}\,\text{mm}$

Hinweis: Hier folgt der Rechengang. Überschlagen Sie ihn, wenn Sie richtig rechneten.

d_i in mm	$(d_i - \overline{d})$ in mm	$(d_i - \overline{d})^2$ in mm^2
$4 \cdot 10^{-2}$	$-0{,}4 \cdot 10^{-2}$	$0{,}16 \cdot 10^{-4}$
$3 \cdot 10^{-2}$	$-1{,}4 \cdot 10^{-2}$	$1{,}96 \cdot 10^{-4}$
$4 \cdot 10^{-2}$	$-0{,}4 \cdot 10^{-2}$	$0{,}16 \cdot 10^{-4}$
$5 \cdot 10^{-2}$	$0{,}6 \cdot 10^{-2}$	$0{,}36 \cdot 10^{-4}$
$6 \cdot 10^{-2}$	$1{,}6 \cdot 10^{-2}$	$2{,}56 \cdot 10^{-4}$
$22 \cdot 10^{-2}$	0	$5{,}20 \cdot 10^{-4}$

$$\overline{d} = \frac{22 \cdot 10^{-2}\,\text{mm}}{5} = \underline{4{,}4 \cdot 10^{-2}\,\text{mm}}$$

$$\sigma^2 = \frac{1}{(5-1)} \cdot 5{,}20 \cdot 10^{-4} = \underline{1{,}30 \cdot 10^{-4}\,\text{mm}^2} \qquad \sigma = 1{,}14 \cdot 10^{-2}\,\text{mm} \quad \text{-----------} \triangleright \quad \boxed{19}$$

$\boxed{51}$

$g_1 = 1$ $g_2 = 4$ $g_3 = 25$

Die Rechnung folgte dem vorigen Beispiel. Im Zweifel zurückblättern und erneut nachlesen.

Gegeben war: $R_1 = (10 \pm 1)\Omega$ $R_2 = (10{,}5 \pm 0{,}5)\Omega$ $R_3 = (10{,}3 \pm 0{,}2)\Omega$

Jetzt setzen Sie ein in die Formel für den gewichteten Mittelwert: R =..............

-------------------- ▷ 52

$\boxed{84}$

Hier sind noch einmal die Messpunkte eingetragen. Versuchen Sie zunächst die Ausgleichsgerade nach Augenmaß zu zeichnen.

Zeichnen Sie dann die Ausgleichsgerade aufgrund der Gleichung $I = 0{,}39 \dfrac{A}{V} \cdot U + 0{,}52\,A$

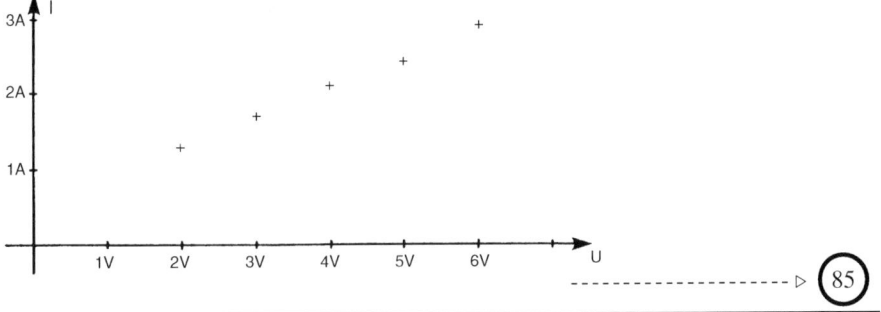

-------------------- ▷ 85

20

Die Vektoren geben die momentane Geschwindigkeit von Punkten auf einer sich drehenden

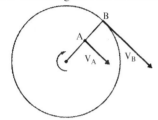

Scheibe an. Für die Zeichnung gilt:

$1\,\text{cm} \cong 2\,\text{m/sec}$

Schätzen Sie den Betrag der Geschwindigkeit

von Punkt A ....

von Punkt B ....

- - - - - - - - - - - - - - - - - - - ▷ (21)

66

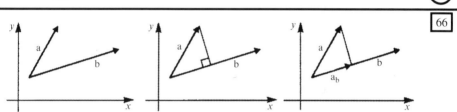

In der Bildfolge oben wird die Projektion in zwei Schritten gewonnen:

Bild 1: Vom Endpunkt von $\vec{a}$ wird das Lot auf $\vec{b}$ gefällt.

Bild 2: Die Strecke vom gemeinsamen Anfangspunkt beider Vektoren bis zum Schnittpunkt mit dem Lot ist die eingezeichnete Projektion von $\vec{a}$ auf $\vec{b}$.

Zeichnen Sie jetzt oben links die Projektion von $\vec{b}$ auf $\vec{a}$ ein.

- - - - - - - - - - - - - - - - - - - ▷ (67)

112

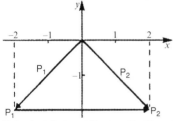

$\overrightarrow{P_1 P_2}$ ist der Vektor, der von P_1 nach P_2 geht. (Pfeilspitze bei P_2)

Schwierigkeiten könnten die Vorzeichen machen. Aus der Zeichnung ist ablesbar:

$$\vec{p}_2 = \vec{p}_1 + \overrightarrow{P_1 P_2}$$

Umgeformt ergibt dies:

$$\overrightarrow{P_1 P_2} = \vec{p}_2 - \vec{p}_1 = \dots\dots\dots\dots$$

In Worten: Koordinaten der Pfeilspitze minus Koordinaten des Pfeilendes.

- - - - - - - - - - - - - - - - - - - ▷ (113)

17

Der Durchmesser eines Drahtes werde 5mal bestimmt. Man erhält folgende Werte:

d_i in mm	$(d_i - \bar{d})$ in mm	$(d_i - \bar{d})^2$ in mm²
$4 \cdot 10^{-2}$		
$3 \cdot 10^{-2}$		
$4 \cdot 10^{-2}$		
$5 \cdot 10^{-2}$		
$6 \cdot 10^{-2}$		

Berechnen Sie den Mittelwert des Durchmessers und die Schätzung der Standardabweichung der Messwerte. $\bar{d} = $ .... $\sigma = $ ....

◁ - ▷ (18)

50

$\bar{R} = 10{,}4\,\Omega$ Hinweis: Das Ergebnis wird stärker durch die genauere Messung bestimmt, aber die ungenauere wird auch gewertet.

Jetzt nehmen wir an, drei Messreihen liegen vor mit den Ergebnissen:

$$R_1 = (10 \pm 1)\,\Omega$$
$$R_2 = (10{,}5 \pm 0{,}5)\,\Omega$$
$$R_3 = (10{,}3 \pm 0{,}2)\,\Omega$$

Bestimmen Sie wieder die Gewichte

$g_1 = $ ....
$g_2 = $ ....
$g_3 = $ ....

◁ - ▷ (51)

83

Bei diesen Zahlenrechnungen muss man die Scheu vor Zahlen überwinden und manchmal über seinen eigenen Schatten springen.

Beim Übergang zum Rechnen mit physikalischen Größen kann leicht Verwirrung durch die Einheiten entstehen. In diesem Fall empfiehlt es sich, in der ganzen Rechnung U durch x zu ersetzen und I durch y.

Am Schluss der Rechnung muss man dann rücksubstituieren.

Die Substitution in die vertraute – oder zumindest halbwegs vertraute – Notation der Mathematik hilft, die Übersicht bei der Rechnung zu erhalten.

◁ - ▷ (84)

21

$$\vec{v}_A \approx 1,8\,\tfrac{m}{sec}$$

$$\vec{v}_B \approx 3,6\,\tfrac{m}{sec}$$

....

Entscheiden Sie selbst:

Keine Schwierigkeiten ------------------▷ 26

Weitere Übungen erwünscht ------------------▷ 22

67

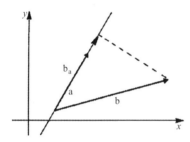

Hinweis: Bei der Projektion von $\vec{b}$ auf $\vec{a}$ müssen wir hier zunächst die Wirkungslinie für $\vec{a}$ zeichnen, denn die Projektion von $\vec{b}$ auf $\vec{a}$ ist größer als $\vec{a}$.

------------------▷ 68

113

Aus der Zeichnung im letzten Lehrschritt konnten Sie ablesen:

$\vec{p}_1 = (-2,\,-2)$ und $\vec{p}_2 = (2,\,-2)$

$\overrightarrow{P_1P_2} = \vec{p}_2 - \vec{p}_1 = (2-(-2),\,-2(-2)) = (4,0)$

....

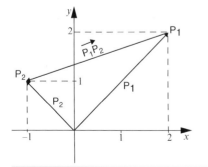

Bilden Sie $\overrightarrow{P_1P_2}$

$\vec{p}_1 = (2,\,2)$

$\vec{p}_2 = (-1,\,+1)$

$\overrightarrow{P_1P_2} = (\ldots\ldots,\; \ldots\ldots)$

------------------▷ 114

16

Sinngemäß könnte Ihre Darstellung so lauten: Die Messwerte streuen um den Mittelwert. Dabei haben 68% der Messwerte eine geringere Abweichung vom Mittelwert als $\pm\sigma$.

Etwa 32% der Messwerte haben eine größere Abweichung vom Mittelwert als $\pm\sigma$.

Diese Zahlenangaben gelten für Zufallsfehler, die normal verteilt sind. Dies wird im Abschnitt 12.7 weiter ausgeführt.

Die Berechnung von Mittelwert und Standardabweichung ist eine Routineaufgabe bei der Durchführung von Messungen. Aufpassen muss man bei den Einheiten. Es empfiehlt sich im Übrigen, dabei immer das gleiche Rechenschema zu benutzen.

 17

49

Es war $\qquad R_1 = (10 \mp 1)\,\Omega$

$$R_2 = (10{,}5 \pm 0{,}5)\,\Omega$$

Die Gewichte waren $g_1 = 1$ und $g_2 = 4$. Die Formel für den gewichteten Mittelwert war:

$$\overline{x} = \frac{g_1\overline{x}_1 + g_2\overline{x}_2}{g_1 + g_2}$$

Wir müssen nur einsetzen und erhalten

$$\overline{R} = \frac{10 \cdot 1 + 10{,}5 \cdot 4}{1 + 4} = \dots\dots\dots$$

 50

82

$$a = 0{,}39\,\frac{A}{V} \qquad\qquad b = 0{,}52\,A$$

....

Noch eine Erläuterung erwünscht ----------------------  83

Alles klar ---------------------- 84

22

Verschieben Sie $\vec{c}$ und $\vec{b}$ so, dass alle drei Vektoren im Anfangspunkt von $\vec{a}$ beginnen.

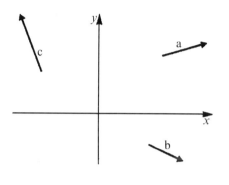

Erinnerung: In den Abbildungen sind Vektoren durch fette lateinische Buchstaben bezeichnet.

Grund: Verwechslungen sind hier nicht möglich.

- - - - - - - - - - - - - - - - - - - ▷ 23

68

Zeichnen Sie die Projektion von $\vec{b}$ auf $\vec{a}$.

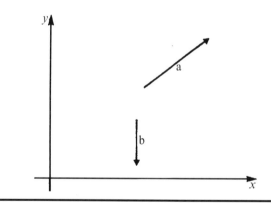

- - - - - - - - - - - - - - - - - ▷ 69

114

$\overrightarrow{P_1P_2} = (-3, -1)$

Man kann sich merken:

Komponenten eines Vektors von Punkt P_1 zu P_2:
Koordinaten der Pfeilspitze minus Koordinaten des Pfeilendes.

- - - - - - - - - - - - - - - - - ▷ 115

|15|

$$\sigma = 0{,}13\,\text{cm}^3$$

....

Versuchen Sie die Bedeutung der Standardabweichung jetzt mit eigenen Worten in Stichworten darzustellen.

....

....

....

....

------------------ ◁ (16)

|48|

$g_1 = 1$ Hinweis: Das Gewicht wird bestimmt durch $g_i = \dfrac{1}{\sigma_M^2}$

$g_2 = 4$

....

Für den gewichteten Mittelwert gilt der allgemeine Ausdruck

$$\bar{x} = \ldots\ldots\ldots\ldots$$

In unserem Fall

$$\bar{R} = \ldots\ldots\ldots\ldots$$

------------------ ◁ (50)   Lösung gefunden

------------------ ◁ (49)   Erläuterung oder Hilfe erwünscht

|81|

$\bar{U} = 4$ entspricht $\bar{x}$ $\bar{I} = 2{,}08$ entspricht $\bar{y}$

Hier noch einmal die Tabelle

U_i	U_i^2	I_i	$U_i \cdot I_i$
2 V	4 V²	1,3 A	2,6 VA
3 V	9 V²	1,7 A	5,1 VA
4 V	16 V²	2,1 A	8,4 VA
5 V	25 V²	2,4 A	12,0 VA
6 V	36 V²	2,9 A	17,4 VA
Σ 20 V	90 V²	10,4 A	45,5 VA

Wir setzen jetzt die erhaltenen Summen ein in die Formel $a = \dfrac{\sum x_i y_i - N \cdot \bar{x}\bar{y}}{\sum x_i^2 - N \cdot \bar{x}^2}$

$$a = \ldots\ldots\ldots\ldots$$

------------------ ◁ (82)

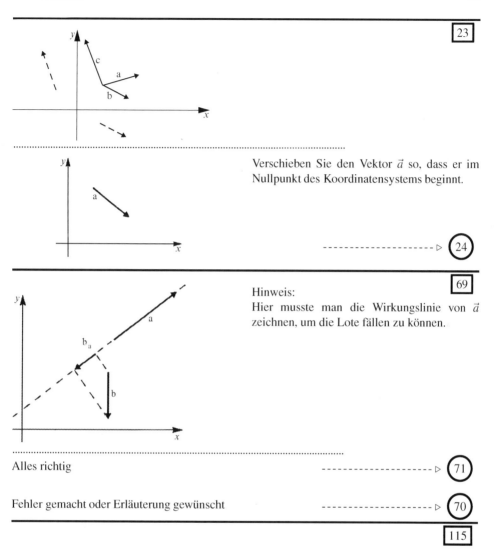

Verschieben Sie den Vektor $\vec{a}$ so, dass er im Nullpunkt des Koordinatensystems beginnt.

--------------------- ▷ 24

Hinweis:
Hier musste man die Wirkungslinie von $\vec{a}$ zeichnen, um die Lote fällen zu können.

Alles richtig ------------------- ▷ 71

Fehler gemacht oder Erläuterung gewünscht ------------------- ▷ 70

Weitere Übungen stehen auf Seite 33 des Lehrbuchs. Vor den Übungsaufgaben steht jeweils die Nummer des dazugehörenden Abschnittes im Lehrbuch.

Sinnvoll ist es, diese Aufgaben erst morgen oder übermorgen zu rechnen, dann ist die Übung wirksamer, weil Sie dann wieder neu überlegen müssen.

Merkzettel in das Lehrbuch legen: Übungsaufgaben zu Abschnitt 1.6 rechnen

------------------- ▷ 116

14

$$s^2 = \frac{0.16}{10}\,\text{cm}^6 = 0,016\,\text{cm}^6$$

$$\sigma^2 = \frac{0.16}{9}\,\text{cm}^6 = 0,018\,\text{cm}^6$$

....

Berechnen Sie schließlich die beste Schätzung der Standardabweichung der Messwerte.

$\sigma = \ldots\ldots\ldots\ldots$

Hinweis: Notfalls schätzen Sie die Wurzel, es kommt hier vor allem auf die
Größenordnung an.

- - - - - - - - - - - - - - - - - - ▷ (15)

47

Gegeben sind zwei Messungen

$$R_1 = (10 \pm 1)\,\Omega$$

$$R_2 = (10,5 \pm 0,5)\,\Omega$$

Wir können beide Messungen zusammenfassen, müssen aber berücksichtigen, dass die zweite Messung genauer ist. Wir gewichten die Messungen. Die Gewichte sind:

$g_1 = \ldots\ldots\ldots\ldots$

$g_2 = \ldots\ldots\ldots\ldots$

- - - - - - - - - - - - - - - - - - ▷ (48)

80

U_i	U_i^2	I_i	$U_i \cdot I_i$
2 V	4 V²	1,3 A	2,6 VA
3 V	9 V²	1,7 A	5,1 VA
4 V	16 V²	2,1 A	8,4 VA
5 V	25 V²	2,4 A	12,0 VA
6 V	36 V²	2,9 A	17,4 VA
Σ 20 V	90 V²	10,4 A	45,5 VA

Jetzt können wir die Mittelwerte von Spannung und Strom ausrechnen:

$\overline{U} = \ldots\ldots\ldots\ldots$ $\overline{I} = \ldots\ldots\ldots\ldots$

- - - - - - - - - - - - - - - - - - ▷ (81)

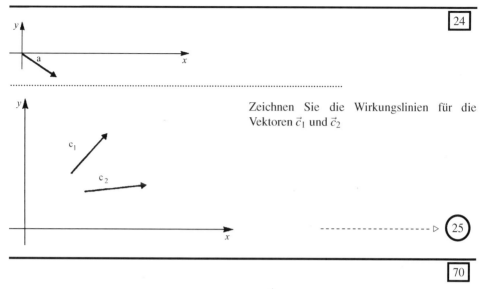

24

Zeichnen Sie die Wirkungslinien für die Vektoren $\vec{c}_1$ und $\vec{c}_2$

- - - - - - - - - - - - - - ▷ 25

70

Hinzugekommen ist bei dieser Aufgabe, dass $\vec{a}$ und $\vec{b}$ nicht den gleichen Anfangspunkt haben. Wir gewinnen die Projektion hier in drei Schritten:

1. Schritt: Wirkungslinie von $\vec{a}$ zeichnen.
2. Schritt: Vom Anfangs- *und* vom Endpunkt von $\vec{b}$ Lot auf Wirkungslinie fällen.
3. Schritt: Die Projektion einzeichnen.

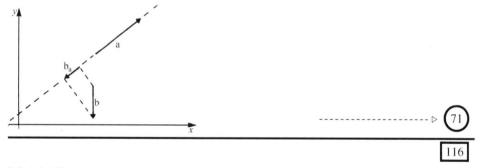

- - - - - - - - - - - - - - ▷ 71

116

Multiplikation eines Vektors mit einem Skalar
Betrag eines Vektors

Es folgt jetzt die letzte Phase des selbständigen Studiums anhand des Lehrbuches. Danach ist das Kapitel 1 beendet.

STUDIEREN SIE im Lehrbuch: 1.7 Multiplikation eines Vektors mit einem Skalar
                                    1.8 Betrag eines Vektors
                                         Lehrbuch, Seite 28–30

BEARBEITEN SIE danach

- - - - - - - - - - - - ▷ 117

13

Messwerte	$(x_i - \overline{x})$	$(x - \overline{x})^2$
2,4 cm³	−0,2 cm³	0,04 cm⁶
2,7 cm³	0,1 cm³	0,01 cm⁶
2,6 cm³	0,0 cm³	0,00 cm⁶
2,5 cm³	−0,1 cm³	0,01 cm⁶
2,4 cm³	−0,2 cm³	0,04 cm⁶
2,6 cm³	0,0 cm³	0,00 cm⁶
2,7 cm³	0,1 cm³	0,01 cm⁶
2,6 cm³	0,0 cm³	0,00 cm⁶
2,8 cm³	0,2 cm³	0,04 cm⁶
2,7 cm³	0,1 cm³	0,01 cm⁶

Benutzen Sie diese Tabelle, um die Varianz der Stichprobe und die geschätzte Varianz der Grundgesamtheit zu berechnen.

Varianz der Stichprobe: $s^2 =$ ....

Schätzung der Varianz der Grundgesamtheit: $\sigma^2 =$ .... ◁------------------ 14

46

Der elektrische Widerstand einer Spule sei von zwei Personen unabhängig voneinander bestimmt.

$$R_1 = (10 \mp 1)\,\Omega$$

$$R_2 = (10{,}5 \pm 0{,}5)\,\Omega$$

Fassen Sie beide Messungen zusammen und geben Sie die beste Schätzung für den Widerstand an.

Lösung gefunden ◁------------------ 50

Erläuterung oder Hilfe erwünscht ◁------------------ 47

79

U_i	U_i^2	I_i	$U \cdot I_i$
2 V		1,3 A	
3 V		1,7 A	
4 V		2,1 A	
5 V		2,4 A	
6 V		2,9 A	
$\sum$			

Bilden Sie jetzt die Produkte und Quadrate und berechnen Sie die Summen.

◁------------------ 80

25

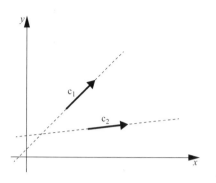

Hinweis: In das Leitprogramm möglichst mit Bleistift zeichnen. Nicht zu stark drücken. Dann können Sie wieder radieren und das Leitprogramm kann noch einmal benutzt werden. Sie können die Antworten auch auf einem Zettel skizzieren.

------------------- ▷ (26)

71

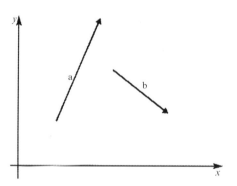

Zeichnen Sie die Projektion von $\vec{a}$ auf $\vec{b}$.

Falls Sie Schwierigkeiten haben, noch einmal den Abschnitt 1.4 im Lehrbuch lesen und diese Aufgabe anhand der im Text dargestellten Konstruktion lösen.

------------------- ▷ (72)

117

Hier im Leitprogramm folgen gleich Übungen:

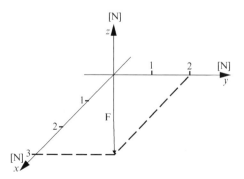

Gegeben sei die Kraft
$\vec{F} = (3\,\text{N},\ 2\,\text{N},\ 0)$
Die Kraft soll auf das 2,5-fache gesteigert werden.
Sie hat dann die Komponentendarstellung:

$$2,5 \cdot \vec{F} = (\ldots\ldots\ldots\ldots\ldots)$$

------------------- ▷ (118)

12

Mittelwert: $\bar{x} = 2{,}6\,\mathrm{cm}^3$

....

Für die Berechnung von Varianz und Standardabweichung bilden wir die Abweichungen der einzelnen Messwerte vom Mittelwert sowie deren Quadrate. Ergänzen Sie die Tabelle:

Messwerte	$(x - \bar{x})$	$(x - \bar{x})^2$
2,4 cm³		
2,7 cm³		
2,6 cm³		
2,5 cm³		
2,4 cm³		
2,6 cm³		
2,7 cm³		
2,6 cm³		
2,8 cm³		
2,7 cm³		

- ▷ (13)

45

Gewogenes Mittel

STUDIEREN SIE im Lehrbuch   12.5 Gewogenes Mittel
Lehrbuch Seite 278-279

BEARBEITEN SIE DANACH Lehrschritt   - ▷ (46)

78

In jedem Fall ist es nützlich, ein kleines Beispiel schrittweise durchzurechnen. Folgende Strom- und Spannungswerte seien gemessen.

U	....	I	....
2 V		1,3 A	
3 V		1,7 A	
4 V		2,1 A	
5 V		2,4 A	
6 V		2,9 A	

Wir wollen die Funktionsgleichung der Regressionsgeraden berechnen. Erste Überlegung: Welche Produkte müssen berechnet und aufsummiert werden? Tragen Sie es oben in die Spalte ein. Hinweis: Überlegen Sie, welche Bedeutung U und welche Bedeutung I bei unserem Problem haben. Im Lehrbuch ist die Regressionsgerade für ein Koordinatenkreuz mit x-Achse und y-Achse berechnet.

- ▷ (79)

26

Im Punkt P greift eine Kraft $\vec{F}$ an. In der Zeichnung bedeutet 1 cm $\cong$ 1 Newton.
Wie groß ist der Betrag des Kraftvektors?

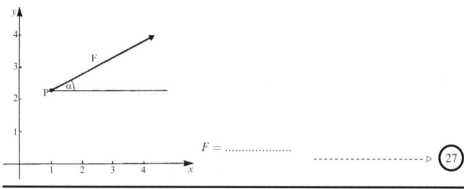

$F =$ ....

---------------------- ▷ 27

72

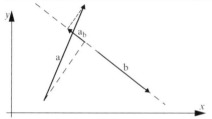

Hinweis: Die Schwierigkeit bei dieser Aufgabe war, die Lote von Anfangs- und Endpunkt auf die Wirkungslinie von $\vec{b}$ zu fällen. $\vec{a}$ kreuzt die Wirkungslinie von $\vec{b}$.

In den nächsten Lehrschritten wird der Begriff des Kosinus benutzt. Dieser Begriff wird den meisten von Ihnen aus der Schule bekannt sein. Falls nicht, gibt es hier eine ganz kurze Erläuterung.

Kosinus bekannt ---------------------- ▷ 74

Kosinus nicht bekannt ---------------------- ▷ 73

118

$2,5 \; \vec{F} = (7,5\,\mathrm{N},\; 5\,\mathrm{N},\; 0)$

Der Vektor $\vec{S} = (0,\; 0,\; 0)$ heißt ....

---------------------- ▷ 119

11

Das Volumen einer Silberkette mit Anhänger soll bestimmt werden. Wir benutzen ein Überlaufgefäß. Das Überlaufgefäß ist mit Wasser gefüllt. die Kette wird vollständig eingetaucht. Die verdrängte Wassermenge fließt über eine Rinne in einen Messzylinder.

Der Versuch wird 10mal wiederholt. Wir erhalten eine Messreihe.

Messwerte:
$2,4\,cm^3$	$2,6\,cm^3$
$2,7\,cm^3$	$2,7\,cm^3$
$2,6\,cm^3$	$2,6\,cm^3$
$2,5\,cm^3$	$2,8\,cm^3$
$2,4\,cm^3$	$2,7\,cm^3$

Berechnen Sie als erstes den Mittelwert. Taschenrechner benutzen.

$\bar{x} = \ldots\ldots\ldots\ldots$

-------------------- ▷ (12)

44

2,5%

Erläuterung: 5% aller Messwerte liegen außerhalb der doppelten Standardabweichung vom Mittelwert. Gefragt war hier nach dem Anteil der Messwerte, die auf dem linken Flügel der Normalverteilung außerhalb $2\,\sigma$ liegen. Das ist davon genau die Hälfte.

-------------------- ▷ (45)

77

Regressionsgerade
....

Haben Sie das Beispiel auf Seite 284 im Lehrbuch nachgerechnet und verstanden?

Ja -------------------- ▷ (85)

Nein -------------------- ▷ (78)

27

$F \approx 3,1\,\mathrm{N}$

Hinweis: der Betrag ist ein Skalar. Skalare physikalische Größen sind festgelegt durch eine Maßzahl (hier 3,1) und eine Maßeinheit (hier Newton). Es mag kleinlich klingen, aber die Maßeinheit muss stets angegeben werden.

Ein Massenpunkt bewege sich entlang der positiven x-Achse. Der Betrag seiner Geschwindigkeit sei v = 4 m/sec. Er befinde sich an der Stelle x = 2.
Für die Zeichnung gilt: 1 cm entspricht 1 m/sec. Zeichnen Sie den Geschwindigkeitsvektor ein.

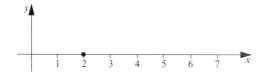

- - - - - - - - - - - - - - - - - ▷ (28)

73

Im Lehrbuch werden Kosinus und Sinus in Kapitel 3 ausführlich behandelt. Hier das Notwendige in Kurzform: Wir betrachten ein rechtwinkliges Dreieck.
Bezeichnung: $c =$ Hypothenuse, $a =$ Ankathete

Definition: Der Kosinus des Winkels φ ist das Verhältnis $\dfrac{a}{c}$

Formel: $\cos(\varphi) = \dfrac{a}{c}$

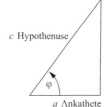

Das können wir umformen zu: $a = c \cdot \cos(\varphi)$. Diese Umformung wird benötigt. Die Werte für $\cos(\varphi)$ bestimmt man mit dem Taschenrechner oder entnimmt sie Tabellen. Schreiben Sie sich diese Definition und die Umformung auf einen Zettel, den Sie bei Bedarf einsehen.

- - - - - - - - - - - - - - ▷ (74)

119

Nullvektor

Eine Schnecke kriecht mit gleichförmiger Geschwindigkeit von Punkt $P_1 = (1\,\mathrm{cm},\ 1\,\mathrm{cm})$ nach Punkt $P_2 = (5\,\mathrm{cm},\ 4\,\mathrm{cm})$. Sie braucht dafür 50 sec. Geben Sie an:

Ortsveränderung: $\overrightarrow{P_1P_2}$ = ...

Betrag der zurückgelegten Strecke: $|\vec{s}|$ = ...

Betrag der Geschwindigkeit: $|\vec{v}|$ = ...

Geschwindigkeit: $\vec{v}$ = ...

- - - - - - - - - ▷ (120)

10

Parallaxenfehler, systematischer Fehler.
Schätzfehler bei grober Skala: Zufallsfehler.
Messfehler bei Temperaturmessung durch Wärmeaufnahme des Thermometers:
Systematischer Fehler.
Schiefe Waage: Systematischer Fehler.
Messfehler durch Luftbewegung: Zufallsfehler.

- - - - - - - - - - - - - - - - - - - ▷ (11)

43

47,5%. Erläuterung: Die Gaußverteilung ist symmetrisch bezüglich des Mittelwertes μ.
Da 95% aller Messwerte im Bereich $[\mu - 2\sigma, \; \mu + 2\sigma]$ liegen, liegen im halben Intervall – also im
Bereich $[\mu + 2\sigma]$ – die Hälfte dieser Messwerte.

Wie viel Prozent der Messwerte liegen im
schraffierten Intervall?

. . . . aller Messwerte

- - - - - - - - - - - - - - - - - - - ▷ (44)

76

Regressionsgerade

Hat man bereits Hypothesen über den Kurvenverlauf, nimmt man als Ausgleichskurve Parabeln,
Exponentialfunktionen, logarithmische Funktionen.

Oft hat man jedoch noch keine bestimmte Vorstellung vom Charakter der Kurve oder möchte
eine Schar von Messpunkten in einem bestimmten Intervall durch eine Gerade annähern. Das ist
schließlich der einfachste Kurventyp.

In diesen Fällen berechnet man die Gleichung der Ausgleichsgeraden mit Hilfe der gegebenen
Messwerte. Anderer Name für Ausgleichsgerade: . . . .- - - - - - - - - - - - - - - - - - - ▷ (77)

28

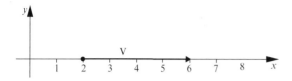

Das war der letzte Lehrschritt für diesen Abschnitt.

------------------ ▷ (29)

74

Rechnerische Ermittlung der Projektion eines Vektors.
$\vec{a}$ und $\vec{b}$ schließen einen Winkel von 60 Grad ein.

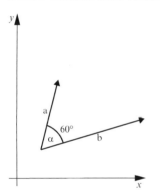

$$|\vec{a}| = 3$$

$$|\vec{b}| = 4$$

Wie groß ist die Projektion von $\vec{a}$ auf $\vec{b}$?

$$a_b = \ldots\ldots\ldots\ldots$$

Hinweis: $\cos 60° = 0,5$

------------------ ▷ (75)

120

Ortsveränderung	$\vec{s} = \overrightarrow{P_1P_2} = (4\,\text{cm},\ 3\,\text{cm})$
Betrag der zurückgelegten Strecke	$|\vec{s}| = \sqrt{16\,\text{cm}^2 + 9\,\text{cm}^2} = 5\,\text{cm}$
Betrag der Geschwindigkeit	$|\vec{v}| = 5\,\text{cm}/50\,\text{sec} = 0,1\,\text{cm}/\text{sec}$
Geschwindigkeit	$v = \left(\frac{4}{50}\frac{\text{cm}}{\text{sec}},\ \frac{3}{50}\frac{\text{cm}}{\text{sec}}\right) = \left(0,08\frac{\text{cm}}{\text{sec}},\ 0,06\frac{\text{cm}}{\text{sec}}\right)$

Alles richtig

------------------ ▷ (123)

Fehler gemacht oder Erläuterung erwünscht

------------------ ▷ (121)

| 9 |

Geben Sie die Fehlerklassen an:

a) Ein Messinstrument wird nicht senkrecht von vorn, sondern immer schräg von der Seite abgelesen. Da der Zeiger sich vor der Skala befindet, entsteht hier der sogenannte *Parallaxenfehler*: ....

b) Die Einteilung der Skala eines Amperemeters hat breite Striche. Daher muss die genaue Anzeige geschätzt werden. Verschiedene Personen kommen bei gleicher Zeigerstellung zu verschiedenen Ergebnissen: ....

c) Die Temperatur einer kleinen Flüssigkeitsmenge wird mit einem Quecksilberthermometer gemessen. Das Thermometer nimmt Wärme von der Flüssigkeit auf. Flüssigkeitstemperatur sinkt: ....

d) Eine Waage ist nicht waagrecht aufgestellt: ....

e) Eine Waage kommt infolge der Beeinflussung durch Luftströmungen nicht immer an der gleichen Stelle zur Ruhe: ....

-------------------- ▷ (10)

| 42 |

Obere Grenze: 0,1432 mm
Untere Grenze: 0,1408 mm

Bei Schwierigkeiten im Lehrbuch Abschnitt 12.4.2, Seite 298 nachlesen.

Bei einer Normalverteilung liegen im schraffierten Intervall rund .... % aller Messwerte.

Aufpassen!

-------------------- ▷ (43)

| 75 |

Es ist üblich, durch die Schar der Messpunkte eine Ausgleichskurve nach Augenmaß zu legen.

Wir betrachten diese Kurve gewissermaßen als Mittelwert der einzelnen Messwerte.

Legen Sie jetzt nach Augenmaß eine Ausgleichsgerade durch die Messpunkte.

Eine Ausgleichsgerade heißt auch ....

-------------------- ▷ (76)

29

Addition von Vektoren

Subtraktion von Vektoren

Die nächsten Abschnitte im Lehrbuch behandeln die geometrische Addition und Subtraktion von Vektoren. Beide Operationen sind für die Lösung vieler Probleme sehr nützlich. Auch hier gilt, einige Begriffe sind mit ihren Bedeutungen fast wie Vokabeln zu lernen.

STUDIEREN SIE im Lehrbuch   1.2 Addition von Vektoren
                                           1.3 Subtraktion von Vektoren
                                           Lehrbuch, Seite 16–19

BEARBEITEN SIE danach Lehrschritt   ------------------- ▷ (30)

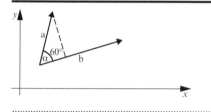

$$a_b = a \cdot \cos 60° = 3 \cdot 0{,}5 = 1{,}5$$

Hinweis: Der Betrag von $\vec{b}$ spielt keine Rolle. Es kommt nur auf die Richtung von $\vec{b}$ an.

....

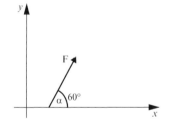

$|\vec{F}| = 10\text{N}$.
Wie groß ist die Komponente der Kraft $\vec{F}$ in x-Richtung?
$F_x = \;..................$
Hinweis: $\cos(60°) = 0{,}5$

------------------- ▷ (76)

121

Schreiben Sie zunächst, bitte, die Aufgabe und die Zeichnung aus dem Lehrschritt 119 ab.

1. Bestimmung der Ortsveränderung: Der Vektor, der die Ortsveränderung angibt, ist die Differenz der Ortsvektoren.
$$\overrightarrow{P_1P_2} = \vec{p}_2 - \vec{p}_1 = (5\,\text{cm} - 1\,\text{cm},\ 4\,\text{cm} - 1\,\text{cm}) = (4\,\text{cm},\ 3\,\text{cm})$$

2. Bestimmung des Betrags der Ortsveränderung: $\overrightarrow{P_1P_2}$
Erinnerung: Der Betrag eines Vektors $\vec{a} = (a_x,\ a_y)$ ist $|\vec{a}| = \sqrt{a_x^2 + a_y^2}$

Hier: $\overrightarrow{P_1P_2} = \sqrt{(4\text{cm})^2 + (3\text{cm})^2} = \sqrt{25\text{cm}^2} = 5\,\text{cm}$
(falls hier Schwierigkeiten, noch einmal in das Lehrbuch schauen)

------------------- ▷ (122)

Machen wir uns noch einmal den Unterschied zwischen systematischen Fehlern und Zufallsfehlern klar!

Systematische Fehler entstehen durch unexakte Eichungen, Fehler der Messgeräte oder fehlerhafte Messverfahren. Beispiele: Wird der Durchmesser eines Gummischlauches mit Hilfe einer Schieblehre bestimmt, wird durch den Druck der Schieblehre der Schlauch immer deformiert und der Messwert immer verfälscht. Ist ein Stoffmaßstab gedehnt, so fallen alle Messergebnisse zu klein aus. *Systematische Fehler* verfälschen die einzelnen Messungen jeweils in eine einzige Richtung.

Das Charakteristikum von Zufallsfehlern ist demgegenüber, dass sie unkontrollierbaren statistischen Schwankungen unterworfen sind. Das Messergebnis fällt einmal zu groß, ein anderes Mal zu klein aus.

◁ - ⑥

41

95%.   Konfidenzintervall   Vertrauensintervall
....

Setzt man voraus, dass die Messwerte um den Mittelwert gemäß einer Normalverteilung streuen, so lässt sich – allerdings nicht mit einfachen Mitteln – beweisen:

Auch die Mittelwerte von Messreihen sind normal verteilt. Die Standardabweichung des Mittelwertes ist jedoch geringer: $\sigma_M = \dfrac{\sigma}{\sqrt{N}}$

Die Standardabweichung des Mittelwertes führt uns zur Bestimmung der Vertrauensintervalle.
Der Durchmesser eines Drahtes sei gemessen:

$$d = 0,1420\,\text{mm} \pm 0,0006\,\text{mm}$$

Innerhalb welcher Grenzen liegt der wahre Durchmesser mit einer Wahrscheinlichkeit von 95%.
Obere Grenze: .... Untere Grenze: .... ◁ - ㊷

74

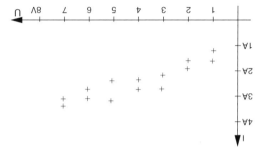

Die Abbildung zeigt Messpunkte. An einer Glühlampe ist der Strom als Funktion der Spannung gemessen. Zeichnen Sie zunächst mit freier Hand und nach Augenmaß eine Ausgleichskurve.

 ◁ - 75

$\boxed{30}$

Nach dem Studium des Abschnittes im Lehrbuch kontrollieren Sie nun, ob Sie alles verstanden und auch behalten haben. Nicht alles, was wir verstanden haben, behalten wir auch.

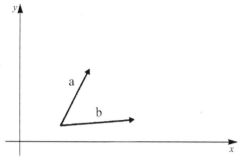

Addieren Sie die Vektoren
$\vec{a} + \vec{b} = \vec{c}$
Der entstehende Vektor heißt
.... oder ....

- - - - - - - - - - - - - - - - - - - ▷ $\boxed{31}$

$\boxed{76}$

$F_x = 5\,\mathrm{N}$

....

Ermitteln Sie zeichnerisch und rechnerisch die Projektion von $\vec{b}$ auf $\vec{a}$.

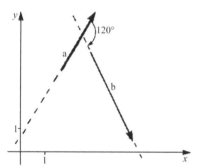

$b_a = $ ....
Bei Schwierigkeiten Aufgabe anhand des Lehrbuchs lösen.

$|\vec{a}| = 3$

$|\vec{b}| = 4$

Hinweis: $\cos 60° = 0,5$
$\cos 120° = -0,5$

- - - - - - - - - - - - - - - - - - - ▷ $\boxed{77}$

$\boxed{122}$

3. Die Geschwindigkeit ist — bei gleichförmiger Bewegung — die Ortsveränderung pro Zeitintervall. Für den Betrag der Geschwindigkeit gilt: Die Schnecke kriecht im Zeitintervall 50 sec gerade 5 cm weiter.

$$|\vec{v}| = 5\,\mathrm{cm}/50\,\mathrm{sec} = 0,01\,\tfrac{\mathrm{cm}}{\mathrm{sec}}$$

4. Den Geschwindigkeitsvektor erhalten wir, wenn wir die Komponenten der Geschwindigkeit einzeln ermitteln.
Die Schnecke kriecht in x–Richtung um 4 cm weiter. Geschwindigkeit in x–Richtung:

$$v_x = 4\,\mathrm{cm}/50\,\mathrm{sec} = 0,08\,\tfrac{\mathrm{cm}}{\mathrm{sec}}$$

Die Schnecke kriecht in y–Richtung um 3 cm weiter. Geschwindigkeit in y–Richtung:

$$v_y = 3\,\mathrm{cm}/50\,\mathrm{sec} = 0,06\,\tfrac{\mathrm{cm}}{\mathrm{sec}}$$

Komponentendarstellung des Geschwindigkeitsvektors:

$$\vec{v} = \left(0,08\,\tfrac{\mathrm{cm}}{\mathrm{sec}},\ 0,06\,\tfrac{\mathrm{cm}}{\mathrm{sec}}\right)$$

- - - - - - - - - - - - - - - - - - - ▷ $\boxed{123}$

7

a) systematischer Fehler
b) Zufallsfehler
c) Zufallsfehler

....

Lösung gefunden   - - - - - - - - - - - - - - - - - ▷ (11)

Erläuterung oder Hilfe erwünscht   - - - - - - - - - - - - - - - - - ▷ (8)

40

68%
95%
99,7%

....

Im Intervall $\bar{x} \pm 2\sigma$, liegt der wahre Wert mit einer Wahrscheinlichkeit von

. . . . %

Das Intervall heißt:

. . . . intervall oder

. . . . intervall.

- - - - - - - - - - - - - - - - - ▷ (41)

73

Regressionsgerade, Ausgleichskurve

Bisher wurde gezeigt, dass der Mittelwert einer Messreihe zuverlässiger ist als die Einzelmessung. Für den Mittelwert nimmt die Summe der Abweichungsquadrate ein Minimum an. In diesem Abschnitt wird dieser Grundgedanke auf Messkurven übertragen. An die Stelle des Mittelwertes tritt die Ausgleichskurve. Die Berechnung der Ausgleichskurve führen wir für den Fall durch, dass die Ausgleichskurve eine Gerade ist.

STUDIEREN SIE im Lehrbuch   12.7 Regressionsgerade, Ausgleichskurve
                                         Lehrbuch Seite 280–283

BEARBEITEN SIE DANACH Lehrschritt   - - - - - - - - - - - - - - - - - ▷

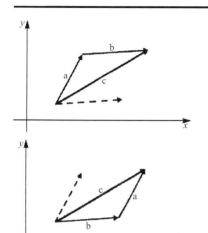

$\boxed{31}$

Resultierender Vektor
Summenvektor
Resultante
Hinweis: Auch die Addition mit vertauschter Reihenfolge ist eine gleichwertige Lösung.

Schreiben Sie die beiden gleichwertigen Gleichungen

$$\ldots + \ldots = \vec{c}$$
$$\ldots + \ldots = \vec{c}$$

- - - - - - - - - - - ▷ (32)

$\boxed{77}$

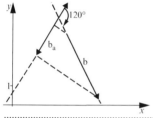

$$|\vec{b}_a| = b \cdot \cos 120°$$
$$= 4 \cdot (-0,5)$$
$$= -2$$

Ermitteln Sie rechnerisch und zeichnerisch die Projektion von $\vec{a}$ auf $\vec{b}$.

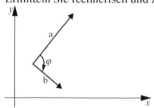

$|\vec{a}| = 5$
$|\vec{b}| = 2$
$\varphi = 90°$
$a_b = \ldots\ldots$

Hinweis: $\cos 90° = 0$ - - - - - - - - ▷ (78)

$\boxed{123}$

Gegeben sei der Vektor $\vec{b} = (b_x, b_y, b_z)$

Betrag von $\vec{b}$ allgemein:

$$|\vec{b}| = \ldots\ldots\ldots\ldots$$

Zahlenbeispiel

$$\vec{b} = (1, 2, 1)$$
$$|\vec{b}| = \ldots\ldots\ldots\ldots$$

- - - - - - - - - - - ▷ (124)

6

Die Länge eines Zimmers wird mit Hilfe von Bandmaßen bestimmt. Dabei können *Zufallsfehler oder systematische Fehler* entstehen.

a) Ein Bandmaß ist durch vielfachen Gebrauch gedehnt und hat eine wahre Länge von 100,4 cm statt 100 cm. Es entsteht ein .... Fehler.
b) Die Messung wird mit einem Stahlbandmaß von 1,00 m durchgeführt. Das Bandmaß muss jedoch mehrmals angelegt werden. Die Stoßstellen werden auf dem Fußboden mit Bleistiftstrichen markiert. Durch Anlegen entstehen .... fehler.
c) An der Wand wird das Bandmaß geknickt. Dadurch kann nicht gut abgelesen werden. Dadurch entstehen .... fehler.

-------------------- ▷ (7)

39

Versuchen Sie die nächste Frage ohne Hilfe des Lehrbuches beantworten. Im Zweifel aber doch nachsehen.

Bei der Normalverteilung liegen in den Intervallen

$\mu \pm \sigma \cdot$ .... % aller Messwerte
$\mu \pm 2\sigma$ .... % aller Messwerte
$\mu \pm 3\sigma \cdot$ .... % aller Messwerte

-------------------- ▷ (40)

72

$V = 3520\,\text{mm}^3 \quad \sigma_{MV} = 36{,}9\,\text{mm}^3 \quad V = (3520 \pm 36{,}9)\,\text{mm}^3$

Rechengang: $x = (22 \pm 0{,}1)$ mm, $y = (16 \pm 0{,}08)$ mm, $z = (10 \pm 0{,}08)$ mm

$V = xyz = 3520\,\text{mm}^3$

Berechnung von σ_{MV}:

$$\frac{\partial V}{\partial x} = \frac{\partial}{\partial x}(xyz) = yz = 16 \cdot 10\,\text{mm}^2 = 160\,\text{mm}^2$$

$$\frac{\partial V}{\partial y} = x \cdot z = 220\,\text{m}^2, \quad \frac{\partial V}{\partial z} = x \cdot y = 352\,\text{mm}^2$$

$$\sigma_{MV} = \sqrt{160^2\,\text{mm}^4 \cdot 0{,}1^2\,\text{mm}^2 + 220^2\,\text{mm}^4 \cdot 0{,}08^2\,\text{mm}^2 + 352^2\,\text{mm}^4 \cdot 0{,}08^2\,\text{mm}^2}$$
$$= \sqrt{256\,\text{mm}^6 + 4{,}84 \cdot 64\,\text{mm}^6 + 12{,}39 \cdot 64\,\text{mm}^6}$$
$$= \sqrt{(256 + 310 + 793)\,\text{mm}^6} = \sqrt{1359\,\text{mm}^6}$$

$\sigma_{MV} = 36{,}9\,\text{mm}^3$ Endergebnis: $V = (3520 \pm 36{,}9)\text{mm}^3$ -------------------- ▷ (73)

32

$\vec{a} + \vec{b} = \vec{c}$

$\vec{b} + \vec{a} = \vec{c}$

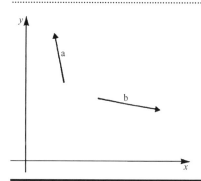

Bilden Sie den Summenvektor der Vektoren

$$\vec{a} + \vec{b} = \vec{c}$$

Anderer Name für Summenvektor:

....

....

Zeichnen Sie die beiden gleichwertigen Lösungen auf einen Zettel.

- - - - - - - - - - - - - - - ▷ (33)

78

$a_b = 0$

Ermitteln Sie rechnerisch und zeichnerisch die Projektion von $\vec{c}$ auf $\vec{d}$.

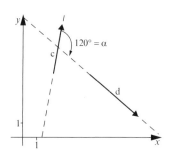

$$\alpha = 120°$$

$$\cos \alpha = -0,5$$

$$|\vec{c}| = 4$$

$$|\vec{d}| = 5$$

$$c_d = \text{.................}$$

- - - - - - - - - - - - - - - ▷ (79)

124

$$|\vec{b}| = \sqrt{b_x^2 + b_y^2 + b_z^2}$$

$$|\vec{b}| = \sqrt{1 + 4 + 1} = \sqrt{6} \approx 2,45$$

Gegeben sei ein Vektor $\vec{a}$.

$$\vec{a} = (4,\ 2,\ 4)$$

$\vec{a}$ hat den Betrag: ....

- - - - - - - - - - - - - - - ▷ (125)

5

Aufgabe der Fehlerrechnung
Mittelwert und Varianz

Der Arbeitsabschnitt ist diesmal etwas länger. Teilen Sie die Arbeit selbst in zwei Phasen ein. Dazwischen können Sie eine kurze oder längere Pause machen. Der wichtigste Abschnitt ist der Abschnitt „Fehler des Mittelwerts", am Schluss. Diesen Begriff werden Sie in der Praxis oder im Labor oft benutzen. Der „Fehler des Mittelwertes" gibt an, wie zuverlässig ein Mittelwert von Messdaten ist.

STUDIEREN SIE im Lehrbuch　　　　12.1 Aufgabe der Fehlerrechnung
　　　　　　　　　　　　　　　　　　12.2 Mittelwert und Varianz
　　　　　　　　　　　　　　　　　　Lehrbuch Seite 269–276

BEARBEITEN SIE DANACH Lehrschritt　　　　- - - - - - - - - - - - - - - - - - ▷ (9)

38

Oft hilft es, sich von Sachverhalten Bilder auf Papier zu skizzieren und diese erst dann intern zu visualisieren.

Begründung für die Wirksamkeit dieser Lerntechnik:

Gleiche Sachverhalte werden so in verschiedener Weise kodiert. Damit werden sie mehrfach im Gedächtnis eingespeichert. Darüber hinaus werden Sie zusammenhängend gespeichert.

Damit steigt die Assoziationswahrscheinlichkeit bei der späteren Reaktivierung der Gedächtnisinhalte.

- - - - - - - - - - - - - - - - - - ▷ (39)

71

Neue Aufgabe: Die Seiten eines Quaders seien:

$$x = (22 \pm 0{,}1)\,\text{mm}$$

$$y = (16 \pm 0{,}8)\,\text{mm}$$

$$z = (10 \pm 0{,}8)\,\text{mm}$$

Wie groß ist das Volumen $V = x \cdot y \cdot z$ des Quaders und die Standardabweichung σ_M?

$$V = \ldots\ldots\ldots\ldots$$

$$\sigma_{Mv} = \ldots\ldots\ldots\ldots$$

Endergebnis mit Fehlern angeben:

$$V = \ldots\ldots\ldots\ldots$$

- - - - - - - - - - - - - - - - - - ▷ (72)

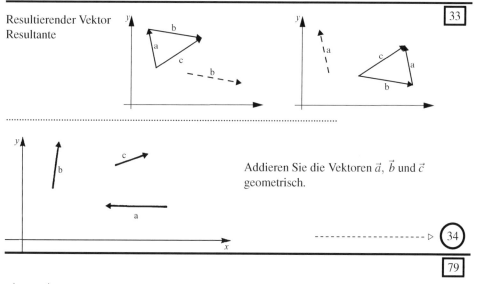

Resulterender Vektor
Resultante

33

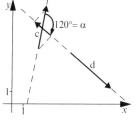

Addieren Sie die Vektoren $\vec{a}$, $\vec{b}$ und $\vec{c}$ geometrisch.

------------------ ▷ 34

79

$$c_d = 4 \cdot (-0,5) = -2$$

Jetzt folgen noch kurze Hinweise zur Arbeitseinteilung. ------------------ ▷ 80

125

$$|\vec{a}| = \sqrt{16+4+16} = 6$$

Gesucht ist nun der Einheitsvektor in Richtung von $\vec{a}$.

Wir gewinnen den Einheitsvektor in Richtung eines Vektor $\vec{a}$, indem wir $\vec{a}$ mit dem Faktor 1/a multiplizieren. Formal ist das die Multiplikation eines Vektors mit einem Skalar.

Geben Sie den Einheitsvektor $\vec{e}_a$ an für $\vec{a} = (4,\ 2,\ 4)$

$\vec{e}_a = \ldots\ldots\ldots\ldots$

------------------ ▷ 126

$\boxed{4}$

Streuung: σ
Mittelwert: μ

....

Und jetzt beginnt die Fehlerrechnung   - - - - - - - - - - - - - - - - - - - ▷ $\boxed{5}$

$\boxed{37}$

Bei der internen Visualisierung aktivieren Sie das Vorstellungsvermögen und Ihre Kreativität.

Man kann sich viele Sachverhalte visualisieren:

Alle – aber wirklich alle – Kurven, bei denen sich EIN Parameter verändert.

Für Zusammenhänge in der Physik kann man sich Bilder machen. So stelle man sich bei Kräften Vektoren bildhaft vor.

Nach etwas Übung kann dies zu einer nützlichen Gewohnheit werden.

- - - - - - - - - - - - - - - - - - - ▷ $\boxed{38}$

$\boxed{70}$

Rechengang: $R_1 = (150 \pm 0{,}9)\Omega$, $R_2 = (220 \pm 1{,}1)\Omega$ $R = R_1 + R_2 = 370\ \Omega$

Jetzt muss noch der Fehler des Mittelwerts berechnet werden. $\dfrac{\partial R}{\partial R_1} = 1$ $\dfrac{\partial R}{\partial R_2} = 1$

$$\sigma_{MR} = \sqrt{\left(\frac{\partial R}{\partial R_1}\right)^2 \cdot \sigma_{R_1} + \left(\frac{\partial R}{\partial R_1}\right)^2} = \sqrt{1 \cdot 0{,}9^2 + 1 \cdot 1{,}1^2}$$

$$= \sqrt{(0{,}81 + 1{,}21)\Omega^2} = \sqrt{2{,}02\Omega^2}$$

$$\sigma_{MR} = 1{,}4\Omega$$

Endergebnis: $R = (370 \pm 1{,}4)\Omega$

- - - - - - - - - - - - - - - - - - - ▷ $\boxed{71}$

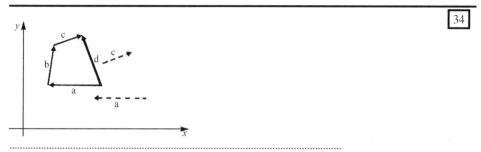

34

Die Vektoraddition besteht in der Bildung einer geschlossenen fortlaufenden Kette der zu addierenden Vektoren. Es entsteht ein Polygonzug. Jetzt entscheiden Sie:

Vektoraddition verstanden, keine Fehler gemacht   ------------------- ▷

Fehler gemacht oder weitere Erläuterungen erwünscht   ------------------- ▷

80

Einteilung von Arbeitsphasen und Pausen

Alle Lebewesen ermüden. Auch der Mensch. Gelegentlich muss man eine Pause machen. Soll man eine Pause machen, wenn vor Ermüdung die Augenlider bereits gesunken sind?

Sicher. Aber besser ist es, Pausen rechtzeitig zu machen. Durch kurze Pausen kann ein Leistungsabfall durch Ermüdung hinausgeschoben werden.

Ein für derartige Zusammenhänge typischer Befund wird im nächsten Lehrschritt dargestellt.

------------------- ▷ 81

126

$$\vec{e}_a = \left(\frac{4}{6}, \frac{2}{6}, \frac{4}{6} \right) = \left(\frac{2}{3}, \frac{1}{3}, \frac{2}{3} \right)$$

Berechnen wir zur Kontrolle und Verifizierung jetzt den Betrag von $\vec{e}_a = \left(\frac{2}{3}, \frac{1}{3}, \frac{2}{3} \right)$

$$|\vec{e}_a| = \ldots\ldots\ldots\ldots$$

------------------- ▷ 127

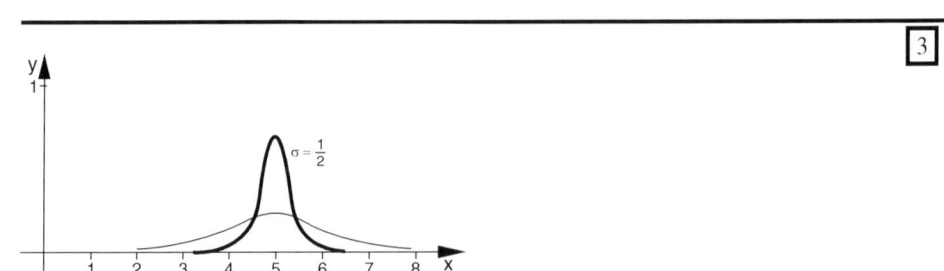

Durch diese Übung wird deutlich: Die Streuung der Normalverteilung wird festgelegt durch den Parameter

. . . .

Der Mittelwert der Normalverteilung wird festgelegt durch den Parameter

. . . .

Vielen – nicht allen – wird es gelingen, sich ein inneres Bild der Kurve und ihrer Veränderung zu machen.

Wem es glückt, der kann damit rechnen, dass die Vergessenswahrscheinlichkeit für diesen inneren visualisierten Zusammenhang jetzt geringer geworden ist.

BOWER, ein amerikanischer Psychologe, hat anhand empirischer Untersuchungen gefunden, dass Sachverhalte ohne interne Visualisierung zu 30 bis 50% behalten wurden; Versuchspersonen mit interner Visualisierung behielten demgegenüber doppelt so viel, nämlich 50–80%. Der Gewinn lohnt eigentlich die Zusatzanstrengung.

Übung: Stellen Sie sich die Gaußverteilung vor, wie sie sich mit wachsendem μ
nach rechts verschiebt.

- - - - - - - - - - - - - - - - - - - ▷ (37)

69

$R = R_1 + R_2 = 370 \ \Omega, \ \sigma_{MR} = 1{,}42$

$R = (370 \pm 1{,}42)\Omega$

Lösung gefunden

Erläuterung oder Hilfe erwünscht - - - - - - - - - - - - - - - - - - - ▷ (70)

35

Zur Erläuterung addieren wir die Vektoren $\vec{a}$, $\vec{b}$, $\vec{c}$ Schritt für Schritt:

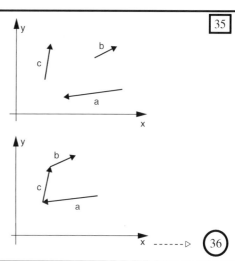

1. Schritt: Die Vektoren werden so verschoben, dass eine fortlaufende geschlossene Kette der Pfeile entsteht. Einzige Veränderung: Verschiebung der Vektoren.

2. Schritt: Anfangspunkt und Endpunkt der Kette werden durch die Resultierende verbunden. Zeichnen Sie die Resultierende ein.

------- ▷ 36

81

Der experimentell durch Tests erhobene Verlauf der Leistungsfähigkeit ist als Funktion der Zeit dargestellt.

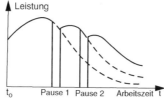

Pausen verzögern den Leistungsabfall. Das bedeutet, dass Sie Ihre Arbeit in Arbeitsabschnitte und Pausen einteilen sollten. Hier im Leitprogramm sind die Abschnitte bereits eingeteilt. Die Größe des Arbeitsabschnittes richtet sich nach der subjektiven Schwierigkeit des Inhalts. Deshalb sind die Arbeitsabschnitte vom Leitprogramm jeweils so gewählt, dass sie eher zu klein als zu groß bemessen sind. Förderliche Arbeitszeiten liegen zwischen 20 und 60 Minuten.

-------------------- ▷ 82

127

$$|\vec{e}_a| = \sqrt{\frac{4}{9} + \frac{1}{9} + \frac{4}{9}} = 1$$

....

Berechnen Sie den Einheitsvektor für

$$\vec{a} = (3, 4)$$
$$\vec{e}_a = \ldots\ldots\ldots\ldots$$

-------------------- ▷ 128

2

Diskrete Wahrscheinlichkeitsverteilung

Kontinuierliche Wahrscheinlichkeitsverteilung

Binomialverteilung

Galton'sches Brett

Normalverteilung

Mittelwert

Gegeben sei die Wahrscheinlichkeitsdichte der Normalverteilung:

$$f(x) = \frac{1}{\sigma\sqrt{2\pi}} \cdot e^{-\frac{(x-\mu)^2}{2\sigma^2}}$$

Die Skizze zeigt die Normalverteilung für $\sigma = 1$ und $\mu = 5$.

Skizzieren Sie den Verlauf für $\sigma = \frac{1}{2}$ und $\mu = 5$.

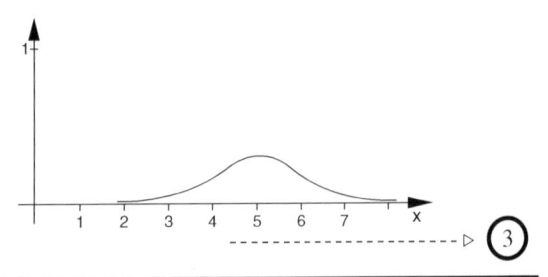

▷ 3

35

Die Regel ist einfach. Man macht sich zu verbal oder formal dargestellten Sachverhalten innere Bilder. Am günstigsten sind Bilder, die sich bewegen.

Beispiel: Bei der eben besprochenen Gaußverteilung kann man sich vorstellen, wie eine spitze Glockenkurve mit wachsendem σ immer breiter wird und das Maximum dabei immer mehr abnimmt. Auch den umgekehrten Vorgang kann man sich vorstellen. Dann wird eine flache Glockenkurve immer enger und höher. Die Fläche unter der Kurve muss ja konstant bleiben.

Versuchen Sie es einmal, sich diese Kurvenveränderung vorzustellen. Lehnen Sie sich ruhig zurück und konzentrieren Sie sich auf das innere Bild.

▷ 36

68

$\sigma_{MR} = 0{,}13152^2 = 0{,}36\,\Omega$ Das Endergebnis heißt also: $R = (89{,}19 \pm 0{,}36)\,\Omega$

Wie groß ist der Gesamtwiderstand R und die Standardabweichung σ_{RM}, wenn man die beiden Widerstände $R_1 = (150 \pm 0{,}9)\,\Omega$ und $R_2 = (220 \pm 1{,}1)\,\Omega$ hintereinander schaltet?

$$R = R_1 + R_2$$
$$R = \dots\dots\,\Omega$$
$$\sigma_{MR} = \dots\dots\,\Omega$$

▷ 69

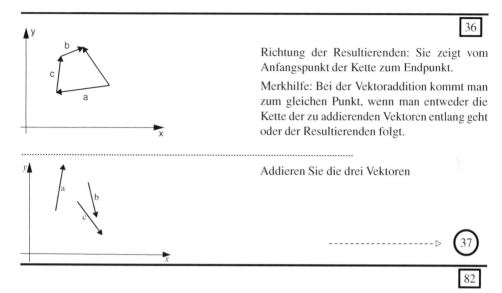

36

Richtung der Resultierenden: Sie zeigt vom Anfangspunkt der Kette zum Endpunkt.

Merkhilfe: Bei der Vektoraddition kommt man zum gleichen Punkt, wenn man entweder die Kette der zu addierenden Vektoren entlang geht oder der Resultierenden folgt.

Addieren Sie die drei Vektoren

- - - - - - - - - - - - - - - - - - ▷ 37

82

Pausen sind Bestandteil der Arbeit. Aber genau wie die Arbeit eingeteilt ist, sollte auch die Pause eingeteilt sein. Pausen dürfen nicht zu lang werden. Dann unterbrechen sie die Arbeit, und man muss sich wieder ganz neu auf die Lernsituation einstellen — dafür braucht man Zeit und Energie.

Es hilft sehr, vor Beginn der Pause bereits auch das Ende der Pause festzulegen. Wenn man das vorgesehene Ende auf einen Zettel schreibt, kann man kontrollieren, wie gut man sich an eigene Vorsätze hält.

- - - - - - - - - - - - - - - - - - ▷ 83

128

$\vec{e}_a = (0{,}6,\ 0{,}8)$

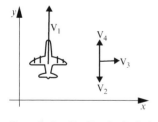

Ein Flugzeug habe die Geschwindigkeit gegenüber der Luft $\vec{v}_1 = (0, 200\,\text{km/h})$

Geben Sie die Geschwindigkeit des Flugzeuges über Land an für drei verschiedene Windgeschwindigkeiten:

Gegenwind:	$\vec{v}_2 = (0, -50\,\text{km/h})$
Seitenwind:	$\vec{v}_3 = (50\,\text{km/h}, 0)$
Rückenwind:	$\vec{v}_4 = (0, +50\,\text{km/h})$

Gesucht ist die Geschwindigkeit über Land

$\vec{v}_1 + \vec{v}_2 = \ldots\ldots\ldots\ldots$

$\vec{v}_1 + \vec{v}_3 = \ldots\ldots\ldots\ldots$

$\vec{v}_1 + \vec{v}_4 = \ldots\ldots\ldots\ldots$

- - - - - - - - - - - - - - - - - - ▷ 129

1

Für das Studium dieses Kapitels „Fehlerrechnung" ist es gut, das vorhergehende Kapitel „Wahrscheinlichkeitsverteilungen" zu kennen. Daher eine kurze Wiederholung.
Nennen Sie mindestens 3 neue Begriffe aus dem Kapitel „Wahrscheinlichkeitsverteilungen".

. . . .

. . . .

. . . .

------------------------ ▷ ②

34

Verteilung 1, 3, 4, 2

....

Eine Festigung von Gedächtnisinhalten kann man durch interne innere Visualisierung erreichen. Diese Technik ist stark persönlichkeitsabhängig und besonders nützlich für Menschen, die ein gutes inneres Vorstellungsvermögen haben.

Möchte die Hinweise auf die Lerntechnik

Visualisierung überschlagen ------------------- ▷ ㉟

Hinweise zur inneren Visualisierung ------------------- ▷ ㉟

67

$$\frac{\partial f}{\partial R_1} = \frac{(220)^2}{(150+220)^2} = 0{,}35\,\Omega$$

$$\frac{\partial f}{\partial R_2} = \frac{(150)^2}{(150+220)^2} = 0{,}16\,\Omega$$

Jetzt setzen wir in die allgemeine Formel ein. Sie war:

$$\sigma_{MR} = \sqrt{(\tfrac{\partial f}{\partial R_1})^2\,\sigma_{R_1}{}^2 + (\tfrac{\partial f}{\partial R_2})^2 \cdot \sigma_{R_2}{}^2}$$

Mit $\sigma_{R_1} = 0{,}9\,\Omega$ und $\sigma_{R_2} = 1{,}1\,\Omega$ und den obigen Werten ergibt sich dann:

   $\sigma_{MR} = \ldots\ldots\ldots\ldots$

------------------- ▷ ㊻

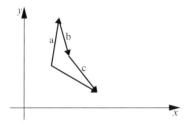

....

Entscheiden Sie selbst:

Vektoraddition verstanden ---------------------▷ 41

Noch eine Übung gewünscht ---------------------▷ 38

Komponentendarstellung im Koordinatensystem

Jetzt folgt wieder eine Phase selbständigen Studiums anhand des Lehrbuches.

STUDIEREN SIE im Lehrbuch | 1.6 Komponentendarstellung im Koordinaten-
system
1.6.1 Ortsvektoren
1.6.2 Einheitsvektoren
1.6.3 Komponentendarstellung eines Vektors
Lehrbuch, Seite 22–25

BEARBEITEN SIE danach Lehrschritt ---------------------▷ 84

$\vec{v}_1 + \vec{v}_2 = \left(0,\ 150\frac{km}{h}\right)$ (Gegenwind)

$\vec{v}_1 + \vec{v}_3 = \left(50\frac{km}{h}, 200\frac{km}{h}\right)$ (Seitenwind)

$\vec{v}_1 + \vec{v}_4 = \left(0, 250\frac{km}{h}\right)$ (Rückenwind)

....

Geben Sie den Betrag der Absolutgeschwindigkeit über dem Erdboden an für die drei Fälle oben:

$|\vec{v}_1 + \vec{v}_2| = $ .... (Gegenwind)

$|\vec{v}_1 + \vec{v}_3| = $ .... (Seitenwind)

$|\vec{v}_1 + \vec{v}_4| = $ .... (Rückenwind)

---------------------▷ 130

K. Weltner, *Leitprogramm Mathematik für Physiker 1,*
DOI 10.1007/978-3-642-23485-9_12, © Springer-Verlag Berlin Heidelberg 2012

Kapitel 12
Fehlerrechnung

38

Addieren Sie die drei Vektoren in zwei Schritten.

1. Schritt: Bildung einer fortlaufenden Kette:

a) Verschieben Sie zunächst den Vektor $\vec{b}$ so, dass er an der Spitze von $\vec{a}$ beginnt.
b) Verschieben Sie nun den Vektor $\vec{c}$ sodass er an der Spitze des verschobenen Vektors $\vec{b}$ beginnt.

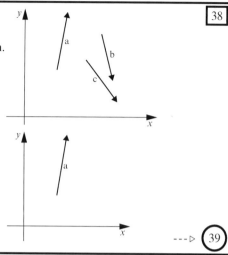

---▷ (39)

84

Rekapitulieren Sie die neuen Begriffe.

Vektoren mit der Länge 1 heißen ....

Die Darstellung eines Vektors in der Form $\vec{a} = (3, 1, 2)$ heißt ....

Der Vektor vom Koordinatenursprung zu einem Punkt P heißt ....

-------------------- ▷ (85)

130

$$|\vec{v}_1 + \vec{v}_2| = \sqrt{\left(150\tfrac{km}{h}\right)^2} = 150\,km/h$$

$$|\vec{v}_1 + \vec{v}_3| = \sqrt{\left(50\tfrac{km}{h}\right)^2 + \left(200\tfrac{km}{h}\right)^2} = \sqrt{42.500\left(\tfrac{km}{h}\right)^2} \approx 206\,km/h$$

$$|\vec{v}_1 + \vec{v}_4| = \sqrt{\left(250\tfrac{km}{h}\right)^2} = 250\,km/h$$

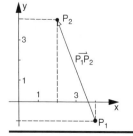

Gegeben seien zwei Punkte P_1, P_2

$P_1 = (4, -1)$

$P_2 = (2, 4)$

$\overrightarrow{P_1P_2} = (\ldots\ldots\ldots\ldots\ldots)$

Entfernung der Punkte: ....

-------------------- ▷ (131)

22

$$p(z=10) = \left(\frac{1}{4}\right)^{10} = 0{,}000\,001$$

$$p(z=9) = \left(\frac{1}{4}\right)^9 \cdot \frac{3}{4} \cdot 10 = 0{,}000\,03$$
Hinweis: 9 richtige und eine falsche Lösung kann auf 10 verschiedene Möglichkeiten erreicht werden.

Allgemein gilt für die Wahrscheinlichkeit $z = a$ richtige Lösungen zu erhalten.

$$p(z=a) = \binom{N}{a} \cdot p(x=1)^a \cdot p(x=0)^{N-a}$$

$$p(z=8) = \ldots\ldots\ldots$$

Dieser Ausdruck ist identisch mit der Binomialverteilung.

BLÄTTERN SIE ZURÜCK ◁--------------------- 23

44

Der Mittelwert $\bar{x}$ einer kontinuierlichen Zufallsvariablen mit der Wahrscheinlichkeitsverteilung $f(x)$ ist definiert als

$$\bar{x} = \int_{-\infty}^{\infty} x\, f(x)\, dx$$

Die Integrationsgrenzen sind durch den Definitionsbereich der Zufallsvariablen x bestimmt. Geben Sie den Mittelwert der Zufallsvariablen x mit folgender Wahrscheinlichkeitsdichte an:

$$f(x) = \begin{cases} 2(1-x) & \text{für } 0 \le x \le 1 \\ 0 & \text{sonst} \end{cases}$$

$$\bar{x} = \ldots\ldots\ldots$$

BLÄTTERN SIE ZURÜCK ◁--------------------- 45

66

Es ist hilfreich, in Abständen innezuhalten, die erreichten Fortschritte wahrzunehmen und sich kleine Belohnungen für Teilziele auszusetzen.

Alles kann man übertreiben. Wer ein Teilziel erreicht hat, hat immer noch eine Wegstrecke vor sich und darf sich nicht zu lange ausruhen, also einem „*vorzeitigen Lorbeereffekt*" erliegen.

des Kapitels erreicht.

39

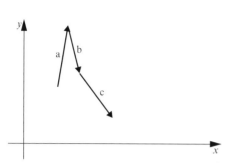

2. Schritt:

Verbinden Sie nun den Anfangspunkt und den Endpunkt der Kette und zeichnen Sie die Resultierende $\vec{r}$ ein.

------------------- ▷ (40)

85

Einheitsvektoren
Komponentendarstellung
Ortsvektor

....

Geben Sie drei Schreibweisen für die Einheitsvektoren in den drei Richtungen des Koordinatensystems an:

$\vec{e} = (\ldots, \ldots, \ldots)$
$\vec{e} = (\ldots, \ldots, \ldots)$
$\vec{e} = (\ldots, \ldots, \ldots)$

------------------- ▷ (86)

131

$\overrightarrow{P_1P_2} = (-2, 5)$
$\left|\overrightarrow{P_1P_2}\right| = \sqrt{29} \approx 5,39$

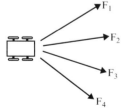

An einem Wagen ziehen vier Hunde. Sie haben die Kräfte:

$\vec{F_1} = (20\,\text{N},\ 15\,\text{N}) \quad \vec{F_2} = (18\,\text{N},\ 0\,\text{N})$

$\vec{F_3} = (25\,\text{N},\ -5\,\text{N}) \quad \vec{F_4} = (27\,\text{N},\ -20\,\text{N})$

Gesamtkraft $\vec{F} = (\ldots\ldots\ldots\ldots\ldots)$

$|\vec{F}| = \ldots\ldots\ldots\ldots$

------------------- ▷ (132)

21

$$p(x=1) = \tfrac{1}{4}$$

$$p(x=0) = \tfrac{3}{4}$$

Die Wahrscheinlichkeit, zufällig alle 10 Aufgaben richtig anzukreuzen, ist

$$p(z=10) = \ldots\ldots\ldots$$

Die Wahrscheinlichkeit, zufällig 9 Aufgaben richtig anzukreuzen, ist

$$p(z=9) = \ldots\ldots\ldots$$

-------------------- ▷ (22)

43

$$\bar{x} = \int_{-\infty}^{\infty} x f(x)\,dx = \int_{0}^{a} x \cdot \frac{1}{2}\,dx = \frac{a}{2}$$

Weitere Übung erwünscht -------------------- ▷ (44)

Ohne weitere Übung geht es weiter mit den Lehrschritten

im unteren Drittel der Seiten -------------------- ▷ (46)

65

Der Hinweis, sich nach einer guten Arbeitsleistung selbst auf die Schulter zu klopfen, ist ganz ernst gemeint. Es ist eine Leistung, einen größeren Studienabschnitt oder ein anspruchsvolles Arbeitspensum durchzuhalten. Sie verdient Anerkennung und wer könnte diese Leistung besser einschätzen, als Sie selbst. Sich gelegentlich die geleistete Arbeit und die bereits erreichten Studienfortschritte bewusst zu machen, stärkt Ihr Selbstvertrauen und stabilisiert Ihre Motivation. Psychologen nennen diese Technik „Selbstverstärkung" oder „Selbstbekräftigung" und ihre förderliche Wirkung auf das Studierverhalten ist belegt.

-------------------- ▷ (66)

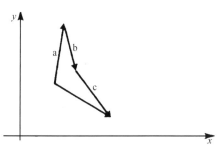

Das Verfahren der zeichnerischen Addition von Vektoren ist im Kern ganz einfach. Man muss nur die geschlossene Kette der Pfeile bilden. Der hinzugefügte Pfeil beginnt immer an der Spitze des vorausgehenden.

- ▷ (41)

$\vec{e} = (\vec{e}_x, \vec{e}_y, \vec{e}_z)$

$\vec{e} = (\vec{i}, \vec{j}, \vec{k})$

$\vec{e} = (\vec{e}_1, \vec{e}_2, \vec{e}_3)$

....

p_x, p_y, p_z seinen die Komponenten eines Ortsvektors $\vec{p}$.

Die ausführliche Darstellung von $\vec{p}$ als Summe seiner Komponenten wird notiert:

$\vec{p} = \dots\dots\dots\dots$
In abgekürzter Komponentendarstellung wird $\vec{p}$ notiert:

$\vec{p} = \dots\dots\dots\dots$ oder $\vec{p} = \dots\dots\dots\dots$

- ▷ (87)

$\vec{F} = (90\,\text{N}, -10\,\text{N})$

$|\vec{F}| = \sqrt{8200}\,\text{N} \approx 90{,}5\,\text{N}$

....

Für die nächste Aufgabe ist es notwendig zu wissen, was $\cos(\alpha)$ und $\sin(\alpha)$ bedeuten.

Bedeutung von Kosinus und Sinus bekannt   - - - - - - - - - - - - - - - - - - - ▷ (134)

Bedeutung von Kosinus und Sinus nicht bekannt   - - - - - - - - - - - - - - - - - - - ▷ (133)

20

Die Zufallsvariable x für eine Aufgabe kann zwei Werte annehmen:

1 = richtig   0 = falsch

Die Aufgabenlösungen erfolgen unabhängig voneinander.

Die Wahrscheinlichkeit p, die richtige Lösung bei 4 Antwortmöglichkeiten zufällig anzukreuzen ist

$p(x = 1) =$ ············

Die Wahrscheinlichkeit, eine falsche Lösung zufällig anzukreuzen, ist

$p(x = 0) =$ ············

------------------ ▷ 21

42

Mittlere Augenzahl $= \frac{1}{6}\cdot 1 + \frac{1}{6}\cdot 2 + \frac{1}{6}\cdot 3 + \frac{1}{6}\cdot 4 + \frac{1}{6}\cdot 5 + \frac{1}{6}\cdot 6 = 3{,}5$

Eine Zufallsvariable besitze die Wahrscheinlichkeitsdichte

$$f(x) = \begin{cases} \dfrac{1}{a} & \text{für } 0 \leq x \leq a \\ 0 & \text{sonst} \end{cases}$$

Berechnen Sie den Mittelwert der Zufallsvariablen x. (Integrale kann man abschnittsweise berechnen.) $\bar{x} =$ ············

------------------ ▷ 43

64

Wer kein passionierter Mathematiker ist, und die sind selten, hat bisher eine erhebliche Arbeitsleistung aufgebracht und in vielen Entscheidungen nicht den bequemsten Weg gewählt. Auch dies ist ein Grund dafür, sich selbst einmal auf die Schulter zu klopfen, wenn es kein anderer tut.

Aber danach die Übungsaufgaben auf Seite 268 nicht ganz vergessen. Am besten nach einigen Tagen rechnen.

------------------ ▷ 65

41

Der Summenvektor ist von der Reihenfolge unabhängig, in der die Vektoren addiert werden.
Bilden Sie den Summenvektor einmal, indem Sie die Vektoren in der Reihenfolge $1 \to 6$ und dann
in umgekehrter Reihenfolge $6 \to 1$ addieren.

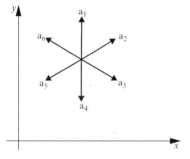

------------------- ▷ 42

87

$$\vec{p} = p_x \cdot \vec{e}_x + p_y \cdot \vec{e}_y + p_z \cdot \vec{e}_z \qquad \vec{p} = (p_x, p_y, p_z) \qquad \vec{p} = \begin{pmatrix} p_x \\ p_y \\ p_z \end{pmatrix}$$

Der Punkt $P = (3, 2)$ sei gegeben.
Der Ortsvektor $\vec{p}$ hat die beiden .... $p_x \cdot \vec{e}_x$ und $p_y \cdot \vec{e}_y$.

Zeichnen Sie p_x und p_y sowie $\vec{p}$ ein.

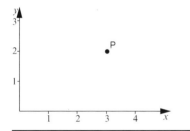

------------------- ▷ 88

133

Im Lehrbuch werden Kosinus und Sinus im Kapitel 3 ausführlich behandelt. Hier genügt folgende
Betrachtung für ein rechtwinkliges Dreieck:

Definition des Kosinus:

$\cos \alpha = a/c = $ Ankathete/Hypothenuse

Daraus ergibt sich $a = c \cdot \cos(\alpha)$

Definition des Sinus:

$\sin \alpha = b/c = $ Gegenkathete/Hypothenuse

Daraus ergibt sich $b = c \cdot \sin(\alpha)$

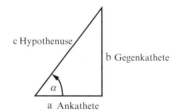

Die Werte von Sinus und Kosinus bestimmt man für den gegebenen Winkel α mit dem Taschenrechner oder entnimmt sie Tabellen. Schreiben Sie sich die Definition und die Umformungen auf
einen Zettel, den Sie bei Bedarf benutzen

------------------------------------- ▷ 134

Angenommen, Sie schreiben einen Test, der sich auf den Inhalt des Kapitels „Komplexe Zahlen" bezieht. Der Test bestehe aus zehn multiple choice (Auswahlantwort) Aufgaben. In jeder Aufgabe ist die richtige Lösung aus vier angebotenen auszuwählen.

Weiter sei angenommen, Sie haben das Kapitel über „Komplexe Zahlen" nicht bearbeitet. Dennoch entschließen Sie sich, den Test mitzuschreiben und verlassen sich darauf, zufällig die richtigen Antworten anzukreuzen.

Der Test sei erfolgreich absolviert, wenn Sie mindestens 80% der Aufgaben richtig haben.

Wie groß ist Ihre Chance dieses Ziel zufällig zu erreichen ....

Hinweis und Rechengang -------------------- ▷ 20

Lösung -------------------- ▷ 24

41

$\bar{x} = p_1 x_1 + p_2 x_2 + p_3 x_3 + p_4 x_4$
$= 0{,}14 + 1{,}5 + 2{,}4 + 1{,}4$
$= 5{,}7$

....

Berechnen Sie die mittlere Augenzahl bei Würfeln mit einem Würfel.

Mittlere Augenzahl $= \ldots\ldots\ldots\ldots\ldots\ldots$

-------------------- ▷ 42

63

Im Lehrbuch ist auf den Seiten 263–265 die Binomialverteilung abgeleitet. Im Anhang A und B werden die notwendigen Integrale berechnet. Diese Abschnitte richten sich an den Leser, den sich der Mathematiker wünscht. Einen Leser nämlich, der kein Ergebnis ungeprüft übernimmt. Der Beweis ist nicht schwer. Die Binomialverteilung lag auch dem Problem im Leitprogramm zugrunde, als nach der Wahrscheinlichkeit gefragt wurde, in einem Test mindestens 80% der Aufgaben richtig zu beantworten.

Ob Sie diese Abschnitte studieren, liegt bei Ihnen. Ein Argument bei dieser Entscheidung ist die zur Verfügung stehende Zeit. Oft reicht sie nicht aus. Dann können Sie hier Zeit einsparen und gleich weitermachen. Falls Sie diese Abschnitte bearbeiten, ist es nötig, mitzurechnen.

-------------------- ▷ 64

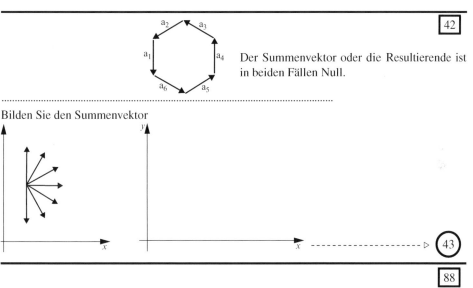

42

Der Summenvektor oder die Resultierende ist in beiden Fällen Null.

Bilden Sie den Summenvektor

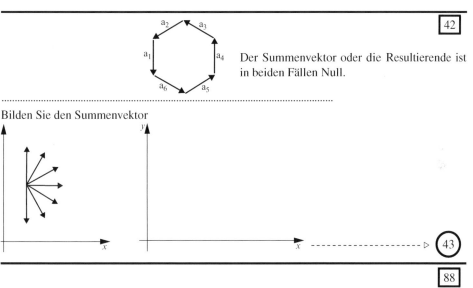

▷ 43

88

Komponenten

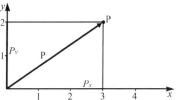

Wie lautet die Komponentendarstellung von $\vec{p}$ oben in der Zeichnung?

$\vec{p} = \ldots\ldots\ldots\ldots$

▷ 89

134

Hier eine praktisch wichtige Aufgabe:

Ermittlung der Komponenten eines Vektors bei gegebenem Betrag und bekanntem Winkel.

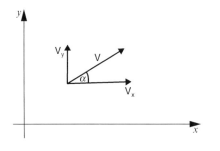

Geben Sie $\vec{v}$ in Komponentenschreibweise unter Benutzung von Kosinus (α) und Sinus (α) an.

$\vec{v} = (\ldots\ldots\ldots\ldots, \ldots\ldots\ldots\ldots)$

▷ 135

18

Sebastian muss den Versuch 7mal wiederholen. Behält er jedes Mal recht, ist Mathias zufrieden.

Versuche	1	2	3	4	5	6	7
richtige Identifikation	ja	ja	ja	ja	ja	ja	ja
Zufallswahrscheinlichkeit für richtige Identifikation $p = (\frac{1}{2})^n$	0,5	0,25	0,13	0,06	0,03	0,016	0,0078

Die Wahrscheinlichkeit, dass Sebastian in sieben aufeinander folgenden Versuchen zufällig immer die richtige Zuordnung trifft, ist demnach 0,0078. - ▷ ⑲

40

$$\bar{x} = \sum_{i=1}^{K} p_i x_i$$

Eine Messung habe das folgende Ergebnis

Messwert	relative Häufigkeit
$x_1 = 4$	$h_1 = 0,1$
$x_2 = 5$	$h_2 = 0,3$
$x_3 = 6$	$h_3 = 0,4$
$x_4 = 7$	$h_4 = 0,2$

Der Mittelwert ist $\bar{x} =$ . . . .

- ▷ ㊶

62

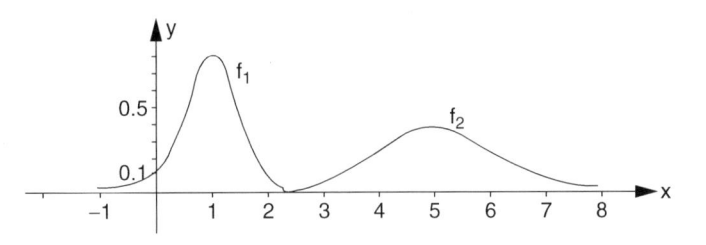

Hier kam es darauf an, einige Werte abzuschätzen und den Kurvenverlauf zu skizzieren. Die Unterschiede beider Kurven liegen in der Lage des Mittelwertes und in der Breite.

- ▷ ㊻

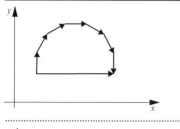

43

Bei einer anderen Reihenfolge ergeben sich andere Ketten – aber das Ergebnis ist immer gleich.

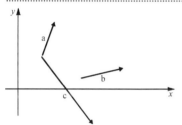

Addieren Sie nun die drei Vektoren $\vec{a}$, $\vec{b}$ und $\vec{c}$.

- - - - - - - - - - - - - - - - - - - ▷ (44)

89

$$\vec{p} = (3,\ 2) \qquad \text{oder} \qquad \vec{p} = \begin{pmatrix} 3 \\ 2 \end{pmatrix}$$

Komponentendarstellung des dreidimensionalen Vektors $\vec{a}$: $\vec{a} = (-2,\ 4,\ 2)$

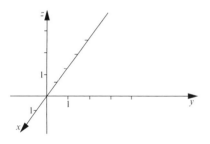

Zeichnen Sie den Vektor $\vec{a}$ in das dreidimensionale Koordinatensystem.

- - - - - - - - - - - - - - - - - - - ▷ (90)

135

$$\vec{v} = (v \cos \alpha,\ v \sin \alpha)$$

Hier noch eine kurze Bemerkung zu Übungen. Wenn Übungsaufgaben leicht sind, nützt es wenig, weitere Übungen des gleichen Typs zu rechnen. Dies ist bereits von Ebbinghaus (1885) beobachtet worden. Jede Wiederholung oder Übung trägt umso mehr zur Erhöhung des Behaltenes oder des Verständnisses bei, je größer die subjektiv empfundenen Schwierigkeiten sind. Voraussetzung ist, dass die Aufgabe lösbar bleibt.

Bei den letzten Übungen hier bezogen sich die Aufgaben auf den gesamten Stoff des Kapitels 1. Die Schwierigkeit einer Übung hängt auch vom Kontext ab. Innerhalb einer Reihe gleichartiger Übungen ist eine Übung immer subjektiv leichter als dieselbe Übung in einem neuen Zusammenhang. Man beherrscht eine Rechenoperation oder ein Rechenverfahren erst dann vollständig, wenn man es in jeder Situation, also in unterschiedlichem Kontext, anwenden kann.

- - - - - - - - - - - - - - - - - - - ▷ (136)

17

Sebastian muss in mehreren nacheinander ausgeführten Versuchen die richtige Biersorte identifizieren. Kann er es wirklich, wird er jedes Mal recht haben. Kann er es nicht, sinkt mit jedem weiteren Versuch die Wahrscheinlichkeit, zufällig recht gehabt zu haben.

Wie viele Versuche sind notwendig, um die Wahrscheinlichkeit für ein zufällig richtiges Gesamtergebnis kleiner als 0,01 zu halten?

. . . .

- - - - - - - - - - - - - - - - - - - ▷ (18)

39

Messung *B*

Gegeben sei die Wahrscheinlichkeitsverteilung $p_1, \ldots p_k$ zu den Werten $x_1, \ldots x_k$ einer diskreten Zufallsvariablen *x*.

Der Mittelwert *x* ist definiert als

$$\bar{x} = \ldots\ldots\ldots\ldots$$

- - - - - - - - - - - - - - - - - - - ▷ (40)

61

$x = \mu$ (Vergleichen Sie auch mit dem Lehrbuch)

Vertrautheit mit der Normalverteilung erwirbt man sich durch Übung. Skizzieren Sie zwei Normalverteilungen:

$$f(x) = \frac{1}{\sigma\sqrt{2\pi}} e^{-\frac{(x-\mu)^2}{2\sigma^2}}$$

a) $\sigma_1 = 1$ und $\mu = 5$;

b) $\sigma_2 = 0,5$ und $\mu = 1$

Hinweis: für die Skizze Werte abschätzen

$$\frac{1}{\sqrt{2\pi}} \approx \frac{1}{2,5} = 0,4$$

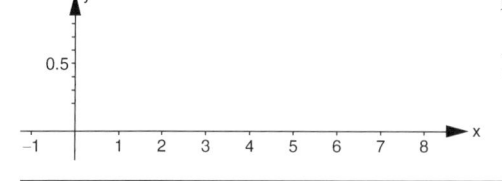

- - - - - - - - - - - - - - - - - - - ▷ (62)

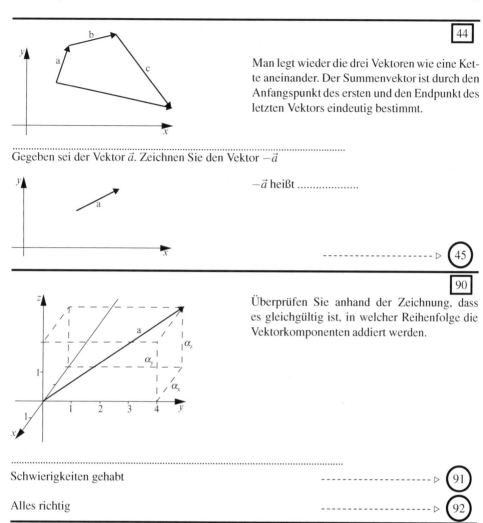

44

Man legt wieder die drei Vektoren wie eine Kette aneinander. Der Summenvektor ist durch den Anfangspunkt des ersten und den Endpunkt des letzten Vektors eindeutig bestimmt.

Gegeben sei der Vektor $\vec{a}$. Zeichnen Sie den Vektor $-\vec{a}$

$-\vec{a}$ heißt ....

-------------------- ▷ (45)

90

Überprüfen Sie anhand der Zeichnung, dass es gleichgültig ist, in welcher Reihenfolge die Vektorkomponenten addiert werden.

Schwierigkeiten gehabt

-------------------- ▷ (91)

Alles richtig

-------------------- ▷ (92)

136

Die hier gelernten mathematischen Verfahren und Zusammenhänge werden in der Physik und in der Technik außerhalb des gewohnten mathematischen Kontextes und häufig mit ungewohnter Notierung verwendet.

Aus diesem Grunde finden Sie gelegentlich den Wechsel der Notierungen und künftig auch Aufgabenzusammenstellungen, die sich nicht nur auf den gerade vorangegangenen Abschnitt beziehen.

-------------------- ▷ (137)

16

$p = 0,5$

....

Mathias ist erst überzeugt, wenn Sebastian ihm ein Experiment vorschlägt, bei dem die Wahrscheinlichkeit kleiner als 0,01 ist, zufällig die Biersorten zu unterscheiden.

Können Sie einen Versuchsplan angeben ------------------▷ 18

Hilfe und weitere Hinweise ------------------▷ 17

38

Messung B

Die Häufigkeitsverteilung für die Messung B hat den gleichen Mittelwert, sie unterscheidet sich aber von der für Messung A, die hier hoch einmal gezeigt wird:

Messung A

Welche Messung ist zuverlässiger?   ☐ Messung A   ☐ Messung B --------------▷ 39

60

Die Normalverteilung hatte ihr Maximum bei $x = 0$ und sie war symmetrisch für diesen Punkt. Deshalb gilt für den Mittelwert:

$$\bar{x} = 0$$

Jede bezüglich $x = 0$ symmetrische Wahrscheinlichkeitsverteilung hat $\bar{x} = 0$.

....

Gegeben sei die Zufallsvariable x mit der Normalverteilung

$$f(x) = \frac{1}{\sigma\sqrt{2\pi}}e^{-\frac{(x-\mu)^2}{2\sigma^2}}$$

Der Mittelwert ist $\bar{x} = $ ....
Hinweis: Nicht rechnen, überlegen und Symmetriebetrachtung für den Punkt $x = \mu$ anstellen.

------------------▷ 61

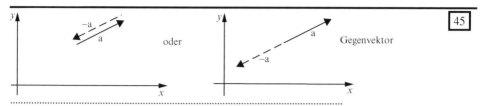

45

Mit Hilfe des Gegenvektors kann die geometrische Subtraktion von Vektoren auf die Addition von Gegenvektoren zurückgeführt werden.

Zeichnen Sie den Gegenvektor $-\vec{b}$ Bilden Sie die Differenz $\vec{a} - \vec{b} = \vec{a} + (-\vec{b})$

- - - - - - - - - - - - - - ▷ 46

91

Lesen Sie noch einmal im Lehrbuch die Seiten 24 und 25.

Übertragen Sie dabei zunächst alle Aussagen auf den einfacheren zweidimensionalen Fall. Fertigen Sie zu den Abbildungen im Lehrbuch die analogen Zeichnungen für die Ebene (x-y-Koordinatensystem) auf einem separaten Blatt an.

- - - - - - - - - - - - - - ▷ 92

137

nd. des ersten Kapitels erreicht.

15

Sebastian behauptet, er könne zwei Biersorten A und B am Geschmack sicher voneinander unterscheiden. Mathias glaubt es nicht.

Sebastian schlägt ein Experiment vor. Er will aus zwei Gläsern trinken und die richtige Biersorte identifizieren.

Mathias ist nicht überzeugt. Er weiß, dass Sebastian rein zufällig die richtige Sorte mit einer Wahrscheinlichkeit findet von

$$p = \ldots\ldots\ldots$$

- - - - - - - - - - - - - - - - - - - ▷ 16

37

Messung B ergibt 20 andere Messwerte. Die Häufigkeitstabelle ist hier bereits angefertigt.

Messwert	Häufigkeit	Relative Häufigkeit
1,18	2	0,10
1,19	5	0,25
1,20	7	0,35
1,21	3	0,15
1,22	3	0,15

Zeichnen Sie in das Koordinatensystem die Häufigkeitsverteilung für Messung B ein.

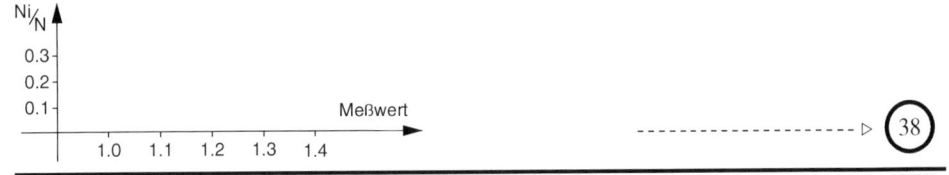

- - - - - - - - - - - - - - - - - - - ▷ 38

59

Parameter σ. Der Parameter heißt Standardabweichung.

Für die Standardabweichungen gilt in diesem Fall: $\sigma_3 > \sigma_2 > \sigma_1$

Gegeben sei die Normalverteilung

$$f(x) = \frac{1}{\sigma\sqrt{2\pi}}e^{-\frac{x^2}{2\sigma^2}}$$

Wie groß ist der Mittelwert der Zufallsvariablen x?

$$\bar{x} = \ldots\ldots\ldots$$

Hinweis: Nicht rechnen; überlegen und Symmetriebetrachtungen anstellen.

- - - - - - - - - - - - - - - - - - - ▷ 60

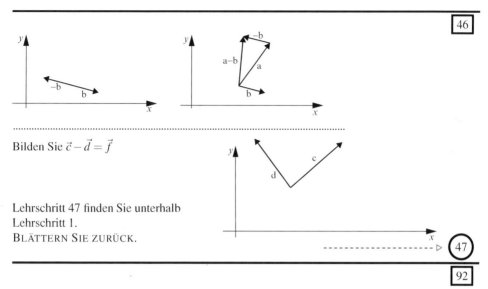

Bilden Sie $\vec{c} - \vec{d} = \vec{f}$

Lehrschritt 47 finden Sie unterhalb
Lehrschritt 1.
BLÄTTERN SIE ZURÜCK.

-------------------- ▷ 47

92

Oft sind neue Schreibweisen und Begriffe zu lernen. Sie sind Grundlage für das Verständnis späterer Abschnitte und Kapitel.

Es wird Ihnen sehr helfen, beim Studium des Lehrbuchs neue Begriffe und ihre Bedeutung stichwortartig auf einem separaten Blatt herauszuschreiben. Dies heißt exzerpieren. Das Ergebnis ist ein Exzerpt. Exzerpte sind gute Grundlagen für spätere Wiederholungen.

Lehrschritt 93 finden Sie unterhalb Lehrschritt 47.
Bättern Sie zurück.

-------------------- ▷ 93

14

Zufallsvariable	Wahrscheinlichkeit	Zufallsvariable	Wahrscheinlichkeit
-5	$\frac{1}{36}$	1	$\frac{5}{36}$
-4	$\frac{2}{36}$	2	$\frac{4}{36}$
-3	$\frac{3}{36}$	3	$\frac{3}{36}$
-2	$\frac{4}{36}$	4	$\frac{2}{36}$
-1	$\frac{5}{36}$	5	$\frac{1}{36}$
0	$\frac{6}{36}$		

-------------------- ▷ 15

36

Eine Messung B ergibt 20 andere Messwerte.

1,20	1,18	1,19	1,21
1,19	1,20	1,20	1,19
1,22	1,21	1,21	1,19
1,20	1,20	1,22	1,19
1,20	1,18	1,20	1,22

Legen Sie eine Häufigkeitsverteilung wie eben an.

-------------------- ▷ 37

58

In der folgenden Skizze sind drei Normalverteilungen eingezeichnet. Durch welche Parameter unterscheiden sich die drei Verteilungen?

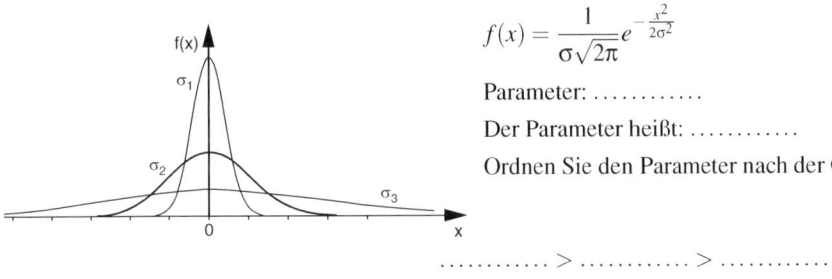

$$f(x) = \frac{1}{\sigma\sqrt{2\pi}}e^{-\frac{x^2}{2\sigma^2}}$$

Parameter: ....

Der Parameter heißt: ....

Ordnen Sie den Parameter nach der Größe

.... > .... > ....

-------------------- ▷ 59

13

Zufallsexperiment: Werfen zweier Würfel
Zufallsvariable $x =$ Augenzahl des 1. Würfels − Augenzahl des 2. Würfels
Drei Werte der Zufallsvariablen mit Realisierungen und der Wahrscheinlichkeit sind
angeben.

Zufallsvariable	Wahrscheinlichkeit	Zufallsvariable	Wahrscheinlichkeit
−5	$\frac{1}{36}$		
−4	$\frac{2}{36}$		
−3	$\frac{3}{36}$		

Vervollständigen Sie die Tabelle

- - - - - - - - - - - - - - - - - - - ▷ (14)

35

Messung A

N_i/N

0.4
0.3
0.2
0.1

1.0 1.1 1.2 1.3 1.4   Meßwert

- - - - - - - - - - - - - - - - - - - ▷ (36)

57

Eigenschaften der Normalverteilung

STUDIEREN SIE im Lehrbuch   11.3.1 Eigenschaften der Normalverteilung
Lehrbuch, Seite 260–263

BEARBEITEN SIE DANACH Lehrschritt

- - - - - - - - - - - - - - - - - - - ▷

Kapitel 2
Skalarprodukt
Vektorprodukt

K. Weltner, *Leitprogramm Mathematik für Physiker 1.*
DOI 10.1007/978-3-642-23485-9_2 © Springer-Verlag Berlin Heidelberg 2012

12

Im Abschnitt 11.1.1 wird der Wurf zweier Würfel mit der Zufallsvariablen „Summe der Augenzahlen" behandelt. Bestimmen Sie nun die Wahrscheinlichkeitsverteilung für die Zufallsvariable „Augenzahl des ersten Würfels minus Augenzahl des zweiten Würfels".

Lösen Sie die Aufgabe entsprechend dem zweiten Beispiel in Abschnitt 11.1.1.

Lösung gefunden ------------------ ▷ 14

Erläuterung oder Hilfe erwünscht ------------------ ▷ 13

34

Messwert	Häufigkeit	Relative Häufigkeit
1,0	2	0,10
1,1	5	0,25
1,2	7	0,35
1,3	3	0,15
1,4	3	0,15

Zeichnen Sie die Häufigkeitsverteilung unten in das Diagramm ein.

N_i/N

0.4
0.3
0.2
0.1

Meßwert

1.0 1.1 1.2 1.3 1.4

------------------ ▷ 35

56

$$p_5(3) = \binom{5}{3} \cdot \left(\frac{1}{2}\right)^3 \cdot \left(\frac{1}{2}\right)^2 = \frac{5}{16} = 0,3$$

Ja, beide Versuchsanordnungen sind gleichwertig.

------------------ ▷ 57

1

Liebe Leserinnen und Leser,

auch in diesem Kapitel sind die Lehrschritte im Leitprogramm wie im vorhergehenden angeord-
net. Die Lehrschritte sind kapitelweise durchnummeriert.

Der Pfeil unten zeigt auf die Nummer des jeweils folgenden Lehrschritts.

------------------- ▷ ②

41

Das skalare Produkt in Komponentendarstellung

Die Berechnung des inneren Produktes vereinfacht sich sehr, wenn die Komponentendarstellung
benutzt wird. Schreiben Sie sich neue Regeln heraus.

STUDIEREN SIE im Lehrbuch   1.3 Skalares Produkt in Komponentendarstellung
                                                  Lehrbuch, Seite 41–42

BEARBEITEN SIE danach Lehrschritt   ------------------- ▷ ㊷

81

Vektorprodukt oder äußeres Produkt
$\vec{M} = \vec{r} \times \vec{F}$ $\vec{M} = [\vec{r}, F]$ Hinweis: Des Kreuzes wegen sagt man auch *Kreuzprodukt*.

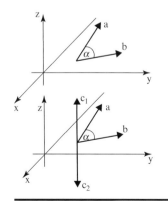

Die zwei Vektoren $\vec{a}$ und $\vec{b}$ liegen in der x-y-Ebene
und schließen den Winkel α ein. Das vektorielle
Produkt $\vec{c} = \vec{a} \times \vec{b}$ hat folgende Eigenschaften:

1. Betrag $|\vec{c}| = \ldots\ldots\ldots$

2. Die Richtung steht senkrecht auf $\vec{a}$ und $\vec{b}$

3. Die Richtung von $\vec{c}$ gemäß der
   Rechtsschraubenregel ist
   $\square \; \vec{c}_1$ $\square \; \vec{c}_2$

------------------- ▷ ㊂

[11]

Zufallsvariable x	Wahrscheinlichkeit $p(x)$
-3	$\frac{1}{8}$
-1	$\frac{3}{8}$
$+1$	$\frac{3}{8}$
$+3$	$\frac{1}{8}$

Im Zweifel noch einmal Erläuterung ab Lehrschritt 9 studieren.

- - - - - - - - - - - - - - - - - - - ▷ (12)

[33]

Messwert	Häufigkeit	Relative Häufigkeit

Dies ist die übliche Form der Häufigkeitstabelle. Füllen Sie die Tabelle vollständig aus mit den Werten, die im vorangegangenen Lehrschritt angegeben sind.

- - - - - - - - - - - - - - - - - - - ▷ (34)

[55]

$N = 5$

$k = 3$

$p = \frac{1}{2}$

Die Aufgabe war: 5 Würfel werden geworfen. Gesucht ist die Wahrscheinlichkeit, dass 3 Würfel eine gerade Augenzahl zeigen.

$p_5(3) = \ldots\ldots\ldots$

Ist es gleichwertig, 5 Würfel gleichzeitig zu werfen oder einen Würfel 5mal hintereinander zu werfen?

☐   ja

☐   nein

- - - - - - - - - - - - - - - - - - - ▷ (56)

$\boxed{2}$

Eine nicht nur von Engländern geschätzte Maxime bei der Vorbereitung von Vorträgen lautet:

Tell, what you are going to tell,
tell,
tell, what you have told.

Sinngemäß heißt das:

sage am Anfang worum es gehen wird;
sage was zu sagen ist;
sage am Schluss zusammenfassend was Du gesagt hast.

Befolgt man diese Maxime, erleichtert man es dem Zuhörer, etwas zu lernen und zu behalten.
Befolgt man diese Maxime, werden die wichtigsten Punkte ... mal wiederholt.

---------------------- ▷ ③

$\boxed{42}$

Gezeichnet sind hier die Einheitsvektoren in Richtung der Koordinatenachsen.

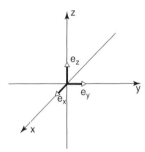

Geben Sie an:

$\vec{e}_x \cdot \vec{e}_x = \ldots\ldots\ldots$

$\vec{e}_x \cdot \vec{e}_y = \ldots\ldots\ldots$

$\vec{e}_x \cdot \vec{e}_z = \ldots\ldots\ldots$

$\vec{e}_y \cdot \vec{e}_x = \ldots\ldots\ldots$

$\vec{e}_y \cdot \vec{e}_y = \ldots\ldots\ldots$

$\vec{e}_y \cdot \vec{e}_z = \ldots\ldots\ldots$

-------------------- ▷ ㊸

$\boxed{82}$

$|\vec{c}| = |\vec{a} \times \vec{b}| = |\vec{a}| \cdot |\vec{b}| \cdot sin\, \alpha \qquad \vec{c} = \vec{c}_2$

....

Geben Sie die Richtung des Vektorproduktes $\vec{a} \times \vec{b}$ an. $\vec{a}$ und $\vec{b}$ liegen in der x-y-Ebene.

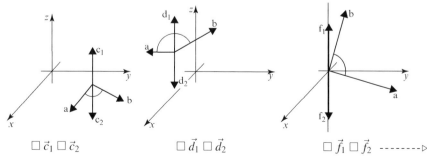

$\square\ \vec{c}_1\ \square\ \vec{c}_2$ $\qquad\qquad \square\ \vec{d}_1\ \square\ \vec{d}_2$ $\qquad\qquad \square\ \vec{f}_1\ \square\ \vec{f}_2$ -------▷ ㊷

10

3
− 1

Es werden drei Münzen geworfen. Können Sie nun die Wahrscheinlichkeitsverteilung angeben?

$$x = N_{Kopf} - N_{Zahl}$$

Zufallsvariable x	Wahrscheinlichkeit p(x)

◁ - (11)

32

3.47

Eine Messung A ergibt 20 Messwerte:

1,2 1,0 1,1 1,3
1,1 1,2 1,2 1,1
1,4 1,3 1,3 1,1
1,2 1,4 1,2 1,1
1,2 1,0 1,2 1,4

Aus diesen 20 Messwerten soll die Häufigkeitstabelle aufgestellt werden, um die Häufigkeiten und die relativen Häufigkeiten zu bestimmen.

Der 1. Schritt ist die Vorbereitung der Häufigkeitstabelle.

◁ - (33)

54

5 Würfel werden geworfen. Wie groß ist die Wahrscheinlichkeit, dass 3 Würfel eine gerade Augenzahl zeigen?

Hier kommt es darauf an, die richtigen Werte in die Binomialformel einzusetzen. Die Binomialformel finden Sie im Lehrbuch. Wir benötigen folgende Werte:

$N =$ ....
$k =$ ....
$p =$ ....

◁ - (55)

3

Dreimal

....

Die Maxime ist aus einem weiteren Grund nützlich. Wenn man die wichtigsten Punkte am Anfang und am Ende wiederholen will, muss man sich darüber klar werden, was die wichtigsten Punkte sind. Man muss Prioritäten setzen.

Genauso nützlich ist es beim Lernen, die wichtigsten Punkte des vorangegangenen Kapitels jeweils vor Beginn des neuen zu wiederholen. Schreiben Sie auf einen Zettel in Stichpunkten – schreiben Sie keine Abhandlung – die Hauptpunkte des letzten Kapitels.

Brechen Sie die Wiederholung nach 6 Minuten ab.

- ▷ ④

43

$$\vec{e}_x \cdot \vec{e}_x = 1 \qquad \vec{e}_y \cdot \vec{e}_x = 0$$
$$\vec{e}_x \cdot \vec{e}_y = 0 \qquad \vec{e}_y \cdot \vec{e}_y = 1$$
$$\vec{e}_x \cdot \vec{e}_z = 0 \qquad \vec{e}_y \cdot \vec{e}_z = 0$$

....

Alles richtig - ▷ ㊼

Fehler oder Schwierigkeiten - ▷ ㊽

83

$\vec{c}_1 \qquad \vec{d}_2 \qquad \vec{f}_1$

....

Die Vektoren liegen in der x-y-Ebene. Zeichnen Sie die Richtungen der Vektorprodukte ein.

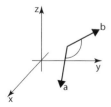
$$\vec{c} = \vec{a} \times \vec{b}$$

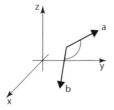
$$\vec{d} = \vec{b} \times \vec{a}$$

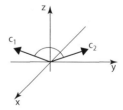
$$\vec{f} = \vec{c}_1 \times \vec{c}_2$$

- ▷ 84

9

Zufallsexperiment: Werfen dreier Münzen.

Zufallsvariable: $x = N_{\text{Kopf}} - N_{\text{Zahl}}$

Mögliche Elementarereignisse (1. Münze, 2. Münze, 3. Münze)

(KKK), (KKZ), (KZK), (ZKK), (ZKZ), (ZZK), (ZZZ)

Jedes dieser Elementarereignisse hat die Wahrscheinlichkeit $\frac{1}{8}$.

Für das Elementarereignis KKZ ist $x = (2 - 1) = 1$

$x = 1$ kann realisiert werden durch .... Elementarereignisse.

Für das Elementarereignis KZZ ist $x = $ ....

-------------------- ▷ 10

31

Diskrete Zufallsvariable: $\qquad \bar{x} = \frac{1}{N} \sum_{i=1}^{N} x_i, \qquad \bar{x} = \frac{1}{N} \sum_{i=1}^{K} N_i x_i,$

Kontinuierliche Zufallsvariable: $\quad \bar{x} = \int_{x_1}^{x_2} x\, f(x)\, dx$

Die Messung einer physikalischen Größe habe folgendes Ergebnis:

x_1	x_1	x_2	x_3	x_4	x_5	x_6
	2,9	3,1	3,5	3,5	3,7	4,1

Der Mittelwert ist: $\bar{x} = $ ....

-------------------- ▷ 32

53

Die Frage c) war: Aus einer Urne mit einer weißen und zwei roten Kugeln wird eine Kugel herausgenommen und danach eine zweite Kugel. Wie groß ist die Wahrscheinlichkeit, dass diese beiden Kugeln rot sind?

Wir haben zwei Experimente, die nacheinander durchgeführt werden. Für jedes Experiment gibt es zwei Ausgänge: rote Kugeln, weiße Kugeln.

1. Experiment: Wahrscheinlichkeit eine rote Kugel zu greifen: $p_{\text{rot}} = \frac{2}{3}$.

Eine rote Kugel werde gegriffen.

Nach diesem Experiment verbleiben in der Urne noch eine rote und eine weiße Kugel. Jetzt hat sich die Wahrscheinlichkeit verändert.

2. Experiment: Wahrscheinlichkeit eine rote Kugel zu greifen: $p_{\text{rot}} = \frac{1}{2}$

Die Wahrscheinlichkeit, eine rote Kugel zu greifen, ist bei beiden Experimenten *nicht* mehr gleich. Dies widerspricht der Voraussetzung für die Anwendung der Binomialverteilung. Voraussetzung ist nämlich: Die Wahrscheinlichkeit für die beiden Ereignisse muss konstant sein.

-------------------- ▷ 54

4

Ihre Stichworte können sich sehr unterscheiden. Auf Ihrem Zettel könnte stehen:
Vektoren haben Betrag und Richtung; Darstellung durch Pfeile.
Geometrische Addition: Man bildet eine geschlossene Kette.
Geometrische Subtraktion: Addition des Gegenvektors.

Projektion eines Vektors $\vec{a}$ auf einen Vektor $\vec{b}$: Man fällt vom Anfangs- und Endpunkt von $\vec{a}$ die Lote auf die Wirkungslinie von $\vec{b}$.

Komponentendarstellung:
Komponenten sind die Projektionen eines Vektors auf die Koordinatenachsen.

Addition von Vektoren in Komponentendarstellung $\vec{a}+\vec{b}=(a_x+b_x, a_y+b_y, a_z+b_z)$

Einheitsvektor in Richtung von $\vec{a}$: $\vec{e}_a=\frac{\vec{a}}{a}$

Betrag eines Vektors $\vec{a}=(a_x, a_y, a_z)$: $a=|\vec{a}|=\sqrt{a_x^2+a_y^2+a_z^2}$

▷ (5)

44

Betrachten wir die gleiche Überlegung im Zweidimensionalen. Die Einheitsvektoren haben den Betrag 1 und die Richtung der Koordinatenachsen.

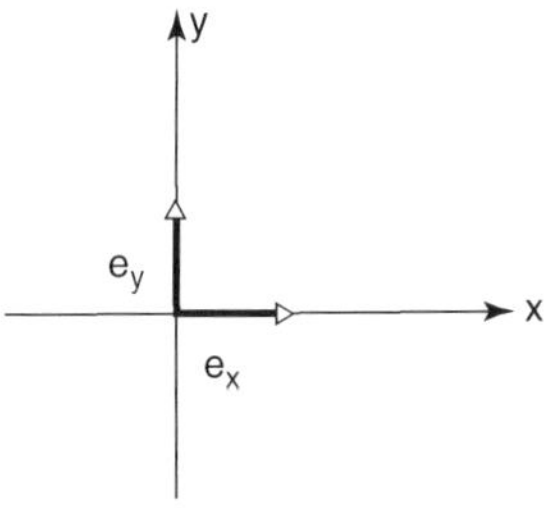

$\vec{e}_x \cdot \vec{e}_x$ ist die Multiplikation des Einheitsvektors mit sich selbst. Beide Vektoren haben die gleiche Richtung. Ergebnis $\vec{e}_x \cdot \vec{e}_x = 1$
$\vec{e}_x \cdot \vec{e}_y$ beide Vektoren stehen senkrecht aufeinander. Ihr inneres Produkt ist daher 0.
$\vec{e}_x \cdot \vec{e}_y = 0$
Ergänzen Sie jetzt selbst
$\vec{e}_y \cdot \vec{e}_y = \ldots\ldots\ldots\ldots$
$\vec{e}_y \cdot \vec{e}_x = \ldots\ldots\ldots\ldots$

▷ (45)

84

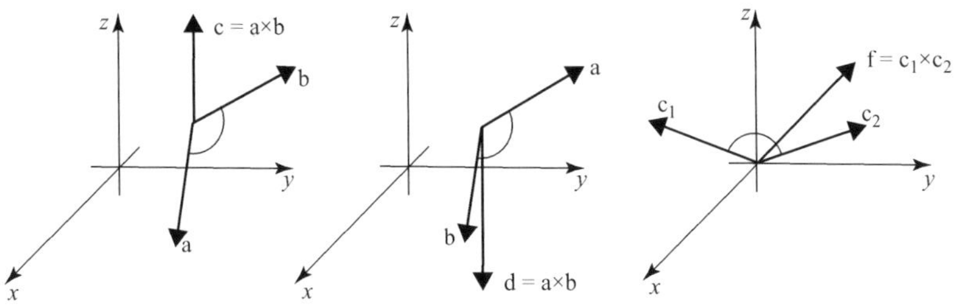

....

Keine Fehler, Rechtsschraubenregel kann angewandt werden ▷ (89)

Fehler gemacht oder ausführliche Erläuterung erwünscht ▷ (85)

Zufallsvariable x	Wahrscheinlichkeit p
1	0,5
0	0,5

8

Das Zufallsexperiment sei nun das gleichzeitige Werfen dreier Münzen. Zufallsvariable x sei: Anzahl der Münzen mit Kopfseite minus Anzahl der Münzen mit Zahl.
Zu bestimmen: Wahrscheinlichkeitsverteilung für die Zufallsvariable x.

Zufallsvariable x	Wahrscheinlichkeit p

Lösung gefunden - - - - - - - - - - - - - - - - - - - ▷ ⑪

Erläuterung oder Hilfe erwünscht - - - - - - - - - - - - - - - - - - - ▷ ⑨

30

Geben Sie mehrere Formen der Definition des arithmetischen Mittelwertes an:

Diskrete Zufallsvariable: $\bar{x} = \ldots\ldots\ldots\ldots$

Diskrete Zufallsvariable: $\bar{x} = \ldots\ldots\ldots\ldots$

Kontinuierliche Zufallsvariable: $\bar{x} = \ldots\ldots\ldots\ldots$

- - - - - - - - - - - - - - - - - - - ▷ ㉛

52

Die Binomialverteilung gibt Wahrscheinlichkeiten an. Sie gibt nicht Möglichkeiten an. Damit entfällt Beispiel d).

Die Binomialverteilung bezieht sich auf Ereignisse mit zwei *und nur zwei* Ausgängen.

Die Bedingung ist von den Beispielen a), b) und c) erfüllt. Weitere Bedingung: Die Wahrscheinlichkeiten für das Eintreten des einen oder anderen Ereignisses müssen bekannt und konstant sein.

Die Bedingung ist von den Beispielen a) und b) erfüllt. Im Beispiel c) ist die Wahrscheinlichkeit zwar bekannt, aber in den aufeinander folgenden Experimenten nicht konstant.

Nunmehr alles klar - - - - - - - - - - - - - - - - - - - ▷ ㊼

Wünsche weitere Erläuterung zum Beispiel c) - - - - - - - - - - - - - - - - - - - ▷ ㊳

5

Ihre Formulierungen brauchen nicht mit diesen übereinzustimmen. Ihre Formulierungen können viel knapper sein. Ihre Formulierungen können auch andere Begriffe enthalten wie: freier Vektor, gebundener Vektor, Multiplikation eines Vektors mit einem Skalar, Ortsvektor, Koordinate.

Wichtig ist, dass Sie sich bei dieser Zusammenfassung die Zusammenhänge vergegenwärtigen.

Bevor erfahrene Studenten ein neues Kapitel beginnen, rekapitulieren sie, ob sie das vorhergehende noch im Kopf haben. Das neue Kapitel setzt nämlich voraus, dass man die im vorhergehenden Kapitel dargestellten Sachverhalte gelernt hat.

---------------------▷ 6

45

$$\vec{e}_y \cdot \vec{e}_y = 1$$
$$\vec{e}_y \cdot \vec{e}_x = 0$$

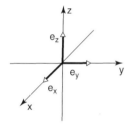

Hier noch einmal die Sache im Dreidimensionalen. Geben Sie die Produkte der Einheitsvektoren an:
$$\vec{e}_z \cdot \vec{e}_x = \ldots\ldots\ldots$$
$$\vec{e}_z \cdot \vec{e}_y = \ldots\ldots\ldots$$
$$\vec{e}_z \cdot \vec{e}_z = \ldots\ldots\ldots$$

------------------- ▷ 46

85

Das Ergebnis des Vektorprodukts $\vec{a} \times \vec{b}$ ist ein neuer Vektor $\vec{c}$.
$\vec{a}$ und $\vec{b}$ definieren eine Ebene. $\vec{c}$ steht senkrecht auf dieser Ebene.
Die Orientierung von $\vec{c}$ wird nach der Rechtsschraubenregel festgelegt.

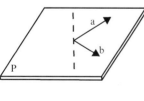

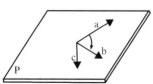

Handlungsvorschrift: Man drehe den 1. Vektor – hier ist es $\vec{a}$ – auf kürzestem Weg so, dass er auf den 2. Vektor fällt. Die Richtung des Vektorprodukts ist dann diejenige Richtung, in die sich bei dieser Drehung eine Rechtsschraube bewegen würde. Um diese Richtung zu bestimmen, muss man also diese Drehung immer in Gedanken durchführen. Am besten führt man die Bewegung mit der Hand andeutungsweise aus. Dann hat man die Richtung einer Rechtsschraube im Griff.

------------------- ▷ 86

7

Die Aufgabe hieß:
Ein Zufallsexperiment bestehe aus dem Werfen einer Münze. Als Zufallsvariable x wählen wir das Ereignis „Zahl".
Geben Sie die zur der Zufallsvariablen x gehörende Wahrscheinlichkeitsverteilung als Tabelle an.
Für „Zahl" hat x den Wert 1. Für „nicht Zahl" hat x den Wert 0
Vervollständigen Sie jetzt die Tabelle, denn die zugehörigen Wahrscheinlichkeiten müssten Ihnen bekannt sein.

Zufallsvariable x	Wahrscheinlichkeit p
1	. . . .
0	. . . .

29

Mittelwert

STUDIEREN SIE im Lehrbuch   11.2 Mittelwert
                                   Lehrbuch, Seite 257–259

BEARBEITEN SIE DANACH Lehrschritt   - - - - - - - - - - - - - - - - - - - ▷ ㉚

51

Gehen Sie anhand des Lehrbuches noch einmal die Aufgaben durch und versuchen Sie, selbst Ihren Fehler zu identifizieren. Das mag mühsam sein, aber wenn Sie Ihren Fehler selbst entdecken, lernen Sie die Ursachen für den Fehler besser kennen.

Fehler gefunden   - - - - - - - - - - - - - - - - - - - ▷ ㊴

Hilfe erwünscht   - - - - - - - - - - - - - - - - - - - ▷ ㊵

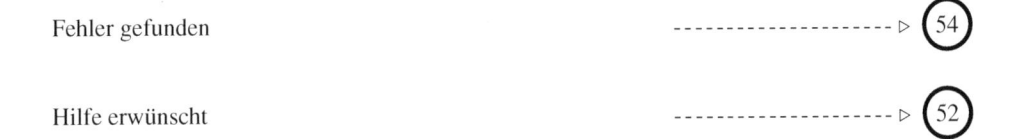

6

Im folgenden Kapitel wird vorausgesetzt, dass Sie wissen, was Sinus und Kosinus eines Winkels sind.

Die meisten werden sich aus der Schule noch daran erinnern, wie $\sin(\alpha)$ und $\cos(\alpha)$ in einem rechtwinkligen Dreieck definiert sind.

Für diejenigen, für die das nicht zutrifft, folgt eine kurze Erläuterung, die ausreicht das Kapitel zu verstehen.

Erläuterung von $\sin(\alpha)$ und $\cos(\alpha)$ ------------------- ▷ (7)

Definition von Sinus und Kosinus bekannt   ------------------- ▷ (11)

46

$\vec{e}_z \cdot \vec{e}_x = 0$ Die Vektoren stehen senkrecht aufeinander

$\vec{e}_z \cdot \vec{e}_y = 0$ Die Vektoren stehen senkrecht aufeinander

$\vec{e}_z \cdot \vec{e}_z = 1$ Die Vektoren haben die gleiche Richtung

Hinweis:
Vergleichen Sie noch einmal mit der Zeichnung

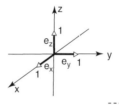

------------------- ▷ (47)

86

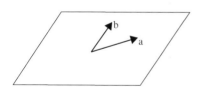

Zeichnen Sie die Richtung von $\vec{c} = \vec{b} \times \vec{a}$ ein. Wichtig ist es, darauf zu achten, dass immer der im Produkt zuerst stehende Vektor in den zweiten Vektor hineingedreht wird. Das bedeutet nämlich, dass das Produkt von der Reihenfolge der Vektoren abhängt.

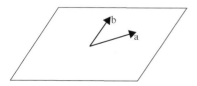

Zeichnen Sie die Richtung von $\vec{d} = \vec{b} \times \vec{a}$. Hier ist die Reihenfolge der Vektoren $\vec{a}$ und $\vec{b}$ vertauscht.

------------------- ▷ (87)

[6]

Ein Zufallsexperiment bestehe aus dem Werfen einer Münze. Als Zufallsvariable x wählen wir das Ereignis „Zahl".
Geben Sie die zu der Zufallsvariable x gehörende Wahrscheinlichkeitsverteilung als Tabelle an.

Zufallsvariable x	Wahrscheinlichkeit p

Lösung gefunden ▷ (8)

Erläuterung oder Hilfe erwünscht ▷ (7)

[28]

$$p(2,0 \leq x \leq 2,5) = \frac{1}{6}$$

Rechnung: $p(2,0 \leq x \leq 2,5) = \int\limits_{2,0}^{2,5} f(x)\,dx$

$$= \int\limits_{2,0}^{2,5} \frac{1}{3}\,dx = \frac{1}{3}[2,5 - 2,0] = \frac{1}{6}$$

▷ (29)

[50]

Es gilt: a) ja
b) ja
c) nein
d) nein

Stimmt Ihr Ergebnis mit dem obigen überein?

Ja ▷ (54)

Nein ▷ (51)

7

Wir betrachten ein rechtwinkliges Dreieck. Es heißen

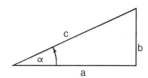

Seite c: Hypothenuse
Seite a: Ankathete
Seite b: Gegenkathete

Sinus und Kosinus des Winkels α sind definiert durch das Verhältnis der Katheten zur Hypothenuse. Das Verhältnis hängt nur vom Winkel ab, nicht von der Größe des Dreiecks.

Definition des Sinus: $\qquad\qquad \sin(\alpha) = \frac{b}{c} = \frac{Gegenkathete}{Hypothenuse}$

Definition des Kosinus: $\qquad\quad \cos(\alpha) = \frac{a}{c} = \frac{Ankathete}{Hypothenuse}$

Schreiben Sie, bitte, die Definition mit der Zeichnung auf einen Merkzettel, auf den Sie noch zurückgreifen werden. -▷ (8)

47

Gegeben sei $\qquad\qquad \vec{a} = (1,\ 4)$
$\qquad\qquad\qquad\quad\ \vec{b} = (3,\ 1)$

Berechnen Sie $\qquad\quad \vec{a} \cdot \vec{b} = \dots\dots\dots$

- - - - - - - - - - - - - - - - - - - -▷ (48)

87

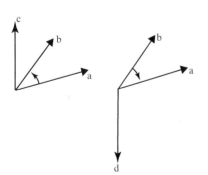

Die Richtung des Vektorprodukts hängt von der Reihenfolge der Faktoren ab.

Das ist anders als beim inneren Produkt. Für das innere Produkt gilt:

$$(\vec{a} \cdot \vec{b}) = (\vec{b} \cdot \vec{a})$$

Für das vektorielle Produkt gilt:

$$\vec{a} \times \vec{b} = \dots\dots\dots\dots$$

- - - - - - - - - - - - - - - - - - - -▷ (88)

|5|

Diskrete Wahrscheinlichkeitsverteilung

STUDIEREN SIE im Lehrbuch   11.1.1 Diskrete Wahrscheinlichkeitsverteilung
Lehrbuch, Seite 251–253

BEARBEITEN SIE DANACH Lehrschritt ◁ - (6)

|27|

$$p(x = 2) = 0$$

Hinweis: Bei kontinuierlichen Zufallsvariablen ist die Wahrscheinlichkeit, dass die Zufallsvariable einen bestimmten Wert annimmt, immer Null. Eine von Null verschiedene Wahrscheinlichkeit kann nur für ein endliches Intervall angegeben werden.

Gegeben ist die Wahrscheinlichkeitsdichte

$$f(x) = \left\{ \begin{array}{l} \dfrac{1}{3} \ \text{für } 0 \leq x \leq 3 \\ 0 \ \text{sonst} \end{array} \right.$$

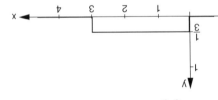

Wie groß ist die Wahrscheinlichkeit
$p(2{,}0 \leq x \leq 2{,}5)$ für den Bereich $2{,}0 \leq x \leq 2{,}5$?

$$p(2{,}0 \leq x \leq 2{,}5) = \ \ldots\ldots\ldots\ldots\ldots$$

◁ - (28)

|49|

Kreuzen Sie die Aufgaben an, die mit der Binomialverteilung gelöst werden können. Nehmen Sie im Zweifel das Lehrbuch zu Hilfe.

a) □ 5 Würfel werden geworfen. Wie groß ist die Wahrscheinlichkeit, dass 3 Würfel eine gerade Augenzahl zeigen?

b) □ Ein Würfel wird 6mal geworfen. Wie groß ist die Wahrscheinlichkeit, dass jedes Mal eine ungerade Zahl geworfen wird?

c) □ Eine Urne enthält 1 weiße und 2 rote Kugeln. Zunächst wird 1 rote Kugel herausgenommen und danach eine zweite Kugel. Wie groß ist die Wahrscheinlichkeit, dass diese beiden Kugeln rot sind?

d) □ Wie viele Möglichkeiten gibt es, aus einem Skatspiel eine rote Karte zu ziehen?

◁ - (50)

8

Die Werte für sin(α) und cos(α) bestimmt man mit dem Taschenrechner oder entnimmt sie Tabellen.

Sehr einfach ist es, Dreiecke zu betrachten, deren Hypothenuse die Länge 1 hat. Dann können Sie angeben:

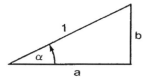

$\sin(\alpha) = \dots\dots\dots$

$\cos(\alpha) = \dots\dots\dots$

9

48

$\vec{a} \cdot \vec{b} = 1 \cdot 3 + 4 \cdot 1 = 7$

....

Gegeben sei
$\vec{a} = (a_x,\ a_y,\ a_z)$
$\vec{c} = (c_x,\ c_y,\ c_z)$

Berechnen Sie $\vec{a} \cdot \vec{c} = \dots\dots\dots$

49

88

$\vec{a} \times \vec{b} = -\vec{b} \times \vec{a}$

....

Bei der Ermittlung der Richtung des Vektorprodukts also so vorgehen:

1. Ersten Vektor suchen.
2. Ersten Vektor auf kürzestem Weg in den zweiten Vektor hineindrehen.
3. Die Drehung als Drehung einer Rechtsschraube auffassen. Die Bewegung der Rechtsschraube ist die Richtung des Produkts.

  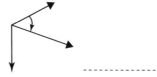

89

3. Verbundwahrscheinlichkeit: Wahrscheinlichkeit, dass zwei oder mehrere Ereignisse zusammen auftreten. Bei unabhängigen Ereignissen ist die Verbundwahrscheinlichkeit das Produkt der Einzelwahrscheinlichkeiten.

$$P_{AB} = P_A \cdot P_B$$

4. Permutation: Mögliche Anordnung von Elementen.

Fall A: Elemente alle verschieden: Zahl der Permutationen $= N!$

Fall B: Elemente teilweise gleich: Zahl der Permutationen $= \dfrac{N!}{N_1! N_2! \ldots N_r!}$

5. Binomialkoeffizient: $\dbinom{N}{N_1} = \dfrac{N!}{N_1!(N - N_1)!}$

- ▷ ⑤

Gegeben sei die Wahrscheinlichkeitsdichte für die kontinuierliche Zufallsvariable x:

$$\varphi(x) = \frac{1}{\sqrt{\pi}} e^{-\frac{x^2}{2}}$$

Geben Sie die Wahrscheinlichkeit dafür an, dass die Zufallsvariable den Wert $x = 2$ hat. Beachten Sie die Definition der Wahrscheinlichkeitsdichte!

$$p(x = 2) = \ldots\ldots\ldots\ldots$$

- - - - - - - - - - - - - - - - - - - ▷ ㉗

Binomialverteilung und Normalverteilung

STUDIEREN SIE im Lehrbuch   11.3 Binomialverteilung und Normalverteilung
                                    Lehrbuch, Seite 258–260

BEARBEITEN SIE DANACH Lehrschritt   - - - - - - - - - - - - - - - - - - - ▷ ㊾

9

$sin(\alpha) = b$
$cos(\alpha) = a$

....

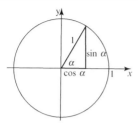

Ein Kreis mit dem Radius 1 wird Einheitskreis genannt.

Die Projektion des Radius auf die x-Achse hat den Betrag: $cos(\alpha)$.

Die Projektion des Radius auf die y-Achse hat den Betrag: $sin(\alpha)$.

Hinweis: Wenn wir in der Figur den Punkt P in den zweiten Quadranten wandern lassen, wird α größer als $90°$ und der Kosinus wird negativ.

Übertragen Sie die Figur auf Ihren Merkzettel.   ------------------ ▷

──

49

$\vec{a} \cdot \vec{c} = a_x c_x + a_y c_y + a_z c_z$

....

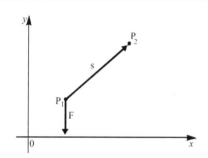

Eine Masse wird von P_1 nach P_2 bewegt.

Kraft: $\vec{F} = (0, -5\text{N})$

Ortsverschiebung: $\vec{s} = (3\text{m}, 3\text{m})$

Gesucht: Arbeit bei Ortsveränderung von P_1 nach P_2

$W = \vec{F} \cdot \vec{s} = \ldots\ldots\ldots\ldots$

------------------ ▷

──

89

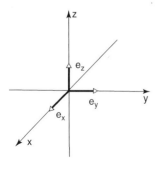

Hier ist ein räumliches Koordinatensystem. Eingezeichnet sind die Einheitsvektoren in Richtung der Koordinatenachsen. Das vektorielle Produkt

$\vec{e}_x \times \vec{e}_y$ hat den Betrag.....

Wir können diese Aufgabe sogar vollständig lösen und die Richtung des Produktvektors angeben:

$\vec{e}_x \times \vec{e}_y = \ldots.$

------------------ ▷

1. Wahrscheinlichkeit, klassische Definition:

$$P_A = \frac{N_A}{N} \quad \text{mit:} \quad N_A = \text{Zahl der Elementarereignisse des Ereignisses } A$$

$$N = \text{Gesamtzahl der Elementarereignisse}$$

2. Wahrscheinlichkeit, statistische Definition:

$$P_A = \lim_{N \to \infty} \frac{N_A}{N} \quad \text{mit} \quad N_A = \text{empirische Häufigkeit des Auftretens von Ereignis } A$$

$$N = \text{Gesamtzahl der Versuche.}$$

Die statistische Definition bezieht sich auf durchgeführte Messungen und die dadurch bestimmte relative Häufigkeit.

- ▷ ④

25

Kontinuierliche Wahrscheinlichkeitsverteilungen

STUDIEREN SIE im Lehrbuch   11.1.2   Kontinuierliche Wahrscheinlichkeitsverteilungen
Lehrbuch, Seite 253–256

BEARBEITEN SIE DANACH Lehrschritt - ▷ ㉖

47

Ja, die Normierungsbedingung ist erfüllt, der Normierungsfaktor ist 1:

$$\int_{-\infty}^{\infty} f(x)\,dx = \int_{a}^{\infty} e^{-(x-a)}\,dx = \left[-e^{-(x-a)} \right]_{a}^{\infty} = 1$$

$$\bar{x} = a + 1$$

Rechengang: $\bar{x} = \int_{-\infty}^{\infty} x\,f(x)\,dx = \int_{a}^{\infty} x\,e^{-(x-a)}\,dx$

Wir integrieren partiell und erhalten

$$\bar{x} = \left[-x\,e^{-(x-a)} \right]_{a}^{\infty} - \left[e^{-(x-a)} \right]_{a}^{\infty} = a + 1$$

Dieser Typ der Wahrscheinlichkeitsdichte trat bei der Bestimmung der Aufenthaltswahrscheinlichkeit eines Luftmoleküls in der Atmosphäre auf.

- ▷ ㊽

10

Kennt man in einem rechtwinkligen Dreieck den Winkel α und die Hypothenuse, lassen sich Ankathete und Gegenkathete ausrechnen.

Gegenkathete: $b = c \cdot \sin(\alpha)$
Ankathete: $a = c \cdot \cos(\alpha)$

Auch diese Umformung sollten Sie auf Ihr Merkblatt schreiben. Das Merkblatt werden Sie brauchen, wenn Sie das Kapitel studieren.

- - - - - - - - - - - - - - - - - - - ▷ 11

50

$W = 0 \cdot 3\text{m} + (-5\text{N} \cdot 3\text{m}) = -15\text{Nm}$ Hinweis: Der Körper verliert Energie.

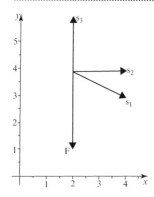

Gegeben ist die Kraft $\vec{F} = (0, -5\text{N})$.
Berechnen Sie die Arbeit für die Ortsverschiebungen
$\vec{s}_1 = (2\text{m}, -1\text{m})$
$\vec{s}_2 = (2\text{m}, 0\text{m})$
$\vec{s}_3 = (0\text{m}, 2\text{m})$
$W_1 = \vec{F} \cdot s_1 = \dots\dots\dots$
$W_2 = \vec{F} \cdot s_2 = \dots\dots\dots$
$W_3 = \vec{F} \cdot s_3 = \dots\dots\dots$

- - - - - - - - - - - - - - - - - - - ▷ 51

90

$|\vec{e}_x \times \vec{e}_y| = 1$
$\vec{e}_x \times \vec{e}_y = \vec{e}_z$

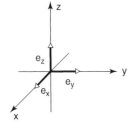

Geben Sie das Vektorprodukt der Einheitsvektoren an:
$\vec{e}_y \times \vec{e}_x = \dots\dots\dots$
$\vec{e}_x \times \vec{e}_z = \dots\dots\dots$
$\vec{e}_y \times \vec{e}_z = \dots\dots\dots$

- - - - - - - - - - - - - - - - - - - ▷ 91

Auf Ihrem Zettel könnte stehen:

1. Wahrscheinlichkeit, klassische Definition
2. Wahrscheinlichkeit, statistische Definition
3. Verbundwahrscheinlichkeit
4. Permutation
5. Binomialkoeffizient

Können Sie für diese Begriffe noch die Definition und die Formel aus dem Gedächtnis angeben?
Notieren Sie diese auf einem Zettel.

------------------------ ▷ ③

$$p = (z \geq 8) = 0{,}0004$$

Die Wahrscheinlichkeit, zufällig mindestens 80% richtige Lösungen zu erhalten, ist beklagenswert gering: sie beträgt 0,0004, also weniger als 0,001!

Es ist wirklich empfehlenswerter, vor einem Test zu studieren.

------------------- ▷ ㉕

46

Gegeben sei die Wahrscheinlichkeitsdichte

$$f(x) = \begin{cases} e^{-(x-a)} & \text{für } a \leq x \leq \infty \\ 0 & \text{sonst} \end{cases}$$

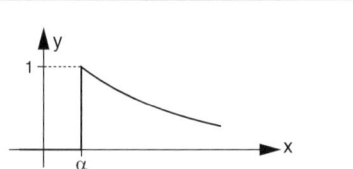

Ist die Normierungsbedingung erfüllt?

$$\int_{-\infty}^{\infty} f(x)\,dx = 1$$

☐ Nein → Berechnen Sie den Normierungsfaktor

☐ Ja → Geben Sie den Mittelwert an
$$\bar{x} = \dots\dots\dots\dots\dots\dots\dots\dots$$

------------------- ▷ ㊼

11

Das Skalarprodukt

Jetzt folgt zunächst die Arbeit mit dem Lehrbuch. Rechnen Sie die Umformungen auf einem Zettel mit. Schreiben Sie sich neue Begriffe und Rechenregeln heraus.

STUDIEREN SIE im Lehrbuch   2.1 Das Skalarprodukt
                                   2.2 Kosinussatz
                                        Lehrbuch, Seite 37–41

BEARBEITEN SIE danach Lehrschritt   ------------------ ▷ (12)

51

$W_1 = 5Nm$
$W_2 = 0$
$W_3 = -10Nm$

....

Alles richtig   ------------------ ▷ (57)

Weitere Übungen erwünscht oder Fehler gemacht   ------------------ ▷ (52)

91

$\vec{e}_y \times \vec{e}_x = -\vec{e}_z$ (Umkehrung von $\vec{e}_x \times \vec{e}_y$)
$\vec{e}_x \times \vec{e}_z = -\vec{e}_y$
$\vec{e}_y \times \vec{e}_x = \vec{e}_x$

....

Alles richtig   ------------------ ▷ (95)

Fehler gemacht oder Erläuterung gewünscht   ------------------ ▷ (92)

1

Das Kapitel setzt die Kenntnis der im vorhergehenden Kapitel eingeführten Begriffe voraus.

10   Schreiben Sie fünf der wichtigsten Begriffe des vorhergehenden Kapitels „Wahrscheinlichkeitsrechnung" auf.

1. . . . .

2. . . . .

3. . . . .

4. . . . .

5. . . . .

 ◁ - - - - - - - - - - - - - - - - - - - (2)

23

$$p(z=8) = \binom{10}{8}\left(\frac{1}{4}\right)^8\left(\frac{3}{4}\right)^2$$

$$= 45\left(\frac{1}{4}\right)^8 \cdot \left(\frac{3}{4}\right)^2 = 0{,}0004$$

Die Wahrscheinlichkeit, mindestens 80% richtige Lösungen zufällig zu erhalten ist dann bei 10 Aufgaben:

$$p(z \geq 8) = p(z=10) + p(z=9) + p(z=8)$$

$$p(z \geq 8) = \ldots\ldots\ldots\ldots\ldots\ldots\ldots\ldots\ldots =$$

◁ - - - - - - - - - - - - - - - - - - - (24)

45

$$\bar{x} = \frac{1}{3}$$

Rechengang:

$$\bar{x} = \int_{-\infty}^{\infty} x \cdot f(x)\, dx$$

$$= \int_{-\infty}^{0} x \cdot 0 \cdot dx + \int_{0}^{1} x \cdot 2(1-x) \cdot dx + \int_{1}^{\infty} x \cdot 0 \cdot dx$$

$$= 2\left[\frac{x^2}{2} - \frac{x^3}{3}\right]_0^1 = 2 \cdot \frac{1}{6} = \frac{1}{3}$$

 ◁ - - - - - - - - - - - - - - - - - - - (46)

$\boxed{12}$

Das innere oder .... Produkt zweier Vektoren lässt sich angeben, wenn von beiden Vektoren die .... und der .... gegeben ist.

---------------------- ▷ ⑬

$\boxed{52}$

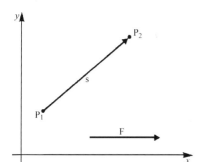

Betrachten wir eine Kraft $\vec{F}$

$$\vec{F} = (F_x, F_y)$$
$$= (20\text{N}, 0)$$

Die Kraft greife an einem Gegenstand an, der von P_1 nach P_2 bewegt werde. Die Ortsverschiebung $\vec{s}$ habe die Komponenten $\vec{s}_x$, $\vec{s}_y$

$$\vec{s} = (s_x, s_y)$$
$$= (2\,\text{km}, 2\,\text{km})$$

Es könnte sich hier also um einen Radfahrer handeln, der bei schräg von hinten kommendem Wind von P_1 nach P_2 fährt. Die vom Wind geleistete Arbeit ist dann:

$\vec{F} \cdot \vec{s} = $ ....
---------------------- ▷ ㊾

$\boxed{92}$

Der Umgang mit Einheitsvektoren will geübt sein. Auch hier handelt es sich vor allem um die Richtungsbestimmung. Das vektorielle Produkt von Einheitsvektoren ist wieder ein Einheitsvektor. Die Vektoren haben den Betrag 1. Sie stehen aufeinander senkrecht. Also ergibt das vektorielle Produkt wieder einen Vektor vom Betrag 1.
Die Richtung gibt uns die Rechtsschraubenregel.

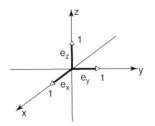

$$\vec{e}_z \times \vec{e}_y = \text{..............}$$
$$\vec{e}_z \times \vec{e}_x = \text{..............}$$
$$\vec{e}_z \times \vec{e}_z = \text{..............}$$
$$\vec{e}_y \times \vec{e}_x = \text{..............}$$
$$\vec{e}_y \times \vec{e}_y = \text{..............}$$

---------------------- ▷ ㊈㊂

K. Weltner, *Leitprogramm Mathematik für Physiker 1*,
DOI 10.1007/978-3-642-23485-9_11 © Springer-Verlag Berlin Heidelberg 2012

Kapitel 11
Wahrscheinlichkeitsverteilung

13

skalare Produkt
Beträge
eingeschlossene Winkel

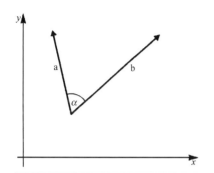

Geben Sie die Formel für das innere Produkt
der Vektoren $\vec{a}$ und $\vec{b}$ aus dem Gedächtnis an:
$\vec{a} \cdot \vec{b} = $ ....

------------------------- ▷ 14

53

$$\begin{aligned} \vec{F} \cdot \vec{s} &= (F_x\, s_x + F_y\, s_y) \\ &= (20\,\text{N} \cdot 2\,\text{km} + 0\,\text{N} \cdot 2\,\text{km}) \\ &= 40\,\text{N}\,\text{km} \\ &= 40\,000\,\text{N}\,\text{m} \end{aligned}$$

Hinweis: Der Radfahrer – das betrachtete
System – hat Arbeit gewonnen. Das wird positiv gezählt.

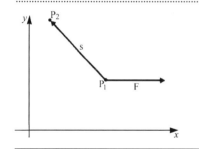

Betrachten wir eine andere Ortsveränderung $\vec{s}$
bei gleicher Windkraft.
$\vec{F} = (20\text{N},\ 0)$
$\vec{s} = (-2\,\text{km},\ 2\,\text{km})$
Die vom Wind geleistete Arbeit ist dann:
$\vec{F} \cdot \vec{s} = $ ....

------------------- ▷ 54

93

$\vec{e}_z \times \vec{e}_y = -\vec{e}_x$
$\vec{e}_z \times \vec{e}_x = \vec{e}_y$
$\vec{e}_z \times \vec{e}_z = 0$
$\vec{e}_y \times \vec{e}_x = -\vec{e}_z$
$\vec{e}_y \times \vec{e}_y = 0$

Hinweis: Vektoren stehen nicht senkrecht aufeinander, wenn ein Vektor mit sich selbst multipliziert wird.
Dann ist das äußere Produkt = 0.

Weitere Erläuterungen erwünscht   ------------------- ▷ 94

Keine Fehler   ------------------- ▷ 95

26

Statistische Wahrscheinlichkeit

$$h_{cabriolet} = \frac{8}{144} = \frac{1}{18}$$

....

Falls Sie eine ganze Weile konzentriert gearbeitet haben, können Sie ruhig eine Pause von ein paar Minuten einlegen.

BLÄTTERN SIE ZURÜCK   ------------------- ▷ (27)

120   Hinweis: Sehr gut, wenn Sie 120 herausbekommen haben.

Permutation   Die Anzahl der Permutationen von fünf Elementen ist gleich 5!
                  $5! = 1 \cdot 2 \cdot 3 \cdot 4 \cdot 5 = 120$

....

In einem Raum stehen 4 Stühle. Auf wie viel verschiedene Arten können 4 Personen diese Stühle besetzen?

....

Bei Schwierigkeiten das Lehrbuch oder Ihre Aufzeichnungen zurate ziehen.

BLÄTTERN SIE ZURÜCK   ------------------- ▷ (53)

Damit haben Sie das   des Kapitels erreicht!

14

$$\vec{a} \cdot \vec{b} = |\vec{a}| \cdot |\vec{b}| \, \cos\alpha$$

....

Das skalare Produkt zweier Vektoren $\vec{a}$ und $\vec{b}$ ist
gleich dem Produkt von

     Vektor $\vec{a}$ mit der
     Projektion von ....
     auf ....

Ergänzen Sie die Skizze so,
dass sie den Satz darstellt.

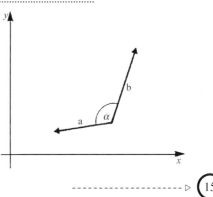

- ▷ 15

54

$$\vec{F} \cdot \vec{s} = -40 \, \text{N km}$$
$$= -40\,000 \, \text{Nm}$$

Hinweis: Der Radfahrer hat Arbeit abgegeben.
Das wird negativ gezählt.

....

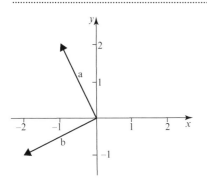

$\vec{a} = (-1, \, 2)$
$\vec{b} = (-2, \, -1)$
$\vec{a} \cdot \vec{b} = ...$

- ▷ 55

94

Betrachten wir die Aufgabe $\vec{e}_z \times \vec{e}_y = ...$

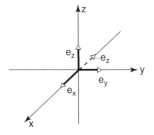

In dem Koordinatensystem muss $\vec{e}_z$ in $\vec{e}_y$ gedreht werden. Eine Rechtsschraube würde sich
in Richtung der negativen x-Achse fortbewe-
gen. Der Vektor $\vec{e}_z \times \vec{e}_y$ zeigt in die Richtung
der negativen x-Achse. Da er den Betrag 1 hat,
ist es ein Einheitsvektor. Der Einheitsvektor $\vec{e}_x$
zeigt in Richtung der positiven x-Achse. Wir
müssen also den Gegenvektor bilden. Daraus
ergibt sich:
$$\vec{e}_z \times \vec{e}_y = -\vec{e}_x$$

- ▷ 95

$\boxed{25}$

Relative Häufigkeit

Statistische Wahrscheinlichkeit

....

Welche Wahrscheinlichkeit lässt sich durch praktische Versuche bestimmen?

.... Wahrscheinlichkeit

Ein Mädchen langweilt sich auf einer Autofahrt und zählt die entgegenkommenden „Cabriolets". Es stellt fest:

Von 144 Autos waren 8 Cabriolets.

Die relative Häufigkeit der Cabriolets beträgt

$h_{\text{Cabriolet}} =$ ....

-------------------- ▷ ㉖

$\boxed{51}$

$1! = 1$
$2! = 1 \cdot 2 = 2$
$3! = 1 \cdot 2 \cdot 3 = 6$
$4! = 1 \cdot 2 \cdot 3 \cdot 4 = 24$
$5! = 1 \cdot 2 \cdot 3 \cdot 4 \cdot 5 = 120$
$6! = 1 \cdot 2 \cdot 3 \cdot 4 \cdot 5 \cdot 6 = 720$

....

Fünf Freundinnen wollen sich auf eine Bank setzen: Alwine, Berta, Chlothilde, Dora, Erna Wie viele Reihenfolgen gibt es?

Es gibt .... Reihenfolgen.

Jede Reihenfolge ist eine ....

-------------------- ▷ ㊷

$\boxed{77}$

Bei der Bearbeitung des Problems haben Sie praktisch wiederholt:

- Klassische Definition der Wahrscheinlichkeit
- Additionstheorem der Wahrscheinlichkeit
- Verbundwahrscheinlichkeit für unabhängige Ereignisse
- Binomialkoeffizient

-------------------- ▷ ㊲

15

Das skalare Produkt zweier Vektoren $\vec{a}$ und $\vec{b}$ ist gleich dem Produkt von

Vektor $\vec{a}$ mit der
Projektion von $\vec{b}$ auf $\vec{a}$.

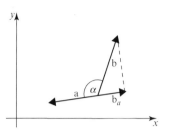

Im obigen Beispiel ist das Vorzeichen des Skalarproduktes
☐ positiv
☐ negativ

- - - - - - - - - - - - - - - - - - - ▷ 16

55

$\vec{a} \cdot \vec{b} = 2 - 2 = 0$

Zeichnen Sie die beiden Vektoren $\vec{a} = (4,\ 1)$, $\vec{b} = (-1,\ 4)$ in das Koordinatensystem ein.
Die beiden Vektoren stehen .... aufeinander.

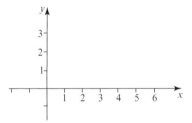

- - - - - - - - - - - - - - - - - - - ▷ 56

95

Und hier geht es weiter.

$$|\vec{a}| = 4$$
$$|\vec{b}| = 2$$
$$\alpha = 30°$$
$$|\vec{a} \times \vec{b}| = \ldots\ldots$$

φ	α	$\dfrac{\cos\alpha}{\cos\varphi}$	$\dfrac{\sin\alpha}{\sin\varphi}$
$0 = 0,00$	$0°$	1	0
$\frac{\pi}{6} = 0,52$	$30°$	0,87	0,5
$\frac{\pi}{4} = 0,78$	$45°$	0,71	0,71
$\frac{\pi}{3} = 1,05$	$60°$	0,50	0,87
$\frac{\pi}{2} = 1,56$	$90°$	0	1

- - - - - - - - - - - - - - - - - - - ▷ 96

24

Ein Experiment werde 530mal durchgeführt. 50mal werde das Ergebnis A gemessen.

Die Größe $h_A = \dfrac{50}{530}$ heißt: ....

Sie geht für sehr große N über in die ....

Falls Sie nicht sofort antworten können, schauen Sie in die Stichworte, die Sie aus dem Lehrbuch exzerpiert haben. Hilft das nicht, Abschnitt 10.2.3 heranziehen.

- - - - - - - - - - - - - - - - - - - ▷ 25

50

$N!$ heißt *Fakultät*
$N! = 1 \cdot 2 \cdot \ldots \cdot (N-1) \cdot N$

Berechnen sie

   $1! = $ ....
   $2! = $ ....
   $3! = $ ....
   $4! = $ ....
   $5! = $ ....
   $6! = $ ....

- - - - - - - - - - - - - - - - - - - ▷ 51

76

Die Versuchanordnung ist zur Beantwortung der Fragestellung des Parapsychologen ungeeignet. Nach dem Zufallsgesetz ist die Wahrscheinlichkeit, dass wenigstens einer der Anwesenden die Bedingung erfüllt, $p = 0,995$. Hellseherische Fähigkeiten sind unnötig.

Begündung und Rechengang: Die Wahrscheinlichkeit, dass eine Person keinen oder einen Fehler macht ist

   $p = \frac{11}{2^{10}} = 0,011$

Die Wahrscheinlichkeit, dass eine Person mehr als einen Fehler macht ist

   $p = (1 - 0,011) = 0,989$

Die Wahrscheinlichkeit, dass alle 500 Personen mehr als einen Fehler machen, ist

   $(0,989)^{500} = 0,005$

- - - - - - - - - - - - - - - - - - - ▷ 77

16

Negativ. Hinweis: $\cos\alpha$ ist negativ, weil $\alpha > 90°$. Die Projektion von $\vec{b}$ auf $\vec{a}$ hat
entgegengesetzte Richtung zu $\vec{a}$.

....

Das skalare Produkt der Vektoren $\vec{a}$ und $\vec{b}$ ist
auch gleich dem Produkt von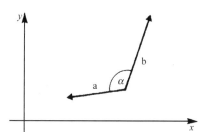

   Vektor $\vec{b}$ mit der Projektion
   von .... auf ....
Die Vektoren $\vec{a}$ und $\vec{b}$ sind die gleichen wie im
vergangenen Beispiel. Ergänzen Sie die Skizze
für diesen Fall.
Skalarprodukt der beiden Vektoren ist
☐ positiv   ☐ negativ

-------------------- ▷ 17

56

Senkrecht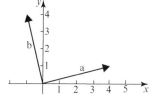

....

Schreiben Sie aus dem Gedächtnis die Formel für das innere Produkt der beiden Vektoren
$\vec{F} = (F_x, F_y, F_z)$
$\vec{s} = (s_x, s_y, s_z)$
$\vec{F} \cdot \vec{s} = \dots\dots\dots\dots$

Prüfen Sie im Zweifel selbst anhand des Lehrbuches, ob Ihre Formel richtig ist.

-------------------- ▷ 57

96

$|\vec{a} \times \vec{b}| = |\vec{a}| \cdot |\vec{b}| \cdot \sin\alpha$
$\quad\quad = 4 \cdot 2 \cdot 0{,}5 = 4$

....

Der Betrag des vektoriellen Produkts hat eine geometrische Bedeutung. Es ist ein Flächeninhalt.
Zeichnen Sie die durch $\vec{a} \times \vec{b}$ gegebene Fläche!

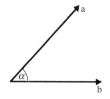

-------------------- ▷ 97

1. $p = \dfrac{16}{32} = \dfrac{1}{2}$ 2. $p_{\text{blau}} = \dfrac{16}{20} = 0{,}8$ 3. $p = \dfrac{1}{3}$

....

Falls Sie noch Schwierigkeiten haben, bitte noch einmal den Abschnitt im Lehrbuch studieren.

- - - - - - - - - - - - - - - - - - ▷ 24

Permutation ist eine *mögliche* Anordnung von *beliebigen Elementen*.

6

....

Das Symbol N ! heißt: . . . .

Das Symbol N ! bedeutet: $N! = $ . . . .

- - - - - - - - - - - - - - - - - - ▷ 50

Zahl der möglichen Voraussagen für eine bestimmte Person $2 \cdot 2 \cdot 2 \cdot 2 \dots 2 = 2^{10} = 1024$
Zahl der günstigen Voraussagen $10 + 1 = 11$. Begründung: Ein günstiger Fall liegt vor, wenn bei den 10 Vorhersagen nur ein Irrtum erfolgt.

Dieser Irrtum kann bei der 1., 2., ... 10. Zahl erfolgen. Das gibt 10 Fälle $= \begin{pmatrix} 10 \\ 1 \end{pmatrix}$.

Ein günstiger Fall liegt auch vor, wenn kein Irrtum erfolgt. Das ergibt 1 Fall $= \begin{pmatrix} 10 \\ 0 \end{pmatrix}$.

Damit ergibt sich: $p = \dfrac{11}{2^{10}} = \dfrac{11}{1024} = 0{,}011$

Die Wahrscheinlichkeit für eine Person, mehr als einen Fehler zu machen, ist dann $(1 - p) = (1 - 0.011) = 0{,}989$. Die Wahrscheinlichkeit, dass alle 500 Personen mehr als einen Fehler machen, ist $(1 - 0{,}011)^{500} \approx 0{,}005$. D.h. dass mit großer Wahrscheinlichkeit $(0{,}995)$ mindestens ein Anwesender die Bedingung – höchstens 1 Fehler – erfüllt. - - - - - - - - ▷ 76

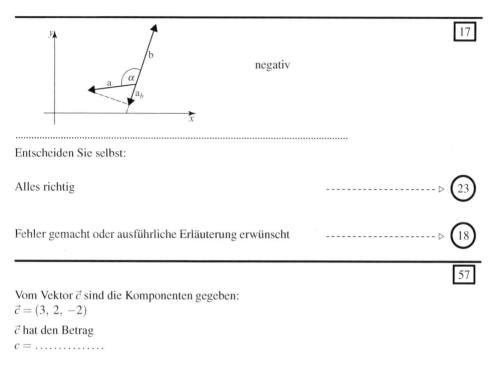

17

negativ

Entscheiden Sie selbst:

Alles richtig - - - - - - - - - - - - - - - - - - ▷ (23)

Fehler gemacht oder ausführliche Erläuterung erwünscht - - - - - - - - - - - - - - - - - ▷ (18)

57

Vom Vektor $\vec{c}$ sind die Komponenten gegeben:
$\vec{c} = (3,\ 2,\ -2)$

$\vec{c}$ hat den Betrag
$c = \dots\dots\dots\dots$

- - - - - - - - - - - - - - - - - - ▷ (58)

97

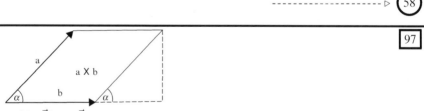

Die Formel $|\vec{a} \times \vec{b}| = \vec{a} \cdot \vec{b}\ sin\ \alpha$ ist wichtig. Man kann sie auf zweierlei Weise lernen:

1. Man lernt die geometrische Bedeutung. $\vec{a} \times \vec{b}$ ist der Flächeninhalt des von $\vec{a}$ und $\vec{b}$ aufgespannten Parallelogramms.

   Oder man prägt sich die Bedeutung anhand des Drehmomentes ein.
   Dann kann man sich anhand dieser Bedeutung durch wenige Überlegungen die Formel immer rekonstruieren.

2. Man prägt sich die Formel gedächtnismäßig ein.

Das erste Verfahren ist Lernen mit Einsicht. Das zweite Verfahren ist Auswendiglernen. Lernen mit Einsicht ist sicherer.

- - - - - - - - - - - - - - - - - - ▷ (98)

22

1. Ein Skatspiel besteht aus 16 roten und 16 schwarzen Karten. Mit welcher Wahrscheinlichkeit wird eine schwarze Karte aus dem Stapel gezogen?

$p_1 = $ ....

2. In einem Kasten befinden sich 20 Kugeln. Davon sind 16 blau und 4 grün. Berechnen Sie die Wahrscheinlichkeit für das Herausziehen einer blauen Kugel.

$p_2 = $ ....

3. Mit welcher Wahrscheinlichkeit ist beim Würfeln die Zahl der geworfenen Augen durch 3 teilbar?

$p_3 = $ ....

(23) ◁ -

48

xyz	yxz	xzy
zyx	yzx	zxy

Permutation ist eine ....

Anordnung von ....

Bei drei Elementen gibt es .... Permutationen.

(49) ◁ -

74

2. Hinweis: Um die Wahrscheinlichkeit dafür zu finden, dass keine der 500 Personen die Bedingung erfüllt, müssen Sie die Wahrscheinlichkeit bestimmen, dass eine bestimmte Person *mindestens* 9 Treffer erreicht.

Verwenden Sie die klassische Definition der Wahrscheinlichkeit

$p = $ ....

(75) ◁ -   Ich habe noch Schwierigkeiten

(76) ◁ -   Ich möchte die Lösung vergleichen

18

Um das innere Produkt zu verstehen, muss man wissen, was die Projektion eines Vektors $\vec{a}$ auf einen Vektor $\vec{b}$ oder die Projektion des Vektors $\vec{b}$ auf den Vektor $\vec{a}$ ist.

1. Gegeben seien $\vec{a}$ und $\vec{b}$. Zeichnen Sie die Projektion von $\vec{a}$ auf $\vec{b}$: $\vec{a}_b$

   $\vec{a}_b$ hat den Betrag $a_b = \ldots\ldots\ldots$

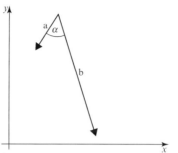

2. Zeichnen Sie die Projektion von $\vec{b}$ auf $\vec{a}$: $\vec{b}_a$

   $\vec{b}_a$ hat den Betrag $b_a = \ldots\ldots\ldots$

- ▷ (19)

$$\vec{c} = \sqrt{9+4+4} = \sqrt{17} \approx 4{,}12$$

Berechnen Sie das Skalarprodukt der beiden Vektoren

$\vec{a} = (3, -2)$
$\vec{b} = (1, 1, 5)$

$\vec{a} \cdot \vec{b} = \ldots\ldots\ldots\ldots$

Welchen Winkel schließen $\vec{a}$ und $\vec{b}$ miteinander ein?

$\alpha = \ldots\ldots\ldots\ldots$

- ▷ (59)

Das äußere Produkt hat den Betrag $|\vec{a} \times \vec{b}| = \ldots\ldots\ldots\ldots$

Das innere Produkt ist ein Skalar $\vec{a} \cdot \vec{b} = \ldots\ldots\ldots\ldots$

Versuchen Sie beide Formeln aus ihren Bedeutungen heraus abzuleiten.

- ▷ (99)

21

$$\frac{1}{6}$$

....

Falls bisher keine Schwierigkeiten   - - - - - - - - - - - - - - - - - - ▷ ⓐ24

Falls bisher noch Schwierigkeiten, weiter üben   - - - - - - - - - - - - - - - - - - ▷ ⓐ22

47

Permutation

....

Geben Sie alle Permutationen der drei Elemente x, y, z an.

. . . .

. . . .

- - - - - - - - - - - - - - - - - - ▷ ⓐ48

73

Die Aufgabe lässt sich mit Hilfe der Wahrscheinlichkeitsrechnung lösen.

1. Hinweis: Sie müssen die Wahrscheinlichkeit bestimmen, dass in dem Auditorium *keine*
             Person die Bedingung erfüllt.
             Sie können die Wahrscheinlichkeit bestimmen, dass eine bestimmte Person die
             Bedingung erfüllt.

Ein weiterer Hinweis   - - - - - - - - - - - - - - - - - - ▷ ⓐ74

Weitere Hinweise nicht nötig   - - - - - - - - - - - - - - - - - - ▷ ⓐ77

19

1) 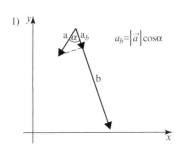 $a_b = |\vec{a}| \cos\alpha$

2) 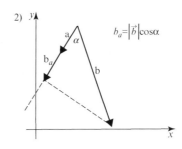 $b_a = |\vec{b}| \cos\alpha$

Die Länge der Projektion eines Vektors hängt vom eingeschlossenen Winkel ab. Der projizierte Vektor wird um den Faktor cos α verkürzt. Ist der eingeschlossene Winkel größer als 90°, hat der Kosinus .... Vorzeichen.

-------------------- ▷ 20

59

$\vec{a} \cdot \vec{b} = 0$ $\alpha = 90°$
$\vec{a}$ und $\vec{b}$ stehen senkrecht aufeinander.

Überprüfen Sie das Ergebnis geometrisch, indem Sie $\vec{a}$ und $\vec{b}$ in das Koordinatensystem einzeichnen.

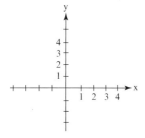

$$\vec{a} = (3, -2,)$$
$$\vec{b} = (1, 1,5)$$

-------------------- ▷ 60

99

 $|\vec{a} \times \vec{b}| = |\vec{a}| \cdot |\vec{b}| \sin\varphi$ $\vec{a} \cdot \vec{b} = |\vec{a}| \cdot |\vec{b}| \cos\varphi$

Die zwei Konstruktionen unten zeigen noch einmal inneres und äußeres Produkt.

Inneres Produkt: $\vec{a}$ mal Betrag der Projektion von $\vec{b}$ auf $\vec{a}$
Äußeres Produkt. $\vec{a}$ mal Betrag der Projektion von $\vec{b}$ auf die Senkrechte zu $\vec{a}$.
$\vec{a} \cdot \vec{b} = \dots\dots\dots$ $|\vec{a} \times \vec{b}| = \dots\dots\dots$

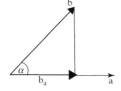   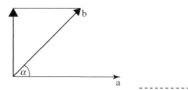

--------- ▷ 100

20

$$p_{mit} = \frac{L}{10} \qquad\qquad p_{ohne} = \frac{3}{10}$$

Hinweis – nicht zu ernst nehmen – Der Schaden wird begrenzt, wenn man einen Schlips benutzt.

....

Wie groß ist die Wahrscheinlichkeit, bei einem Würfelwurf drei Augen zu werfen?

$p = $ ....

▷ - (21)

46

Fünf Freundinnen sitzen auf einer Bank in dieser Reihenfolge

Alwine
Berta
Chlothilde
Dora
Erna

Das ist eine mögliche Anordnung der fünf Freundinnen. Der Mathematiker nennt die Freundinnen kurz Elemente.

Eine mögliche Anordnung heißt: ....

▷ - (47)

72

Hier das Problem:*

Ein Parapsychologe unternimmt den Versuch, hellseherische Fähigkeiten zu identifizieren. Zu diesem Zweck stellt er einer Versammlung von 500 Menschen die Aufgabe, das Ergebnis eines Versuchs zu erraten. Hinter einem Wandschirm wird eine Münze 10mal geworfen. Die Reihenfolge der einzelnen Versuchsergebnisse – Kopf oder Zahl – soll von den Zuschauern geraten werden.

Als hellseherisch begabt gilt, wer höchstens einen Fehler in der Vorhersage macht.

Falls eine Person gefunden wird, die diese Bedingung erfüllt, kann man sagen sie sei hellseherisch begabt?

Sie können die Frage beantworten   ▷ - (74)

Sie möchten einen Hinweis   ▷ - (73)

*Frei nach Meschkowski: „Wahrscheinlichkeitsrechnung". Bibl. Institut Mannheim, 1968

20

negatives

....

Bestimmung des inneren Produkts:

- Wir wählen $\vec{b}$ als Bezugsvektor und projizieren $\vec{a}$ auf $\vec{b}$
- Wir bilden das Produkt aus dem Betrag von $\vec{b}$ und dem Betrag der Projektion von $\vec{a}$ auf $\vec{b}$.

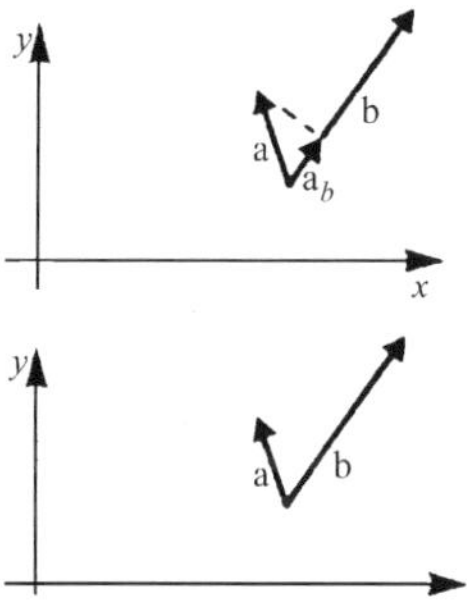

Hinweis: Auch $\vec{a}$ kann Bezugsvektor sein. Ergänzen Sie die Zeichnung mit $\vec{a}$ als Bezugsvektor.

- ▷ (21)

60

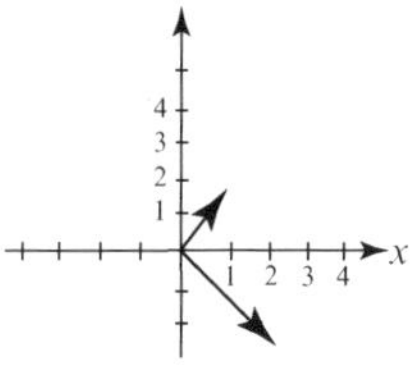

....

Das innere Produkt verschwindet für Vektoren, die senkrecht aufeinander stehen. Dieses macht man sich zunutze, wenn man *überprüfen* möchte, ob zwei Vektoren senkrecht aufeinander stehen. Man bildet das innere Produkt und prüft, ob es verschwindet.

Gegeben sei

$$\begin{aligned} \vec{a} &= (a_x,\ a_y) \\ \vec{a}_1 &= (-a_x,\ -a_y) \\ \vec{a}_2 &= (-a_x,\ +a_y) \\ \vec{a}_3 &= (a_y,\ -a_x) \\ \vec{a}_4 &= (-a_y,\ a_x) \end{aligned}$$

Senkrecht auf $\vec{a}$ stehen: ....

- ▷ (61)

100

$$\vec{a}\cdot\vec{b} = |\vec{a}|\cdot|\vec{b}|\cdot\cos\alpha$$
$$|\vec{a}\times\vec{b}| = |\vec{a}|\cdot|\vec{b}|\cdot\sin\alpha$$

....

Aufgrund einfacher Überlegungen können die folgenden Fragen beantwortet werden:

$\vec{a}\times\vec{a} =$ ....

$\vec{a}\cdot\vec{a} =$ ....

- ▷ (101)

$$p_A = \frac{N_A}{N}$$

In einer Schublade liegen zehn Hemden. Bei drei Hemden fehlt der Kragenknopf.
Morgens wird im Dunkeln und in Eile ein Hemd gegriffen.
Wie groß ist die Wahrscheinlichkeit, eines *mit* Kragenknopf zu erwischen?

$p_{\text{mit}} = \dots\dots\dots$

Wie groß ist die Wahrscheinlichkeit eines *ohne* Knopf zu erwischen?

$p_{\text{ohne}} = \dots\dots\dots$

------------------- ▷ (20)

45

Abzählmethoden
Permutationen

Schreiben Sie die neuen Begriffe und Regeln heraus und rechnen Sie die Beispiele mit!
Mitrechnen macht mit den Ableitungen vertraut und gibt Sicherheit.

STUDIEREN SIE im Lehrbuch 10.3 Abzählmethoden
  10.3.1 Permutationen
  Lehrbuch, Seite 246–247

BEARBEITEN SIE DANACH Lehrschritt ------------------- ▷ (46)

71

Es gibt $\binom{20}{5}$ Möglichkeiten, aus 20 Personen einen 5-köpfigen Vorstand zu bilden.

$$\binom{20}{5} = \frac{20!}{15!5!} = \frac{20 \cdot 19 \cdot 18 \cdot 17 \cdot 16}{2 \cdot 3 \cdot 4 \cdot 5} = 15\,504$$

Damit hätten Sie Kapitel 10 durchgearbeitet und sich eine Belohnung verdient.

Falls Sie ein Problem aus der Parapsychologie bearbeiten wollen ------------------- ▷ (72)

Sonst ------------------- ▷ (78)

21

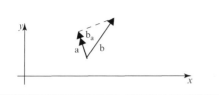

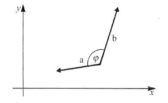

Bilden Sie die Projektion von $\vec{a}$ auf $\vec{b}$:

- - - - - - - - - - - - - - - - - - - ▷ 22

61

Senkrecht auf $\vec{a}$ stehen $\vec{a}_3$ und $\vec{a}_4$.

Gegeben sei $\vec{F} = (1\,\mathrm{N},\ -1\,\mathrm{N},\ 2\,\mathrm{N})$
Welche Ortsvektoren stehen senkrecht auf $\vec{F}$?

$$\vec{s}_1 = (2\mathrm{m},\ 1\mathrm{m},\ 1\mathrm{m})$$
$$\vec{s}_2 = (-1\mathrm{m},\ 1\mathrm{m},\ 1\mathrm{m})$$
$$\vec{s}_3 = (1\mathrm{m},\ 1\mathrm{m},\ -2\mathrm{m})$$
$$\vec{s}_4 = (3\mathrm{m},\ 1\mathrm{m},\ -1\mathrm{m})$$

Senkrecht auf $\vec{F}$ stehen: . . . .

- - - - - - - - - - - - - - - - - - - ▷ 62

101

$$\vec{a} \times \vec{a} = 0$$
$$\vec{a} \cdot \vec{a} = a^2$$

Der Vektor $\vec{a} \times \vec{a}$ hat einen Namen. Es ist ein . . . . Vektor.

- - - - - - - - - - - - - - - - - - - ▷ 102

18

$$p_1 = \frac{1}{8} \qquad\qquad p_2 = \frac{1}{2}$$

Rekapitulieren Sie den Rechengang, um die klassische Wahrscheinlichkeit zu berechnen:

1. „günstige" Elementarereignisse ermitteln (N_A)
2. mögliche Elementarereignisse ermitteln (N)

$$p_A = \dots\dots\dots\dots$$

- - - - - - - - - - - - - - - - - - ▷ 19

44

a) $p_{sgw} = \dfrac{4}{18} \cdot \dfrac{7}{18} \cdot \dfrac{2}{18} = \dfrac{7}{9^3} = 0,01$

b) $p_{gsg} = \dfrac{5}{18} \cdot \dfrac{4}{18} \cdot \dfrac{7}{18} = \dfrac{35}{2 \cdot 9^3} = \dfrac{35}{1458} = 0,024$

- - - - - - - - - - - - - - - - - - ▷ 45

70

$$\binom{5}{3} = \frac{5!}{3!(5-3)!} = 10$$

Ein Verein hat 20 Mitglieder. Der Vorstand dieses Vereins wird von 5 Mitgliedern gebildet. Wie viele Möglichkeiten gibt es, den Vorstand zu bilden?

- - - - - - - - - - - - - - - - - - ▷ 71

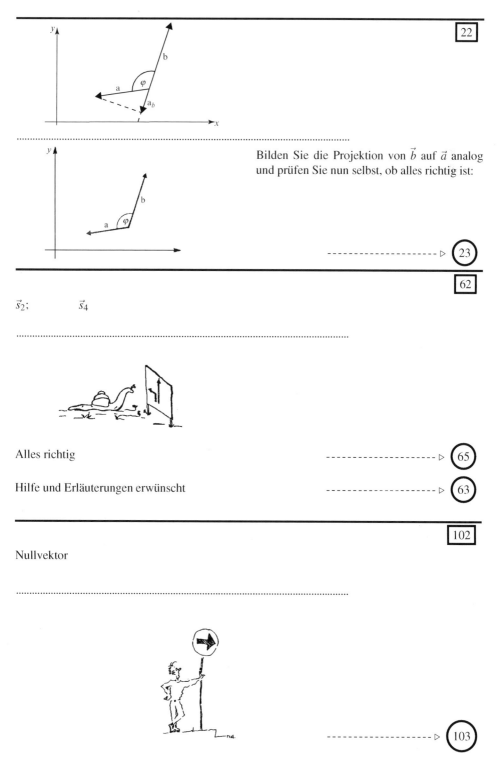

22

Bilden Sie die Projektion von $\vec{b}$ auf $\vec{a}$ analog und prüfen Sie nun selbst, ob alles richtig ist:

------------------- ▷ 23

62

$\vec{s_2}$; $\vec{s_4}$

Alles richtig

------------------- ▷ 65

Hilfe und Erläuterungen erwünscht

------------------- ▷ 63

102

Nullvektor

------------------- ▷ 103

17

$$p_1 = \frac{1}{32}$$

$$p_2 = \frac{4}{32} = \frac{1}{8}$$

....

Acht verdeckte Karten liegen auf dem Tisch. Wir wissen, dass es vier verschiedene Buben und vier verschiedene Damen sind.

Die Wahrscheinlichkeit, Herz-Dame zu ziehen, ist $p_1 = $ ....

Die Wahrscheinlichkeit einen Buben zu ziehen ist $p_2 = $ ....

-------------------- ▷ (18)

43

18 Elementarereignisse

4 Ereignisse für gleiche Farbe.

....

In einem Kasten befinden sich achtzehn Kugeln   5 gelb
4 schwarze
7 grüne
2 weiße

Jetzt wird dreimal nacheinander eine Kugel gegriffen und zurückgelegt.

Gesucht ist die Wahrscheinlichkeit für das Verbundereignis 1 schwarze UND 1 grüne UND 1 weiße Kugel. $p_{sgw} = $ ....

Gesucht ist die Wahrscheinlichkeit für das Verbundereignis 1 gelbe UND 1 schwarze UND 1 grüne Kugel. $p_{gsg} = $ ....

-------------------- ▷ (44)

69

1. Die Zweiergruppen für die drei Elemente a, b, c sind
   ab, ac, bc Möglichkeiten: 3

2. Rechnung: Es gibt $\binom{3}{2} = \dfrac{3!}{2!1!} = 3$ Möglichkeiten.

Rechnen Sie nun die ursprüngliche Aufgabe.

Aus 5 verschiedenen Elementen sollen Dreiergruppen gebildet werden. Wie viele verschiedene Dreiergruppen gibt es?

....

-------------------- ▷ (70)

23

In der Literatur wechseln die Symbole für das skalare Produkt: Drei der unten angeführten Bezeichnungen sind Bezeichnungen für das skalare Produkt. Suchen Sie die richtigen Bezeichnungen heraus.

☐ $\vec{a} \cdot \vec{b}$

☐ $[\vec{a}, \vec{b}]$ ☐ $\vec{a} \times \vec{b}$

☐ $< \vec{a}, \vec{b} >$ ☐ $(\vec{a}, \vec{b})$

-------------------- ▷  24

63

Das innere Produkt von Vektoren, die senkrecht aufeinander stehen, ist 0. Diesen Satz benutzen wir für die Prüfung, ob $\vec{F}$ und $\vec{s}$ senkrecht aufeinander stehen.

Gegeben sei $\vec{F} = (1\text{N}, -1\text{N}, 2\text{N})$

Gefragt ist, ob $\vec{s} = (2\text{m}, 1\text{m}, 1\text{m})$ senkrecht auf $\vec{F}$ steht.

Prüfung: Wir bilden das innere Produkt:

$\vec{F} \cdot \vec{s} = 2\text{Nm} - 1\text{Nm} + 2\text{Nm} = 3\text{Nm}$

Ergebnis: Das innere Produkt ist nicht 0. Also steht $\vec{F}$ nicht senkrecht auf $\vec{s}$.

-------------------- ▷  64

103

Jetzt ist wieder eine kurze Pause angebracht. Sie wissen doch noch, vor Beginn der Pause sollten Sie zwei Dinge tun:

1. ....

2. ....

-------------------- ▷ 104

16

Unter den 32 Karten gibt es nur einen Kreuz-König.

Zahl der günstigen Elementarereignisse $= 1$

Zahl der möglichen Elementarereignisse $= 32$

Also ist die Wahrscheinlichkeit, den Kreuz-König zu ziehen: $p_1 = \dots\dots\dots\dots$

Unter den 32 Karten gibt es vier Könige.

Zahl der günstigen Elementarereignisse $= 4$

Zahl der möglichen Elementarereignisse $= 32$

Die Wahrscheinlichkeit, einen König zu ziehen, ist: $p_2 = \dots\dots\dots\dots$

- - - - - - - - - - - - - - - - - - - ▷ (17)

42

$\dfrac{1}{4}$

In einem Kasten befinden sich achtzehn Kugeln. Davon sind
  5 gelb
  4 schwarz
  7 grün
  2 weiß
Wird eine Kugel gezogen, gibt es

$\dots\dots\dots\dots\dots\dots$ Elementarereignisse

$\dots\dots\dots\dots\dots\dots$ Ereignisse gleicher Farbe

- - - - - - - - - - - - - - - - - - - ▷ (43)

68

Einfacheres Beispiel: Wie viele verschiedene Möglichkeiten gibt es, aus einer Menge von 3 verschiedenen Elementen Gruppen von je zwei Elementen zu bilden?

1. Ermitteln Sie diese Zahl dadurch, dass Sie alle Zweier-Gruppen für die drei Elemente *a, b, c* bilden.

Zahl der Möglichkeiten

$\dots\dots\dots\dots$

2. Ermitteln Sie diese Zahl durch Rechnung.

$\dots\dots\dots\dots\dots\dots\dots$

- - - - - - - - - - - - - - - - - - - ▷ (69)

24

$\vec{a} \cdot \vec{b};$ $(\vec{a}, \vec{b});$ $< \vec{a}, \vec{b} >$

....

Ein Gegenstand wird um den Weg $\vec{s}$ verschoben. Dabei greift an ihm die Kraft $\vec{F}$ an. Gesucht ist die von $\vec{F}$ geleistete Arbeit. Maßeinheiten sind anzugeben.

Gegeben: Kraft $|\vec{F}|: \vec{F} = 6N$

Weg $|s|: \vec{s} = 2m$

eingeschlossener Winkel $\alpha = 60°$

Die Arbeit beträgt $\vec{F} \cdot \vec{s} = $..................

Hinweis: $\cos 60° = 0,5$

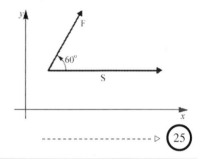

- - - - - - - - - - - - - - - - - - - ▷ (25)

64

In dieser Weise müssen wir für jeden der vier Vektoren der Aufgabe prüfen, ob $\vec{F} \cdot \vec{s} = 0$ ist. Dann und nur dann stehen $\vec{F}$ und $\vec{s}$ senkrecht aufeinander. Es sei denn, einer der Vektoren ist ein Nullvektor. Im Raum gibt es beliebig viele verschiedene Vektoren, die auf $\vec{F}$ senkrecht stehen können.

Kleine

- - - - - - - - - - - - - - - - - - - ▷ (65)

104

1. Wiederholen, ob Inhalt des Arbeitsabschnittes verstanden ist.
2. Ende der Pause festlegen oder festlegen, wann mit der Arbeit fortgefahren wird.

Beides sollte zur Gewohnheit werden. Nicht nur hier, sondern überall, wo Sie ein Lehrbuch planmäßig studieren.

• Zählen Sie in Gedanken die Stichworte des bearbeiteten Abschnitts auf.
• Schreiben Sie auf einen Zettel, wann Sie mit der Arbeit fortfahren werden.

NACH DER PAUSE
- - - - - - - - - - - - - - - - - - - ▷ (105)

[15]

12
4

Ein Skatspiel besteht aus 32 Karten. Es gibt vier „Könige": Kreuz, Pik, Herz, Karo.
Die Wahrscheinlichkeit aus dem gemischten Kartenspiel den „Kreuz-König" zu ziehen ist:

$p_1 = $ ....

Die Wahrscheinlichkeit, einen „König" zu ziehen, ist

$p_2 = $ ....

Lösung gefunden ◁- - - - - - - - - - - - - - - - - - - (17)

Erläuterung oder Hilfe erwünscht ◁- - - - - - - - - - - - - - - - - - - (16)

[41]

Die Wahrscheinlichkeit, bei einem Münzwurf die „Zahlseite" zu erhalten, ist $\frac{1}{2}$.
Die Wahrscheinlichkeit, bei zwei Würfen jedes Mal die „Zahl" zu bekommen, ist auf jeden Fall kleiner als $\frac{1}{2}$.
Es gilt für die Verbundwahrscheinlichkeit zweier statistisch unabhängiger Ereignisse

$p_{AB} = p_A \cdot p_B$

Also

$p_{zz} = $ ....

◁- - - - - - - - - - - - - - - - - - - (42)

[67]

a) $\binom{3}{2} = 3$

b) $\binom{5}{3} = 10$

c) $\binom{5}{5} = 1$

d) $\binom{4}{1} = 4$

Aus 5 verschiedenen Elementen sollen 3er Gruppen gebildet werden.
Wie viel verschiedene 3er Gruppen gibt es? ....

Lösung gefunden ◁- - - - - - - - - - - - - - - - - - - (70)

Erläuterung oder Hilfe erwünscht ◁- - - - - - - - - - - - - - - - - - - (89)

25

$$\vec{F} \cdot \vec{s} = 6\,N \cdot 2\,m \cdot 0{,}5 = 6\,Nm$$

....

$F = 6\,N$

$s = 2\,m$

Eingeschlossener Winkel $120°$

Gesucht ist die von $\vec{F}$ geleistete Arbeit:

$\vec{F} \cdot \vec{s} =$.................

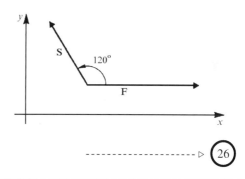

-------------------- ▷ 26

65

Das Vektorprodukt
Das Drehmoment
Das Drehmoment als Vektor

Hinweis: Wer den Sinus erst im Leitprogramm kennen gelernt hat, sollte seinen Merkzettel während der Arbeit mit dem Lehrbuch benutzen.

STUDIEREN SIE im Lehrbuch

BEARBEITEN SIE danach

-------------------- ▷ 66

105

Ja, nun geht es weiter. Vergleichen Sie Zeit und Datum des Arbeitsbeginns jetzt mit dem Termin auf Ihrem Zettel.

-------------------- ▷ 106

14

Sechs Elementarereignisse und drei Ereignisse
....

Wir haben eine Urne mit zwölf Kugeln: 6 roten
3 grünen
2 weißen
1 schwarze

Es wird eine Kugel gezogen.

Zahl der „Elementarereignisse" ....

Zahl der „Ereignisse" ....

Hinweis: Bei Zweifeln im Lehrbuch, Seite 238 nachsehen.

-------------------- ▷ 15

40

$$p = \frac{1}{36}$$
....

Rechnen Sie noch folgende Aufgabe:
Eine Münze wird zweimal geworfen. Wie groß ist die Wahrscheinlichkeit, dass jedes Mal die Zahlseite oben liegt?

$$p_{z,z} = \dots\dots\dots\dots$$

Lösung gefunden -------------------- ▷ 42

Erläuterung oder Hilfe erwünscht -------------------- ▷ 41

66

a) $\binom{6}{5} = \frac{6}{(6-5)!5!} = \frac{6!}{1! \cdot 5!} = 6$ b) $\binom{3}{1} = \frac{3!}{(3-1)!1!} = 3$

c) $\binom{4}{2} = \frac{4!}{(4-2)!2!} = 6$

....

Berechnen Sie nun   a) $\binom{3}{2} = \dots\dots\dots$ c) $\binom{5}{5} = \dots\dots\dots$

b) $\binom{5}{3} = \dots\dots\dots$ d) $\binom{4}{1} = \dots\dots\dots$

Bei Schwierigkeiten die Aufgaben anhand des Lehrbuches, Abschnitt 10.3.2, lösen.

-------------------- ▷ 67

$$\boxed{26}$$

$F \cdot s = -6\,\text{Nm}$

....

Entscheiden Sie selbst:

Alles richtig   ------------------ ▷ ㉛

Bezeichnungen unklar, Erläuterungen erwünscht   ------------------ ▷ ㉗

Begriff der mechanischen Arbeit unklar, Erläuterungen erwünscht ------------------ ▷ ㉙

$$\boxed{66}$$

Die Kraft $\vec{F}$ greife im Punkt P an einem Körper an, der sich um die Achse A drehen kann. $\vec{F}$ und $\vec{r}$ schließen den Winkel α ein. Um das Drehmoment zu ermitteln, wird die Kraft in eine Komponente senkrecht zu $\vec{r}$ und in eine Komponente in Richtung von $\vec{r}$ zerlegt.

Zeichnen Sie in die Skizze beide Komponenten von $\vec{F}$ ein.
Die zu $\vec{r}$ senkrechte Komponente hat die Größe $|\vec{F}_s| = \ldots\ldots\ldots\ldots$

                                                    ------------------ ▷ ㊻

$$\boxed{106}$$

Allgemeine Fassung des Hebelgesetzes

STUDIEREN SIE im Lehrbuch   3.4.7 Allgemeine Fassung des Hebelgesetzes
                                                    Lehrbuch, Seite 46–47

BEARBEITEN SIE danach Lehrschritt   ------------------ ▷ ⑩⑦

13

Wir müssen die Begriffe *Elementarereignis* und *Ereignis* scharf voneinander unterscheiden.

Es gibt sechs Kugeln: 3 schwarze, 2 grüne, 1 weiße.

Wir legen die Kugeln nebeneinander hin.

1 2 3	4 5	6
schwarz	grün	weiß

Jede einzelne Kugel kann gezogen werden. Das ist je ein Elementarereignis.

Die Kugeln 1, 2, 3 sind schwarz. Wenn eine der drei schwarzen Kugeln gezogen wird, ist das hinsichtlich der Farbe gleichwertig. Diese drei *Elementarereignisse* können zum *Ereignis* „Kugel schwarz" zusammengefasst werden.

Es gibt hier also bei den sechs Kugeln .... Elementarereignisse und .... Ereignisse.

 ▷ 14

39

Das Problem war: Die Wahrscheinlichkeit dafür zu finden, mit zwei Würfeln zwölf Augen zu werfen. Die Ereignisse sind statistisch unabhängig voneinander.

Die Wahrscheinlichkeit, dass der erste Würfel 6 zeigt, ist $p_1 =$ ....

Die Wahrscheinlichkeit, dass der zweite Würfel 6 zeigt, ist $p_2 =$ ....

Die Wahrscheinlichkeit dafür, dass beide Ereignisse eintreten, ist $p_{1,2} =$ ....

Wie groß ist die Wahrscheinlichkeit,
mit zwei Würfeln zwei Augen zu werfen? $p =$ ....

Im Zweifel die Aufgabe anhand des Lehrbuchs lösen.

▷ 40

65

Schauen Sie sich die Definition des Ausdrucks $\binom{m}{n}$ im Lehrbuch noch einmal an.

Hinweis: Lassen Sie sich nicht von der Substitution n, m in N, N_1 verwirren.

Rechnen Sie nun: a) $\binom{6}{5} =$ ....

b) $\binom{3}{1} =$ ....

c) $\binom{4}{2} =$ ....

 ▷ 66

27

Für alle Größen in der Physik und Technik muss man Maßzahl und Maßeinheit angeben. Bei Vektoren kommt die Richtungsangabe hinzu. Die Maßeinheiten werden bei den Rechenoperationen als Faktoren mitgeführt.

Beispiele: Kraft   : Newton
     Geschwindigkeit   : m/s; km/h
     Ortsveränderung   : mm, m
     Elektrische Feldstärke : V/m

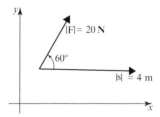

Die Kraft habe einen Betrag von 20 N. Die Ortsveränderung ist durch den Vektor $\vec{s}$ gekennzeichnet.
Betrag der Ortsveränderung 4 m. Der eingeschlossene Winkel betrage 60°. (cos 60° = 0,5)
Von der Kraft geleistete Arbeit: W = ...

- ▷ 28

67

$$|\vec{F_s}| = |\vec{F}| \cdot \sin\alpha$$

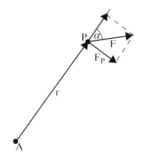

Die Komponente von $\vec{F}$ in Richtung von $\vec{r}$ trägt zum Drehmoment nichts bei. Es braucht nur die Komponente $\vec{F_s}$ berücksichtigt zu werden. Daraus ergibt sich der Betrag für das *Drehmoment* oder kurz *Moment* zu

$$M = ...$$

- ▷ 68

107

Der kleine Abschnitt im Lehrbuch sollte zeigen, wie elegant sich der allgemeine Fall des Hebelgesetzes darstellen lässt.

- ▷ 108

$\boxed{12}$

Elementarereignis oder Zufallsexperiment
....

In einem Kasten liegen sechs Kugeln: 3 schwarze
                                          2 grüne
                                          1 weiße

Eine Kugel wird herausgenommen.
Es gibt .... Elementarereignisse und .... Ereignisse

Lösung gefunden   - - - - - - - - - - - - - - - - ▷ (14)

Erläuterung oder Hilfe erwünscht   - - - - - - - - - - - - - - - - ▷ (13)

$\boxed{38}$

a) Verbundwahrscheinlichkeit: Wahrscheinlichkeit für das gleichzeitige Auftreten zweier
    (oder mehrerer) Ereignisse.
b) Statistisch unabhängige Ereignisse: Wenn die Ereignisse einer Gruppe A nicht
    beeinflusst werden von dem Auftreten der Ereignisse einer Gruppe B, dann sind die Ereig-
    nisse voneinander statistisch unabhängig.
....

Wie groß ist die Wahrscheinlichkeit p, bei einem Wurf mit zwei Würfeln zwölf Augen zu
erhalten?

$p = \dots\dots\dots$

Lösung gefunden   - - - - - - - - - - - - - - - - ▷ (40)

Erläuterung oder Hilfe erwünscht   - - - - - - - - - - - - - - - - ▷ (39)

$\boxed{64}$

Berechnen Sie

a) $\binom{3}{2} = \dots\dots\dots$

b) $\binom{5}{3} = \dots\dots\dots$

c) $\binom{5}{5} = \dots\dots\dots$

d) $\binom{4}{1} = \dots\dots\dots$

Aufgaben gelöst   - - - - - - - - - - - - - - - - ▷ (67)

Hinweise und Hilfe erwünscht   - - - - - - - - - - - - - - - - ▷ (65)

28

$W = 20\,\text{N} \cdot 4\,\text{m} \cdot 0,5 = 40\,\text{Nm}$
Das wichtigste war hier, die Maßeinheiten nicht zu vergessen.

Begriff der mechanischen Arbeit unklar, Erläuterungen erwünscht - - - - - - - - - - - - - - - - - - ▷

Keine Schwierigkeiten - - - - - - - - - - - - - - - - - - - ▷

68

$M = |\vec{r}| \cdot |\vec{F}| \sin \alpha$

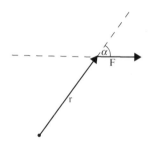

Zeichnen Sie in die Skizze die Zerlegung von $\vec{r}$ in eine Komponente senkrecht zu $\vec{F}$ und eine Komponente parallel zu $\vec{F}$ ein. Die Komponente senkrecht zu $\vec{F}$ hat den Betrag

$r_s = \ldots\ldots\ldots\ldots\ldots$

- - - - - - - - - - - - - - - - - - - ▷

108

Vektorprodukt in Komponentendarstellung

STUDIEREN SIE im Lehrbuch
2.5 Vektorprodukt in Komponentendarstellung
Lehrbuch Seite 47–48

Rechnen Sie dabei die Umformungen auf einem Zettel mit. Sie wissen doch, gerade unübersichtliche Rechnungen versteht man besser, wenn man sie mitrechnet.

BEARBEITEN SIE danach Lehrschritt - - - - - - - - - - - - - - - - - - - ▷

11

$$P_A = \frac{\text{Zahl } N_A \text{ d. Realisierungsmöglichkeit f.d. Ereignis } A}{\text{Gesamtzahl der möglichen Ereignisse}} = \frac{N_A}{N}$$

Die Formel bezieht sich auf folgende Situation: Ein Experiment habe N gleichwahrscheinliche Elementarereignisse. N_A Elementarereignisse gehören zum Ereignis A.

....

In einem Kasten liegen sechs Kugeln: 3 schwarze
2 grüne
1 gelbe

Wenn eine Kugel herausgenommen wird, ist das ein

.... oder ....

- - - - - - - - - - - - - - - - - - - ▷ (12)

37

Schreiben Sie stichpunktartig die Definitionen auf für

a) Verbundwahrscheinlichkeit

....
....

b) Statistisch unabhängige Ereignisse

....
....

- - - - - - - - - - - - - - - - - - - ▷ (38)

63

a) Jede Gruppe von k Elementen, die aus einer Menge von n Elementen gebildet wird, heißt Kombination der Klasse k von n Elementen.
Hinweis: Kombinationen, die sich nur durch eine Permutation der k Elemente unterscheiden, werden als gleich angesehen.

b) $\quad \binom{n}{k} = \frac{n}{(n-k)!k!}$

Haben Sie die Definition sinngemäß getroffen?

Falls nicht: Sie haben ja bereits gelernt, wie eine Definition eingeübt wird.

Definitionen aus dem Gedächtnis hinschreiben und kritisch kontrollieren, ob sie *sinngemäß* richtig ist.

29

Die physikalische Arbeit ist das Produkt aus

Weg und Kraftkomponente in Richtung des Weges oder, das ist gleichwertig,
Kraft und Wegkomponente in Richtung der Kraft.

Man zählt die Arbeit positiv, wenn Kraft und Weg gleiche Richtung haben. Dies entspricht der Rechenvorschrift des inneren Produkts. Daher nennt man das innere Produkt auch Arbeitsprodukt. Berechnen Sie jeweils die von der Kraft geleistete Arbeit.

$F = 1\,N,$ $\qquad s = 1\,m$ $\qquad \cos 30° = 0{,}87$

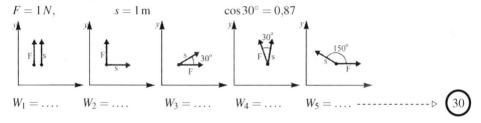

$W_1 = \ldots.$ $\qquad W_2 = \ldots.$ $\qquad W_3 = \ldots.$ $\qquad W_4 = \ldots.$ $\qquad W_5 = \ldots.$ ------------ ▷ (30)

$r_s = |\vec{r}|\, \sin \alpha$

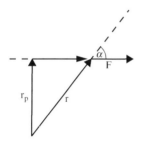

Auch durch diese Überlegung wird das Problem auf den Sonderfall zurückgeführt, dass Kraft und wirksamer Hebelarm senkrecht aufeinander stehen. Auch hier ergibt sich der Betrag für das Drehmoment zu

$$M = \ldots\ldots\ldots\ldots\ldots$$

------------------ ▷ (70)

Berechnen Sie anhand des Lehrbuchs oder Ihrer Aufzeichnungen das Vektorprodukt $\vec{a} \times \vec{b}$ für

$$\vec{a} = (2,\, 1,\, 1)$$
$$\vec{b} = (-1,\, 2,\, 1)$$
$$\vec{a} \times \vec{b} = \ldots\ldots\ldots\ldots\ldots$$

------------------ ▷ (110)

10

ABC, ABD, ABE, ACD, ACE, ADE,
BCD, BCE, BDE, CDE

....

Schreiben Sie die „klassische" Definition der Wahrscheinlichkeit eines Ereignisses A auf:

$P_A = $ ....

-------------------- ▷ (11)

36

Wahrscheinlichkeit für Verbundereignisse

Auch bei diesem Abschnitt sollten sie exzerpieren.

STUDIEREN SIE im Lehrbuch   10.2.5 Wahrscheinlichkeit für Verbundereignisse
                                 Lehrbuch, Seite 243–245

BEARBEITEN SIE DANACH Lehrschritt   -------------------- ▷ (37)

62

a) Was ist eine Kombination der Klasse k von n Elementen?
   ....
   ....

b) Wie ist der Binomialkoeffizient definiert?
   $\binom{n}{k} = $ ....

-------------------- ▷ (63)

$W_1 = 1\,\mathrm{Nm}; \quad W_2 = 0; \qquad W_3 = 0{,}87\,\mathrm{Nm}; \quad W_4 = 0{,}87\,\mathrm{Nm}; \quad W_5 = -0{,}87\,\mathrm{Nm}$

Hinweis: Positives Vorzeichen der Arbeit bedeutet: Der Körper, an dem die Kraft angreift, gewinnt Energie.

Negatives Vorzeichen bedeutet, der Körper, an dem die Kraft angreift, verliert Energie.

70

$M = |\vec{r}| \cdot |\vec{F}|\ sin\ \alpha$

Bei der Berechnung des Drehmoments werden die Vektoren nicht als freie Vektoren betrachtet. Sie dürfen nur in ihrer *Wirkungslinie* verschoben werden.

Parallelverschiebung der Vektoren ist hier *nicht* erlaubt.

Das Drehmoment ist ein   ☐   Skalar

☐   Vektor

110

$$\vec{a} \times \vec{b} = (1 \cdot 1 - 2 \cdot 1)\vec{e}_x + (-1 - 2)\vec{e}_y + (4 + 1)\vec{e}_z$$
$$= -1\vec{e}_x - 3\vec{e}_y + 5\vec{e}_z$$

In Komponentenschreibweise übertragen:

$$\vec{a} \times \vec{b} = (\dots\dots\dots\dots)$$

9

Ein Schüler soll sich aus fünf Büchern (A, B, C, D, E) drei beliebige heraussuchen. Geben sie den Ereignisraum an.

. . . .

. . . .

. . . .

- - - - - - - - - - - - - - - - - - - ▷ (10)

35

$$\frac{5}{12}$$

Das war eine Anwendung des Additionstheorems. Es ist anwendbar, wenn nach der Wahrscheinlichkeit eines ODER eines zweiten disjunkten Ereignisses gefragt wird.

Das Additionstheorem lässt sich im Übrigen erweitern auf eine beliebige Zahl disjunkter Ereignisse, für die allerdings die Normierungsbedingung erfüllt sein muss.

- - - - - - - - - - - - - - - - - - - ▷ (36)

61

Kombinationen

STUDIEREN SIE im Lehrbuch   10.3.2 Kombinationen
                                 Lehrbuch, Seite 248–249

BEARBEITEN SIE DANACH Lehrschritt   - - - - - - - - - - - - - - - - - - - ▷ (62)

31

Das innere oder skalare Produkt ist eine Rechenoperation, die hier zunächst anhand eines Beispiels aus der Physik, nämlich der Ermittlung der Arbeit, gewonnen wurde. Häufig finden Sie in der Literatur auch den Namen *Arbeitsprodukt* anstatt *inneres Produkt*.

Gegeben $|\vec{a}| = 2$

$|\vec{b}| = 1$

eingeschlossener Winkel α

$\alpha = 45°$ $\vec{a} \cdot \vec{b} = \ldots\ldots\ldots\ldots$

$\alpha = 135°$ $\vec{a} \cdot \vec{b} = \ldots\ldots\ldots\ldots$

Hinweis: $\cos\alpha = -\cos(180° - \alpha)$

φ	α	$\cos\alpha$ $\cos\varphi$	$\sin\alpha$ $\sin\varphi$
$0 = 0{,}00$	$0°$	1	0
$\frac{\pi}{6} = 0{,}52$	$30°$	$0{,}87$	$0{,}5$
$\frac{\pi}{4} = 0{,}78$	$45°$	$0{,}71$	$0{,}71$
$\frac{\pi}{3} = 1{,}05$	$60°$	$0{,}50$	$0{,}87$
$\frac{\pi}{2} = 1{,}56$	$90°$	0	1

-------------------- ▷ 32

71

Vektor

....

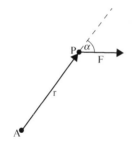

Berechnen Sie das Drehmoment.
Betrag: $M = \ldots\ldots\ldots\ldots$
Richtung von $\vec{M}$:

1. $\vec{M}$ steht $\ldots\ldots\ldots\ldots$ auf $\vec{r}$ und $\vec{F}$.
2. Dreht man $\vec{r}$ im Sinn einer Rechtsschraube so, dass $\vec{r}$ auf $\vec{F}$ fällt, bewegt sich die Rechtsschraube in die Richtung von $\ldots\ldots\ldots\ldots$

-------------------- ▷ 72

111

$\vec{a} \times \vec{b} = (-1, -3, 5)$

....

Ein Körper rotiere um die x-Achse mit der Winkelgeschwindigkeit $\vec{\omega} = (\omega, 0, 0)$ Welche Geschwindigkeit hat der Punkt $P = (1, 1, 0)$?

Hinweis: Es gilt $\vec{v} = \vec{\omega} \times \vec{r}$
  Dabei ist $\vec{r}$ der Ortsvektor zum Punkt P.

$\vec{v} = \ldots\ldots\ldots$

-------------------- ▷ 112

8

Fragen der Arbeitseinteilung sind persönlichkeitsabhängig und abhängig von der jeweiligen Konzentrationsfähigkeit. Wichtig ist nur eins: Vermeiden Sie zu große Arbeitsabschnitte, wenn Sie merken, dass die Konzentration beim Exzerpieren und schriftlichen Mitrechnen nachlässt. Aber geben Sie der Neigung nie nach, bei Unlustgefühlen sofort aufzuhören. Reduzieren Sie dann den Arbeitsabschnitt, setzen Sie sich ein geringeres Zwischenziel – vielleicht noch 10 Lehrschritte – aber halten Sie bis dahin durch.

Dann beenden Sie die Arbeitsphase nämlich mit einem persönlichen Erfolg. Und langsam werden Sie so unabhängiger von ihren Unlustgefühlen.

- ▷ (9)

34

Betrachten Sie folgenden Fall:
Es gibt 6 Lose. Darunter sind   2 Hauptgewinne
                                2 Trostpreise
                                2 Nieten

Wahrscheinlichkeit für Haupttreffer $p_H = \frac{2}{6} = \frac{1}{3}$
Wahrscheinlichkeit für Trostpreis $p_T = \frac{2}{6} = \frac{1}{3}$
Nach dem Additionstheorem ist die Wahrscheinlichkeit für die disjunkten Ereignisse
Haupttreffer ODER Trostpreis: $p_H + p_T = \frac{4}{6} = \frac{2}{3}$
Lösen Sie die folgende Aufgabe analog zu dem Fall oben.
Eine Urne enthält 12 Kugeln: 6 rote, 4 weiße, 1 grüne, 1 schwarze
Die Wahrscheinlichkeit, entweder eine weiße ODER eine grüne Kugel zu greifen ist

$p = \ldots\ldots\ldots\ldots$

- - - - - - - - - - - - - - - - - - - ▷ (35)

60

Die Anzahl der verschiedenen Anordnungen ist:

$$\frac{5!}{2! \cdot 2!} = 30$$

- - - - - - - - - - - - - - - - - - - ▷ (61)

32

$\vec{a} \cdot \vec{b} = 2 \cdot 1 \cdot \cos 45° = 2 \cdot 0{,}71 = 1{,}42$

$\vec{a} \cdot \vec{b} = 2 \cdot 1 \cdot \cos 135° = 2 \cdot (-\cos 45°) = -2 \cdot 0{,}71 = -1{,}42$

Alles richtig .... ▷ 36

Erläuterung gewünscht oder Fehler gemacht .... ▷ 33

$M = |\vec{r}||\vec{F}|\, sin\, \alpha;$ senkrecht; $\vec{M}$

72

Die Rechtsschraubenregel ist sprachlich schwer zu formulieren. Sie ist leichter zu zeigen. Um die Richtung zu bestimmen, geht man so vor:

1. $\vec{r}$ und $\vec{F}$ werden durch Verschiebung in ihrer Wirkungslinie auf den gleichen Anfangspunkt gebracht.
2. $\vec{r}$ wird auf kürzestem Wege so gedreht, dass $\vec{r}$ auf $\vec{F}$ fällt.
3. Diese Drehung wird aufgefasst als Drehung einer Rechtsschraube.

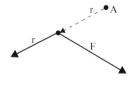 Jeder Mensch hat das Rechtsgewinde im Gefühl, wenn er häufiger mit Schrauben zu tun hat. Um die Richtung von $\vec{M}$ zu ermitteln, drehe man andeutungsweise die rechte Hand in dem durch die Vektoren gegebenen Drehsinn. Dann ergibt sich sofort die Richtung. Das Drehmoment $\vec{M} = \vec{r} \times \vec{F}$ weist ☐ NACH OBEN ☐ NACH UNTEN

.... ▷ 73

112

$\vec{v} = (0,\ 0,\ \omega)$

Jetzt folgen einige Übungen zum gesamten Kapitel.

Gegeben seien $\vec{a}$ und $\vec{b}$ und der eingeschlossene Winkel α.

Geben Sie an: Betrag des äußeren Produktes $|\vec{a} \times \vec{b}| = \ldots\ldots\ldots\ldots\ldots$

inneres Produkt $\vec{a} \times \vec{b} = \ldots\ldots\ldots\ldots\ldots$

.... ▷ 113

$$\boxed{7}$$

Wie haben Sie den Abschnitt bearbeitet?

☐   in einem Zug

☐   in zwei Abschnitten

☐   in drei Abschnitten

- - - - - - - - - - - - - - - - - - - ▷ ⑧

$$\boxed{33}$$

$\dfrac{3}{32}$

Eine Urne enthält zwölf Kugeln.   6 rote
                                        4 weiße
                                         1 grüne
                                         1 schwarze
Die Wahrscheinlichkeit entweder eine weiß ODER eine grüne Kugel zu greifen ist

     $p = \ldots\ldots\ldots\ldots$

Lösung gefunden   - - - - - - - - - - - - - - - - - - - ▷ ㉟

Erläuterung oder Hilfe erwünscht   - - - - - - - - - - - - - - - - - - - ▷ ㉞

$$\boxed{59}$$

Wir haben 5 Elemente: *a a b b c*. Es gibt 5! = 120 Permutationen. Davon gibt es viele, die sich nur dadurch unterscheiden, dass die Elemente *a* oder die Elemente *b* jeweils untereinander vertauscht sind. Diese Permutationen wollten wir aber als gleich ansehen.
Also, wie viele verschiedene Anordnungen der Elemente *a a b b c* gibt es?

    $\ldots\ldots\ldots\ldots\ldots$

Im Zweifel sollten Sie Ihre Aufzeichnungen oder das Lehrbuch noch einmal zurate ziehen.

- - - - - - - - - - - - - - - - - - - ▷ ⑥⓪

33

Vermutlich hatten Sie Schwierigkeiten mit der Bestimmung von cos 135° anhand der Tabelle.

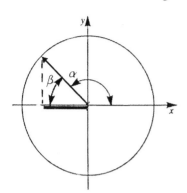

Aus der Abbildung links können Sie ablesen

$$\cos\alpha = -\cos\beta$$
$$\alpha + \beta = 180°$$
$$\beta = (180 - \alpha) = (180° - 135°) = 45°$$

Daher gilt allgemein: $\cos\alpha = -\cos(180° - \alpha)$
In unserem Fall gilt $\cos 135° = -\cos 45° = -0,71$
Damit erhalten Sie $|\vec{a}| \cdot |\vec{b}| \cdot \cos\alpha = -1,42$

- ▷ 34

73

Das Drehmoment weist nach oben.

Erläuterung erwünscht - ▷ 74

Weiter - ▷ 75

113

$$|\vec{a} \times \vec{b}| = |\vec{a}| \cdot |\vec{b}| \sin\alpha \qquad \vec{a} \cdot \vec{b} = |\vec{a}| \cdot |\vec{b}| \cos\alpha$$

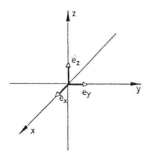

Geben Sie das äußere Produkt der
Einheitsvektoren an:
$\vec{e}_x \times \vec{e}_y = \ldots\ldots\ldots\ldots$
$\vec{e}_x \times \vec{e}_z = \ldots\ldots\ldots\ldots$
$\vec{e}_x \times \vec{e}_x = \ldots\ldots\ldots\ldots$
Geben Sie das innere Produkt an:
$\vec{e}_x \cdot \vec{e}_y = \ldots\ldots\ldots\ldots$
$\vec{e}_x \cdot \vec{e}_z = \ldots\ldots\ldots\ldots$
$\vec{e}_x \cdot \vec{e}_x = \ldots\ldots\ldots\ldots$

- - - - - - - - - - - - - - - - - - ▷ 114

6

Der Wahrscheinlichkeitsbegriff

STUDIEREN SIE im Lehrbuch
10.2.1 Ereignis, Ergebnis, Zufallsexperiment
10.2.2 Die „klassische" Definition der Wahrscheinlichkeit
10.2.3 Die „statistische" Definitionen der Wahrscheinlichkeit
Lehrbuch, Seite 237–241

BEARBEITEN SIE DANACH Lehrschritt

------------------- ▷

32

Die Wahrscheinlichkeit, einen Kreuz-Buben zu ziehen ist $\frac{1}{32}$.

Die Wahrscheinlichkeit Karo-König zu ziehen ist $\frac{1}{32}$.

Die Wahrscheinlichkeit Pik-Dame zu ziehen ist $\frac{1}{32}$.

Nach dem Additionstheorem ist die Wahrscheinlichkeit, die eine ODER die andere ODER die dritte Karte zu ziehen gleich

$$p = \frac{1}{32} + \frac{1}{32} + \frac{1}{32} = \ldots\ldots\ldots\ldots$$

------------------- ▷ (33)

58

Genau eine.

....

Wie viele verschiedene Anordnungen gibt es bei den 5 Elementen a a b b c?
Anordnungen, die durch eine Vertauschung der beiden Elemente a oder b untereinander entstehen, sehen wir als gleich an.
Es gibt .... verschiedene Anordnungen der 5 Elemente.

Lösung gefunden

------------------- ▷

Erläuterung oder Hilfe erwünscht

------------------- ▷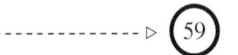

34

Gegeben seien $|\vec{a}| = 2$ $|\vec{b}| = 4$

Berechnen Sie das Skalarprodukt für verschiedene eingeschlossene Winkel

$\alpha = 45°$

$\vec{a} \cdot \vec{b} = \ldots\ldots\ldots\ldots$

$\alpha = 90°$

$\vec{a} \cdot \vec{b} = \ldots\ldots\ldots\ldots$

$\alpha = 120°$

$\vec{a} \cdot \vec{b} = \ldots\ldots\ldots\ldots$

φ	α	$\dfrac{\cos \alpha}{\cos \varphi}$	$\dfrac{\sin \alpha}{\sin \varphi}$
$0 = 0,00$	$0°$	1	0
$\frac{\pi}{6} = 0,52$	$30°$	$0,87$	$0,5$
$\frac{\pi}{4} = 0,78$	$45°$	$0,71$	$0,71$
$\frac{\pi}{3} = 1,05$	$60°$	$0,50$	$0,87$
$\frac{\pi}{2} = 1,56$	$90°$	0	1

- ▷ (35)

74

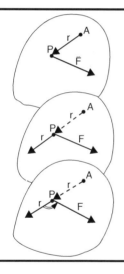

Lösen wir die Aufgabe in Schritten:

Gegeben seien: Drehachse A, Kraft $\vec{F}$, Angriffspunkt der Kraft P.

1. Verschiebung von $\vec{r}$ in der Wirkungslinie, sodass $\vec{F}$ und $\vec{r}$ gleichen Anfangspunkt haben.

2. Wir drehen $\vec{r}$ auf kürzestem Wege in $\vec{F}$. Eine Rechtsschraube würde sich bei dieser Drehung auf den Betrachter hindrehen. Wäre der Körper ein Brett und drehte man in dieser Weise an einer Schraube, so würde sie sich aus dem Brett nach oben herausdrehen.

- ▷ (75)

114

$\vec{e}_x \times \vec{e}_y = \vec{e}_z$ $\qquad$ $\vec{e}_x \cdot \vec{e}_y = 0$
$\vec{e}_x \times \vec{e}_z = -\vec{e}_y$ $\qquad$ $\vec{e}_x \cdot \vec{e}_z = 0$
$\vec{e}_x \times \vec{e}_x = 0$ $\qquad$ $\vec{e}_x \cdot \vec{e}_x = 1$

Wie hieß die Maxime für die Vorbereitung von Vorträgen?

Teil $\ldots\ldots\ldots\ldots$
$\ldots\ldots\ldots\ldots$
$\ldots\ldots\ldots\ldots\ldots\ldots\ldots\ldots$

- ▷ (115)

Makroskopische Größe
Mikroskopische Größe

Der folgende Abschnitt im Lehrbuch enthält mehrere neue Begriffe. Teilen Sie sich den Abschnitt in zwei Teile ein und kontrollieren Sie nach jedem Teilabschnitt anhand Ihrer Aufzeichnungen, ob Sie die neuen Begriffe noch kennen.

Im Übrigen: „reading without a pencil is daydreaming". Das ist Ihnen nicht neu. Es ist schon mehrfach gesagt. Aber es ist in der Tat ein nützlicher Hinweis, nahezu ein Geheimtip.

Die Anleitungen durch das Leitprogramm werden in Zukunft immer mehr abnehmen. Mit Hilfe der beschriebenen und praktizierten Lerntechniken sollten Sie immer mehr die Kontrolle über Ihr Studienverhalten selbst übernehmen.

Normierungsbedingung in Worten: Bezogen auf die Ereignisse eines definierten Ereignisraumes ist die Summe der Wahrscheinlichkeiten EINS.

Normierungsbedingung: $\sum\limits_{i=1}^{k} p_i = 0$

Wie groß ist die Wahrscheinlichkeit aus einem Skatspiel Kreuz-Bube ODER Karo-König ODER Pik-Dame zu ziehen?

$p = \ldots\ldots\ldots\ldots$

Lösung gefunden

Erläuterung oder Hilfe erwünscht

Die Zahl der Permutationen nimmt *ab*, wenn die Zahl der gleichen Elemente zunimmt.

Durch Vertauschung gleicher Elemente bekommen wir KEINE neue Anordnung. Je *mehr* gleiche Elemente es gibt, desto *geringer* ist die Zahl der verschiedenen Anordnungen.

Wie viele Anordnungen gibt es bei 5 Elementen, die alle gleich sind?

$\ldots\ldots\ldots\ldots\ldots\ldots\ldots\ldots$

35

$\alpha = 45°$ $\vec{a} \cdot \vec{b} = 4 \cdot 2 \cdot 0{,}71 = 5{,}68$

$\alpha = 90° = \dfrac{\pi}{2}$ $\vec{a} \cdot \vec{b} = 4 \cdot 2 \cdot 0 = 0$

$\alpha = 120°$ $\vec{a} \cdot \vec{b} = 4 \cdot 2(-0{,}5) = -4$

------------------ ▷ (36)

75

Jetzt ist es wieder Zeit, eine Pause zu machen.

Rekapitulieren Sie vor der Pause kurz die in diesem Abschnitt neu gelernten Begriffe. Diese schreiben Sie sich knapp auf einen Zettel.

Dann legen Sie fest, wie lange die Pause dauern soll. Und in der Pause tun Sie dann etwas ganz anderes. Kochen Sie sich Kaffee, machen Sie Freiübungen oder einen kurzen Spaziergang, spielen Sie Klavier oder Gitarre, spülen Sie Geschirr oder spitzen Sie Ihre Bleistifte. Das Gemeinsame aller dieser Tätigkeiten ist, dass es etwas ganz anderes ist als das Studium der Mathematik.

------------------ ▷ (76)

115

Tell, what you are going to tell,
tell,
tell, what you have told.

Der Vektor $\vec{a} = (2,\ 3,\ 1)$ hat den Betrag

$$|\vec{a}| = \ldots\ldots\ldots\ldots$$

------------------ ▷ (116)

4

Der spezifische Wiederstand eines Leiters ist eine

.... Größe

Die Schwingungsenergie eines Moleküls ist eine

.... Größe

-------------------- ▷ ⑤

30

$p = 1$: sicheres Ereignis
$p = 0$: unmögliches Ereignis
....

Das unmögliche Ereignis hat die Wahrscheinlichkeit 0.
Schreiben Sie die Normierungsbedingung in Worten und als Formel auf:

....

....

-------------------- ▷ ㉛

56

Wer auch immer hier einen Unterschied sieht, Mathematiker und Physiker sehen keinen.
Es macht keinen Unterschied, wenn in der Anordnung AAB die ersten beiden Elemente vertauscht werden.
Allgemein:
Es macht keinen Unterschied, wenn in einer Anordnung gleiche Elemente vertauscht werden.

-------------------- ▷ ㉗

36

Zwei Sonderfälle muss man sich merken:

Das innere Produkt *paralleler* Vektoren ist gleich dem Produkt ihrer Beträge.

Das innere Produkt *senkrecht* aufeinander stehender Vektoren ist 0.

Auch der umgekehrte Schluss ist gültig:

Ist das innere Produkt zweier Vektoren 0, so stehen diese Vektoren ....

aufeinander. Es sei denn, einer der Vektoren oder beide verschwinden.

Ist das innere Produkt zweier Vektoren gleich dem Produkt ihrer Beträge, so sind diese

Vektoren ....

76

Die Empfehlung, in Pausen etwas zu tun, was nichts, aber auch gar nichts mit Mathematik zu tun hat, ist begründet. Das Lernen wird behindert, wenn ähnliche Inhalte in zeitlicher Nähe gelernt werden. Beispiel: Eine Fremdsprachenkorrespondentin lernt gleichzeitig Spanisch und Italienisch. Sie denkt, die Ähnlichkeit beider Sprachen wird das Lernen begünstigen. Leider irrt sie. Ihr fallen im Spanischen immer italienische Vokabeln ein und umgekehrt. Dies macht sie unsicher. Das Phänomen heißt in der Lernpsychologie *Interferenz* oder *Ähnlichkeitshemmung*. Interferenz führt zu Lernbehinderungen, verlängert Lernzeiten und vermindert die Sicherheit. Interferenz wird vermieden, wenn Sie in den Pausen etwas ganz anderes machen.

Aber jetzt ist es wirklich Zeit für die Pause. Legen Sie nur noch schnell das Ende der Pause fest und schreiben Sie es auf einen Zettel.

116

$|\vec{a}| = \sqrt{14} = 3{,}74$

....

Unter dem Einfluss der Kraft $\vec{F} = (5N,\, 0)$ bewege sich ein Körper von P_0 nach P_1.

Ortveränderung $\quad \vec{s_1} = (s_1,\, 0)$

Arbeit $\qquad\qquad W_1 = ...$

Ein zweiter Körper bewege ich von P_0 nach P_2.

Ortsveränderung $\quad s_2 = (0,\, s_2)$

Arbeit $\qquad\qquad W_2 = ...$

Makroskopische Größen beschreiben das Gesamtsystem:
   Druck
   Volumen
   Temperatur
   Elektrische Wärmeleitfähigkeit
   Magnetisierung

Mikroskopische Größen beschreiben die Eigenschaften der Einzelemente des Systems
   Ort eines Atoms
   Impuls eines Atoms
   Geschwindigkeit eines Atoms
   Potentielle Energie eines Atoms
   Kinetische Energie eines Atoms
   Dipolmoment eines Moleküls   - - - - - - - - - - - - - - - - - - ▷ ④

$p_{\text{wei}} = 1$
$p_{\text{blau}} = 0$
....

$p = 1$ gilt für das .... Ereignis

$p = 0$ gilt für das .... Ereignis

- - - - - - - - - - - - - - - - - - ▷ ㉚

Ihre Antwort ist leider wieder falsch. Wo liegt der Denkfehler?

Gegeben sei folgende Anordnung AAB.
Wir vertauschen die zwei ersten Elemente und erhalten
      A A B.
A ist mit A vertauscht. Sehen Sie einen Unterschied zwischen
      A A B   und   A A B?

- - - - - - - - - - - - - - - - - - ▷ ㊄⑥

37

senkrecht   Hinweis: Bildet man das innere Produkt eines Vektors mit sich
parallel   selbst, so liegt Parallelität vor: $\vec{a} \cdot \vec{a} = a^2$

....

Gegeben seien $|\vec{c}| = 3$; $|\vec{a}| = 3$
$\vec{c} \cdot \vec{a} = 9$ Gesucht: eingeschlossener Winkel $\alpha = \ldots\ldots\ldots\ldots$
$\vec{c} \cdot \vec{a} = 0$ Gesucht: eingeschlossener Winkel $\alpha = \ldots\ldots\ldots\ldots$

---------------------▷ 38

77

NACH DER PAUSE   ---------------------▷ 78

117

$W_1 = 5\,s_1\ \text{N}$ $W_2 = 0$
....

Wichtig bei allen derartigen Aufgaben ist zunächst die Überlegung, welche Richtungen Ortsveränderung und Kräfte haben. Häufig ergibt sich dabei sofort, dass Extremfälle vorliegen wie:

Richtung von Ortsveränderung und Kraft sind gleich,
Richtung von Ortsveränderung und Kraft stehen zueinander senkrecht.

In allen Fällen empfiehlt es sich, eine grobe Skizze zu machen. Dies kürzt die Arbeit oft ab.

---------------------▷ 118

2

Nennen Sie, ohne in den Lehrtext zu sehen, je drei

a) makroskopische Größen

b) mikroskopische Größen

. . . .
. . . .
. . . .

▷ - ③

28

In einem Kasten liegen neun weiße Kugeln.

Die Wahrscheinlichkeit, eine weiße Kugel herauszuziehen ist $p_{wei} = \ldots\ldots\ldots$

Die Wahrscheinlichkeit, eine blaue Kugel herauszuziehen ist $p_{blau} = \ldots\ldots\ldots$

▷ - ㉙

54

NICHT DOCH!

Überlegen wir es anders:

Gegeben sei eine Anordnung von N Elementen. Davon seien einige Elemente *gleich*. Jetzt vertauschen wir zwei gleiche Elemente. Gibt das eine neue Anordnung?

☐ Ja   ▷ - ㊺

☐ Nein   ▷ - ㊻

38

$\varphi = 0$

$\varphi = 90°$ oder $\frac{\pi}{2}$

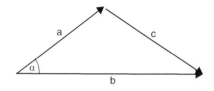

Versuchen Sie, den Kosinussatz selbständig zu beweisen. Der Kosinussatz lautet:

$$c^2 = a^2 + b^2 - 2ab \cos\alpha$$

Beweis gelungen 40

Hinweis erwünscht 39

78

Pausentermine festzulegen ist viel einfacher, als sie einzuhalten. Schauen Sie doch noch einmal auf den Zettel, auf dem das Ende der Pause notiert war. Schauen Sie nun auf die Uhr.

Stimmen beide Zeiten überein?

Wenn ja: Ganz großartig.

Wenn nein: So ist das auch nicht schlimm.

Es kann immer etwas dazwischen kommen. Dennoch sollten sich Differenzen zwischen Vorsatz und Realisierung nicht allzu sehr häufen.

79

118

Weitere Übungsaufgaben mit Lösungen finden Sie im Lehrbuch. Sinnvoll ist es, sie erst nach einem oder mehreren Tagen zu rechnen.

Sie beherrschen den Lehrstoff vollständig, wenn Sie die Aufgaben ohne fremde Hilfe rechnen können. Bei Schwierigkeiten muss man oft noch einmal in das Lehrbuch schauen. Bei den Übungsaufgaben im Lehrbuch ist jeweils angegeben, auf welchen Abschnitt sie sich beziehen.

Schließlich noch eine Bemerkung zum Vergleich von passivem mit aktivem Lernen.

119

1

Einleitung

STUDIEREN SIE im Lehrbuch 10.1 Einleitung
Lehrbuch, Seite 236

BEARBEITEN SIE DANACH Lehrschritt ------------------- ▷ ②

27

Allgemeine Eigenschaften der Wahrscheinlichkeiten

STUDIEREN SIE im Lehrbuch 10.2.4 Allgemeine Eigenschaften der
Wahrscheinlichkeiten
Lehrbuch, Seite 241–242

BEARBEITEN SIE DANACH Lehrschritt ------------------ ▷ ㉘

53

4 Personen können auf 4! = 24 verschiedene Arten auf die 4 Stühle verteilt werden.

....

Gegeben seien N Elemente. Davon seien N_A gleich. Wir interessieren uns für die Veränderung der Permutationen, wenn die Zahl der gleichen Elemente geändert wird.

Bei Fragestellung dieser Art ist es oft gut, zunächst den qualitativen Zusammenhang durch eine Plausibilitätsbetrachtung zu erschließen.

Gegeben seien N Elemente. Wenn die Zahl der *gleichen* Elemente *zunimmt*, nimmt die Zahl der Permutationen:

☐ ab ------------------- ▷ ㊄⑦

☐ zu ------------------- ▷ ㊄④

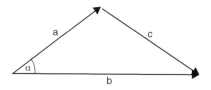

39

Man kann $\vec{c}$ durch $\vec{a}$ und $\vec{b}$ ausdrücken:

Wegen $\vec{a} + \vec{c} = \vec{b}$ gilt
$$\vec{c} = (\vec{b} - \vec{a})$$

Dann bilde man:

$$\vec{c} \cdot \vec{c} = (\vec{b} - \vec{a}) \cdot (\vec{b} - \vec{a})$$

Nun multipliziere man aus

$$c^2 = \ldots\ldots\ldots\ldots\ldots\ldots\ldots$$

-------------------- ▷ (40)

79

Definition des Vektorprodukts
Sonderfälle
Vertauschung der Reihenfolge

STUDIEREN SIE im Lehrbuch   2.4.3 Definition des Vektorprodukts
                                   2.4.4 Sonderfälle
                                   2.4.5 Vertauschung der Reihenfolge
                                          Lehrbuch, Seite 44–46

BEARBEITEN SIE danach Lehrschritt   -------------------- ▷ (80)

In Studien wurde der Einfluss der Aktivitätsform auf das Lernergebnis kontrolliert.   119
Versuchsplan:

Gruppe A: Studenten lesen einen Lehrbuchabschnitt viermal durch.

Gruppe B: Studenten lesen den Lehrbuchabschnitt nur zweimal.

       Nach jedem Lesen müssen sie jedoch den Inhalt frei reproduzieren.

Nach einer Stunde, einem Tag und nach 10 Tagen wird kontrolliert, was behalten wurde. Im Diagramm ist die *Differenz* zwischen den Behaltensleistungen beider Gruppen aufgetragen. Ergebnis: Die Gruppe B, die das Gelesene aktiv reproduzieren musste, hat zu jedem Zeitpunkt mehr behalten.

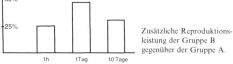

Zusätzliche Reproduktions-
leistung der Gruppe B
gegenüber der Gruppe A.

Schlussfolgerung: .... erworbenes Wissen wird besser behalten

als .... erworbenes Wissen   -------------------- ▷ (120)

Kapitel 10
Wahrscheinlichkeitsrechnung

K. Weltner, *Leitprogramm Mathematik für Physiker 1*,
DOI 10.1007/978-3-642-23485-9_10 © Springer-Verlag Berlin Heidelberg 2012

40

Gut ist es, wenn Sie den Beweis selbständig reproduzieren konnten. Der Beweis steht auf Seite 40 im Lehrbuch und kann dort nachgerechnet werden.

Jetzt geht es mit den Lehrschritten **in der Mitte der Seiten** weiter.

Sie finden den folgenden Lehrschritt 41 unterhalb Lehrschritt 1

BLÄTTERN SIE JETZT ZURÜCK und fahren Sie fort mit Lehrschritt 41.

------------------- ▷ 41

80

Die Rechenvorschrift zur Bildung des Drehmoments ist eine Rechenvorschrift zur Verknüpfung zweier Vektoren. Die Verknüpfung heißt

.... Produkt   oder   .... Produkt

Um dieses Produkt vom „inneren Produkt" zu unterscheiden, brauchen wir neue Symbole. Zwei gebräuchliche Symbole sind genannt

$\vec{M} =$.................   oder $\vec{M} =$.................

Es geht jetzt weiter mit den Lehrschritten **unten** auf den Seiten. Sie finden Lehrschritt 81 unterhalb der Lehrschritte 1 und 41.

BLÄTTERN SIE ZURÜCK   ------------------- ▷ 81

120

Aktiv erworbenes Wissen wird länger behalten als passiv erworbenes Wissen.

Viele Mißerfolge beim Studium haben trotz großen Zeitaufwandes einen einfachen Grund: Man liest zu viel und vergewissert sich nicht, ob man das, was man gelesen hat, auch wirklich verstanden hat. Abschnittsweises Vorgehen und Selbstkontrolle nach jedem Abschnitt wie hier im Leitprogramm, ist eine einfache, aber außerordentlich wirksame Technik.

 des Kapitels

---

57

$$y = C_1 e^x + C_2 x e^x$$

....

Das Lösen von Differentialgleichungen mit Hilfe des Exponentialansatzes ist das wichtigste Thema dieses Kapitels. Damit können Sie einen großen Teil der in der Praxis auftretenden Differentialgleichungen lösen. Daher noch eine Aufgabe.

$$2y' = 3y$$

$$y = \ldots\ldots\ldots\ldots$$

Lösung gefunden

- - - - - - - - - - - - - - - - - - - ▷ 60

Erläuterung oder Hilfe erwünscht

- - - - - - - - - - - - - - - - - - - ▷ 58

114

$$4A\cos 2t - 4B\sin 2t = 3\cos 2t$$

Hier gilt wieder, dass die Terme mit $\sin 2t$ und mit $\cos 2t$ je für sich genommen die Gleichung erfüllen müssen. Das gibt zwei Bestimmungsgleichungen für A und B.

$$4A\cos 2t = 3\cos 2t$$
$$-4B\sin 2t = 0$$
$$A = \ldots\ldots\ldots\ldots\ldots\ldots \qquad B = \ldots\ldots\ldots\ldots$$

$$x_{inh} = \ldots\ldots\ldots\ldots$$

- - - - - - - - - - - - - - - - - - - ▷ 115

Die Differentialgleichung ist $\quad \frac{3}{2}y'' + \frac{1}{2}y' + \frac{1}{24}y = 0$

Charakteristische Gleichung: $\quad \frac{3}{2}r^2 + \frac{1}{2}r + \frac{1}{24} = 0$

Diese besitzt eine Doppelwurzel: $\quad r_1 = r_2 = -\frac{1}{6}$

Nach Seite 211 des Lehrbuchs – 3. Fall – erhalten wir dann die Lösung

$$y = C_1 e^{-\frac{x}{6}} + C_2 x\, e^{-\frac{x}{6}}$$

Lösen Sie nun nach dem gleichen Schema die Differentialgleichung

$\quad y'' - 2y' + y = 0$

$\quad y = \ldots\ldots\ldots\ldots\ldots$

------------------ ▷ 57

$x_{inh} = A \cdot t \cdot \sin 2t + B \cdot t \cdot \cos 2t$

$\dot{x}_{inh} = A \sin 2t + 2At \cos 2t + B \cos 2t - 2Bt \sin 2t$

$\ddot{x}_{inh} = 4A \cos 2t - 4B \sin 2t - 4At \sin 2t - 4Bt \cos 2t$

Dies müssen wir einsetzen in unsere Differentialgleichung:

$$\ddot{x} + 4x = 3 \cos 2t$$

$$\ldots\ldots\ldots\ldots\ldots\ldots\ldots\ldots = 3 \cos 2t$$

------------------ ▷ 114

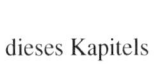

Nun haben Sie

das  dieses Kapitels erreicht.

Allein durchgehalten zu haben, ist schon eine Leistung.

Kapitel 3
Einfache Funktionen
Trigonometrische Funktionen

K. Weltner, *Leitprogramm Mathematik für Physiker 1.*
DOI 10.1007/978-3-642-23485-9_3 © Springer-Verlag Berlin Heidelberg 2012

55

$$y = C_1 \cdot e^{-\frac{x}{6}} + C_2 \cdot x \cdot e^{-\frac{x}{6}}$$

....

Lösung gefunden   -----------------▷ 58

Fehler gemacht oder Erläuterung erwünscht   -----------------▷ 56

112

Zwei Schwierigkeiten kommen hier zusammen:
• Der Wechsel der Notierung (x statt y; t statt x).
• Der neue Ansatz.

Wir rechnen schrittweise

Ansatz:　　　$x_{inh} = A \cdot t \cdot \sin 2t + B \cdot t \cdot \cos 2t$

　　　　　　$\dot{x}_{inh} = \ldots\ldots\ldots\ldots\ldots$

　　　　　　$\ddot{x}_{inh} = \ldots\ldots\ldots\ldots\ldots$

-----------------▷ 113

169

Rechnen Sie nun nach einem oder mehreren Tagen die Übungsaufgaben im Lehrbuch Seite 232.

　　Aufgabe 9.4　　A a
　　Aufgabe 9.4　　B a

Die Lösungen finden Sie ab Seite 233.
Falls Sie Fehler hatten, rechnen Sie jeweils noch eine weitere Aufgabe. Sie kennen inzwischen die Regel. Übungsaufgaben so lange rechnen, bis man mindestens eine Aufgabe sicher gerechnet hat. Besser ist es, zwei Aufgaben als Kriterium zu nehmen.

Benutzen Sie beim Rechnen Ihr Exzerpt.

-----------------▷ 170

1

Der mathematische Funktionsbegriff

Zuerst kommt eine Arbeitsphase anhand des Lehrbuches.
Für viele von Ihnen könnte der Abschnitt im Lehrbuch eine Wiederholung sein. Falls das nicht der Fall ist, ist es gut, neue Begriffe und Bezeichnungen mit ihren Bedeutungen herauszuschreiben.

STUDIEREN SIE im Lehrbuch
  3.1 Der mathematische Funktionsbegriff
  Lehrbuch, Seite 53–56

BEARBEITEN SIE danach Lehrschritt ----------------------▷ ②

42

3 Nullstellen
Asymptote
....

Gegeben sei die Funktion

$$y = \frac{1}{x^2 - 4}$$

Die Funktion hat   .... Nullstelle(n)
  .... Pol(e)
  .... Asymptote(n)

---------------------▷ ㊸

83

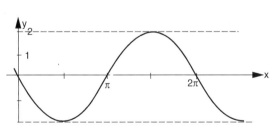

Falls Sie hier noch Schwierigkeiten hatten, hilft nur eins: Zeichnen Sie die Funktion
  $y = \sin x$
auf ein Blatt Papier und bilden Sie dann
  $y = (-2)\sin x$
Jeder y-Wert muss mit dem Faktor -2 multipliziert werden.

Dann entsteht die oben abgebildete Kurve. ---------------------▷ ㊴

Suchen Sie die Lösung der Differentialgleichung:

$$\frac{3}{2}y'' + \frac{1}{2}y' + \frac{1}{24}y = 0$$

$$y = \dots\dots\dots\dots$$

---------------------▷ 55

Als letztes Beispiel sei gegeben

$$\ddot{x} + 4x = 3\cos 2t$$

In diesem Beispiel versagt der im Lehrbuch gegebene Ansatz

$$x_{inh} = A\sin(2t) + B\cos(2t)$$

Der Grund: 2 ist eine Lösung der charakteristischen Gleichung der homogenen Differentialglei-chung. Hier hilft der Ansatz

$$x_{inh} = A \cdot t\sin(2t) + B \cdot t \cdot \cos(2t)$$

$$x_{inh} = \dots\dots\dots\dots$$

Lösung gefunden   ---------------------▷ 115

Erläuterung oder Hilfe erwünscht   ---------------------▷ 112

$$x(t) = v_0 \cdot t$$
$$y(t) = -\frac{g}{2} \cdot t^2 \qquad\qquad \text{Bahnkurve: } y(x) = -\frac{g}{2}\frac{x^2}{v_0^2}$$

Lösungsweg: Beide Differentialgleichungen lassen sich elementar integrieren:

$$x(t) = C_1 t + C_2 \qquad y(t) = -\frac{g}{2}t^2 + C_3 t + C_4$$

Randbedingungen: $x(0) = 0,$ $\qquad\qquad \dot{x}(0) = v_0,$

$$y(0) = 0 \qquad\qquad \dot{y}(0) = 0$$

Daraus folgen die Lösungen:

$$x(t) = v_0 t \qquad \text{und} \qquad y(t) = -\frac{g}{2}t^2$$

Durch Eliminieren von t erhalten wir die Bahnkurve $y(x) = -\frac{g}{2v_0^2} \cdot x^2$

---------------------▷ 169

2

Nachdem Sie den Abschnitt im Lehrbuch studiert haben, folgen im Leitprogramm zunächst einige Fragen. Sie dienen vor allem Ihrer eigenen Kontrolle. Auch wenn man den Text verstanden hat, hat man häufig nicht alles behalten.

Der Ausdruck $y = f(x)$

heißt ....

Die einzelnen Größen heißen:

y: ....

x: ....

$f(x)$:   ....

Die Antworten stehen oben im nächsten Lehrschritt. Die Anordnung ist Ihnen sicher inzwischen vertraut.

BLÄTTERN SIE um   ---------------------▷ ③

43

Keine Nullstelle

2 Pole

1 Asymptote

....

Pole berechnet man, indem man ....

....

---------------------▷ ⑭⑭

84

Die Sinusfunktion ist eine periodische Funktion mit der Periode 2π. Wenn man zum Argument x in $y = \sin x$ den Wert 2π hinzu addiert, erhält man denselben Funktionswert.

In Formeln: $\sin x = \sin(x + 2\pi)$

Um wie viel muss also das Argument x erhöht werden, damit sich derselbe Funktionswert ergibt bei $y = \sin(b\,x)$?

$$\sin(b\,[x + x_{\text{periode}}]) = \sin(b\,x)$$

$$x_{\text{periode}} = \ldots\ldots\ldots$$

---------------------▷ ⑧⑤

53

$y = e^{-x}(C_1 \cos 2x + C_2 \sin 2x)$

Rechengang: Charakteristische Gleichung: $r^2 + 2r + 5 = 0$

Lösungen: $r_1 = -1 + 2i$ $r_2 = -1 - 2i$

Im Lehrbuch ist gezeigt – Seite 208–209, 2. Fall – dass die allgemeine reelle Lösung in der folgenden Form angegeben werden kann.

$y = e^{-x}(A \cos 2x + B \sin 2x)$

Das ist gleichwertig zu der oben angegebenen Form.

 ◁ - (54)

110

$$I = \tilde{Q} = \frac{6}{5}\sin 2t - \frac{3}{5}\cos 2t$$

Hinweis: Die beiden trigonometrischen Funktionen lassen sich zusammenfassen. Das ist im Lehrbuch – Seite 75 – gezeigt. Sie können verifizieren, dass gilt:

$$I = \tilde{Q} = \frac{\sqrt{45}}{5} \cdot \sin(2t + \varphi_0) \qquad \tan \varphi_0 = -2$$

Weiter sei darauf hingewiesen, dass die allgemeine Lösung sich zusammensetzt aus der speziellen Lösung für die inhomogene Differentialgleichung und der speziellen Lösung für die homogene Differentialgleichung. Hier ist die Lösung der homogenen Differentialgleichung eine gedämpfte Schwingung.

 ◁ - (111)

167

Zum Abschluss noch eine physikalische Aufgabe.

Ein Körper der Masse m wird in horizontaler Richtung mit der Anfangsgeschwindigkeit v_0 geworfen. Zur Abwurfzeit $t = 0$ befinde er sich am Punkt $x = 0$, $y = 0$. Auf den Körper wirkt nur die Schwerkraft. Darum lauten hier die Newton'schen Bewegungsgleichungen für die x-und die y-Komponente

$$m\ddot{x} = 0$$
$$m\ddot{y} = -mg$$

Lösen Sie diese beiden Differentialgleichungen mit den angegebenen Randbedingungen. Geben Sie die Bahnkurve $y(x)$ an.

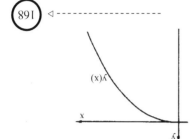

◁ - - - - - - - - - - - - - - - - (168)

3

Funktionsgleichung

y = abhängige Variable

x = unabhängige Variable, Argument

$f(x)$ = Funktionsterm, Rechenvorschrift

Der Bereich der x-Werte, für den eine Funktion definiert ist, heißt: ....

Der Bereich der y-Werte heißt: ....

---------------------▷ ④

44

Pole berechnet man, indem man für den Nenner des Funktionsterms die Nullstellen bestimmt und nachprüft, wie sich der Zähler für diese x-Werte verhält.

Skizzieren Sie die Funktion $y = \frac{2}{x}$

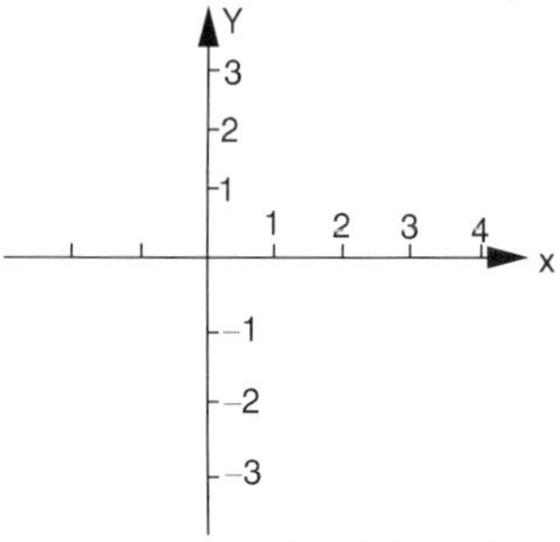

Die Funktion hat:

.... Nullstelle(n)

.... Pol(e)

.... Asymptote(n)

---------------------▷ ㊺

85

$\frac{2\pi}{b}$ $\left(\text{Die Funktion } y = \sin bx \text{ hat also die Periode } \frac{2\pi}{b}\right)$

Richtig geantwortet ---------------------▷ (88)

Hilfe oder Erläuterung erwünscht ---------------------▷ (86)

52

$$y = e^{-\frac{5}{6}x} \cdot \left(C_1 \cos \frac{\sqrt{23}}{6} x + C_2 \sin \frac{\sqrt{23}}{6} x \right)$$

Hinweis: Die Lösungen der charakteristischen Gleichung waren komplex.

$$r_1 = -\frac{5}{6} + i\frac{\sqrt{23}}{6} \qquad r_2 = -\frac{5}{6} - i\frac{\sqrt{23}}{6}$$

....

Berechnen Sie die allgemeine, reelle Lösung der Differentialgleichung

$$y'' + 2y' + 5y = 0$$

$$y = \ldots\ldots\ldots\ldots$$

-------------------- ▷ 53

109

$$y_{inh} = -\frac{3}{10} \sin 2x - \frac{6}{10} \cos 2x$$
$$Q_{inh} = -\frac{3}{10} \sin 2t - \frac{6}{10} \cos 2t$$

....

Jetzt soll der Strom I bestimmt werden

$$I = \frac{dQ}{dt} = \dot{Q} = \ldots\ldots\ldots\ldots$$

-------------------- ▷ 110

166

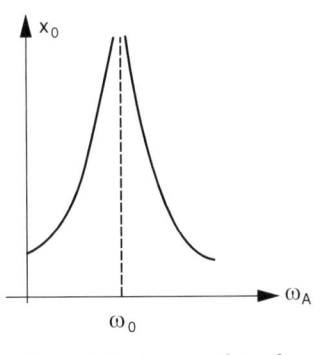

a) Amplitude der gedämpften
   erzwungenen Schwingung $(R > 0)$

b) Amplitude der ungedämpften
   erzwungenen Schwingung $(R = 0)$

-------------------- ▷ 167

4

Definitionsbereich

Wertevorrat oder Wertebereich

....

Falls Sie noch nicht sicher mit den Begriffen und Bezeichnungen sind, schauen Sie auf den Zettel, auf dem Sie die neuen Begriffe herausgeschrieben haben.

Eine Funktion liegt dann vor, wenn einem Wert des Arguments x zugeordnet wird

☐   ein und nur ein y-Wert   ------------------- ▷ (5)

☐   einer oder mehrere y-Werte   ------------------- ▷ (6)

MIT DEM ANGEGEBENEN LEHRSCHRITT FORTFAHREN

45

$y = \frac{2}{x}$ hat   *keine* Nullstelle,   *einen* Pol,   *keine* Asymptote

....

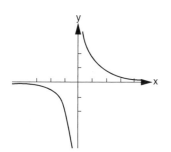

$y = \frac{a}{x}$ ist eine Hyperbel. Die Hyperbel hat zwei Äste. Der linke Ast im 3. Quadranten ist mit zu betrachten.

Ist $y = \frac{a}{x} + b$ eine Hyperbel?

☐   ja

☐   nein

------------------- ▷ (46)

86

$y = \sin z$ hat die Nullstellen $z = 0, \pm\pi, \pm2\pi \ldots$

Die Periode der Sinusfunktion stimmt mit dem *doppelten* Abstand zweier benachbarter Nullstellen überein. Die Funktion $y = \sin bx$ hat Nullstellen bei $bx = 0, \pm\pi, \pm2\pi \ldots$

Der Abstand zweier benachbarter Nullstellen ist $\frac{\pi}{b}$. Die Periode ist damit $\frac{2\pi}{b}$

....

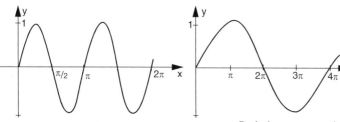

Periode ....$y = \sin(\ldots\ldots)$ Periode ......$y = \sin(\ldots\ldots)$ ------▷ (87)

51

$$y = e^{\frac{1}{4}x}\left(C_1 \cos\tfrac{5}{4}x + C_2 \sin\tfrac{5}{4}x\right)$$

....

Welches ist die allgemeine reelle Lösung der Differentialgleichung?

$$3y'' + 5y' + 4y = 0$$

$$y = \ldots\ldots\ldots\ldots$$

- - - - - - - - - - - - - - - - - - - ▷ 52

108

$$4A = 2B \qquad\qquad A = \frac{1}{2}B$$

$$B = -\frac{6}{10} \qquad\qquad A = -\frac{3}{10}$$

....

Jetzt können Sie einsetzen in

$$y_{inh} = A \sin 2x + B \cos 2x$$

$$y_{inh} = \ldots\ldots\ldots\ldots$$

Mit $y = Q$ und $x = t$ geben Sie nun die Lösung in der ursprünglichen Notierung an:

$$Q_{inh} = \ldots\ldots\ldots\ldots$$

- - - - - - - - - - - - - - - ▷ 109

165

Skizzieren Sie die Amplitude der stationären Schwingung als Funktion der Erreger-frequenz ω_A

a) mit Dämpfung   b) ohne Dämpfung

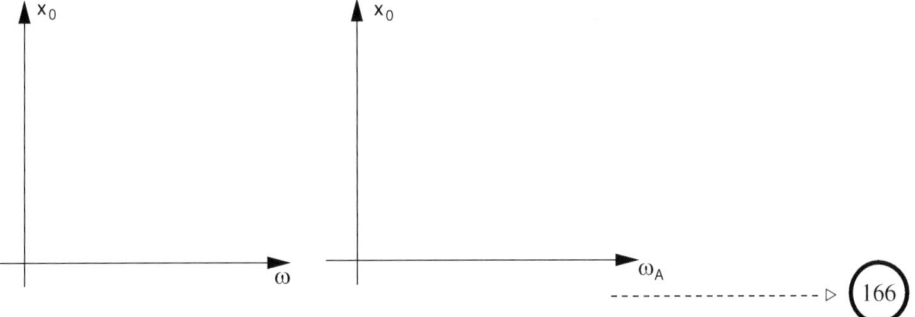

- - - - - - - - - - - - - - - ▷ 166

5

Ihre Antwort ist richtig. Funktionen ordnen einem x-Wert *einen und nur einen* y-Wert zu.
....

Welches sind Funktionen? Kreuzen Sie an.

$y = x^2 + 2$ ☐

$y = \pm\sqrt{x^2 + 2}$ ☐

$y = \frac{1}{x}$ ☐

$y = \frac{1}{x} \pm \sqrt{x}$ ☐

$y = \frac{1}{x^2 + 1}$ ☐

SPRINGEN SIE jetzt auf

- ▷ 8

46

Ja
....

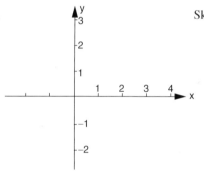

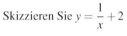 Skizzieren Sie $y = \frac{1}{x} + 2$

- ▷ 47

87

$\pi,\qquad y = \sin(2x)$ $\qquad\qquad 4\,\pi,\qquad y = \sin\frac{x}{2}$
....

Hier ist noch einmal der Lösungsweg für die erste Aufgabe

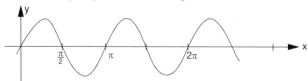

Die allgemeine Form der Sinusfunktion ist $\qquad y = \sin(b \cdot x)$ $\qquad$ Die Periode ist $x_\mathrm{p} = \pi$

Für die Periode muss erfüllt sein $\qquad b \cdot x_p = 2\pi$

Wir setzen ein und erhalten $\qquad\qquad b \cdot \pi = 2\pi \qquad b = 2$ - - - - - - - - - - - - - - - - - - ▷ 88

|50|

Differentialgleichung: $16y'' - 8y' + 26y = 0$

Charakteristische Gleichung $16r^2 - 8r + 26 = 0$

Lösungen:

$r_1 = \frac{1}{4} + i\frac{5}{4}$ $r_2 = \frac{1}{4} - i\frac{5}{4}$

Lösen Sie die Aufgabe jetzt schrittweise anhand des Lehrbuchs Seite 208. Es ist dort der 2. Fall.

Gesucht ist die reelle Lösung.

$y = \ldots\ldots\ldots\ldots$

◁ - (51)

|107|

$\sin 2x(-4A - 4B + 2A - 3) + \cos 2x(-4B + 4A + 2B) = 0$

$\sin 2x(-4A - 4B + 2A - 3) = 0$

$\cos 2x(-4B + 4A + 2B) = 0$

Die Klammern müssen gleich Null sein. Das ergibt Bestimmungsgleichungen für A und B. Berechnen Sie zuerst aus der unteren Klammer

$4A = \ldots\ldots\ldots\ldots$ $A = \ldots\ldots\ldots\ldots$

Dann setzen Sie A in die obere Klammer ein und berechnen aus der oberen Klammer B:

$B = \ldots\ldots\ldots\ldots$ $A = \ldots\ldots\ldots\ldots$

◁ - (108)

|164|

$$m\ddot{x} + R\dot{x} + Dx = F_0 \cos \omega_1 t$$

Die allgemeine Lösung der inhomogenen Differentialgleichung, welche die erzwungene Schwingung beschreibt, setzt sich zusammen aus

1. der allgemeinen Lösung der homogenen Gleichung und
2. einer speziellen Lösung der inhomogenen Gleichung

Die explizite Form dieser beiden Terme finden Sie im Abschnitt 9.5.2. Nach längerer Zeit ("Einschwingzeit") beschreibt ausschließlich die spezielle Lösung den Bewegungsablauf.

$$x(t) = \frac{F_0}{\sqrt{(D - m\omega_1^2)^2 + \omega_1^2 \cdot R^2}} \cdot \cos(\omega_1 t - \varphi)$$

Die allgemeine Lösung der homogenen Differentialgleichung ist eine gegen Null abfallende Exponentialfunktion. Die spezielle Lösung der inhomogenen Differentialgleichung wird daher in der Physik als *stationäre Lösung* bezeichnet.

◁ - (165)

6

Leider, die Antwort war falsch. Bei einer Funktion wird einem x-Wert – dem Argument *ein und nur ein* y-Wert zugeordnet.

Funktionen sind eindeutig. So sind sie definiert. Hier muss man sehr aufpassen. Es gibt nämlich Rechenausdrücke, die mehrdeutig sind.

Beispiel: $y = \sqrt{x+3}$
für $x = 1$ ergibt das
$y = \pm 2$

Ist der Ausdruck $y = (4 \pm \sqrt{\frac{1}{x}})^2$ eindeutig?

☐ ja
☐ nein

-------------------- ▷ (7)

47

Hoffentlich haben Sie beide Äste der Hyperbel skizziert.

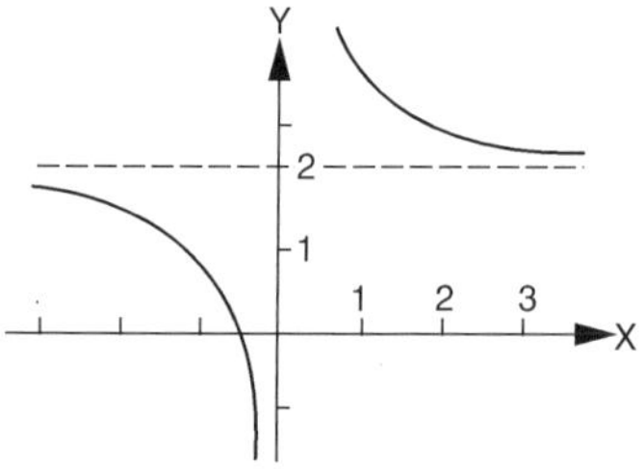

$y = \frac{1}{x} + 2$

Die Hyperbel hat .... Nullstelle(n)
.... Asymptote(n)
.... Pol(e)

-------------------- ▷ (48)

88

Geben Sie die Perioden für die drei Sinusfunktionen an:

$y = 5 \sin(2x)$ ....
$y = 0{,}5 \sin(2x)$ ....
$y = 0{,}5 \sin(2\pi x)$ ....

-------------------- ▷ (89)

9 Differentialgleichungen

49

$$y = C_1 e^{(-\frac{1}{4}+\sqrt{\frac{7}{9}})x} + C_2 e^{(-\frac{1}{4}-\sqrt{\frac{7}{9}})x}$$

Die Differentialgleichung $16y'' - 8y' + 26y = 0$ hat die charakteristische Gleichung

$$16r^2 - 8r + 26 = 0$$

Diese Gleichung hat die beiden komplexen Lösungen

$$r_1 = \frac{1}{4} + \frac{5}{4}i$$

$$r_2 = \frac{1}{4} - \frac{5}{4}i$$

Geben Sie die reelle Lösung der Differentialgleichung an: $y = \ldots\ldots\ldots$

Lösung gefunden ▷ 51

Erläuterung oder Hilfe erwünscht ▷ 50

106

$$-4A\sin 2x - 4B\cos 2x + 4A\cos 2x - 4B\sin 2x + 2A\sin 2x + 2B\cos 2x = 3\sin 2x$$

Diese – etwas lange – Gleichung wird umgeordnet und sortiert nach Termen mit $\sin 2x$ und $\cos 2x$

$$\ldots\ldots\ldots\ldots\ldots\ldots\ldots\ldots\ldots\ldots = 0$$

Da sich $\sin 2x$ und $\cos 2x$ in unterschiedlicher Weise ändern, müssen die Terme zusammengefasst je für sich die Gleichung erfüllen. Damit erhalten wir zwei Gleichungen:

$$\sin 2x \, (\ldots\ldots\ldots\ldots\ldots\ldots\ldots\ldots\ldots) = 0$$

$$\cos 2x \, (\ldots\ldots\ldots\ldots\ldots\ldots\ldots\ldots\ldots) = 0$$

▷ 107

163

Geben Sie die Bewegungsgleichung eines gedämpften harmonischen Oszillators an, auf den die periodische äußere Kraft F_A wirkt.

$$F_A = F_0 \cos(\omega_A t)$$

▷ 164

Nein, $y = (4 \pm \sqrt{\frac{1}{x}})^2$ ist mehrdeutig.

7

....

Kreuzen Sie die *Funktionen* an

$\square \qquad y = x^2 + 2$

$\square \qquad y = \pm\sqrt{x^2 + 2}$

$\square \qquad y = \frac{1}{x}$

$\square \qquad y = \frac{1}{x} \pm \sqrt{x}$

$\square \qquad y = \frac{1}{x^2+1}$

- ▷ 8

48

Eine Nullstelle
Eine Asymptote
Einen Pol

....

Sie können jetzt noch einige Funktionen skizzieren und Nullstellen, Pole und Asymptoten aufsuchen. Sie brauchen es aber nicht. Je unsicherer Sie sich fühlen, desto wichtiger ist es, sich mit den Aufgaben zu befassen. Das ist ja gerade das Ärgerliche, wenn man die Aufgaben gut kann, beginnen sie Spaß zu machen. Dann braucht man sie nicht mehr zu üben.

Kann man sie aber nicht, machen sie Mühe. Dann ist der Spaß gering. In diesem Fall muss man leider üben.

Auf der nächsten Seite finden Sie einige Funktionen und Aufgaben.

- ▷ 49

89

π
π
1

....

Versuchen Sie, den Ausdruck für die Periode der Funktion $y = A \sin(bx)$ abzuleiten.

$x_{\text{periode}} = \ldots\ldots\ldots$

Hinweis: Eine Periode ist durchlaufen, wenn der Term, d.h. der Klammerausdruck, von dem der Sinus genommen wird, um 2π anwächst.
Ziehen Sie im Zweifel das Lehrbuch zu Rate.

- ▷ 90

48

$$y = C_1 \cdot e^{\frac{x}{2}} + C_2 \cdot e^{-\frac{x}{2}}$$

....

Kehren wir zur ursprünglichen Aufgabe zurück:

Gegeben war: $\qquad\qquad 3y'' + 2y' - 2y = 0$

Charakteristische Gleichung $\qquad 3r^2 + 2r - 2 = 0$

Lösungen: $\quad r_1 = -\frac{1}{3} + \sqrt{\frac{7}{9}} \qquad\qquad\qquad r_2 = -\frac{1}{3} - \sqrt{\frac{7}{9}}$

Geben Sie nun nach dem Schema im vorhergehenden Lehrschritt die allgemeine Lösung an:

$\quad y = \ldots\ldots\ldots\ldots\ldots$

-------------------- ▷ 49

105

$$y'_{inh} = 2A\cos(2x) - 2B\sin(2x)$$
$$y''_{inh} = -4A\sin(2x) - 4B\cos(2x)$$

Dies setzen wir ein in die Differentialgleichung. Hier geduldig und ruhig rechnen.

$\qquad y'' + 2y' + 2y = 3\sin 2x$

$\qquad \ldots\ldots\ldots\ldots = 3\sin 2x$

------------------- ▷ 106

162

Der getriebene harmonische Oszillator

STUDIEREN SIE im Lehrbuch $\qquad$ 9.5.2 Abschnitt: Der getriebene harmonische Oszillator
$\qquad\qquad\qquad\qquad\qquad\qquad$ Lehrbuch, Seite 227–231

-------------------- ▷ 163

8

Funktionen sind:

$y = x^2 + 2 \quad y = \frac{1}{x} \quad y = \frac{1}{x^2+1}$

Hinweis: Die Antwort war hier relativ leicht, weil vor den Wurzeln das Zeichen $\pm$ stand.

....

Das Zeichen $\pm$ sagt, dass beide Wurzelwerte genommen werden müssen. Oft wird aber das Zeichen $\pm$ vor der Wurzel weggelassen, weil jeder weiß, dass eine Wurzel zwei Werte hat.
Man kann aus dem mehrdeutigen Ausdruck $y = \sqrt{x^2+2}$ eine Funktion machen, wenn man sich darauf beschränkt, entweder *nur* den positiven Wurzelwert oder *nur* den negativen Wurzelwert zu nehmen. Beispiel: $y_1 = +\sqrt{x^2+2} \quad y_2 = -\sqrt{x^2+2}$
Schwierig ist die Sache, wenn kein Vorzeichen benutzt wird. In diesem Fall bleibt ungewiss, ob der Schreiber den positiven Wurzelwert oder den negativen Wurzelwert meint. Präzisieren Sie den Ausdruck $y = \frac{1}{\sqrt{x}}$ so, dass eine Funktion entsteht.

$y = \ldots\ldots\ldots \qquad y = \ldots\ldots\ldots$ ---------------------▷ (9)

49

Hier sind einige Funktionen:

$$y = x^2 + x + 1$$
$$y = \frac{1}{x^2 + x + 1}$$
$$y = \frac{1}{x^2}$$

Skizzieren Sie den Kurvenverlauf!

Lösungen und weitere Aufgaben ---------------------▷ (50)

Falls Sie sicher sind und diese Aufgaben leicht finden ---------------------▷ (56)

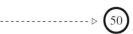

90

$$x_{\text{periode}} = \frac{2\pi}{b}$$

Das folgt aus $bx_{\text{periode}} = 2\,\pi$

....

Welche Periode und welche Funktionsgleichung hat die skizzierte Funktion?

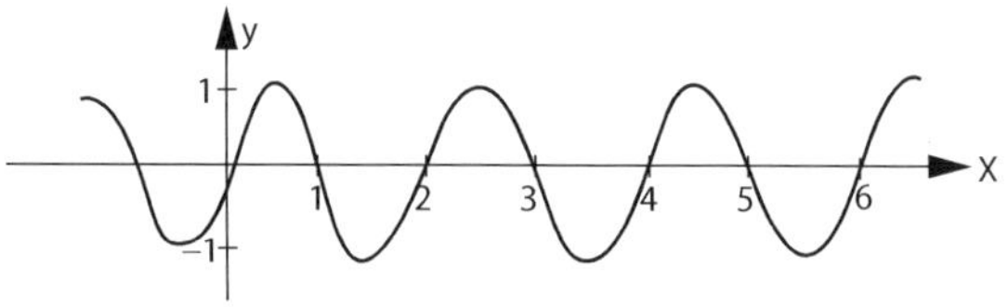

Periode: ....

Funktionsgleichung: .... ---------------------▷ (91)

| 47 |

Hier ist noch ein einfaches Beispiel. Gegeben ist die Differentialgleichung $4y'' - y = 0$

(1) Exponentialansatz: $y = Ce^{rx}$

(2) Charakteristische Gleichung $4r^2 - 1 = 0$

(3) Lösung der charakteristischen Gleichung: $r_1 = +\frac{1}{2}$ $r_2 = -\frac{1}{2}$

(4) Die allgemeine Lösung der Differentialgleichung ist: $y = C_1 \cdot e^{r_1 x} + C_2 \cdot e^{r_2 x}$

Einsetzen von r_1 und r_2 aus (3) ergibt:

$y = $ ……………………

◁ ----------------------- (48)

| 104 |

Übersichtlicher und vertrauter wird die Differentialgleichung, wenn Sie substituieren und die vertraute Notierung herstellen.

Gegeben: $\ddot{Q} + 2\dot{Q} + 2Q = 3\sin 2t$ mit $y = Q$ und $x = t$ wird daraus

$$y'' + 2y' + 2y = 3\sin 2x$$

Wie im Lehrbuch – Seite 217 – setzen wir an

$$y_{inh} = A\sin 2x + B\cos 2x$$

Ableitungen: $y'_{inh} = $ ………………

$y''_{inh} = $ ………………

◁ -------------------- (105)

| 161 |

Schwingfall

……………………………

3. Fall $\dfrac{R^2}{4m^2} = \dfrac{D}{m}$,

es gibt eine reelle Doppelwurzel.

Dieser Fall wird aperiodischer Grenzfall genannt.

Skizzieren Sie die Lösungsfunktion und vergleichen Sie mit der Abbildung im Lehrbuch.

◁ ------------------- (162)

9

$$y = +\frac{1}{\sqrt{x}} \qquad y = -\frac{1}{\sqrt{x}}$$

....

Durch die Gleichung $y = x^2$ werde eine Funktion definiert. Hier ist:

abhängige Variable:	. . . .
unabhängige Variable:	. . . .
Argument:	. . . .
Funktionsterm:	. . . .
Definitionsbereich:	. . . .
Wertevorrat:	. . . .

- - - - - - - - - - - - - - - - - - ▷ (10)

50

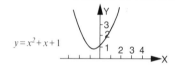

....

Skizzieren Sie: $\quad y = \dfrac{1}{x} + x \qquad y = -\dfrac{1}{x} \qquad y = \dfrac{3}{x} - 2$

Lösungen und weitere Aufgaben - - - - - - - - - - - - - - - - - - ▷ (51)

Falls Sie sicher sind und diese Aufgaben leicht finden - - - - - - - - - - - - - - - - - - ▷ (56)

91

Periode: 2

Funktiongleichung: $y = \sin(\pi x)$

....

Skizzieren Sie die Funktion $y = \sin\left(\frac{1}{2}\pi x\right)$

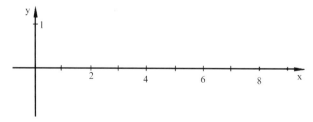

- - - - - - - - - - - - - - - - - - ▷ (92)

46

Lösungen der quadratischen Gleichung $3r^2 + 2r - 2 = 0$:

$$r_1 = -\frac{1}{3} + \sqrt{\frac{7}{9}} \qquad\qquad r_2 = -\frac{1}{3} - \sqrt{\frac{7}{9}}$$

Wenn der Radikand, d.h. der Ausdruck innerhalb der Wurzel, reell ist, so ist die Lösung der zugrunde liegenden Differentialgleichung gegeben durch die Formel:

$$y = C_1 e^{r_1 x} + C_2 e^{r_2 x}$$

Können sie jetzt die Lösung angeben? $y = \ldots\ldots\ldots\ldots$

Lösung gefunden $\quad$  ----------------- ▷ 49

Erläuterung oder weitere Hilfe erwünscht ----------------- ▷ 47

103

Übungen für den 4. Fall: $f(x)$ ist eine trigonometrische Funktion.

Lehrbuch Seite 217 und 218.

Die Ladung Q in einem elektrischen Kreis sei gegeben durch

$$\ddot{Q} + 2\dot{Q} + 2Q = 3\sin 2t$$

Suchen Sie die spezielle Lösung der inhomogenen Differentialgleichung

$$Q_{inh} = \ldots\ldots\ldots\ldots\ldots$$

Lösung gefunden $\quad$  ----------------- ▷ 109

Hilfe, Erläuterung und Rechengang ----------------- ▷ 104

160

2. Fall: $\dfrac{R^2}{4m^2} - \dfrac{D}{m} < 0$, es gibt zwei konjugiert komplexe Lösungen.

Skizzieren Sie die Lösungsfunktion und vergleichen Sie sie mit der Abbildung im Lehrbuch.

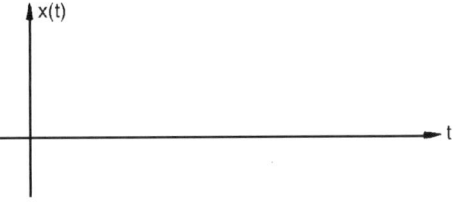

Wie wird dieser Fall genannt? $\ldots\ldots\ldots\ldots\ldots$ ----------------- ▷ 161

10

y

x

x

x^2

$-\infty < x < +\infty$

$0 \leq y < +\infty$

....

Die Selbstkontrolle anhand einfacher Fragen ist wichtig, um Fehler oder Mißverständnisse von Anfang an zu eliminieren. Eine Vorlesung kann diese Funktion nur in unzureichendem Maß erfüllen. Stimmt Ihre Antwort nicht mit der gegebenen überein, lassen Sie sie Sache nicht auf sich beruhen. Es ist nicht schlimm, falsch zu antworten, aber es ist wichtig, den Ursachen für falsche Antworten nachzugehen — und etwas dagegen zu tun.

Denkfehler? Verständnisschwierigkeiten? Gedächtnisschwierigkeiten?

-------------------- ▷ (11)

51

$y = \frac{1}{x} + x$

$y = -\frac{1}{x}$

$y = \frac{3}{x} - 2$
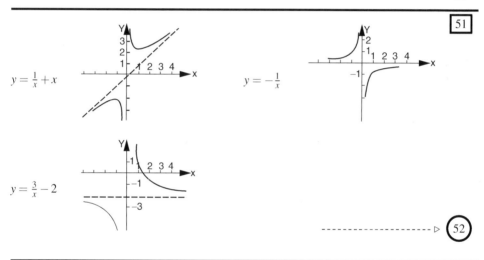

-------------------- ▷ (52)

92

$y = \sin\left(\frac{1}{2}\pi x\right)$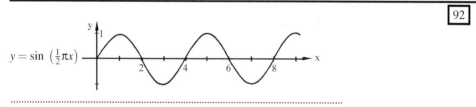

....

Skizzieren Sie die Funktion $y = \sin(x + \pi)$

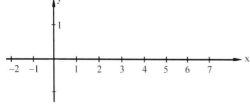

-------------------- ▷ (93)

45

$3r^2 + 2r - 2 = 0$

$r_1 = -\frac{1}{3} + \sqrt{\frac{7}{9}}$

$r_2 = -\frac{1}{3} - \sqrt{\frac{7}{9}}$

....

Geben Sie jetzt die allgemeine Lösung an für die Differentialgleichung $3y'' + 2y' - 2y = 0$
Charakteristische Gleichung und Lösungen stehen oben im Antwortfeld.

$y = \ldots\ldots\ldots\ldots\ldots$

Lösung gefunden

------------------ ▷ 49

Erläuterung oder Hilfe erwünscht

------------------ ▷ 46

102

$$x_{inh} = \frac{F}{(\omega_0^2 - \omega^2) + i\gamma\omega_0\omega} \cdot e^{i\omega t}$$

Amplitude $|x_{inh}| = \dfrac{F}{\sqrt{(\omega_0^2 - \omega^2)^2 + \gamma^2\omega_0^2\omega^2}}$

Bei Schwierigkeiten zurückblättern auf Lehrschritt 100.

Übungen für den 4. Fall $f(x)$ ist eine trigonometrische Funktion ------------------ ▷ 103

Abschnitt 9.3 Variation der Konstanten ------------------ ▷ 116

159

$m\ddot{x} = -R\dot{x} - Dx \quad$ bzw. $\quad m\ddot{x} + R\dot{x} + Dx = 0$

....

Geben Sie eine qualitative Beschreibung der Lösungsfunktion des gedämpften
harmonischen Oszillators an.

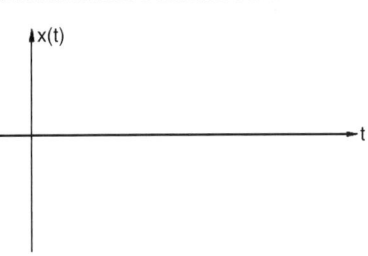

1. Fall: $\dfrac{R^2}{4m}2 - \dfrac{D}{m} > 0$,

es gibt zwei verschiedene reelle Lösungen. Diese
Möglichkeit wird in der Physik als „Kriechfall" bezeichnet.

Skizzieren Sie die Lösungsfunktion und vergleichen
Sie mit der Abbildung im Lehrbuch.

------------------ ▷ 160

Graphische Darstellung von Funktionen

STUDIEREN SIE im Lehrbuch

3.3 Graphische Darstellung von Funktionen
Lehrbuch, Seite 56–57

BEARBEITEN SIE danach Lehrschritt

-------------------- ▷

Überprüfen Sie, ob Ihnen die Begriffe noch geläufig sind:
Die x-Achse heißt.............. Die y-Achse heißt..............

Bestimmen Sie die Nullstellen für die Funktionen:

    a) $y = x - 2$
       Nullstelle: ....

    b) $y = x^2 - 4$
       Nullstellen: ....

-------------------- ▷

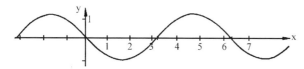

Hinweis: In der Funktion $y = \sin(x + \pi)$ nimmt der Term in der Klammer den Wert 0 bereits bei $x = -\pi$ an. Dort beginnt also praktisch der Kurvenverlauf, falls Sie die Zeichnung mit dem Wert für $\sin(0)$ beginnen. Die Kurve ist um den Abszissenwert π nach links verschoben.

Wichtig ist es zunächst, die Periode einer trigonometrischen Funktion aus der Formel entnehmen zu können und umgekehrt aus einer gegebenen gezeichneten Funktion den Funktionsterm zu ermitteln.

-------------------- ▷

Beurteilen Sie Ihre Kenntnisse selbst. Entscheiden Sie, ob Sie die Abschnitte 9.2 und 9.2.1 nochmals durcharbeiten sollten. Lösen Sie anhand des Lehrbuchs die gegebene Differentialgleichung:

$$3y'' + 2y' - 2y = 0$$

Charakteristische Gleichung ....
Lösung der charakteristischen Gleichung:

$$r_1 = \dots\dots\dots\dots$$

$$r_2 = \dots\dots\dots\dots$$

----------------- ▷ 45

$$A \cdot e^{i\omega t}\left(-\omega^2 + i\gamma\omega_0\omega + \omega_0^2\right) = F \cdot e^{i\omega t}$$

Wir kürzen und stellen um

$$A = \frac{F}{\left(\omega_0^2 - \omega^2 + i\gamma\omega_0\omega\right)}$$

Also $x_{inh} = \dots\dots\dots\dots$
Der Bruch ist eine komplexe Zahl. Wir erhalten den Betrag dieser komplexen Zahl.

$$|x_{inh}| = \dots\dots\dots\dots$$

Hinweis: $z = a + ib \qquad |z| = \sqrt{a^2 + b^2}$

----------------- ▷ 102

Wie lautet die Bewegungsgleichung des gedämpften harmonischen Oszillators?

....

----------------- ▷ 159

12

Fallhöhe und Fallzeit sind in einer Versuchsreihe gemessen. Gezeichnet sind hier die Messpunkte und drei Kurven.

Welche Kurve repräsentiert Ihrer Meinung nach die Versuchsreihe richtig?

☐ A ------------------- ▷ 13

☐ B ------------------- ▷ 15

☐ C ------------------- ▷ 14

53

Abszisse   Ordinate
Nullstellen: a) $x = 2$ b) $x_1 = +2$
                                    $x_2 = -2$
....

Die gezeichnete Funktion hat............ Nullstellen.
Die gezeichnete Funktion hat............ Polstellen
Die Näherungsgerade heißt............

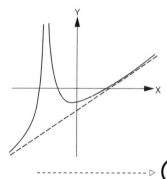

------------------- ▷ 54

94

Überprüfen Sie Ihre Kompetenz rasch mit einer kleinen Kontrolle:
Geben Sie die Funktionsgleichung der dargestellten trigonometrischen Funktion an
$y = $ ....

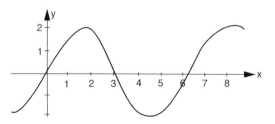

------------------- ▷ 95

43

$r^2 + 2r - 1 = 0$

....

Geben Sie die charakteristische Gleichung der Differentialgleichung an

$$3y'' + 2y' - 2y = 0$$

Charakteristische Gleichung: ....

Lösen Sie diese quadratische Gleichung

Lösungen: $r_1 = $ ....

 $r_2 = $ ....

Lösung gefunden   --------------------- ▷ ⃝45

Erläuterung oder Hilfe erwünscht   --------------------- ▷ ⃝44

100

Gegeben: $\ddot{x} + \gamma\omega_0\,\dot{x} + \omega_0^2 x = F \cdot e^{i\omega t}$

Die Notierung ist neu. Die Gleichung ist von dem Typ, den wir bereits behandelten.

$F \cdot e^{i\omega t}$ entspricht $A \cdot e^{\lambda x}$ mit $F = A$ und $\lambda x = i\omega t$.

Bei Schwierigkeiten substituieren Sie und arbeiten Sie in der vertrauten Notierung.

Ansatz: $x_{inh} = A \cdot e^{i\omega t}$

Ableitungen: $\dot{x}_{inh} = i\omega A \cdot e^{i\omega t}$ $\ddot{x}_{inh} = -\omega^2 A \cdot e^{i\omega t}$

Eingesetzt in die obige Gleichung:

$\qquad$ .... $= F \cdot e^{i\omega t}$

--------------------- ▷ ⃝101

157

Der gedämpfte harmonische Oszillator

STUDIEREN SIE im Lehrbuch   9.5.2 Absatz: Der gedämpfte harmonische Oszillator
$\qquad\qquad\qquad\qquad\qquad\qquad$ Lehrbuch, Seite 225–227

BEARBEITEN SIE DANACH Lehrschritt   --------------------- ▷ ⃝158

13

Nein, nein, nein.
Vielleicht wollen Sie nur nachschau-
en, was hier steht.

Die Kurve A ist in höchstem Grad unwahrscheinlich. Aus den Messpunkten lässt sich kein An-
haltspunkt dafür ableiten, dass der Kurvenverlauf so schwankt. Bedenken Sie auch, dass es sich
um den Zusammenhang zwischen Fallhöhe und Fallzeit handelt. Wir erwarten hier ein monotones
Ansteigen der Fallzeit mit der Fallhöhe.

BLÄTTERN SIE ZURÜCK und wählen Sie nun noch einmal   - - - - - - - - - - - - - - - - - - - ▷ 12

54

3 Nullstellen   1 Polstelle   Aymptote

Welches ist der Graph der Funktion $y = \dfrac{x^2 - 1}{x^4} + 1$?

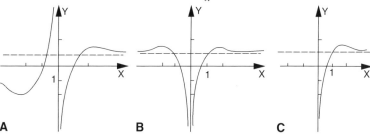

A   **B**   **C**

Die Funktion hat ..... Nullstellen, ... Pole, ... Asymptoten   - - - - - - - - - - - - - - - - - - - ▷ 55

95

$y = 2\,\sin x$

In dem Ausdrucky $y = A\,\sin\varphi$ ist
φ das . . . .
A die . . . .

- - - - - - - - - - - - - - - - - - - ▷ 96

42

Hier ist ein Beispiel: Gegeben sei $y'' - 2y' - 3y = 0$. Gesucht ist die charakteristische Gleichung.

Exponentialansatz $y = Ce^{rx}$
1. Ableitung $y' = Cre^{rx}$
2. Ableitung $y'' = Cr^2 e^{rx}$

Dies setzen wir in die Differentialgleichung ein und erhalten $C \cdot e^{rx} \cdot (r^2 - 2r - 3) = 0$

Die charakteristische Gleichung lautet also: $(r^2 - 2r - 3) = 0$

Ermitteln Sie in gleicher Weise die charakteristische Gleichung der Differentialgleichung

$y'' + 2y' - y = 0$

.... $= 0$

 ▷---------------------- (43)

99

$y_{inh} = x \cdot e^x$ $C = 1$

Die folgende Differentialgleichung tritt bei erzwungenen Schwingungen mit Dämpfung in Mechanik und Nachrichtentechnik auf. Die Notierung ist gewechselt.

$$\ddot{x} + \gamma \cdot \omega_0 \dot{x} + \omega_0^2 x = F \cdot e^{i\omega t}$$

Suchen Sie die spezielle Lösung (γ, ω_0 und ω sind Konstante. t ist die Zeit, $\ddot{x}$ ist die zweite Ableitung nach der Zeit.)

$x_{inh} = $ ....

Amplitude $= $ ....

Lösung gefunden   ▷-------------------- (102)

Erläuterung oder Hilfe erwünscht   ▷-------------------- (100)

156

$x(t) = x_{max} \cdot \cos\left(\omega_0 t + \frac{\pi}{6}\right)$ d.h. $C = x_{max}$, $\phi = \frac{\pi}{6}$

....

 ▷-------------------- (157)

14

Sie haben die Kurve *B* gewählt, die weder Physiker noch Ingenieure wählen würden.

Mit der Kurve wird versucht, aus den Messpunkten auf einen Zusammenhang zu schließen. Nun wissen wir aber, dass alle Messungen mit Fehlern behaftet sind. Gleichzeitig ist die Annahme plausibel, dass die Fallzeit monoton mit der Fallhöhe zunimmt.

Der Physiker zieht die Kurve unten vor und betrachtet die Abweichungen der Messpunkte von dieser Ausgleichskurve als zufällige Messfehler. Im Kapitel *Fehlerrechnung* werden

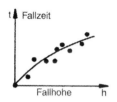

Methoden mitgeteilt, aus Messwerten mit Fehlern auf die wahrscheinlich richtigen Werte zu schließen.

--------------------▷ 16

55

Graph *B*   1 Pol
2 Nullstellen   1 Asymptote

....

War alles richtig, so herzlichen Glückwunsch. Jetzt können Sie auf Lehrschritt 56 gehen. Andernfalls wäre es doch zweckmäßig, im Lehrbuch den Abschnitt 3.3.3 zu wiederholen und einige Aufgaben aus dem Übungsteil im Lehrbuch, Seite 78 zu lösen.

--------------------▷ 56

96

φ = Argument oder unabhängige Variable
A = Amplitude

....

Die Funktionsgleichung der dargestellten Funktion ist
$y = \ldots\ldots\ldots$

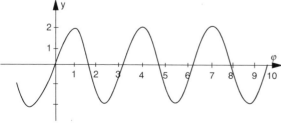

--------------------▷ 97

41

Gesucht ist die charakteristische Gleichung der Differentialgleichung

$$y'' + 2y' - y = 0 ?$$

Benutzen Sie den Exponentialansatz

$$y = Ce^{rx}$$

Charakteristische Gleichung: ....

Lösung gefunden ◁ - (43)

Erläuterung oder Hilfe erwünscht ◁ - (42)

98

Gegeben sei: $y'' + 2y' - 3y = 4 \cdot e^x$

Charakteristische Gleichung der homogenen Differentialgleichung

$$r^2 + 2r - 3 = 0 \qquad r_1 = 1 \qquad r_2 = -3$$

$r_1 = 1$ ist hier identisch mit $\lambda = 1$. In diesem Fall hilft nur der Ansatz

$$y_{inh} = C \cdot x \cdot e^{\lambda x} = C \cdot x \cdot e^x$$

Ableitungen: $y'_{inh} = C \cdot x \cdot e^x + C \cdot e^x$ $y''_{inh} = C \cdot x \cdot e^x + 2C \cdot e^x$

Eingesetzt erhalten wir $C \cdot e^x(x + 2 + 2x + 2 - 3x) = 4 \cdot e^x$. Daraus folgt: $C = $ ....

$$y_{inh} = \dots\dots\dots\dots\dots$$

◁ - (66)

155

Zu Bedingung 1: Die maximale Amplitude liegt vor, wenn die cos-Funktion den Wert 1 erreicht.

$$x_{max} = C$$
$$C = x_{max}$$

Zu Bedingung 2: Die Geschwindigkeit ist gleich $\frac{d}{dt}x(t)$

$$\dot{x}(t) = -\omega_0 \cdot C \cdot \sin(\omega_0 t + \varphi)$$

Die Maximalgeschwindigkeit ist also

$$\dot{x}_{max} = \omega_0 C$$

Für $t = 0$ sei der Betrag der Geschwindigkeit gleich der halben Maximalgeschwindigkeit:

$$\omega_0 \cdot C \cdot \sin \varphi = \omega_0 \cdot \frac{C}{2} \qquad \sin \varphi = \frac{1}{2} \qquad \varphi = \frac{\pi}{6}$$

◁ - (156)

15

Sehr gut. Richtig.

Wir wissen, dass alle Messungen mit Messfehlern behaftet sind. Das Verfahren, Messpunkte durch Ausgleichskurven zu verbinden, setzt Einsicht in die physikalischen Zusammenhänge und Probleme voraus. Es muss immer entschieden werden, ob und wie groß die Messfehler sein können. Das hängt von den verwendeten Instrumenten und Verfahren ab. In Ihrem Studium werden Sie noch sehr häufig mit diesem Problem zu tun haben.

Im Kapitel *Fehlerrechnung* werden Methoden entwickelt, aus Messwerten mit Fehlern auf die wahrscheinlichen richtigen Werte zu schließen.

-------------------- ▷ (16)

56

Veränderung von Funktionsgleichungen und ihrer Graphen

In diesem kleinen aber wichtigen Abschnitt wird gezeigt, wie sich die Veränderung einer Konstante in einer Funktionsgleichung auf den Graphen auswirkt.

Als Beispiel wird im Lehrbuch die Parabel benutzt.

STUDIEREN SIE im Lehrbuch   3.3.4 Veränderung von Funktionsgleichungen und ihrer Graphen
Lehrbuch, Seite 62–63

BEARBEITEN SIE danach Lehrschritt   -------------------- ▷ (57)

97

$y = 2 \sin 2\,\varphi$

Die Funktion $y = 2 \sin 2\,\varphi$ hat die Periode: ....

Im Ausdruck $y = A \cdot \sin (b \cdot x)$ ist die Periode ....

-------------------- ▷ (98)

| 40 |

Die allgemeine Lösung der linearen Differentialgleichung 1. und 2. Ordnung Lösung homogener linearer Differentialgleichungen, der Exponentialansatz

Hier handelt es sich um einen größeren Arbeitsabschnitt. Teilen Sie sich die Arbeit in zwei oder drei Abschnitte ein, nach denen Sie jeweils kurz rekapitulieren. Auch wenn es gelegentlich schwer fällt, rechnen sie die Umformungen mit.

STUDIEREN SIE im Lehrbuch　9.2　Die allgemeine Lösung der linearen Differentialgleichung

9.2.1　Lösung homogener linearer Differentialgleichungen, der Exponentialansatz Lehrbuch Seite 205–212

BEARBEITEN SIE DANACH Lehrschritt　----------------▷　(41)

| 97 |

$$y_{inh} = Cx \cdot e^{\lambda x}$$

....

Suchen Sie die spezielle Lösung der inhomogenen Differentialgleichung:

$$y'' + 2y' - 3y = 4 \cdot e^x$$

$$y_{inh} = \cdots\cdots\cdots\cdots$$

Lösung gefunden　----------------▷　(99)

Erläuterung oder Hilfe erwünscht　----------------▷　(98)

| 154 |

Die Lösung der Differentialgleichung $m\ddot{x} + Dx = 0$ eines freien, ungedämpften harmonischen Oszillators war

$$x(t) = C_1 \cdot \cos \omega_0 t + C_2 \cdot \sin \omega_0 t$$
$$= C \cdot \cos(\omega_0 t + \varphi)$$

Abkürzung: $\omega_0 = \sqrt{\dfrac{D}{m}}$

Bestimmen Sie die Konstanten C und φ für folgende Randbedingungen:

1. Die maximale Auslenkung sei x_{max}.
2. Der Betrag der Geschwindigkeit ist zu Beginn der Bewegung gleich der halben Maximalgeschwindigkeit　　　$x = \cdots\cdots\cdots\cdots$

Bemerkung: Es gilt die Beziehung $\sin \frac{\pi}{6} = 0,5$

Lösung gefunden　----------------▷　(156)

Erläuterung oder Hilfe erwünscht　----------------▷　(155)

$$\boxed{16}$$

Ermittlung des Graphen aus der Gleichung für die Gerade
Ermittlung der Funktiongleichung der Geraden aus dem Graphen

In diesem Abschnitt wird die Geradengleichung und ihre graphische Darstellung erläutert. Das ist vielen aus der Schule bekannt und somit eine Wiederholung.

STUDIEREN SIE im Lehrbuch   3.3.1 Ermittlung des Graphen aus der Gleichung für die Gerade
                                         3.3.2 Bestimmung der Gleichung einer Geraden aus ihrem Graphen
                                         Lehrbuch, Seite 57–59

BEARBEITEN SIE danach Lehrschritt ------------------- ▷ ⟨17⟩

$$\boxed{57}$$

Zur Übung betrachten wir die unten skizzierte Funktion $y_1 = f(x) = \frac{1}{x}$

Wir wollen Variationen dieser Funktion skizzieren. Da es uns hier vor allem auf die grundsätzliche Überlegung ankommt, beschränken wir uns auf einen Hyperbelast.

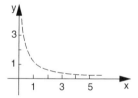

Multiplikation des *Funktionsterms* mit einer Konstanten:

$y_2 = 3 \cdot f(x) = \ldots\ldots\ldots$
Skizzieren Sie y_2

------------------- ▷ ⟨58⟩

$$\boxed{98}$$

Periode: π
Periode: $\frac{2\pi}{b}$

Skizzieren Sie in dem Koordinatensystem die Funktion $y = \sin(2\pi x)$.
Es kommt nicht auf eine ganz exakte Darstellung an. Skizzen sind keine Präzisionszeichnungen. Sie müssen im Prinzip richtig sein.

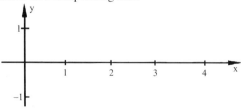

------------------- ▷ ⟨99⟩

39

2 Randbedingungen

partikuläre Lösung.

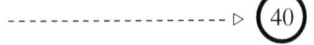

- - - - - - - - - - - - - - - - - - ▷ 40

96

Sie haben Recht. NEIN ist die richtige Antwort.

Unser Ansatz $y_{inh} = C \cdot e^{\lambda x}$ versagt, wenn λ eine Lösung der charakteristischen Gleichung für die inhomogene Differentialgleichung ist.

Suchen Sie im Lehrbuch Seite 216 den Lösungsansatz für den Fall, dass λ bereits eine Lösung der inhomogenen Differentialgleichung ist.

Gegeben: $a_2 y'' + a_1 y' + a_0 y = A \cdot e^{\lambda x}$

$$y_{inh} = \ldots \ldots \ldots \ldots$$

- - - - - - - - - - - - - - - - - - ▷ 97

153

1) C: Amplitude der Funktion.

2) ω_0: Kreisfrequenz der Schwingung. Es gilt $\omega_0 = \dfrac{2\pi}{T}$; T: Schwingungsdauer

3) φ Phasenwinkel, d.h. Maß für die Auslenkung zum Zeitpunkt $t = 0$
    (Anfangszustand)

Hinweis: Im Kapitel 3 sind die trigonometrischen Funktionen behandelt. Notfalls wiederholen.

- - - - - - - - - - - - - - - - - - ▷ 154

Geben Sie die Gleichung der drei Geraden an:

17

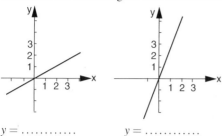 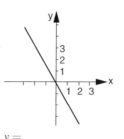

$y = \ldots\ldots\ldots$ $y = \ldots\ldots\ldots$ $y = \ldots\ldots\ldots$

Falls Ihnen die Aufgabe zu einfach ist

und Sie mit der Geradengleichung vertraut sind   ------------------- ▷ 23

Antwort und weitere Übung   ------------------- ▷ 18

58

$y_2 = 3 \cdot f(x) = \frac{3}{x}$

....

Addition einer Konstanten zum *Funktionsterm*.

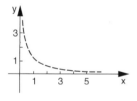

Gegeben $y_1 = f(x) = \frac{1}{x}$
Skizzieren Sie links die Funktion
$y_2 = f(x) + 3 = \ldots\ldots\ldots$

------------------- ▷ 59

99

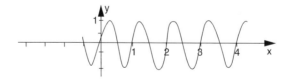

....

Skizzieren Sie jetzt die Funktion $y = \sin\left(\pi x + \frac{\pi}{2}\right)$

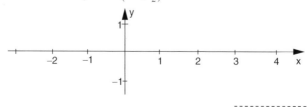

------------------- ▷ 100

38

Um bei einer Differentialgleichung n-ter Ordnung alle n Integrationskonstanten zu bestimmen, sind genau n sinnvolle Randbedingungen notwendig.

Um eine Integrationskonstante zu bestimmen, genügt eine Randbedingung.

Wie viele Randbedingungen sind notwendig, um aus der allgemeinen Lösung einer Differentialgleichung zweiter Ordnung eine spezielle Lösung zu bestimmen? ....

Eine spezielle Lösung heißt auch par. ....Lösung.

 39 ◁- - - - - - - - - - - - - - - - - - - -

95

Leider haben Sie NICHT recht. Dieser Ansatz, das ist im Lehrbuch gezeigt, *versagt*, wenn λ eine Lösung der charakteristischen Gleichung für die homogene Differentialgleichung ist.
Das sei hier gezeigt. Gegeben:

$$a_2 y'' + a_1 y' + a_0 y = A \cdot e^{\lambda x}$$

Charakteristische Gleichung der homogenen Differentialgleichung:

$a_2 r^2 + a_1 r + a_0 = 0$. Eine Lösung sei $r = \lambda$.

Dann führt unser Ansatz $y_{inh} = C \cdot e^{\lambda x}$ zur Bestimmungsgleichung:

$$C = \frac{A}{a_2 \lambda^2 + a_1 \lambda + a_0} = \frac{A}{0} \qquad \text{Das bedeutet, A ist nicht definierbar.}$$

96 ◁- - - - - - - - - - - - - - - - - - - -

152

Die letzte Aufgabe hatte zwei gleichwertige Lösungen:

$$x(t) = C_1 \cos \omega_0 t + C_2 \sin \omega_0 t \qquad \text{oder} \qquad x(t) = C\cos(\omega_0 t - \phi)$$

Die Umrechnung der beiden Lösungen geschieht mit Hilfe des Additionstheorems.

$$\cos(\alpha - \beta) = \cos\alpha \cos\beta + \sin\alpha \sin\beta$$

Mit $\alpha = \omega_0 t$ und $\beta = \phi$ wird

$$x(t) = C\cos(\omega_0 t - \phi) = C\cos\omega_0 t \cos\phi + C\sin\omega_0 t \sin\phi$$
$$= C_1 \cos\omega_0 t + C_2 \sin\omega_0 t$$

mit $C_1 = C\cos\phi$ und $C_2 = C\sin\phi$

Welche Bedeutung haben die Konstanten

1) C ....   2) ω_0 ....   3) ϕ ....

 153 ◁- - - - - - - - - - - - - - - - - - - -

18

$$y = 0,5 \cdot x \qquad y = 2,5 \cdot x \qquad y = -2x$$

Der einfachste Fall liegt vor, wenn die Gerade durch den Nullpunkt geht Dann kann an der Stelle $x = 1$ abgelesen werden, wie groß die Steigung ist. Schwieriger wird es, wenn die Gerade nicht durch den Nullpunkt geht. In diesem Fall bestimmen wir zunächst das konstante Glied und dann erst die Steigung. Wie heißen die Geradengleichungen?

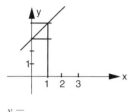
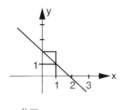
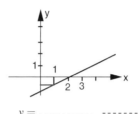

$y = \ldots\ldots\ldots$ $\qquad$ $y = \ldots\ldots\ldots$ $\qquad$ $y = \ldots\ldots\ldots$ $\quad$ - - - - - - - - - ▷ $\;$ 19

59

$$y_2 = f(x) + 3 = \frac{1}{x} + 3$$

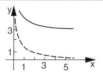

Multiplikation des *Arguments* mit einer Konstanten. Gegeben: $f(x) = \dfrac{1}{x}$

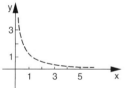

Skizzieren Sie links die Funktion $y_2 = f(3x) =$
$\ldots\ldots\ldots$

Hinweis: Wir ersetzen in der Funktionsgleichung x durch $(3x)$.

Veränderung des Graphen

☐ $\quad$ Streckung in x-Richtung

☐ $\quad$ Stauchung in x-Richtung

- - - - - - - - - - - - - - - - - - ▷ 60

100

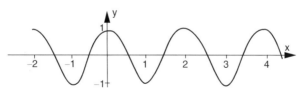

Hier kommt es nicht darauf an, dass die Zeichnung gut ist, sie muss richtig sein. Sie haben überprüft, ob Sie mit der Sinusfunktion umgehen können. Wichtig und schwierig zugleich ist, dabei zu berücksichtigen, wie sich im Ausdruck $y = A\sin(bx + c)$ die Größen b und c im Argument auswirken. b verändert die Periode, positives c verschiebt den Graphen der Funktion nach links.

Falls Sie hier Schwierigkeiten hatten, empfiehlt es sich durchaus, den Abschnitt „Sinusfunktion" im Lehrbuch, Seite 64–70 noch einmal zu studieren.

Wenn Sie mit den Aufgaben zurecht gekommen sind, so auf $\quad$ - - - - - - - - - - - - - - - - - - ▷ 101

$\boxed{37}$

Zwei Integrationskonstante

....

Wie viele Randbedingungen sind notwendig, um aus der allgemeinen Lösung einer Differentialgleichung zweiter Ordnung eine spezielle Lösung zu bestimmen? ....

Die spezielle Lösung heißt auch ....Lösung.

Lösung gefunden --------------------▷ 39

Erläuterung oder Hilfe erwünscht --------------------▷ 38

$\boxed{94}$

$$y'_{inh} = 2C \cdot e^{2x} \qquad y''_{inh} = 4C \cdot e^{2x}$$
$$C = \frac{3}{7} \qquad y_{inh} = \frac{3}{7} \cdot e^{2x}$$

....

Gegeben sei die Differentialgleichung

$$a_2 y'' + a_1 y' + a_0 y = A \cdot e^{\lambda x}$$

Bisher hatten wir Erfolg mit dem Ansatz

$$y_{inh} = C \cdot e^{\lambda x}$$

Dieser Ansatz führt *immer* zum Erfolg --------------------▷ 95

Dieser Ansatz führt *nicht immer* zum Erfolg --------------------▷ 96

$\boxed{151}$

Rechnen Sie noch einmal die allgemeine Lösung der Differentialgleichung mit Hilfe des
Exponentialansatzes aus, oder verifizieren Sie die angegebene Lösung.

Falls Sie Schwierigkeiten mit dem Exponentialansatz haben, lösen Sie die Aufgabe anhand
des Lehrbuches.

DANACH --------------------▷ 152

───

19

$y = x + 3$ $y = -x + 2$ $y = \frac{1}{2}x - 1$

....

Für den Fall, dass Sie hier Fehler hatten, studieren Sie bitte noch einmal im Lehrbuch den Abschnitt 3.3.2 und fahren Sie danach hier fort.

Jetzt kommen einige Aufgaben, bei denen die Steigung bestimmt werden muss, ohne dass die einfache Möglichkeit gegeben ist, die Werte für $x = 0$ und $x = 1$ abzulesen und den Zuwachs als Steigung zu nehmen. Im allgemeinen Fall muss die Steigung der Geraden so

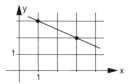

bestimmt werden, dass der Zuwachs des Funktionswertes durch den Zuwachs des x-Wertes geteilt wird. Dafür muss man sich geeignete Abschnitte aussuchen.

Geben Sie die Steigung an.

$y = ax + b$

$a = \ldots\ldots\ldots$ ------------------▷ 20

───

60

$y = \dfrac{1}{3x}$

Der Graph ist in x-Richtung gestaucht.

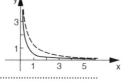

....

Addition einer Konstanten zum *Argument*. Gegeben $y_1 = f(x) = \frac{1}{x}$

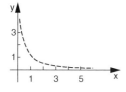

Skizzieren Sie links die Funktion

$y_2 = f(x + 3) = \ldots\ldots\ldots$

Hinweis: Wir ersetzen in der Funktionsgleichung x durch $(x + 3)$.

Veränderung des Graphen:

☐ Verschiebung nach links

☐ Verschiebung nach rechts ------▷ 61

───

101

Kosinusfunktion, Zusammenhang zwischen Kosinusfunktion und Sinusfunktion Tangens, Kotangens
Additionstheoreme, Superposition

STUDIEREN SIE im Lehrbuch 3.4.3 Kosinusfunktion

                              3.4.4 Zusammenhang zwischen Kosinus- und Sinusfunktion

                              3.4.5 Tangens, Kotangens

                              3.4.6 Additionstheoreme, Superposition von trigonometrischen Funktionen

                              Lehrbuch, Seite 71–76

Teilen Sie sich die Arbeit in zwei oder drei Abschnitte ein.

BEARBEITEN SIE danach Lehrschritt   ------------------▷ 102

───

36

Anschaulich können wir die Zahl der Integrationskonstanten gleich der Anzahl der Integrationen setzen, die notwendig sind, um von der Ableitung höchsten Grades auf die gesuchte Funktion zu kommen.

Bei einer Differentialgleichung n-ter Ordnung sind dies n Integrationen. Dann erhalten wir also n Integrationskonstanten.

Wie viele Integrationskonstante enthält die allgemeine Lösung einer Differentialgleichung zweiter Ordnung?

. . . .

------------------- ▷ (37)

93

Gegeben $\qquad 2y'' + 7y' - 15y = 3 \cdot e^{2x}$

Lösungsansatz $\qquad y_{inh} = C \cdot e^{2x}$

Wir bilden die Ableitungen: $\quad y'_{inh} = $ .... $\qquad y''_{inh} = $ ....

Dies wird eingesetzt in die Differentialgleichung

$$e^{2x} \cdot C(8 + 14 - 15) = 3 \cdot e^{2x}$$

Daraus ergibt sich $\qquad C = $ ....

$$y_{inh} = C \cdot e^{2x} = \text{............}$$

------------------- ▷ (94)

150

$x(t) = C_1 \cos \omega_0 t + C_2 \sin \omega_0 t \qquad$ oder $\qquad x(t) = C \cos(\omega_0 t - \varphi)$

. . . .

Aufgabe richtig gelöst ------------------- ▷ (152)

Aufgabe falsch gelöst ------------------- ▷ (151)

20

$a = -\frac{1}{2}$

....

Falls Sie Schwierigkeiten mit dem Vorzeichen der Steigung haben, sehen Sie sich bitte noch einmal genau den Abschnitt 3.3.2 im Lehrbuch an.

Bestimmen Sie die Steigung a, indem Sie geeignete Intervalle wählen, um den Zuwachs von y und den Zuwachs von x zu bestimmen. $y = ax + b$

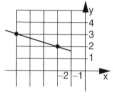   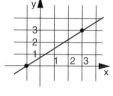   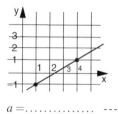

$a = \ldots\ldots\ldots\ldots$ $a = \ldots\ldots\ldots\ldots$ $a = \ldots\ldots\ldots\ldots$ $---\triangleright$ (21)

───

61

$y = \frac{1}{x+3}$
Verschiebung nach links

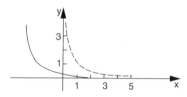

....

In den folgenden Schritten wird (statt wie eben mit $c = 3$) die Variation mit $c = -3$ durchgeführt. Ob diese Übung für Sie überflüssig ist, müssen Sie selbst entscheiden.

Übung unnötig $--------------\triangleright$ (65)

Übung erwünscht $--------------\triangleright$ (62)

───

102

Skizzieren Sie den Kosinus des Winkels φ in den Zeichnungen

   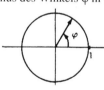

Skizzieren Sie die Funktion $y = \cos\varphi$

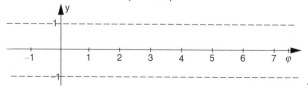

$--------------\triangleright$ (103)

35

Im Kapitel 9.1. wurde gezeigt, dass die allgemeine Lösung einer Differentialgleichung noch unbestimmte Integrationskonstanten enthält.

Wie viele unbestimmte Integrationskonstanten enthält die allgemeine Lösung einer Differentialgleichung zweiter Ordnung?

....

Lösung gefunden -------------------- ▷ (37)

Erläuterung oder Hilfe erwünscht -------------------- ▷ (36)

92

$$y_{inh} = -\frac{1}{4}e^x$$

Suchen Sie die Lösung der inhomogenen Differentialgleichung

$$2y'' + 7y' - 15y = 3e^{2x}$$

$$y_{inh} = \ \ldots\ldots\ldots\ldots$$

Lösung gefunden -------------------- ▷ (94)

Erläuterung oder Hilfe erwünscht -------------------- ▷ (93)

149

Wie lautet die allgemeine Lösung der Differentialgleichung des ungedämpften, freien harmonischen Oszillators?

$$\ddot{x}(t) = -\omega_0^2 x(t)$$

mit

$$\omega_0^2 = \frac{D}{m}$$

$$x(t) = \ \ldots\ldots\ldots\ldots$$

-------------------- ▷ (150)

21

$$a = -\frac{1}{3} \qquad a = \frac{3}{4} \qquad a = \frac{2}{3}$$

Skizzieren Sie die Geraden

$$y = 0,1\,x + 2 \qquad\qquad y = -2x - 2 \qquad\qquad y = \frac{x+1}{2}$$

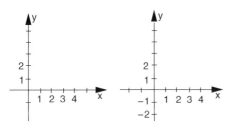 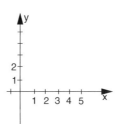

------------------------- ▷ 22

62

Multiplikation des *Arguments* mit einer Konstanten. Gegeben: $y_1 = f(x) = \dfrac{1}{x}$

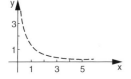

Skizzieren Sie
$$y_2 = f(-3x) = \ldots\ldots\ldots$$

Addition einer *Konstanten* zum Funktionsterm. Gegeben $y_1 = \dfrac{1}{x}$

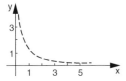

Skizzieren Sie
$$y_2 = f(x) - 3 = \ldots\ldots\ldots$$

------------------------- ▷ 63

103

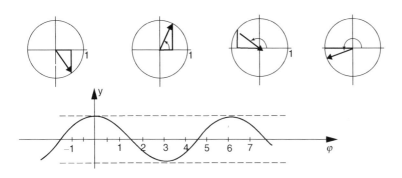

GLEICH WEITER   ------------------- ▷ 104

34

Die Differentialgleichung b) ist homogen.

◁ - (35)

91

Gegeben $y'' + 5y' - 14y = 2e^x$

Lösungsansatz: $y_{inh} = C \cdot e^x$

Wir bilden die Ableitungen:

$y'_{inh} = \ldots\ldots\ldots\ldots$ $y''_{inh} = \ldots\ldots\ldots\ldots$

Wir setzen ein in die inhomogene Differentialgleichung und erhalten

$$C \cdot e^x + 5C \cdot e^x - 14C \cdot e^x = 2 \cdot e^x$$

Teilen Sie durch e^x und rechnen Sie C aus.

$C = \ldots\ldots\ldots\ldots$

Setzen Sie ein $y_{inh} = C \cdot e^x = \ldots\ldots\ldots\ldots$

◁ - (92)

148

Der harmonische Oszillator

STUDIEREN Sie im Lehrbuch   9.5.2 Der freie ungedämpfte harmonische
                              Oszillator
                              Lehrbuch, Seite 223–225

◁ - (149)

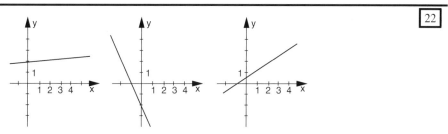

22

Bei Schwierigkeiten noch einmal Abschnitt 3.3.1 im Lehrbuch durcharbeiten.

- - - - - - - - - - - - - - - - - - - ▷ 23

63

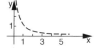

$y_2 = \frac{1}{-3x}$ $y_2 = \frac{1}{x} - 3$

Addition einer Konstanten zum *Argument*. Gegeben: $y_1 = f(x) = \frac{1}{x}$

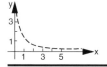

Skizzieren Sie auf einem Blatt
$y_2 = f(x-3) = \ldots\ldots\ldots$

Multiplikation der *Funktion* mit einer Konstanten. Gegeben $y_1 = f(x) = \frac{1}{x}$

Skizzieren Sie auf einem Blatt
$y_2 = -3 \cdot f(x) = \ldots\ldots\ldots$

- - - - - - - - - - - - - - - - - - - ▷ 64

104

Hier ist die Funktion $y = \sin x$ skizziert

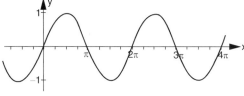

Zeichnen Sie in diese Skizze noch ein die Funktion $y = \sin\left(x + \frac{\pi}{4}\right)$

- - - - - - - - - - - - - - - - - - - ▷ 105

$\boxed{33}$

Benutzen Sie die Definitionen für eine homogene Differialgleichung im Lehrbuch.
Welche der folgenden Differentialgleichungen sind homogen?

a) $y'' + x = C$
b) $xy' = 0$
c) $xy' = x$
d) $y'' + y' = 2xy^2$

------------------ ▷ $\boxed{34}$

$\boxed{90}$

$y_{inh} = C \cdot e^{\lambda x}$

Suchen Sie – gegebenenfalls anhand des Lehrbuchs Seite 215 – die spezielle Lösung der inhomogenen Differentialgleichung

$$y'' + 5y' - 14y = 2e^x$$

$$y_{inh} = \dots\dots\dots\dots$$

Lösung gefunden ------------------ ▷ $\boxed{92}$

Erläuterung oder Hilfe erwünscht ------------------ ▷ $\boxed{91}$

$\boxed{147}$

Jetzt geht es aber weiter mit dem fachlichen Studium. In den nächsten Abschnitten dieses Leitprogramms wird die Anwendung der Methoden der Differentialgleichungen auf Schwingungsprobleme erläutert. Die Mathematik ist besonders dann hilfreich, wenn die Verwendung anderer als der gewählten und ständig benutzten Symbole keine Schwierigkeiten macht. In diesen Fällen erleichtert die Substitution unbekannter Symbole durch vertraute Symbole häufig den Überblick.

------------------ ▷ $\boxed{148}$

23

In der Physik müssen Einheiten auf den Koordinatenachsen häufig dem Problem angepasst werden.

Unten ist die Skaleneinteilung verändert. Geben Sie die Gleichung für den Graphen an:

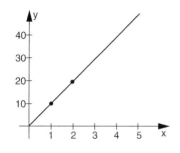

$$y = \ldots\ldots\ldots$$

---------------------- ▷ 24

64

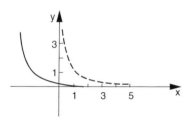

$$y_2 = f(x-3) = \frac{1}{x-3}$$

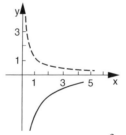

$$y_2 = -3\,f(x) = \frac{-3}{x}$$

---------------------- ▷ 65

105

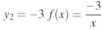

Die Skizze zeigt $y = \sin x$ Zeichnen Sie dazu die Funktion $y = \sin\left(x + \frac{\pi}{2}\right)$ ein.

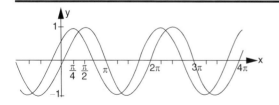

Die Funktion hat einen eigenen Namen, sie heißt ....-Funktion ---------- ▷ 106

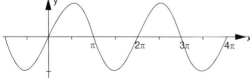

32

Differentialgleichung d) ist homogen
....

Lösung gefunden   -------------------- ▷ (35)

Hilfe oder weitere Übung erwünscht   -------------------- ▷ (33)

89

Übungen für den 3. Fall: $f(x)$ ist eine Exponentialfunktion.

Gegeben sei die inhomogene Differentialgleichung

$$a_2 y'' + a_1 y' + a_0 y = C \cdot e^{\lambda x}$$

Geben Sie den allgemeinen Ansatz für die spezielle Lösung der inhomogenen Differentialgleichung an. Lehrbuch Seite 216

$y_{inh} = \ldots\ldots\ldots\ldots$

-------------------- ▷ (90)

146

Informationsspeicherung
Die Verfügbarkeit über Gedächtnisinhalte hängt von der Form des Einlernens und der Strukturierung des Lernmaterials ab.

Lernen im Zusammenhang
Sachverhalte, die einsichtig und im Zusammenhang gelernt sind, bleiben länger verfügbar.

Aktives und Passives Lernen
Wiedererkennen eines bekannten Lerninhalts täuscht subjektiv einen höheren Kenntnisstand vor. Wiederkennen gewährleistet noch nicht die Fähigkeit zur Reproduktion. Die Fähigkeit zur Reproduktion gewährleistet noch nicht die Fähigkeit zu Anwendung. Die Informationsspeicherung muss daher kontrolliert werden. Eine automatische Kontrolle besteht in aktiver Reproduktion.

-------------------- ▷ (147)

24

$y = 10\,x$

....

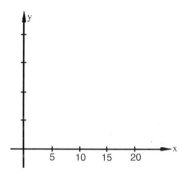

Die folgende Funktion soll dargestellt werden:
$y = 50\,x + 1000$
Wertebereich für x:
$0 \leq x \leq 20$
Wählen Sie eine geeignete Skala für die Ordinate und skizzieren Sie die Gerade..

-------------------- ▷ 25

65

Winkelfunktionen, trigonometrische Funktionen
Einheitskreis

Die Voraussetzung für den gesamten Abschnitt Winkelfunktionen ist, dass Sie Winkel sowohl im Gradmaß wie im Bogenmaß messen können. Hier wird daher zunächst anhand des Einheitskreises das Bogenmaß für Winkel definiert.

STUDIEREN SIE im Lehrbuch   3.4.1 Einheitskreis
                                             Lehrbuch, Seite 63–64

BEARBEITEN SIE danach Lehrschritt   -------------------- ▷ 66

106

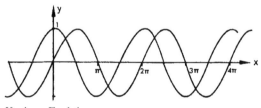

Kosinus-Funktion: $y = \cos x$

....

Wir betrachten nun den Übergang zwischen sin- und cos-Funktion von einer anderen Seite.
Man muss die Kurve $y = \cos x$ um .... nach rechts verschieben um zur Kurve $y = \sin x$ zu gelangen.
In Formeln: $\cos (x\,.....) = \sin x$

-------------------- ▷ 107

31

Welche der folgenden Differentialgleichungen sind homogen?

a) $y'' + y + C = 0$
b) $\qquad y'' + y = x^3$
c) $y'' + f(x) = 0$
d) $\qquad y' + y = 0$

- - - - - - - - - - - - - - - - - - - ▷ 32

88

$$y_{inh} = \frac{7}{18} + \frac{1}{2}x - \frac{1}{6}x^2$$

$$C = -\frac{1}{6} \qquad B = \frac{1}{2} \qquad A = \frac{7}{18}$$

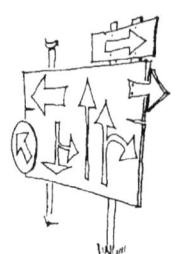

Übungen für den 3. Fall: $f(x)$ ist eine Exponentialfunktion   - - - - - - - - - - - - - - - - - - ▷ 89

Übungen für den 4. Fall: $f(x)$ ist eine trigonometrische Funktion - - - - - - - - - - - - - - - - ▷ 103

Abschnitt 9.3 Variation der Konstanten   - - - - - - - - - - - - - - - - - - ▷ 116

145

Selektives Lesen: Aus einem Text sind bestimmte Informationen herauszufinden. Hier geht es vor allem um die Unterscheidung zwischen relevanter und irrelevanter Information.

Die Informationsaufnahme über intensives und selektives Lesen erfordert entgegengesetzte Studiertechniken. Beide Techniken müssen geübt sein. Beim intensiven Lesen soll die Information vollständig aufgenommen werden. Beim selektiven Lesen soll die relevante Information – es ist der geringere Teil – erkannt und bevorzugt wahrgenommen werden. Die Gefahr beim selektiven Lesen ist, sich von der Suche nach der gewünschten Information ablenken zu lassen. Das kostet Zeit.

- - - - - - - - - - - - - - - - - - - ▷ 146

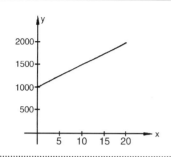

Alles richtig ----------------------- ▷ (30)

Erläuterung erwünscht oder Fehler gemacht ----------------------- ▷ (26)

66

Vervollständigen Sie die folgende Tabelle

Gradmaß   Bogenmaß

$180°$ $\ \hat{=}\ $ . . . .

. . . . . . $\hat{=}\ 2\,\pi$

$57°$ $\ \hat{=}\ $ . . . .

. . . . . . $\hat{=}\ 2$

----------------------- ▷ (67)

107

$\dfrac{\pi}{2}$

In Formeln: $\cos\left(x - \frac{\pi}{2}\right) = \sin x$

Sinusfunktion und Kosinusfunktion sind weitgehend ähnliche Funktionen. Wer verstanden hat, dass sie sich nur dadurch unterscheiden, dass sie um die Phase $\frac{\pi}{2}$ gegeneinander verschoben sind, versteht auch, dass es häufig reine Geschmackssache ist, welche der beiden Funktionen für die Beschreibung einer Pendelschwingung oder einer elektrischen Schwingung genommen wird.

----------------------- ▷ (108)

30

Linear sind die Differentialgleichungen: b), c), d)

Den Mut nur nicht verlieren – und ihre Exzerpte benutzen. Die haben Sie doch angefertigt – oder?

------------------- ▷ 31

87

$$0 - 2C - 6A - 6Bx - 6Cx^2 = x^2 - 3x - 2$$

$$x^2(-6C - 1) + x(3 - 6B) + (-2C - 6A + 2) = 0$$

Berechnen Sie nun C, B und A

$$C = \ldots\ldots\ldots\ldots \qquad B = \ldots\ldots\ldots\ldots \qquad A = \ldots\ldots\ldots\ldots$$

Damit erhalten Sie

$$y_{inh} = A + Bx + Cx^2 = \ldots\ldots\ldots\ldots\ldots$$

------------------- ▷ 88

144

Informationsaufnahme erfolgt in Vorlesungen, Seminaren, Tutorien, Praktika. Hier im Leitprogramm steht die Informationsaufnahme anhand von Literatur im Vordergrund. Techniken sind: *intensives Lesen* und *selektives Lesen*.

Intensives Lesen: Zusammenhängende Abschnitte werden im Zusammenhang studiert. Neue Begriffe und Regeln werden stichwortartig exzerpiert. Rechnungen werden mitvollzogen.

Motivation, Interesse und positive Einstellungen zum Studium erhöhen die Informationsaufnahme bei gleichem Zeitaufwand.

Eingeschobene Pausen erhöhen im Allgemeinen Lerneffektivität und Konzentrationsfähigkeit. In den – zeitlich begrenzten – Pausen sollte man eine andersartige Tätigkeit ausüben, um Interferenzen zu vermeiden.

------------------- ▷ 145

26

Den Maßstab eines Koordinatensystems kann man willkürlich wählen. Man wählt ihn in der Regel so, dass eine gegebene Kurve mit allen wesentlichen Einzelheiten gut zu sehen ist. Zeichnen Sie die Graphen ein für $y = x$ $y = 10x$ $y = 20x$

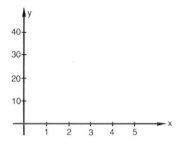

-------------------------- ▷ 27

67

$$180° \triangleq \pi$$
$$360° \triangleq 2\pi$$
$$57° \triangleq 1$$
$$115° \triangleq 2$$

Wie werden Winkel in Uhrzeigerrichtung gezählt?
☐ positiv
☐ negativ

Geben Sie an im Bogenmaß
$1° \triangleq$ ....
$45° \triangleq$ ....

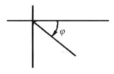

------------------- ▷ 68

108

Es ist kein Widerspruch, wenn Sie in einem Physikbuch finden:
Die Pendelschwingung lässt sich darstellen durch den Ausdruck $S = S_0 \sin(\omega t)$
Und in einem anderen Buch steht:

Die Pendelschwingung lässt sich darstellen durch den Ausdruck $A = A_0 \cos(\omega t)$
Die beiden Darstellungen unterscheiden sich in zwei Punkten:

1. Die Bezeichnung der Auslenkung des Pendels aus der Ruhelage ist verschieden. Das hat physikalisch nichts zu bedeuten, denn es ist gleichgültig, ob wir die Auslenkung S oder A nennen.

2. Beide Ausdrücke unterscheiden sich durch die Lage des Pendels zur Zeit $t = 0$. Im ersten Fall hat das Pendel zu Beginn der Zeitrechnung gerade einen Nulldurchgang, im zweiten Fall hat der Pendelausschlag gerade seinen Extremwert erreicht. Es ist klar, dass dieses nicht den Charakter der Pendelschwingung betrifft.

------------------- ▷ 109

Eine Differentialgleichung ist nach Definition linear, wenn ihre Ableitungen $y' + y'', \ldots$ und die Funktion y selbst nur in der ersten Potenz vorkommen.

Geben Sie an, welche der unten stehenden Differentialgleichungen linear sind:

a) $\quad y' + y'' + y^2 = 0$

b) $\quad y'' + 3xy + C = 0$

c) $\qquad\quad y' = C + x^2$

d) $\qquad y' + y'' = 2xy + 5$

- - - - - - - - - - - - - - - - - - - ▷   30

Ansatz: $\quad y_{inh} = A + Bx + Cx^2$ Hinweis: Ansatz richtet sich nach höchster Potenz in $f(x)$

$$y'_{inh} = 2Cx + B \qquad y''_{inh} = 2C \qquad y'''_{inh} = 0$$

Wir setzen ein in die inhomogene Differentialgleichung:

$$y''' - y'' - 6y = x^2 - 3x - 2$$
$$\ldots\ldots\ldots\ldots\ldots = x^2 - 3x - 2$$

Ordnen Sie um und fassen Sie wieder nach Potenzen von x zusammen.

$$\ldots\ldots\ldots\ldots\ldots\ldots = 0$$

- - - - - - - - - - - - - - - - - - - ▷   87

Eine grobe Gliederung der Tätigkeiten beim Studium sind:

    Informationsaufnahme
    Informationsverarbeitung
    Informationsspeicherung

Diese Prozesse stehen in einem wechselseitigen Zusammenhang.

- - - - - - - - - - - - - - - - - - - ▷   144

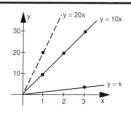

Gut darstellbar sind

$\boxed{27}$

$y = 10x$

$y = 20x$

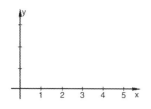

Wählen Sie die Koordinateneinteilung der Ordinate so, dass der Graph für $y = 0{,}01x$ gut dargestellt werden kann.

Definitionsbereich für x: $0 \leq x \leq 5$

-------------------- ▷ ㉘

$\boxed{68}$

negativ

$1° \;\hat{=}\; 0{,}017$

$45° \;\hat{=}\; 0{,}78$

Die Bezeichnungen für Winkel im Bogen- und Gradmaß werden in den verschiedenen Büchern unterschiedlich gewählt.

Hatte Schwierigkeiten bei der Beantwortung der Fragen, weitere Übungen -------▷ ㉖⑨

Hatte keine Schwierigkeiten -------------------- ▷ ㉗④

$\boxed{109}$

Der zweite Zusammehang zwischen Sinusfunktion und Kosinusfunktion ergibt sich aus einer Betrachtung im Einheitskreis. Leiten Sie die Beziehung ab, indem Sie den Satz von Pythagoras benutzen und berechnen Sie

$\sin^2 \varphi = \ldots\ldots\ldots$
$\cos^2 \varphi = \ldots\ldots\ldots$

-------------------- ▷ ⑪⓪

28

a, b

....

Lösung gefunden   - - - - - - - - - - - - - - ▷ 31

Hilfe und Erläuterung erwünscht   - - - - - - - - - - - - - - ▷ 29

85

Gegeben: $y''' - y'' - 6y = x^2 - 3x - 2$

Neu ist an diesem Beispiel nur, dass y''' auftritt. Die Lösung folgt ganz und gar den bisherigen Beispielen.

Ansatz: $y_{inh} = \ldots\ldots\ldots\ldots\ldots$

$y'_{inh} = \ldots\ldots\ldots\ldots\ldots$

$y''_{inh} = \ldots\ldots\ldots\ldots\ldots$

$y'''_{inh} = \ldots\ldots\ldots\ldots\ldots$

- - - - - - - - - - - - - - ▷ 86

142

$N(t) = 6{,}023 \cdot 10^{23} \cdot e^{-\lambda t}$

....

Das Ziel dieses Leitprogramms ist es

Mathematisches Wissen für Anwendungen zu vermitteln.
Die *Fähigkeit* zum *selbständigen Lernen* anhand schriftlicher Unterlagen zu fördern.

Das ist aus folgenden Gründen notwendig:

Das *Selbststudium* zur Vertiefung angebotener Sachverhalte und zur Erschließung neuer Sachverhalte ist ein Bestandteil des Studiums.

Die Fähigkeit und Bereitschaft zum Selbststudium erhöht die Unabhängigkeit vom notwendig begrenzten Angebot der Universität.

Der Lernprozess dauert heute während des gesamten Berufslebens an und muss dann sowieso selbständig durchgeführt werden.

- - - - - - - - - - - - - - ▷ 143

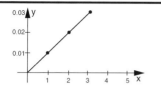

28

Das Prinzip ist einfach, man wählt die Einteilung so, dass auf der Abszisse der Definitionsbereich Platz hat und dass auf der Ordinate der jeweilige Wertebereich Platz hat.

Ist der Graph gegeben und soll die Funktionsgleichung bestimmt werden, so bestimmen wir

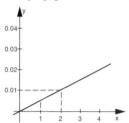

zunächst die Steigung der Geraden.

Wir benutzen den Ausdruck $a = \dfrac{y_2 - y_1}{x_2 - x_1}$

Es ist zweckmäßig, hier den Nullpunkt und einen beliebigen Punkt der Geraden zu nehmen.

$a = \ldots\ldots\ldots \qquad y = a \cdot x = \ldots\ldots\ldots$

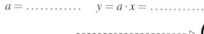

29

69

Bei praktischen Rechnungen muss immer darauf geachtet werden, in welchem Maß Winkel angegeben werden. Daher muss man die Umrechnung zwischen Gradmaß und Bogenmaß beherrschen.

Rechnen Sie um:

$1° \triangleq \ldots\ldots\ldots$

$90° \triangleq \ldots\ldots\ldots$

$180° \triangleq \ldots\ldots\ldots$

$360° \triangleq \ldots\ldots\ldots$

 70

110

$\sin^2\varphi = 1 - \cos^2\varphi$

$\cos^2\varphi = 1 - \sin^2\varphi$

Leicht zu merken ist $\quad \sin^2\varphi + \cos^2\varphi = 1$

Man schreibt auch oft

$\sin\varphi = \sqrt{1 - \cos^2\varphi}$

$\cos\varphi = \sqrt{1 - \sin^2\varphi}$

Dann muss aber das Vorzeichen der Wurzel zusätzlich angegeben werden

$\cos\varphi$ ist positiv im $\ldots\ldots\ldots$ und $\ldots\ldots\ldots$ Quadranten

$\cos\varphi$ ist negativ im $\ldots\ldots\ldots$ und $\ldots\ldots\ldots$ Quadranten

 111

27

Welche der folgenden Differentialgleichungen sind linear?

a) $c_2 y'' + c_1 y' + c_0 y = f(x)$

b) $xy'' + x^2 y' = y$

c) $(y'')^2 + y' = y + C$

d) $y' = y^3$

◁ - (28)

84

$y_{inh} = \dfrac{19}{108} + \dfrac{5}{18}x + \dfrac{1}{6}x^2$ umgeformt $y_{inh} = \dfrac{1}{108}(18x^2 + 30x + 19)$

Suchen Sie die spezielle Lösung für die inhomogene Differentialgleichung

$$y''' - y'' - 6y = x^2 - 3x - 2$$

$$y_{inh} = \ldots\ldots\ldots\ldots$$

Lösung gefunden - ◁ (88)

Erläuterung oder Hilfe erwünscht - ◁ (85)

141

Die allgemeine Lösung: $N = C \cdot e^{-\lambda t}$

Die Randbedingung lautet: Zum Zeitpunkt $t = 0$ (Beginn der Messung) ist ein Mol, das sind $6{,}023 \cdot 10^{23}$ Moleküle, Radium vorhanden: Das setzen wir ein:

$$N(0) = 6{,}023 \cdot 10^{23} = C \cdot e^0 = C \cdot 1$$

Wir erhalten:

$$C = 6{,}023 \cdot 10^{23}$$

$$N = \ldots\ldots\ldots\ldots$$

◁ - (142)

29

$$a = \frac{0{,}01}{2} = 0{,}005$$
$$y = 0{,}005x$$

....

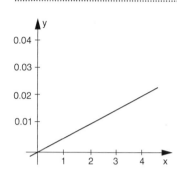

Verifizieren Sie für sich, dass die Steigung unabhängig vom gewählten Intervall ist, indem Sie $x_1 = 0$ nehmen und für x_2 die Werte 1, 2 und 3 nehmen.

$$a = \frac{y_2 - y_1}{x_2 - x_1}$$

------------------ ▷ 30

70

$$1° \triangleq 0{,}017$$
$$90° \triangleq \tfrac{\pi}{2} = 1{,}57$$
$$180° \triangleq \pi = 3{,}14$$
$$360° \triangleq 2\pi = 6{,}28$$

....

Bei der Umrechnung muss man sich immer eine Relation merken:

360° ist ein ganzer Winkel und entspricht dem Umfang des Einheitskreises, nämlich 2π. Es ist gut, diese Beziehung auswendig zu wissen.

Wenn Sie bei diesen Umrechnungen noch Schwierigkeiten hatten, so studieren Sie noch einmal Abschnitt 3.4.1 im Lehrbuch, ehe Sie hier weiterarbeiten.

Winkel im Uhrzeigersinn werden .... gezählt.

------------------ ▷ 71

111

positiv im *ersten* und *vierten* Quadranten
negativ im *zweiten* und *dritten* Quadranten

....

Den Ausdruck $\dfrac{\sin\varphi}{\cos\varphi}$ bezeichnet man mit ....

$$\cot\varphi = \ldots\ldots\ldots\ldots$$

------------------ ▷ 112

26

Differentialgleichungen 2. Ordnung sind: b) und d)

....

Einteilungen zu üben ist mühselig. Die Arbeit wird sich aber später auszahlen, weil es dann weniger Mißverständnisse gibt – und am Ende sparen Sie sogar Zeit.

 (27)

83

$$C = \frac{1}{6} \qquad\qquad B = \frac{5}{18} \qquad\qquad A = \frac{19}{108}$$

Damit ist die spezielle Lösung der inhomogenen Differentialgleichung gefunden.

$$y_{inh} = A + Bx + Cx^2 = \text{...............}$$

(84)

140

$$N(t) = 100\,e^{\alpha t} \qquad\qquad \text{(Lösung: } N(0) = C \cdot e^0 = C = 100)$$

....

Es wurde die Zerfallskurve von Radium untersucht. Zu Beginn der Messung sei ein Grammol Radium vorhanden. Ein Mol eines bestimmten Stoffes enthält ca. $6{,}023 \cdot 10^{23}$ Moleküle.

N sei die Zahl der Moleküle.

Für den Zerfall gilt die Differentialgleichung $\dot{N}(t) = -\lambda \cdot N(t)$.

Sie hat die Lösung $N = C \cdot e^{-\lambda t}$.

Geben Sie die spezielle Lösung an $N(t) = $ ....

Lösung gefunden (142)

Erläuterung oder Hilfe erwünscht (141)

$\boxed{30}$

Wählen Sie eine geeignete Einteilung der Koordinatenachsen, um die Funktion $y = 0{,}02x$ für den Definitionsbereich $0 \le x \le 1000$ darzustellen.

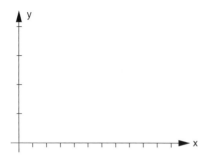

- - - - - - - - - - - - - - - - - - - ▷ $\left(31\right)$

$\boxed{71}$

Negativ   Hinweis: Die Festsetzung des Richtungssinns ist eine Konvention. Man muss sie akzeptieren und sich merken.

Rechnen Sie um vom Bogenmaß auf das Gradmaß. Es kommt nicht auf die Dezimalen an, sondern darauf, dass Sie das Prinzip der Umrechnung erfassen.

Danach können Sie mit Ihrem Taschenrechner kontrollieren.

Bogenmaß	Gradmaß
$3{,}14 = \pi$	$\hat{=}$ . . . .
1	$\hat{=}$ . . . .
$0{,}1$	$\hat{=}$ . . . .
$1{,}79$	$\hat{=}$ . . . .

- - - - - - - - - - - - - - - - - - - ▷ $\left(72\right)$

$\boxed{112}$

$\tan \varphi; \quad \cot \varphi = \dfrac{\cos \varphi}{\sin \varphi}$

Aus der Definition $\tan \varphi = \dfrac{\sin \varphi}{\cos \varphi}$ lassen sich die wichtigsten Eigenschaften der Funktion $y = \tan \varphi$ ablesen.

Die Tangensfunktion hat Nullstellen

$$\text{bei } \varphi = \text{. . . . .}$$

$$\text{Pole bei } \varphi = \text{. . . . .}$$

Es ist $\tan \varphi = 1$ für $\varphi = $ . . . .

- - - - - - - - - - - - - - - - - - - ▷ $\left(113\right)$

25

Eine Differentialgleichung heißt von 2. Ordnung, wenn die höchste Ableitung der gesuchten Funktion, die in der Differentialgleichung auftritt, die zweite Ableitung ist.

Kreuzen Sie die Differentialgleichungen zweiter Ordnung an:

a) $y'' + y''' = 0$
b) $y'' + C = y^3$
c) $y' = 2xy + y^2$
d) $0 = y' - y''$

-------------------- ▷ 26

82

Gegeben: $2C - 5B - 10Cx + 6A + 6Bx + 6Cx^2 = x^2$

Wir formen um und ordnen nach Potenzen von x

$$x^2(6C - 1) + x(6B - 10C) + (2C - 5B + 6A) = 0$$

Alle Klammern müssen für sich gleich 0 sein. Aus der ersten Klammer kann C bestimmt werden.

$6C - 1 = 0$ $\qquad$ $C = \ldots\ldots\ldots\ldots$

Mit diesem Ergebnis kann aus der 2. Klammer B bestimmt werden.

$6B - \frac{10}{6} = 0$ $\qquad$ $B = \ldots\ldots\ldots\ldots$

Schließlich kann mit B und C aus der letzten Klammer jetzt A bestimmt werden.

$A = \ldots\ldots\ldots\ldots$

-------------------- ▷ 83

139

$\dot{N}(t) = C \cdot e^{\alpha t}$

Zum Zeitpunkt $t = 0$ seien 100 Viren vorhanden. Das ist eine Randbedingung. Wie lautet mit dieser Randbedingung die Gleichung, die den Bestand der Virenkultur angibt?

$N(t) = \ldots\ldots\ldots\ldots\ldots$

-------------------- ▷ 140

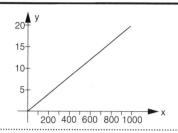

31

....

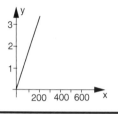

Wie heißt die Geradengleichung

$y = \ldots\ldots\ldots\ldots\ldots$

- ▷ 32

72

$$3{,}14 \;\hat{=}\; 180°$$
$$1 \qquad \hat{=}\; 57°$$
$$0{,}1 \;\hat{=}\; 5{,}7°$$
$$1{,}79 \;\hat{=}\; 102°$$

....

Bogenmaß (φ) Gradmaß (α)

$$2\pi \,\hat{=}\, 360°$$

Umrechnungsformeln $\qquad \alpha = \ldots\ldots \varphi$
$$\varphi = \ldots\ldots \alpha$$

- ▷ 73

113

Nullstellen bei $\qquad \varphi = 0,$

Pole bei $\qquad \varphi = \pm\frac{\pi}{2}$

$\tan \varphi = 1$ für $\qquad \varphi = +\frac{\pi}{4}$

- ▷ 114

24

a) und c)

....

Lösung gefunden   - - - - - - - - - - - - - - - ▷ 27

Hilfe erwünscht   - - - - - - - - - - - - - - - ▷ 25

81

$$2C - 5B - 10Cx + 6A + 6Bx + 6Cx^2 = x^2$$

Berechnen Sie nun A, B und C so, dass die Gleichung oben erfüllt ist

$C = \ldots\ldots\ldots\ldots\ldots$
$B = \ldots\ldots\ldots\ldots\ldots$
$A = \ldots\ldots\ldots\ldots\ldots$

Lösung gefunden   - - - - - - - - - - - - - - - ▷ 83

Erläuterung oder Hilfe erwünscht   - - - - - - - - - - - - - - - ▷ 82

138

Gegeben ist $\dot{N}(t) = \alpha\, N(t)$

Mit dem Exponentialansatz erhalten wir die charakteristische Gleichung

$$r - \alpha = 0$$

Die allgemeine Lösung dieser homogenen Differentialgleichung 1. Ordnung mit konstanten Koeffizienten lautet also

$$N(t) = \ldots\ldots\ldots\ldots\ldots$$

Hinweis: Die Gleichung ist identisch mit $y' = \alpha \cdot y$

- - - - - - - - - - - - - - - ▷ 139

$$\boxed{32}$$

$$y = \frac{3}{200}x = 0{,}015x$$

....

Alles richtig .... ▷ 35

Weitere Erläuterung .... ▷ 33

$$\boxed{73}$$

$$\alpha = \frac{360°}{2\pi} \cdot \varphi \qquad \varphi = \frac{2\pi}{360} \cdot \alpha$$

....

Diese Beziehungen müssen Sie tatsächlich im Kopf haben oder schnell herleiten können. Falls Sie hier noch Schwierigkeiten hatten, versuchen Sie selbst einmal unabhängig vom Buch, die Beziehung herzuleiten.

.... ▷ 74

$$\boxed{114}$$

Drücken Sie den Sinus durch den Kosinus aus und umgekehrt. Es gibt mehrere Möglichkeiten. Finden Sie mindestens zwei:

$\sin\varphi = \ldots\ldots\ldots\ldots$
$\sin\varphi = \ldots\ldots\ldots\ldots$
$\cos\varphi = \ldots\ldots\ldots\ldots$
$\cos\varphi = \ldots\ldots\ldots\ldots$

.... ▷ 115

23

Welche der folgenden Differentialgleichungen sind von zweiter Ordnung?

a) $(y'')^3 + (y')^4 + y^5 = C$
b) $y^2 + (y')^2 = x$
c) $y'' = 0$
d) $y''' + y'' = 0$

◁ - (24)

Differentialgleichungen sind a), c) und e)

80

$y'_{inh} = B + 2Cx$

$y''_{inh} = 2C$ \qquad (Erinnerung $y = A + Bx + Cx^2$)

Setzen Sie nun ein in die Differentialgleichung

$$y'' - 5y' + 6y = x^2$$

$$\cdots\cdots\cdots\cdots = x^2$$

◁ - (81)

137

$N(t) = \alpha N(t)$

Geben Sie die Lösung der Differentialgleichung $N(t) = \alpha N(t)$ an

$$N(t) = \cdots\cdots\cdots\cdots$$

Lösung gefunden \qquad - ▷ (139)

Erläuterung oder Hilfe erwünscht \qquad - ▷ (138)

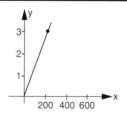

In dem Graphen sind 2 Punkte ausgewählt.

$x_1 = 0, \qquad y_1 = 0$

$x_2 = 200, \qquad y_2 = 3$

Damit lässt sich die Steigung der Geraden $y = a\,x$ berechnen.

$$a = \frac{y_2 - y_1}{x_2 - x_1} \qquad a = \frac{3}{200}$$

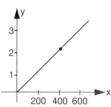

Wie lautet die Gleichung für den Graphen links

$y = \dots\dots\dots$

- - - - - - - - - - - - - - - - - - - ▷ (34)

74

Sinusfunktion

Dieser Abschnitt im Lehrbuch ist länger. Vieles werden Sie noch aus der Schule kennen. Machen Sie bei der Erarbeitung eine Pause.

Notieren Sie die für Sie neuen Begriffe und Definitionen.

STUDIEREN SIE im Lehrbuch   3.4.2 Sinusfunktion
Lehrbuch, Seite 64–70

BEARBEITEN SIE danach Lehrschritt   - - - - - - - - - - - - - - - - - - - ▷ (75)

115

$$\sin\varphi = \cos\left(\varphi - \tfrac{\pi}{2}\right) = -\cos\left(\varphi + \tfrac{\pi}{2}\right) \qquad \sin\varphi = \sqrt{1 - \cos^2\varphi}$$

$$\cos\varphi = \sin\left(\varphi + \tfrac{\pi}{2}\right) = -\sin\left(\varphi - \tfrac{\pi}{2}\right) \qquad \cos\varphi = \sqrt{1 - \sin^2\varphi}$$

Vereinfachen Sie mit Hilfe der Tabelle im Lehrbuch, Seite 77 folgende Ausdrücke:

a) $\dfrac{\sin(\omega_1 + \omega_2) + \sin(\omega_1 - \omega_2)}{\cos(\omega_1 + \omega_2) + \cos(\omega_1 - \omega_2)}$ b) $\cos(45° + \alpha) + \cos(45° - \alpha)$

c) $\dfrac{\cos^2\varphi}{\sin 2\varphi}$

Diese Aufgaben stehen auch als Übungsaufgaben auf Seite 79 des Lehrbuches.

- - - - - - - - - - - - - - - - - - - ▷ (116)

$\boxed{22}$

Welche der Gleichungen sind Differentialgleichungen?

a) $y' + C = y'' + y^3$

b) $f(x) = x^3 + 2x^2 + 3x + 5$

c) $y'' = (y')^5 + (y')^2$

d) $y^3 = 2\,xy$

e) $y'' = y'$

f) $y = y^2$

Differentialgleichungen sind c) und d)

$\bigcirc 23$ ◁ -

$\boxed{79}$

Gegeben: $\qquad y'' - 5y' + 6y = x^2$

Der Ansatz ist: $\qquad y_{inh} = A + Bx + Cx^2$

Hinweis: Obwohl in $f(x)$ nur x^2 steht, darf keine Potenz im Ansatz ausgelassen werden.

Geben Sie die Ableitungen an

$$y'_{inh} = \ldots\ldots\ldots\ldots$$

$$y''_{inh} = \ldots\ldots\ldots\ldots$$

$\bigcirc 80$ ◁ -

$\boxed{136}$

Der Bestand N der Virenkultur ist eine Funktion der Zeit t, also $N = N(t)$. Die Wachstumsgeschwindigkeit, ist die zeitliche Änderung von $N(t)$

$$\frac{d}{dt}N(t) = \dot{N}(t)$$

Die Wachstumsgeschwindigkeit soll dem jeweiligen Bestand proportional sein:

$$\dot{N}(t) \cong N(t)$$

Der Proportionalitätsfaktor sei α. Wir erhalten daher die Differentialgleichung

$$N(t) = \ldots\ldots\ldots\ldots\ldots\ldots$$

$\bigcirc 137$ ◁ -

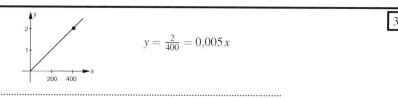

$$y = \frac{2}{400} = 0{,}005\,x$$

Ist die Geradengleichung aus dem Graphen zu bestimmen, so müssen zwei Punkte gegeben sein. Die Steigung lässt sich dann unmittelbar angeben als Quotient aus

der Differenz der y-Werte und
der Differenz der x-Werte.

Diese Differenzen lassen sich bei gegebener Skaleneinteilung immer ablesen. In allen hier betrachteten Fällen gingen die Geraden durch den 0-Punkt.

75

Wir nehmen hier an, dass Sie in der Schule zumindest die geometrische Definition des Sinus gelernt haben. Diese wurde auch ganz kurz im vorhergehenden Leitprogramm zum Kapitel „Vektorprodukt" erklärt. Neu könnte für Sie die Übertragung auf die Konstruktion im Einheitskreis sein. Die Sinusfunktion ist eine ....-Funktion. Sie ist definiert für die Werte des Winkels:

☐ $0 \leq \varphi \leq 2\pi$

☐ $0 \leq \varphi < \infty$

☐ $-\infty < \varphi < +\infty$

116

In unregelmäßigen Abständen werden Aufgaben gestellt, deren Lösung sich nicht unmittelbar aus dem gerade bearbeiteten Abschnitt im Lehrbuch ergibt. Sie erfordern

• manchmal Kenntnisse aus verschiedenen Kapiteln und Abschnitten,
• einfache physikalische Kenntnisse
• Überlegung und Anwendung einfacher Problemlösestrategien

Gerade die Kombination und Vernetzung verschiedener Kenntnisse im Hinblick auf ein komplexes Problem ist schwierig. Daher versuchen wir vernetzendes Denken ansatzweise zu üben.

21

$\ln y = -2 \ln x + C$ nach y aufgelöst $y = \dfrac{1}{x^2} \cdot e^C$

....

Wenn es möglich ist, die Variablen zu trennen, ist die Differentialgleichung praktisch gelöst. Dann bleiben nur noch Integrationen. Leider ist das nicht immer der Fall.
Welche der folgenden Gleichungen sind Differentialgleichungen?

a) $x^n = y^3$
b) $f(x) = 4x^{-1} + 3$
c) $f(x) = f'(x)$
d) $y = (y'')^3 + 2xy + 17$

  ◁ -   (22)

78

$$y_{inh} = \tfrac{1}{25}(15x - 22)$$

....

Suchen Sie die spezielle Lösung der inhomogenen Differentialgleichung

$$y'' - 5y' + 6y = x^2$$

$y_{inh} = $ · · · · · · · · · · · · · · · · ·

Lösung gefunden   - ▷   (84)

Erläuterung oder Hilfe erwünscht   - ▷   (79)

135

Die Differentialgleichung für den radioaktiven Zerfall ist eine der wenigen wichtigen Differentialgleichungen 1. Ordnung in den Naturwissenschaften. Sie gilt auch für Wachstumsprozesse. Wir nehmen jetzt als Beispiel ein Problem aus der Biologie.
Geben Sie die Differentialgleichung für das Wachstum einer Virenkultur an, bei welcher die Wachstumsgeschwindigkeit proportional zum jeweiligen Bestand $N(t)$ ist. Der Proportionalitätsfaktor heiße α.

· ·

Lösung gefunden   - ▷   (137)

Erläuterung oder Hilfe erwünscht   - ▷   (136)

35

Bei den Anwendungen treten an die Stelle der vertrauten Bezeichnungen x und y häufig andere Variable.

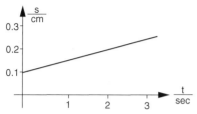

Wie lautet die Gleichung dieser Geraden?

$s = \dots\dots\dots\dots$

Es handelt sich um die Fortbewegung einer Schnecke.

------------------- ▷ 36

76

Trigonometrische Funktion

Definitionsbereich der Sinusfunktion: $-\infty < \varphi < +\infty$

....

Der Wert der Funktion $y = \sin x$ übersteigt nie den Wert $y_{max} = \dots\dots\dots$

Der Wert der Funktion $y = \sin x$ wird nie kleiner als $y_{min} = \dots\dots\dots$

Der Wertebereich von $\sin x$ ist also das Intervall

$\dots\dots \le \sin x \le \dots\dots$

------------------- ▷ 77

117

Problem:

Ein Satellit fliegt auf kreisförmiger Bahn mit konstanter Bahngeschwindigkeit in einer Höhe von 1700 km um die Erde.

Seine Umlaufzeit beträgt von der Erde aus gemessen $T = 2\,\text{h}$.

Der Erdradius beträgt 6400 km.

Frage: Wie lange ist dieser Satellit von einem Beobachter über dem Horizont zu sehen?

etwa $\dots\dots\dots\dots$ Minuten

Schreiben Sie sich diese Aufgabe auf einen Zettel.

Bevor Sie mit dem Problem beginnen, lesen Sie bitte

die allgemeinen Bemerkungen auf der folgenden Seite. ------------------- ▷ 118

20

$$\frac{dy}{y} = -2\frac{dx}{x}$$

Jetzt können Sie auf beiden Seiten integrieren und erhalten

$$\int \frac{dy}{y} = -\int 2\frac{dx}{x}$$

.... = ...

Lösen Sie das Ergebnis nach y auf

$y = $ ....

21 ◁ ----------------------

77

$x\,(5B-3)+(4B+5A+2)=0$

Aus $(5B-3)=0$ folgt $B=\frac{3}{5}$

Aus $(4B+5A+2)=0$ folgt $A=-\frac{22}{25}$

Damit wird die spezielle Lösung

$y_{inh} = $ ....

78 ◁ ----------------------

134

Anwendungen
Der radioaktive Zerfall

STUDIEREN SIE im Lehrbuch   9.5.1 Der radioaktive Zerfall
Lehrbuch, Seite 223

BEARBEITEN SIE DANACH Lehrschritt

135 ◁ ----------------------

$$s = 0,05\,\tfrac{\text{cm}}{\text{sec}} \cdot t \cdot \text{sec} + 0,1\,\text{cm}$$

36

Eine Feder wird an einer Stelle eingespannt und aus ihrer Ruhelage ausgelenkt. Die Wertetabelle zeigt die Auslenkung und die dabei auftretende rücktreibende Kraft.

| Auslenkung s | Kraft F |
m	N
0	0
0,1	−1,2
0,2	−2,4
0,3	−3,6
0,4	−4,8
0,5	−6,0

Zeichnen Sie den Graphen und geben Sie die Funktionsgleichung an.

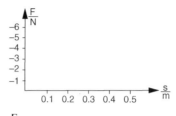

$F = \dots$ ---------------------- ▷ 37

77

$$y_{max} = +1$$
$$y_{min} = -1$$
$$-1 \leq \sin x \leq +1$$

Wir können es auch so schreiben: $|\sin x| \leq 1$: Das heißt, der Betrag von $\sin x$ ist immer kleiner oder gleich 1.

Die Funktion $\quad y = \sin x$ hat Nullstellen bei

$$x = \dots;\ \dots;\ \dots;\ \dots;\ \dots$$

---------------------- ▷ 78

118

Für die Lösung eines Problems kann man so vorgehen:

1. Situationsanalyse
   Der verbal dargestellte Sachverhalt wird möglichst in eine Zeichnung übertragen. Bei unserem Problem empfiehlt sich eine Zeichnung und eine Überlegung, welche Größen bekannt sind.
2. Zielanalyse
   Man versucht, genau zu formulieren, welche Größe man wissen möchte. Dies ist in unserem Fall bereits klar gesagt.

---------------------- ▷ 119

19

Gegeben ist $\quad y' + y \cdot \dfrac{2}{x} = 0.$

Daraus folgt zunächst $\quad y' = -2 \cdot \dfrac{y}{x}$

Jetzt kann man durch y dividieren und dann stehen links nur die Variablen y und y' und rechts nur die Variable x – bis auf dx.

$$\dfrac{y'}{y} = -2 \cdot \dfrac{1}{x} \qquad \text{oder} \qquad \dfrac{1}{y} \cdot \dfrac{dy}{dx} = -\dfrac{2}{x}$$

Führen Sie die Trennung der Variablen vollständig durch

$$\dfrac{dy}{y} = \cdots\cdots\cdots\cdots$$

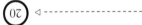 ▷ 20

76

$$AB + 5A + 5Bx = 3x - 2$$

Um A und B zu bestimmen, müssen wir umordnen und nach Potenzen von x sortieren.

$$x \cdot (\cdots\cdots\cdots\cdots) + (\cdots\cdots\cdots\cdots) = 0$$

Dann müssen die Klammern je für sich gleich 0 sein. Aus der ersten Klammer können Sie B bestimmen und aus der zweiten Klammer können sie A bestimmen.

$B = \cdots\cdots\cdots\cdots$ $\qquad\qquad$ $A = \cdots\cdots\cdots\cdots$

 ▷ 77

133

$C_1 = 1, \quad C_2 = 3,$ $\qquad$ d.h. $\qquad y = e^{\frac{2}{3}x} + 3xe^{\frac{2}{3}x}$

Hinweis: Diese Aufgabe war wirklich nicht ganz einfach. Glückwunsch, wenn Sie sie geschafft haben.

▷ 134

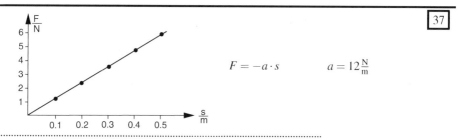

$$F = -a \cdot s \qquad a = 12\frac{N}{m}$$

37

Es handelt sich hier um das Beispiel von Seite 54 im Lehrbuch.

Eine Geläufigkeit in der Darstellung linearer Zusammenhänge und in der geschickten Wahl des Koordinatensystems werden Sie noch sehr oft gebrauchen.

------------------- ▷ (38)

78

$x = 0, \pm\pi, \pm2\pi, \pm3\pi, \ldots\ldots\ldots$

Geben Sie zwei verschiedene Notationen für das Argument an:
$y = \sin..$
$y = \sin..$
Die Sinusfunktion hat die Periode . . . .

------------------- ▷ (79)

119

3. Problemlösung:
   Man versucht Verbindungen herzustellen zwischen den Werten, die man kennt und den Werten, die man nicht kennt.

   Wenn man keine direkte Verbindung herstellen kann, muss man Zwischenglieder suchen, die sich aus den bekannten Werten ergeben, und von denen man dann auf die gesuchte Größe schließen kann.

Jetzt folgt eine schrittweise Erarbeitung der Lösung   ------------------- ▷ (120)

Falls Sie die Aufgabe selbst lösen wollen, finden Sie die vollständige Lösung auf --- ▷ (122)

18

Trennung der Variablen oder Separation der Variablen.
$$y'' = -4x - 2$$
Lösung der Differentialgleichung $\quad y' = -\frac{4}{2}x^2 - 2x + C_1$
$$y = -\frac{4}{2 \cdot 3}x^3 - \frac{2}{2}x^2 + C_1 x + C_2 = -\frac{2}{3}x^3 - x^2 + C_1 x + C_2$$

Auch im nächsten Beispiel ist es möglich, die Variablen zu trennen und die Differentialgleichung zu lösen

$$y' + y \cdot \frac{2}{x} = 0 \qquad y = \dots\dots\dots$$

Lösung gefunden -------------------------- ▷ 21

Hilfe erwünscht -------------------------- ▷ 19

75

$$y'_{inh} = B \qquad\qquad y''_{inh} = 0 \qquad\qquad (\text{Erinnerung: } y = A + Bx)$$

Setzen Sie die Ergebnisse ein in die inhomogene Differentialgleichung:

$$y'' + 4y' + 5y = 3x - 2$$
$$\dots\dots\dots\dots = 3x - 2$$

-------------------- ▷ 76

132

$$3e = C_1 e + C_2 \cdot \frac{2}{3} \cdot e \qquad (\text{I})$$

Um die 2. Randbedingung einzusetzen müssen wir die Differentialgleichung differenzieren:

$$y'(x) = \frac{3}{2}C_1 e^{\frac{3}{2}x} + C_2 e^{\frac{3}{2}x} + \frac{3}{2}C_2\, x\, e^{\frac{3}{2}x}$$

Wir setzen ein $x = \frac{2}{3}, \quad y' = \frac{15}{2}e$

$$y'\left(\tfrac{2}{3}\right) = \tfrac{15}{2}e = \tfrac{3}{2}C_1 e + C_2 e + \tfrac{3}{2}C_2 \cdot \tfrac{2}{3} \cdot e \qquad (\text{II})$$

Aus den Bestimmungsgleichungen (I) und (II) erhalten wir – nachdem wir durch e kürzen –

$$C_1 = \dots\dots\dots \qquad\qquad\qquad C_2 = \dots\dots\dots$$

Die spezielle Lösung ist dann $\qquad\qquad y = \dots\dots\dots$

-------------------- ▷ 133

$\boxed{38}$

Graphische Darstellung von Funktionen

Auch dieser Abschnitt im Lehrbuch enthält Inhalte, die Ihnen vermutlich bereits in der Schule begegnet sind. Je nach Ihren Vorkenntnissen werden Sie den Abschnitt schneller oder langsamer bearbeiten.

STUDIEREN SIE im Lehrbuch   3.3.3 Graphische Darstellung von Funktionen
                                        Lehrbuch, Seite 60–61

BEARBEITEN SIE danach Lehrschritt ------------------------------------▷ ⑨39

$\boxed{79}$

$y = \sin \varphi$ $y = \sin x$ oder ähnliche Formen.   Die Periode ist $2\,\pi$
....

Gegeben sei die Funktion
        $y = A \sin x$ A heißt . . . .
In der Abbildung unten ist die Funktion $y = $ . . . . dargestellt.

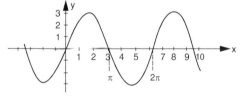

------------------------------- ▷ ⑧⓪80

$\boxed{120}$

1. **Situationsanalyse**: Hier reduziert bereits eine Skizze die gegebene Information auf die wesentlichen Daten. Zeichnen Sie Erde, Satellitenbahn und Beobachter und stellen Sie fest, welche Teile der Satellitenbahn sichtbar sind.
   Die Verbindung der sichtbaren Teile der Satellitenbahn mit dem Erdmittelpunkt schließt den Winkel α ein.
2. **Zielanalyse**: Gesucht ist die Zeit T_s, die der Satellit braucht, um den sichtbaren Teil der Satellitenbahn zu durchfliegen.
3. **Problemstellung**: Wir fragen uns, welche Größen bekannt sind und welche gesucht sind. Von den bekannten Größen können wir nicht unmittelbar auf die Zeit T_s schließen. Wir können jedoch Zwischenglieder finden, die wir mit den bekannten Größen bestimmen können und aus denen wir dann die gesuchte Größe berechnen können.

Versuchen Sie zunächst die Skizze   ------------------- ▷ ⑫1121

Falls Ihnen die Hinweise bereits reichen   ------------------- ▷ ⑫2122

17

$$y = \frac{a}{2}x^2 + b\,x + C$$

....

Das hier benutzte Verfahren heißt

............der Variablen   oder

............der Variablen

Trennen Sie die Variablen der Differentialgleichung $y'' + 4x + 2 = 0$: ....

Lösen Sie nun die Differentialgleichung ... = ...

$$y' = ...$$

$$y = ...$$

-------------------- ▷   18

74

Gegeben ist $y'' + 4y' + 5y = 3x - 2$ $f(x) = 3x - 2$ ist ein Polynom.

Der Lösungsansatz ist, das dürfte jetzt bekannt sein,

$$y_{inh} = A + Bx$$

Hinweis: x tritt in $f(x)$ nur in der 1. Potenz auf. Bilden Sie die Ableitungen:

$$y'_{inh} = ...$$ $$y''_{inh} = ...$$

-------------------- ▷   75

131

Hilfe: Die allgemeine Lösung war

$$y(x) = C_1 \cdot e^{\frac{3}{2}x} + C_2 \cdot x \cdot e^{\frac{3}{2}x}$$

Wir haben zwei Integrationskonstante und zwei Randbedingungen

1. Randbedingung: $x = \frac{2}{3}$ $y = 3e$

2. Randbedingung: $x = \frac{2}{3}$ $y' = \frac{15}{2}e$

Die spezielle Lösung muss also durch den mit der ersten Randbedingung festgelegten Punkt gehen und in diesem Punkt die durch die 2. Randbedingung gegebene Steigung haben.

Wir setzen die erste Randbedingung ein und erhalten

$$y(\tfrac{2}{3}) = 3e = ...$$

-------------------- ▷   132

39

Bestimmen Sie die Nullstellen für die folgende Funktion

$$y = x^2 - 4$$

Nullstellen: ....

-------------------- ▷ 40

80

Amplitude
$$y = 3 \sin x$$

....

Skizzieren Sie freihändig die beiden Funktionen
$$y = 2 \sin x \qquad \text{und} \qquad y = -0,5 \sin x$$
Es kommt nicht auf eine gute Zeichnung an. Wichtig ist, dass sie im Prinzip *richtig* skizziert ist.

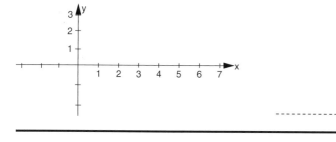

-------------------------- ▷ 81

121

In der Skizze nennen wir den sichtbaren Teil der Satellitenbahn s. Folgende Zwischengrößen lassen sich unmittelbar bestimmen:

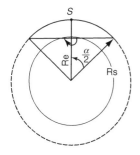

Bahngeschwindigkeit aus Umlaufzeit und Bahnradius. Der *Bahnradius* setzt sich aus Höhe über der Erde und Erdradius zusammen.

Länge des sichtbaren Teils der Satellitenbahn aus Radius der Satellitenbahn und Winkel α.

Winkel α aus Erdradius und Radius der Satellitenbahn.

Letzter Hinweis: Die Aufgabe ist hier nicht vollständig erklärt.
Der Rest ist Anwendung von Kenntnissen, die bereits erarbeitet wurden (Bogenmaß). Gelingt die Problemlösung jetzt?

Die vollständige Lösung finden Sie auf ------------------------------------- ▷ 122

16

Gegeben sei die Differentialgleichung

$$y' = a \cdot x + b$$

Es handelt sich um den Fall, den Sie schon jetzt lösen können, weil er auf eine einfache Integration führt.

$$y = \ldots\ldots\ldots\ldots$$

---------------------- ▷ 17

73

$$y_{inh} = A + Bx + Cx^2$$

Gegeben sei die inhomogene Differentialgleichung

$$y'' + 4y' + 5y = 3x - 2$$

Suchen Sie die spezielle Lösung. Im Lehrbuch, Seite 214 ist der Lösungsweg angegeben.

$$y_{inh} = \ldots\ldots\ldots\ldots$$

Lösung gefunden

---------------------- ▷ 78

Erläuterung oder Hilfe erwünscht

---------------------- ▷ 74

130

Gegeben sei die Differentialgleichung $\qquad y'' - 3y' + \frac{9}{4}y = 0$

Sie hat die allgemeine Lösung $\qquad y(x) = C_1 \cdot e^{\frac{3}{2}x} + C_2 x \cdot e^{\frac{3}{2}x}$

Sie soll zwei Randbedingungen genügen:

1. Randbedingung: $\qquad x = \frac{2}{3} \qquad y = 3e$

2. Randbedingung: $\qquad x = \frac{2}{3} \qquad y' = \frac{15}{2}e$

Gesucht ist die spezielle Lösung, die beiden Randbedingungen genügt.

$$C_1 = \ldots\ldots\ldots\ldots \qquad\qquad C_2 = \ldots\ldots\ldots\ldots$$

Lösung gefunden

---------------------- ▷ 133

Erläuterung oder Hilfe erwünscht

---------------------- ▷ 131

40

$x_1 = +2$

$x_2 = -2$

Falls Sie einen Fehler hatten prüfen Sie bitte anhand des Lehrbuches, Abschnitt 3.3.3, wo der Fehler liegt.

An welchen Stellen hat die Funktion $y = \frac{1}{x+1} - 1$ einen Pol?

Polstelle: ....

---------------------▷ (41)

81

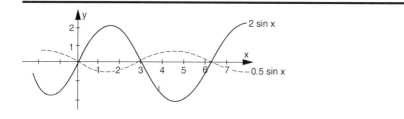

Fehler gemacht -------------------▷ 82

Alles richtig -------------------▷ (*83)

*Sie finden Lehrschritt 83 auf dem **unteren Drittel der Seiten**.
Lehrschritt 83 steht unterhalb Lehrschritt 1 und Lehrschritt 42.
BLÄTTERN SIE ZURÜCK -------------------▷ 83

122

Lösung: $T_S = 0.422 h = 25 \, min$
Die Bezeichnungen beziehen sich auf die Figur im vorhergehenden Lehrschritt.
Folgende Beziehungen kommen zur Anwendung:

1. $v = \frac{2\pi R_s}{T}$

2. $T_S = \frac{s}{v} = \frac{s}{2\pi R_S} T$

3. $\frac{\alpha}{360°} = \frac{S}{2\pi R_S}$ $\quad S = \frac{\alpha}{360°} 2\pi R_S$

$\cos \frac{\alpha}{2} = \frac{R_e}{R_S} = \frac{6400}{8100} = 0.7901$

4. $\frac{\alpha}{2} = 38°$ $\quad \alpha = 76°$

$T_S = \frac{\alpha}{360°} \cdot T$

-------------------▷ (123)

Begriff der Differentialgleichung
Einteilung der Differentialgleichungen

Nach einem einführenden Beispiel wird die Einteilung der Differentialgleichungen behandelt. Wichtig ist, dass sie sich die zunächst trockene Klassifizierung einprägen. Dafür ist es sehr hilfreich, sich ein Exzerpt anzufertigen. Die Mühe lohnt sich. Hier lohnt sie sich ganz besonders.

STUDIEREN SIE im Lehrbuch   9.1 Begriff der Differentialgleichung
                                        Lehrbuch Seite 201–205

BEARBEITEN SIE DANACH Lehrschritt   ------------------ ▷ 16

72

Übungen für den 2. Fall: $f(x)$ ist ein Polynom.

Bei allen Übungen suchen wir die spezielle inhomogene Lösung. Die danach noch zu addierende Lösung der homogenen Differentialgleichung kann mittels des Exponentialansatzes bestimmt werden. Gegeben sei:

$$f(x) = a + bx + cx^2$$

Lösungsansatz Lehrbuch Seite 215

$$y_{inh} = \dots\dots\dots\dots$$

------------------ ▷ 73

129

$$x(t) = -\frac{g}{2}t^2 + v_0 t$$

Lösungsweg: 1. Bedingung: $x(0) = C_2 = 0$
                    also $C_2 = 0$
             2. Bedingung: $\dot{x}(0) = C_1 = v_0$

------------------ ▷  130

41

$x = -1$

....

Wie viele Nullstellen hat die
gezeichnete Funktion? ....

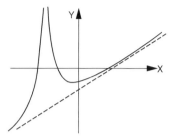

Die gestrichelte Näherungsgerade
nennt man: ....

Jetzt geht es weiter mit den Lehrschritten auf der Mitte der Seiten.

BLÄTTERN SIE ZURÜCK --------------------- ▷ 42

82

Lesen Sie im Lehrbuch erneut den Abschnitt „Amplitude", Seite 67 unten.
Beachten Sie, dass die Amplitude auch negative Werte annehmen kann. Skizzieren Sie die
Funktion $y = -2 \sin x$

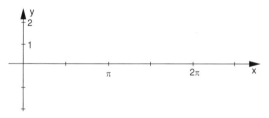

Es geht weiter mit den Lehrschritten im unteren Drittel der Seiten.

BLÄTTERN SIE ZURÜCK --------------------- ▷ 83

123

Worauf kommt es bei der Lösung an?

Man braucht den Lösungsweg nicht auf Anhieb zu finden. Wichtig ist, sich mit dem Problem
aktiv auseinanderzusetzen und die einzelnen Denkschritte nachzuvollziehen und mitzurechnen.

des Kapitels.

14

$$\int e^{ax}dx = \tfrac{1}{a}e^{ax}+C$$

$$\int \frac{a}{x}dx = a\ln x + C$$

....

Hier haben Sie überprüft, ob Sie über die wichtigsten Voraussetzungen für das Studium der Differentialgleichungen verfügen. Im Zweifel lieber noch einige Übungaufgaben aus den Kapiteln 5, 6 und 8 lösen.

- - - - - - - - - - - - - - - - - - ▷ (15)

71

$y = \tfrac{1}{2}ax^2 + c_1x + c_2$ Hinweis: Das Beispiel steht im Lehrbuch auf Seite 217.

....

Es folgt jetzt eine Serie von Übungen zu den verschiedenen Fällen, die im Lehrbuch angesprochen sind. Bei einem ersten Durchgang und bei Zeitdruck können sie übersprungen werden, später sollten sie bei Bedarf geübt werden. In diesem Fall Erinnerungszettel in das Leitprogramm legen.

Möchte die Übungen jetzt überspringen   - - - - - - - - - - - - - - - - - - ▷ (116)

Übungen für den Fall: $f(x)$ ist ein *Polynom*   - - - - - - - - - - - - - - - - - - ▷ (72)

Übungen für den Fall: $f(x)$ ist eine *Exponentialfunktion*   - - - - - - - - - - - - - - - - - ▷ (89)

Übungen für den Fall: $f(x)$ ist eine *trigonometrische Funktion* - - - - - - - - - - - - - - - - - ▷ (103)

128

Die Differentialgleichung $\ddot{x} = -g$ hat die allgemeine Lösung

$$x(t) = -\frac{g}{2}t^2 + C_1t + C_2$$

Bestimmen Sie diejenige spezielle Lösung, die folgende Bedingung erfüllt

    a) $x(0) = 0$
    b) $\dot{x}(0) = v_0$

     $x(t) = \ldots\ldots\ldots\ldots$

- - - - - - - - - - - - - - - - - - ▷ (129)

Kapitel 4
Potenzen, Logarithmus, Umkehrfunktionen

K. Weltner, *Leitprogramm Mathematik für Physiker 1.*
DOI 10.1007/978-3-642-23485-9_4 © Springer-Verlag Berlin Heidelberg 2012

13

$$\int \sin(\omega t - \varphi)dt = \frac{-\cos(\omega t - \varphi)}{\omega} + C$$

$$\int \cos(\omega t - \varphi)dt = \frac{\sin(\omega t - \varphi)}{\omega} + C$$

Integrieren Sie:

$$\int e^{ax}dx = \ldots\ldots\ldots\ldots$$

$$\int \frac{a}{x}dx = \ldots\ldots\ldots\ldots$$

----------------------▷ 14

70

$$y_{inh} = \frac{6}{15}$$

Lösen Sie die Differentialgleichung

$$y'' = a$$

Es ist der 5. Fall auf Seite 217 und ein gut bekanntes Beispiel: Freier Fall ohne Luftwiderstand.

$$y = \ldots\ldots\ldots\ldots$$

----------------------▷ 71

127

Randwertprobleme bei Differentialgleichungen 2. Ordnung

STUDIEREN SIE im Lehrbuch   9.4.2 Randwertprobleme bei
                                        Differentialgleichungen 2. Ordnung
                                        Lehrbuch, Seite 221–222

BEARBEITEN SIE DANACH Lehrschritt

----------------------▷ 128

Potenzen
Rechenregeln für Potenzen

Zuerst wird wieder ein Abschnitt im Lehrbuch studiert. Wenn es für Sie keine Wiederholung ist, sollten Sie sich Notizen machen und sich einen Merkzettel für die Rechenregeln anlegen.

STUDIEREN SIE im Lehrbuch   4.1.1 Potenzen
                             4.1.2 Rechenregeln für Potenzen
                                    Lehrbuch, Seite 82–84

BEARBEITEN SIE DANACH Lehrschritt   ----------------------▷ ②

38

Abkürzung ln;   6
                  a
                  10

....

Bei Logarithmen muss die Basis definiert werden. Für drei Fälle sind Sonderbezeichnungen üblich: Wie heißen die Logarithmen zur Basis

    2 :   . . . .

    e :   . . . .

   10 :   . . . .

                                        --------------------▷ ③⑨

75

$y^* = \dfrac{1}{1-x}$ ist die richtige Lösung

....

Die Umkehrfunktion heißt auch . . . . Funktion.
Bilden Sie die Umkehrfunktion zu

$y = 27 \cdot x^3$
$y^* = ...$

                                        --------------------▷ ⑦⑥

12

$$\int \sin x \, dx = -\cos x + C$$

$$\int \cos x \, dx = \sin x + C$$

....

$$\int \sin(\omega t - \varphi) \, dt = \ldots\ldots\ldots\ldots$$

$$\int \cos(\omega t - \varphi) \, dt = \ldots\ldots\ldots\ldots$$

Beachten Sie, dass die Integrationsvariable hier nicht x, sondern t genannt ist. Falls Sie dadurch unsicher sind, substituieren Sie für t die gewohnte Variable x.

- - - - - - - - - - - - - - - - - ▷

69

Wir zeigen einen weiteren einfachen Fall, der nach dem gleichen Schema gelöst wird, das im Lehrbuch auf Seite 215 steht.

$$3y'' + 7y = 2$$

Ansatz: $\quad y_{inh} = K \qquad\qquad y'_{inh} = 0 \qquad\qquad y''_{inh} = 0$

Dies setzen wir in die Differentialgleichung ein und erhalten:

$$7K = 2 \qquad\qquad K = \tfrac{2}{7} \qquad\qquad y_{inh} = \tfrac{2}{7}$$

Bestimmen Sie in gleicher Weise die spezielle Lösung für

$$y'' + 23y' + 15y = 6 \qquad y_{inh} = \ldots\ldots\ldots\ldots$$

- - - - - - - - - - - - - - - - - ▷ 70

126

$$C = v_0$$

$$v(t) = -gt + v_0$$

....

- - - - - - - - - - - - - - - - - ▷ 127

$\boxed{2}$

Schreiben Sie folgende Ausdrücke ausführlich hin:

$a^4 = \ldots\ldots\ldots$

$b^{-2} = \ldots\ldots\ldots$

- ▷ ③

$\boxed{39}$

ld = Logarithmus dualis
ln = Logarithmus naturalis oder natürlicher Logarithmus
lg = dekadischer Logarithmus

Wenn man Logarithmen bestimmen will, gibt es drei Möglichkeiten:

1. Wir benutzen den Taschenrechner. Das ist bequem und genau.
2. Wir benutzen die Logarithmuskurve. Das ist bequem aber nicht genau.
3. Wir benutzen eine Tabelle. Das ist genau ab er unbequem.

Für einige Werte können Sie den Logarithmus im Kopf ausrechnen.

Was ist   ld 2 $= \ldots\ldots\ldots$
          ln e^x $= \ldots\ldots\ldots$
          lg 100 $= \ldots\ldots\ldots$ - - - - - - - - - - - - - - - - - - ▷ ④⓪

$\boxed{76}$

Inverse Funktion; $y^* = \frac{\sqrt[3]{x}}{3}$

Die Umkehrfunktion ist eine neue Funktion. Sie wird in zwei Schritten gewonnen:

1. Schritt: $\ldots\ldots\ldots$
2. Schritt: $\ldots\ldots\ldots$

Skizzieren Sie nun den Graphen der Umkehrfunktion für die links dargestellte Funktion.

- - - - - - - - - - - - - - - - - - ▷ ⑦⑦

11

$$\int (x^3 + \tfrac{x^2}{2} + 3)dx = \frac{x^4}{4} + \frac{x^3}{6} + 3x + C$$

Falls Sie Schwierigkeiten hatten, lösen Sie die Aufgabe noch einmal mit Hilfe der Tabelle der Stammintegrale auf Seite 157 im Lehrbuch.

....

Berechnen Sie

$$\int \sin x \, dx = \dots\dots\dots\dots$$

$$\int \cos x \, dx = \dots\dots\dots\dots$$

Benutzen Sie bei Unsicherheit die Tabelle der Stammintegrale Seite 157 im Lehrbuch.

- - - - - - - - - - - - - - - - - - - ▷ (12)

68

$$y = C_1 + C_2 e^{-3x} + \frac{x^2}{6}$$

....

Suchen Sie eine spezielle Lösung y_{inh} der homogenen Differentialgleichung

$$y'' + 23y' + 15y = 6$$

$$y_{inh} = \dots\dots\dots\dots$$

Hinweis: Es handelt sich um den 1. Fall auf Seite 214 im Lehrbuch.

Lösung gefunden - - - - - - - - - - - - - - - - - - ▷ (70)

Erläuterung oder Hilfe erwünscht - - - - - - - - - - - - - - - - - - ▷ (69)

125

$$y = 2e^{4x}$$

....

Die Differentialgleichung $\dot{v}(t) = -g$ hat die allgemeine Lösung

$$v(t) = -gt + C$$

Bestimmen Sie die Konstante C derart, dass $v(0) = v_0$ ist.

$$C = \dots\dots\dots\dots$$

$$v(t) = \dots\dots\dots\dots$$

- - - - - - - - - - - - - - - - - - ▷ (126)

3

$a^4 = a \cdot a \cdot a \cdot a$

$b^{-2} = \dfrac{1}{b \cdot b}$

....

Der Ausdruck b^m heißt ....

b ist die ....

m ist der .... oder die ....

------------------- ▷ 4

40

1; x;   2

....

Eine häufig gebrauchte Operation ist das Logarithmieren von Gleichungen. Dabei wird von beiden Seiten der Gleichung der Logarithmus gebildet. Hier wird, was für Gleichungen immer gilt,
auf beiden Seiten dieselbe Operation angewandt. Durch das Logarithmieren vereinfachen sich
manchmal Ausdrücke.
Beispiel: $e^y = e^{ax}$
Die Basis der Potenzen ist auf beiden Seiten gleich. Dann müssen auch die beiden Exponenten
auf beiden Seiten gleich sein:
$$y = ax$$
Damit haben wir die Gleichung bereits logarithmiert, denn: $\ln e^y = y = \ln e^{ax} = ax$

Logarithmieren Sie: $e^a = e^{b+c}$ .... = ...   ------------------- ▷ 41

77

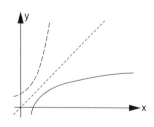

....

Geben Sie ein geometrisches Verfahren zur Gewinnung der Umkehrfunktion an:

....

------------------- ▷ 78

10

$$\int x^n dx = \frac{1}{n+1}x^{n+1} + C \qquad \text{für } n \neq -1$$

....

Berechnen Sie das unbestimmte Integral der Funktion

$$f(x) = x^3 + \frac{x^2}{2} + 3$$

$$\int f(x)dx = \dots\dots\dots\dots$$

- ▷

67

Gegeben sei die inhomogene Differentialgleichung $\qquad y'' + 3y' = x + \frac{1}{3}$

Dann ist die homogene Differentialgleichung $\qquad y'' + 3y' = 0$

Die Lösung der homogenen Differentialgleichung ist:

$$y_h = C_1 + C_2 e^{-3x}$$

Eine spezielle Lösung der inhomogenen Differentialgleichung ist

$$y_{inh} = \frac{x^2}{6} \qquad \text{(Bitte überprüfen)}$$

Allgemeine Lösung der gegebenen inhomogenen Differentialgleichung

$$y = \dots\dots\dots\dots$$

- - - - - - - - - - - - - - - - - - - ▷

124

Die allgemeine Lösung ist $y(x) = C \cdot e^{4x}$. Um die gesuchte spezielle Lösung zu erhalten, setzen wir die gegebenen Randbedingungen ein – nämlich die Koordinaten des Punktes

$x = \frac{1}{4}$, $y = 2e$

$$y(\frac{1}{4}) = 2e = C \cdot e^{4 \cdot \frac{1}{4}} = C \cdot e$$

C wird so bestimmt, dass die Kurve durch den Punkt geht.

$$C = 2.$$

Die gesuchte spezielle Lösung ist daher

$$y(x) = \dots\dots\dots\dots$$

- - - - - - - - - - - - - - - - - - - ▷ 125

$\boxed{4}$

Potenz   Basis   Exponent oder Hochzahl
Hinweis: Diese Begriffe sollten Sie aus dem Gedächtnis reproduzieren können.
....

Die Übertragung des Potenzbegriffs auf negative Exponenten wird durch das Permanenzprinzip gewonnen. Das ist kein Beweis, sondern eine sinnvolle Verabredung für die Bedeutung negativer Exponenten.

$x^{-3} = \dots\dots\dots$

-------------------- ▷ $\boxed{5}$

$\boxed{41}$

$a = b + c$
....

Es sei zu logarithmieren die Gleichung $10^y = 10^{bx}$ Die Basis ist für beide Seiten gleich. Wir benutzen dekadische Logarithmen und logarithmieren:

$\lg 10^y = \lg 10^{bx}$

Es ergibt sich $y = b^x$
Logarithmieren Sie die folgenden Gleichungen

$2^y = 2^{cx}$  $y - \dots\dots\dots$

$e^a = e^{\omega(t+t_o)}$ $a = \dots\dots\dots$

-------------------- ▷ $\boxed{42}$

$\boxed{78}$

Die *Umkehrfunktion* oder *Inverse Funktion* gewinnt man durch Spiegelung an der Geraden, die den ersten Quadranten teilt – oder andere sinngemäße Formulierung.
....

Bilden Sie jetzt noch die Umkehrfunktion von

a) $y_1 = \frac{1}{x+1}$ $y_1^* = \dots\dots\dots$  b) $y_2 = 5x + 1$ $y_2^* = \dots\dots\dots$

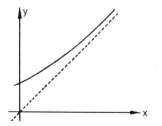

Skizzieren Sie dann den Graphen der Umkehrfunktion zu der links dargestellten Funktion:

-------------------- ▷ $\boxed{79}$

9

$a \cdot e^{ax}$

....

Nachdem Sie das Differenzieren von Potenz-, sin-, cos- und e-Funktion wiederholt haben, werden wir diese Funktionen nun integrieren.

$$\int x^n dx = \ldots\ldots\ldots\ldots\ldots$$

--------------------- ▷ 10

66

$y = y_h + y_{inh}$

....

Die *allgemeine* Lösung der inhomogenen Differentialgleichung ist die Summe der Lösungen der homogenen und der inhomogenen Differentialgleichung.

Die Regel gilt allgemein für inhomogene Differentialgleichungen beliebiger Ordnung. Wir werden Sie aber in dem Kapitel nur auf Differentialgleichungen 1. und 2. Ordnung anwenden.

Diese Regel ist im Lehrbuch bewiesen auf Seite 214.

--------------------- ▷ 67

123

Die Differentialgleichung $y' - 4y = 0$ besitzt die allgemeine Lösung

$$y = C \cdot e^{4x}$$

Bestimmen Sie die spezielle Lösung der Differentialgleichung, deren Kurve durch folgenden Punkt geht.

$$x = \tfrac{1}{4}; \quad y = 2e$$

$$y = \ldots\ldots\ldots\ldots\ldots$$

Lösung gefunden --------------------- ▷ 125

Erläuterung oder Hilfe erwünscht --------------------- ▷ 124

5

$$x^{-3} = \frac{1}{x^3}$$

....

Der Ausdruck 10^x ist eine ....

10 ist die ....

x ist der .... oder die ....

----------------------▷ 6

42

$$y = cx \qquad\qquad a = \omega(t + t_0)$$

....

Eine Gleichung logarithmieren heißt, von der Betrachtung der Gleichung zur Betrachtung der Logarithmen überzugehen. Das bedeutet, bei gleicher Basis werden die Exponenten verglichen.

Beispiel: $\qquad\qquad 2^7 = 2^{x+1}$

Logarithmieren wir: $\qquad \text{ld}\, 2^7 = \text{ld}\, 2^{x+1}$

$\qquad\qquad\qquad\qquad 7 = x + 1$

Berechnen Sie y: $\qquad 10^{(2y+1)} = 10^{(x-3)}$

$\qquad\qquad\qquad\qquad y = ...$

---------------------▷ 43

79

a) $y_1^* = \frac{1}{x} - 1$ $\qquad$ b) $y_2^* = \frac{x-1}{5}$

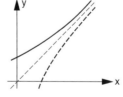

....

Falls Sie bei den letzten Aufgaben Fehler hatte, lösen Sie sie unter Zuhilfenahme des Lehrbuchs, Seite 94 und 95.

Geben Sie an $\qquad\qquad\qquad\qquad$ a) arc sin 1 = ...

$\qquad\qquad\qquad\qquad\qquad\qquad$ b) arc sin 0 = ...

---------------------▷ 80

$$\frac{d}{dx}e^x = e^x$$

....

$$\frac{d}{dx}(e^{ax}) = \dots\dots\dots$$

------------------- ▷ ⑨

65

Gegeben sei eine inhomogene Differentialgleichung:

$$a_2 y'' + a_1 y' + a_0 y = f(x)$$

Die zugehörige homogene Differentialgleichung ist:

$$a_2 y'' + a_1 y' + a_0 y = 0$$

Die homogene Differentialgleichung habe die Lösung y_h. Die inhomogene habe die Lösung y_{inh}. Geben Sie die allgemeine Lösung der inhomogenen Differentialgleichung an.

$$y = \dots\dots\dots\dots$$

------------------- ▷ ⑥⑥

122

Randwertprobleme
Randwertprobleme bei Differentialgleichungen 1. Ordnung

STUDIEREN SIE im Lehrbuch   9.4.1 Randwertprobleme bei
Differentialgleichungen 1. Ordnung
Lehrbuch, Seite 220–221

BEARBEITEN SIE DANACH Lehrschritt
------------------- ▷ ⑫⑬

Potenz; Basis; Exponenent, Hochzahl.

....

Schreiben Sie den Term: Basis x, Exponent 3

. . . .

----------------------▷ (7)

$y = \frac{1}{2}(x - 4)$

....

In den eben betrachteten Beispielen standen auf der linken wie auf der rechten Seite der Gleichung Potenzen zur gleichen Basis. Das ist natürlich nicht immer der Fall.

Beispiel: $y = e^{-\alpha x}$

Können wir diese Gleichung logarithmieren?

Ja, wenn wir in einem Zwischenschritt zunächst y als Potenz zur Basis e schreiben:

$y = e^{\ln y}$

Damit ergibt sich $e^{\ln y} = e^{-\alpha x}$

Das können wir logarithmieren: .... = ...

--------------------▷ (44)

---

a) $\frac{\pi}{2}$ oder $90°$

b) 0 oder $0°$

....

Der Ausdruck arc sin 1 = y bedeutet:

y ist der .... dessen .... den Wert 1 hat.

$y = $ arc cos 1

$y = $ ....

--------------------▷ (81)

7

$$\frac{d}{dx}\sin(\omega x - \varphi) = \omega\cos(\omega x - \varphi)$$

$$\frac{d}{dx}\cos(\omega x - \varphi) = -\omega\sin(\omega x - \varphi)$$

Bilden Sie die Ableitung

$$\frac{d}{dx}e^x = \dots\dots\dots\dots$$

- ▷ ⑧

64

Allgemeine Lösung der inhomogenen Differentialgleichung zweiter Ordnung mit konstanten Koeffizienten

Der allgemeine Inhalt dieses Abschnitts ist einfach: Die allgemeine Lösung einer inhomogenen Differentialgleichung setzt sich zusammen aus der Lösung der inhomogenen Differentialgleichung und – zusätzlich – der bereits besprochenen Lösung der homogenen Differentialgleichung. Schwieriger ist es, spezielle Lösungen der inhomogenen Differentialgleichung zu finden. Dafür gibt es keinen Algorithmus. Häufiger vorkommende Beispiele werden angegeben und sind bei Bedarf zu konsultieren. Teilen Sie sich die Arbeit in zwei Abschnitte ein.

STUDIEREN SIE im Lehrbuch   9.2.2 Allgemeine Lösung der inhomogenen linearen
                                        Differentialgleichung zweiter Ordnung mit
                                        konstanten Koeffizienten
                                        Lehrbuch Seite 212–217

BEARBEITEN SIE DANACH - ▷ ⑥⑤

121

$y_{inh} = -\dfrac{x}{4}$ ist eine spezielle Lösung von $y'' - 4y = x$

Hinweis: Das Verfahren ist sehr rechenaufwändig und schwierig. Bedenken Sie, wie rasch wir das gleiche Ergebnis mit dem bereits bekannten Verfahren erhalten hätten.

- ▷ ⑫⑫

x^3

....

$\boxed{7}$

Die Rechenregeln für Potenzen sollten Sie verstehen. Sie lassen sich dann auch leichter merken. Im Gegensatz zum Lehrbuch benutzen wir jetzt auch andere Bezeichnungen. Sie wissen doch, Bezeichnungen kann man willkürlich ändern. An der mathematischen Beziehung ändert das nichts.

Produkt: $\quad a^x \cdot a^y \quad =$

Quotient: $\quad \dfrac{b^m}{b^n} \quad =$

Potenz $\quad (x^n)^m \quad =$

Wurzel: $\quad \sqrt[a]{x^b} \quad =$

--------------------▷ (8)

$\boxed{44}$

$\ln y = -\alpha x$

....

Solange wir Schwierigkeiten beim Logarithmieren einer Gleichung haben, müssen wir den Zwischenschritt durchführen und beide Seiten der Gleichung als Potenz mit gleicher Basis schreiben.

Gegeben $\qquad\qquad y \quad = e^a$

Zwischenschritt $\quad e^{\ln y} \quad = e^a$

Ergebnis $\qquad\quad \ln y \quad = a$

Was ergibt $\qquad\quad y \quad = e^{a+x}$

$\qquad\qquad \ldots\ldots \quad = \ldots\ldots\ldots\ldots$

--------------------▷ (45)

$\boxed{81}$

y ist der Winkel, dessen Sinus den Wert 1 hat.
$y = 0$ oder $y = 0°$

....

Bis jetzt keine Schwierigkeiten --------------------▷ (83)

Weitere Erläuterungen erwünscht --------------------▷ (82)

6

$$\frac{d}{dx}(x^4) = 4\,x^3$$

....

Bilden Sie die 1. Ableitung:

$$\frac{d}{dx}\sin(\omega x - \varphi) = \dots\dots\dots\dots$$

$$\frac{d}{dx}\cos(\omega x - \varphi) = \dots\dots\dots\dots$$

- - - - - - - - - - - - - - - - - - - ▷ ⑦

63

Beim Rechnen von Übungsaufgaben sind beispielsweise folgende Handlungsregeln möglich:

Regel 1: Freiwillige Übungsaufgaben werden nicht gerechnet.

Regel 2: Freiwillige Übungsaufgaben werden immer gerechnet.

Regel 3: Freiwillige Übungsaufgaben werden so lange gerechnet, bis man zwei Aufgaben eines Typs nacheinander ohne Fehler gelöst hat. Dann wird abgebrochen.

Unter dem Gesichtspunkt der Lern- und Zeitökonomie kann man diese drei Regeln miteinander vergleichen:

Regel 1 kann lernökonomisch ungünstig und zeitökonomisch kurzfristig optimal sein;

Regel 2 kann lernökonomisch günstig, aber wenig zeitökonomisch sein;

Regel 3 kann sowohl lern- wie auch zeitökonomisch sein.

Entscheiden Sie selbst, nach welchen Regeln Sie arbeiten wollen.

- - - - - - - - - - - - - - - - - - - ▷ ⑥⑷

120

Die Integrale der Funktion $v_1'(x)$ und $v_2'(x)$ schauen wir in einer Integraltabelle nach (z.B. Bronstein: Taschenbuch der Mathematik, Verlag Harri Deutsch) und erhalten:

$$v_1(x) = -\frac{e^{2x}}{16}(2x - 1) \quad \text{(V)} \qquad \text{sowie} \qquad v_2(x) = \frac{e^{-2x}}{16}(-2x - 1) \quad \text{(VI)}$$

Die Gleichungen V und VI eingesetzt in

$$u(x) = v_1(x)y_1 + v_2(x)y_2 \qquad \text{ergibt} \qquad u(x) = -\frac{x}{4}$$

Zur Probe verifizieren wir dieses Ergebnis:

$$\frac{d}{dx^2}\left(-\frac{x}{4}\right) - 4\left(-\frac{x}{4}\right) = 0 + x = x$$

- - - - - - - - - - - - - - - - - - - ▷ ⑫①

Produkt: a^{x+y} Potenz: $x^{n \cdot m}$

Quotient b^{m-n} Wurzel: $x^{\frac{b}{a}}$

....

Falls Sie hier Schwierigkeiten hatten, nehmen Sie sich das Lehrbuch vor und lösen Sie die Aufgaben in der Weise, dass Sie sich zunächst die Beziehung zwischen den Bezeichnungen im Lehrtext und den Symbolen in der Aufgabe klar machen.

Dann rechnen Sie die folgenden Aufgaben:

27^0 = ... $(3^3)^0 =$ ....

$(2^2)^3 =$ .... 1^5 = ...

--------------------- ▷ ⑨

$\ln y = a + x$ 45

....

Logarithmieren Sie jetzt folgende Gleichungen:

$y = e^{\frac{1}{x}}$ ....

$y = 2^{a \cdot x}$ ....

$y = 10^{(-x+5)}$ ....

Wählen Sie jeweils eine geeignete Basis.

--------------------- ▷ ㊻

82

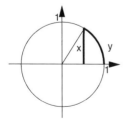

Im Einheitskreis ist gekennzeichnet ein Bogenabschnitt y und die Strecke x. Die Strecke x ist der Sinus des durch den Bogenabschnitt gegebenen Winkels.

Dann können wir sagen:

y ist der Winkel, dessen Sinus den Wert x hat. Dies ist die Bedeutung des Ausdrucks

       $y = \text{arc sin } x$

Schwierigkeiten könnten entstehen, wenn Sie hier sin x nicht scharf unterscheiden von sin (x), also dem Sinus des Winkels x.

--------------------- ▷ ㊷

Realteil von e^{2+3i} : $e^2 \cos 3$

Imaginärteil von 2^{2+3i} : $e^2 \sin 3$

··

Bilden Sie die Ableitung

$$\frac{d}{dx} x^4 = \ldots\ldots\ldots\ldots$$

----------------------- ▷ ⑥

62

Bei der Abarbeitung von Algorithmen treten oft Entscheidungsprozesse auf. In unserem Beispiel kann die Lösung der quadratischen Gleichung auf drei mögliche Typen führen, die jeweils andere Lösungen ergeben.

Der Begriff des Algorithmus lässt sich sinngemäß auch auf menschliche Verhaltensweisen übertragen.

Beispiele dafür sind die hier häufig erwähnten Lerngewohnheiten oder Arbeitstechniken, die man als Regeln zur zweckmäßigen Aufnahme, Verarbeitung, Speicherung und Wiedergabe von Information ansehen kann.

----------------------- ▷ ⑥③

119

Die inhomogene Differentialgleichung ist: $y'' - 4y = x$.

Die homogene Differentialgleichung ist: $y'' - 4y = 0$. Sie hat die Lösungen

$$y_1 = e^{-2x} \text{ und } y_2 = e^{2x}$$

Ihre Ableitungen sind $y_1' = -2e^{-2x}$ und $y_2' = 2e^{-2x}$

Diese werden eingesetzt in die Gleichungen (siehe Lehrbuch)

$v_1' y_1 + v_2' y_2 = 0$ Das liefert die Beziehung $v_1' e^{-2x} + v_2' e^{2x} = 0$ (I)

$v_1' y_1' + v_2' y_2' = f(x)$ Das liefert die Beziehung $-2v_1' e^{-2x} + 2v_2' e^{2x} = x$ (II)

Wir lösen I nach v_1' auf: $v_1' = -v_2' e^{4x}$ und setzen das Ergebnis in II ein und es folgt:

$$v_2' = \frac{xe^{-2x}}{4} \quad \text{(III)} \quad \text{und analog} \quad v_1' = -\frac{xe^{2x}}{4} \quad \text{(IV)}$$

----------------------- ▷ ⑫⓪

9

1   1
64   1

....

Lösen Sie auf oder formen Sie um:

a) $3^4 \cdot 3^{-3} = \ldots\ldots$
b) $10^{-6} \cdot 10^8 \cdot 10^{-1} = \ldots\ldots$
c) $b^{-m} = \ldots\ldots$
d) $e^{-1} = \ldots\ldots$
e) $4^{\frac{1}{2}} = \ldots\ldots$

-------------------- ▷ (10)

46

$$\ln y = \frac{1}{x}$$
$$\text{ld } y = a \cdot x$$
$$\lg y = -x + 5$$

....

Hier noch einige Übungsaufgaben. Man muss sie nicht üben, wenn sie zu leicht erscheinen. Die Gleichungen unten sind zu logarithmieren:

$$y = e^{(\alpha x + \beta)} \qquad b \cdot y = e^{a \cdot x} \, e^{c \cdot x}$$
$$a \cdot y = 10^{0,1x} \qquad y = e^{(\ln x - \ln a)}$$

-------------------- ▷ (47)

83

In dem Ausdruck $y = \text{arc sin } x$ bedeutet „sin x": Der Sinus hat den Wert x.
In dem Ausdruck $y = \text{arc cos } x$ bedeutet „cos x": Der $\ldots\ldots$ hat den Wert $\ldots\ldots$.

Bogen heißt lateinisch $\ldots\ldots$

-------------------- ▷ (84)

$$e^{i6x} = \cos 6x + i \sin 6x$$

Bestimmen Sie Real- und Imaginärteil der komplexe Zahl e^z mit $z = 2 + 3i$

Realteil von e^z: ....

Imaginärteil von e^z: ....

⑤ ◁ -

4

| 61 |

3. Schritt: Bestimmung der allgemeinen Lösung nach den drei möglichen Fällen.

a) r_1, r_2 reell
b) r_1, r_2 komplex
c) $r_1 = r_2$ reell

Ein derartiges allgemeines Verfahren zur Lösung aller Aufgaben einer gegebenen Aufgabenklasse bezeichnet man als *Algorithmus*.
Ein Algorithmus ist eine Operationsfolge, die mit Sicherheit zur Lösung eines Problems führt.

㉒ ◁ -

| 118 |

Berechnen Sie eine spezielle Lösung y_{inh} der inhomogenen Differentialgleichung

$$y'' - 4y = x$$

Benutzen Sie die Methode „Variation der Konstanten". Benutzen Sie das Rechenschema, das im Lehrbuch angegeben ist.

$y_{inh} = $ ....

121 ◁ - Lösung gefunden

119 ◁ - Erläuterung oder Hilfe erwünscht

10

a) 3

b) 10

c) $\dfrac{1}{b^m}$

d) $\dfrac{1}{e}$

e) 2

....

Hier kommen noch einige Übungsaufgaben. Sie sind völlig freiwillig.
Falls Sie Schwierigkeiten haben, nehmen Sie das Lehrbuch zu Hilfe. Falls Ihnen das Vorangegangene leicht fiel, überschlagen Sie die Aufgaben.

a)
$$\sqrt[x]{A} = \ldots\ldots\ldots$$
$$(y^2)^3 = \ldots\ldots\ldots$$
$$10^3 \cdot 10^{-3} \cdot 10^2 = \ldots\ldots\ldots$$

b)
$$27^{\frac{1}{3}} = \ldots\ldots\ldots$$
$$(0,1)^0 = \ldots\ldots\ldots$$
$$x^{-3} = \ldots\ldots\ldots$$

- - - - - - - - - - - - - - - ▷ **11**

47

$$\ln y = \alpha \cdot x + \beta$$

$$\ln(by) = (a+c)x \text{ oder } \ln y = (a+c)x - \ln b$$

$$\lg(ay) = 0,1x \text{ oder } \lg y = 0,1x - \lg a$$

$$\ln y = \ln x - \ln a$$

....

Hier wäre die Gelegenheit, wieder eine kleine Pause einzulegen.

Der gezeichnete Kommilitone steht unmittelbar vor der Pause. Was tut er gerade? . . . .

- - - - - - - - - - - - - - - ▷ **48**

84

Der Kosinus hat den Wert x
arcus

....

Die neue Bezeichnungsweise ist neu und fast schwieriger als die Sache selbst.
Versuchen Sie in Gedanken zuerst sprachlich zu formulieren, ehe Sie die Aufgabe lösen:

$\varphi = \text{arc } \cos 0,5 = \ldots\ldots\ldots$

$y = \text{arc } \sin 1 \quad = \ldots\ldots\ldots$

$\alpha = \text{arc } \sin 0,5 \quad = \ldots\ldots\ldots$

φ	α	$\dfrac{\cos\alpha}{\cos\varphi}$	$\dfrac{\sin\alpha}{\sin\varphi}$
$0 = 0,00$	$0°$	1	0
$\frac{\pi}{6} = 0,52$	$30°$	0,87	0,5
$\frac{\pi}{4} = 0,78$	$45°$	0,71	0,71
$\frac{\pi}{3} = 1,05$	$60°$	0,50	0,87
$\frac{\pi}{2} = 1,56$	$90°$	0	1

- - - - - - - - - - - - - - - ▷ **85**

⬛ 3

$z^* = 3 - 4i$

....

Die Euler'sche Formel verknüpft die komplexe Exponentialfunktion mit den reellen Funktionen $\cos x$ und $\sin x$:

$$e^{iy} = \cos y + i \sin y$$

Formen Sie entsprechend der Euler'schen Formel um:

$$e^{i6x} = \ldots\ldots\ldots\ldots\ldots$$

----------------------- ▷ ④

⬛ 60

$y = C\, e^{\frac{3}{2}x}$

....

Abschließend fassen wir das Lösungsschema zusammen. Die allgemeine Gleichung heißt:

$$a_2 y'' + a_1 y' + a_0 y = 0$$

Die Lösung erfolgt in drei Schritten:

1. Schritt: Aufstellen der charakteristischen Gleichung:
                          y'' ersetzen durch r^2
                          y' ersetzen durch r
                          y erstzen durch 1
2. Schritt: Berechnung der Lösungen r_1 und r_2 der quadratischen Gleichung.

----------------------- ▷ ⑥①

⬛ 117

Variation der Konstanten

Dieser Abschnitt gehört nicht zum Pflichtlehrstoff. Er kann später bearbeitet werden, weil er mehr von theoretischem Interesse als von praktischem Nutzen ist.

Ich möchte den Abschnitt jetzt *nicht* durcharbeiten und weitergehen ------------▷ ⑫②

Ich möchte den Abschnitt bearbeiten.

STUDIEREN SIE im Lehrbuch   9.3.1 Variation der Konstanten für den Fall einer Doppelwurzel

                                9.3.2 Bestimmung einer speziellen Lösung der inhomogenen Differentialgleichung Lehrbuch Seite 217–220

BEARBEITEN SIE DANACH Lehrschritt   ----------------- ▷ ⑪⑧

11

a) $A^{\frac{1}{x}}$ b) 3

   y^6 1

   10^2 $\dfrac{1}{x^3}$

....

Mit Potenzen wird oft gerechnet werden. Es ist zweckmäßig, jetzt selbst zu beurteilen, ob die entsprechenden Begriffe hinreichend bekannt sind und ob die Aufgaben leicht fallen. Aber entscheiden Sie selbst.

Keine Schwierigkeiten   --------------------▷ 16

Noch einige Übungen   --------------------▷ 12

48

Er rekapituliert noch einmal die Stichworte des studierten Abschnittes.
Er beherzigt den Spruch Erich Kästners:

Es gibt nichts Gutes — außer man tut es.

Aus dem Gedächtnis schreibt er gerade die neuen Begriffe hin. Vielleicht prüft er auch gerade, ob er sich noch an die neuen Operationen erinnert und sie noch kann.

Jetzt schwitzt er — später kann und wird er lachen.

--------------------▷ 49

85

$\varphi = \frac{2}{3}\pi$ oder $\varphi = 60°$ $y = \frac{\pi}{2}$ oder $y = 90°$ $\alpha = \frac{\pi}{6}$ oder $\alpha = 30°$
....

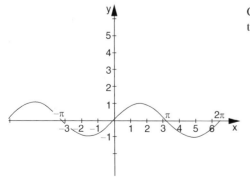

Gezeichnet sind zwei Perioden der Sinusfunktion. Zeichnen Sie die Umkehrfunktion.

--------------------▷ 86

Gegeben sei

$z = 3 + 4i$

Bilden Sie dazu die konjugiert komplexe Zahl z^*.

$z^* = \ldots\ldots\ldots\ldots$

---------------------▷ (3)

$r = -\dfrac{a_0}{a_1}$

Die allgemeine Lösung der homogenen Differentialgleichung erster Ordnung besitzt also die Form:

$$y = Ce^{rx} = Ce^{-\frac{a_0}{a_1}x}$$

Wir bestimmen nun den Faktor $r = -\dfrac{a_0}{a_1}$ für die gegebene Differentialgleichung: $2y' = 3y$.

Wir formen um: $2y' - 3y = 0$.

In diesem Fall ist $a_1 = 2$ und $a_0 = -3$.

Damit können Sie die Lösung angeben: $y = \ldots\ldots\ldots\ldots$

---------------------▷ (60)

Der zweite Teil dieses Kapitels handelt vor allem von der Lösung physikalischer Probleme mit Hilfe von Differentialgleichungen. Hier zahlt sich die investierte Mühe für den Physiker aus.

---------------------▷ (117)

12

y sei eine Potenz.
Basis ist e und Exponent ist $\alpha \cdot x$

$y = \ldots\ldots\ldots$

-------------------- ▷ 13

49

Rechenregeln für Logarithmen

Der Grundgedanke der Logarithmenrechnung ist einfach. Alle Rechnungen werden nicht mit den Ausgangswerten, sondern mit ihren Logarithmen durchgeführt. Das *Produkt* zweier Werte wird dann zur *Summe* der Logarithmen.

STUDIEREN SIE im Lehrbuch   4.2.2 Rechenregeln für Logarithmen
                                          Lehrbuch, Seite 89–91

-------------------- ▷ 50

86

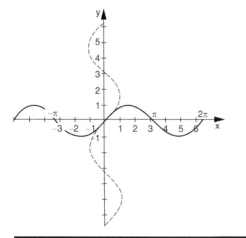

Die hier gezeichnete Umkehrfunktion ist eine
☐   Funktion
☐   Relation
Markieren Sie die Werte der Umkehrfunktion für
$x = 0{,}5$

-------------------- ▷ 87

Differentialgleichungen bauen auf der Differential und Integralrechnung auf. Sie setzen Kenntnisse über komplexe Zahlen voraus. Schwierigkeiten beim Studium können zwei Ursachen haben:

a) Schwierigkeiten, weil die die Sache schwer zu verstehen ist,
b) Schwierigkeiten, weil Voraussetzungen fehlen.

Der Fall b) ist häufig und er ist vermeidbar. Daher kontrollieren wir zunächst die Voraussetzungen für dieses Kapitel.

Bei der Lösung der folgenden Aufgaben können und sollen sie ihre Exzerpte benutzen.

---------------------▷ (2)

58

Auch bei homogenen linearen Differentialgleichungen erster Ordnung können wir mit Hilfe des Exponentialansatzes die gesuchte Funktion bestimmen. Die Differentialgleichung sei:

$$a_1 y' + a_0 y = 0$$

Der Ansatz ist: $y = C \cdot e^{rx}$.

Dann lautet die charakteristische Gleichung:

$$a_1 \cdot r + a_0 = 0$$

Sie hat die Lösung:

$$r = \dots\dots\dots\dots$$

---------------------▷ (59)

115

$A = \frac{3}{4}$ $\qquad$ $B = 0$

$x_{inh} = \frac{3}{4} t \cdot \sin 2t$

Dieses Kapitel erfordert den doppelten Zeitaufwand wie ein übliches. Wenn Sie, wie es empfehlenswert ist, jede Woche ein Kapitel bearbeiten, dann haben Sie jetzt längst ein Wochenpensum geschafft.

---------------------▷ (116)

13

$y = e^{ax}$

....

Lösen Sie folgende Aufgaben:

$2^{-3} = \ldots\ldots\ldots$ $27^0 = \ldots\ldots\ldots$
$e^0 = \ldots\ldots\ldots$ $3^{-1} = \ldots\ldots\ldots$
$27^1 = \ldots\ldots\ldots$ $b^{-m} = \ldots\ldots\ldots$

---------------------- ▷ (14)

50

Können Sie noch aus dem Gedächtnis hinschreiben:

a) $\ln(a \cdot b) = \ldots\ldots\ldots$

b) $\ln \dfrac{a}{b} = \ldots\ldots\ldots$

c) $\lg(A \cdot B) = \ldots\ldots\ldots$

d) $\lg \dfrac{x}{y} = \ldots\ldots\ldots$

---------------------- ▷ (51)

87

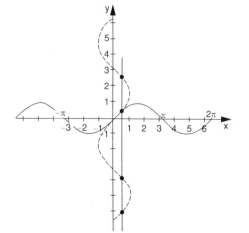

Relation
Hinweis: Für $x = 0,5$ erhalten wir vier Werte.
Das ist nicht eindeutig. Daher Relation.

Zeichnen Sie die *Hauptwerte* der
Umkehrfunktion dick ein.

---------------------- ▷ (88)

K. Weltner, *Leitprogramm Mathematik für Physiker 1*,
DOI 10.1007/978-3-642-23485-9_9, © Springer-Verlag Berlin Heidelberg 2012

Kapitel 9
Differentialgleichungen

14

$2^{-3} = \frac{1}{8}$ $27^0 = 1$

$e^0 = 1$ $3^{-1} = \frac{1}{3}$

$27^1 = 27$ $b^{-m} = \dfrac{1}{b^m}$

....

Formen Sie um: Beispiel $x^n \cdot x^m = x^{n+m}$

$b^n \cdot b^m = \ldots\ldots\ldots$ $(y^n)^m = \ldots\ldots\ldots$

$\dfrac{x^n}{x^m} = \ldots\ldots\ldots$ $\sqrt[n]{C^m} = \ldots\ldots\ldots$

- - - - - - - - - - - - - - - - - - ▷ (15)

51

a) $\ln a + \ln b$ b) $\ln a - \ln b$

c) $\lg A + \lg B$ d) $\lg x - \lg y$

....

Falls Sie hier Fehler hatten, rechnen Sie diese Aufgaben anhand des Lehrbuchs noch einmal nach.

- - - - - - - - - - - - - - - - - - ▷ (52)

88

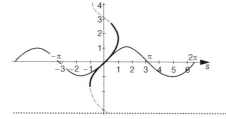

....

a) $y = \mathrm{arc}\,\cos 0{,}71$ $y = \ldots\ldots$

b) $y = \mathrm{arc}\,\sin -0{,}87$ $y = \ldots\ldots$

φ	α	$\dfrac{\cos\alpha}{\cos\varphi}$	$\dfrac{\sin\alpha}{\sin\varphi}$
$0 = 0{,}00$	$0°$	1	0
$\frac{\pi}{6} = 0{,}52$	$30°$	0,87	0,5
$\frac{\pi}{4} = 0{,}78$	$45°$	0,71	0,71
$\frac{\pi}{3} = 1{,}05$	$60°$	0,50	0,87
$\frac{\pi}{2} = 1{,}56$	$90°$	0	1

- - - - - ▷ (89)

Wir formen um, um einen reellen Nenner zu erhalten

$$\frac{(4-\sqrt{3}i)}{2i} = \frac{(4-\sqrt{3}i)}{2i} \cdot \frac{i}{i} = \frac{(4-\sqrt{3}i) \cdot i}{-2}$$
$$= \ldots\ldots\ldots\ldots$$

Der Rest dürfte Ihnen keine Schwierigkeiten gemacht haben.

BLÄTTERN SIE ZURÜCK   --------------------- ▷ 32

62

$w_1 = e^x \cdot e^{iy}$
$w_2 = e^{at} \cdot e^{ibt}$

Gegeben sei der Ausdruck $z = (\gamma + i\omega)t = \gamma t + i\omega t$.

Diese Form wird bei der Beschreibung von Schwingungen viel benutzt

$$w = e^z = \ldots\ldots\ldots$$

Formen Sie unter Benutzung der Euler'schen Formel weiter um

$$w = e^{\gamma t} = (\ldots\ldots\ldots\ldots\ldots)$$

BLÄTTERN SIE ZURÜCK   --------------------- ▷ 63

93

$w(t) = e^{-2t}(\cos 3t + i\sin 3t)$

Realteil von $\quad w(t) = \cos e^{-2t} \cdot (3t)$

Imaginärteil von $w(t) = e^{-2t} \cdot \sin(3t)$

Sie haben das   des Kapitels erreicht.

$\boxed{15}$

b^{n+m} $y^{n \cdot m}$

x^{n-m} $C^{\frac{m}{n}}$

....

Letzte Aufgabenserie

a) $4^{\frac{1}{2}} = \ldots\ldots\ldots$ d) $10^{-6} \cdot 10^{8} \cdot 10^{-1} = \ldots\ldots\ldots$

b) $(3^0)^2 = \ldots\ldots\ldots$ e) $e^{-1} = \ldots\ldots\ldots$

c) $3^4 \cdot 3^{-3} = \ldots\ldots\ldots$

Hier werden die richtigen Antworten nicht mehr angegeben. Im Zweifel Kommilitonen fragen.

-------------------- ▷ ⑯

$\boxed{52}$

Jetzt müssten Sie die Aufgaben können. Achten Sie auf die Bezeichnungen, es werden verschiedene Symbole für die Variablen benutzt. Das Ziel ist nicht, Sie zu verwirren — obwohl es so aussieht. Das Ziel ist, eine Geläufigkeit im Umgang mit verschiedenen Symbolen zu gewinnen.

$\lg(x \cdot y) = \ldots\ldots\ldots$

$ld(N_1 \cdot N_2) = \ldots\ldots\ldots$

$\lg\dfrac{A \cdot B}{c} = \ldots\ldots\ldots$

$\ln\dfrac{a \cdot b \cdot c}{d} = \ldots\ldots\ldots$

-------------------- ▷ ㊙

$\boxed{89}$

$y = \dfrac{\pi}{4}$ oder $y = 45°$

$y = -\dfrac{\pi}{3}$ oder $y = -60°$

....

Vertrauter dürfte es Ihnen sein, Winkel mit φ oder α zu bezeichnen.

$\varphi_1 = \text{arc sin } 0{,}5$ $\varphi_1 = \ldots\ldots\ldots$

$\varphi_2 = \text{arc sin} -0{,}5$ $\varphi_2 = \ldots\ldots\ldots$

$\alpha = \text{arc cos} -0{,}71$ $\alpha = \ldots\ldots\ldots$

-------------------- ▷ ⑨⓪

| 30 |

$$\frac{z_1}{z_2} = \frac{9}{\sqrt{3}} + \frac{i}{3} = 3\sqrt{3} + \frac{i}{3}$$

Dividieren Sie $\dfrac{4 - \sqrt{3}i}{2i} = \cdots\cdots\cdots$

Hilfe erwünscht ◁------------------ (31)

Lösung gefunden ◁------------------ (32)

| 61 |

$$w = e^z = e^{a+ib} = e^a \cdot e^{ib}$$

Gegeben sei $\quad z = x + iy$

$w_1 = e^z = \cdots\cdots\cdots\cdots$

Gegeben sei $\quad z = (a+ib)\cdot i$

$w_2 = e^z = \cdots\cdots\cdots\cdots$

▷------------------ (62)

| 92 |

$$w(t) = e^{-2t+i3t} = e^{-2t} \cdot e^{i3t}$$

$$e^{ia} = \cos a + i\sin a$$

Mit Hilfe der Euler'schen Formel wird dann aus dem Ausdruck oben

$$w(t) = e^{-2t}\,(\cdots\cdots\cdots)$$

mit dem

Realteil von $w(t) = \cdots\cdots\cdots$

Imaginärteil von $w(t) = \cdots\cdots\cdots$

▷------------------ (93)

16

Exponentialfunktion

Die Kenntnis der Exponentialfunktion ist grundlegend für das weitere Studium. Sie kommt in Anwendungen häufig vor.

STUDIEREN SIE im Lehrbuch   4.1.3 Exponentialfunktion
                                                   Lehrbuch, Seite 84–86

BEARBEITEN SIE DANACH Lehrschritt   - - - - - - - - - - - - - - - - - - - ▷

53

$$\lg x \cdot y = \lg x + \lg y$$

$$\operatorname{ld} N_1 \cdot N_2 = \operatorname{ld} N_1 + \operatorname{ld} N_2$$

$$\lg \frac{A \cdot B}{c} = \lg A + \lg B - \lg c$$

$$\ln \frac{a \cdot b \cdot c}{d} = \ln a + \ln b + \ln c - \ln d$$

Berechnen Sie:

$\ln(5^x) = \ldots\ldots\ldots$

$\lg x^2 \ \ = \ldots\ldots\ldots$

$\lg a^{\frac{1}{2}} \ = \ldots\ldots\ldots$

- - - - - - - - - - - - - - - - - - - ▷ 54

90

$\varphi_1 = \frac{\pi}{6}$ oder $\varphi_1 = 30°$

$\varphi_2 = -\frac{\pi}{6}$ oder $\varphi_2 = -30°$

$\alpha = \frac{3\pi}{4}$ oder $\alpha = 135°$

Üben wir zum Schluss noch die Arcustangensfunktion.

     $y = \text{arc tan } 1$ $y = \ldots\ldots\ldots$

     $\varphi = \text{arc tan } 0$ $\varphi = \ldots\ldots\ldots$

     $\alpha = \text{arc tan } -1$ $\alpha = \ldots\ldots\ldots$

- - - - - - - - - - - - - - - - - - - ▷

29

Hier ist der Beginn des Rechengangs. Gesucht: $\dfrac{z_1}{z_2} = \dfrac{27 + \sqrt{3}i}{3 \cdot \sqrt{3}}$.

Erste Umformung: Wir trennen Realteil und Imaginärteil

$$\frac{z_1}{z_2} = \frac{27}{3 \cdot \sqrt{3}} + \frac{\sqrt{3}i}{3 \cdot \sqrt{3}} = \ldots\ldots\ldots\ldots$$

Jetzt können Sie die Lösung sicher angeben:

$$\frac{z_1}{z_2} = \ldots\ldots\ldots\ldots$$

- - - - - - - - - - - - - - - - - ▷ 30

60

$$z = 3 + 2i$$

$$z^* = 3 - 2i$$

Gegeben sei der Ausdruck $\quad z = a + ib$

$$w = e^z = \ldots\ldots\ldots\ldots$$

- - - - - - - - - - - - - - - - - ▷ 61

91

Gegeben sind

$$z(t) = -2t + i3t$$
$$w(t) = e^{z(t)}$$

Gesucht sind Realteil und Imaginärteil von $w(t)$.

Zuerst setzen wir $w(t)$ in $z(t)$ ein und erhalten $(w(t) = \ldots\ldots\ldots$

Dann erinnern wir uns an die Euler'sche Formel $e^{i \cdot a} = \ldots\ldots\ldots$

- - - - - - - - - - - - - - - - - ▷ 92

17

Die Funktion $y = 10^x$ heißt ....

Welche der beiden Funktionen unten steigt für große Werte von x schneller an?
Setzen Sie ein: $x = 1$, $x = 10$, $x = 100$, $x = 1000$

☐ $y = x^{100}$
☐ $y = 10^x$

-------------------- ▷ (18)

54

$\ln 5 = x \ln 5$
$\lg x^2 = 2 \lg x$
$\lg a^{\frac{1}{2}} = \frac{1}{2} \lg a$

Formen Sie auch noch diese Terme um:

a) $\ln 2^x = $ ....

b) $\lg \sqrt{x} = $ ....

c) $\lg \sqrt[3]{x} = $ ....

d) $\operatorname{ld}(4 \cdot 16) = $ ....

-------------------- ▷ (55)

91

$y = \frac{\pi}{4}$ oder $y = 45°$
$\varphi = 0$ oder $\varphi = 0°$
$\alpha = -\frac{\pi}{4}$ oder $\alpha = -45°$

Hinweis: Sie können verifizieren:
$$\tan \tfrac{\pi}{4} = \tan 45° = 1$$
Die Arcusfunktionen gebrauchen Sie immer dann, wenn Sie einen Sinus, Kosinus oder Tangens
kennen und die zugehörigen Winkel suchen.

-------------------- ▷ (92)

$\boxed{28}$

$z = 4 + 2i$

$z^* = 4 - 2i$

$z \cdot z^* = 32$

Hinweis: Das Produkt einer komplexen Zahl mit ihrer konjugiert komplexen Zahl ist immer eine Reelle Zahl.

Gegeben sei $z_1 = 27 + \sqrt{3}i$ und $z_2 = 3 \cdot \sqrt{3}$.

Was ergibt die Division $\frac{z_1}{z_2}$?

$$\frac{z_1}{z_2} = \ldots\ldots\ldots\ldots$$

Lösung gefunden ◁ - ⟶ (30)

Hilfe erwünscht ◁ - ⟶ (29)

$\boxed{59}$

$z^* = re^{-i\varphi}$

Gegeben $z = 3 + 2i$. Zeichnen Sie z und die konjugiert-komplexe Zahl z^* in die Gauß'sche Zahlenebene ein.

Zeichnen Sie dann auch die folgende Darstellung ein:

$z = r \cdot e^{i\varphi}$

$z^* = r \cdot e^{-i\varphi}$

◁ - ⟶ (60)

$\boxed{90}$

$z_1 \cdot z_2 = 15 \cdot e^{i \cdot \frac{5}{3}\pi}$

$$\frac{z_1}{z_2} = \frac{3}{5} \cdot e^{i \cdot \frac{4}{3}\pi}$$

Und nun die letzte Aufgabe in diesem Kapitel:

z sei eine Funktion von t:

$$z(t) = -2t + 3ti$$

Drücken Sie den Realteil und Imaginärteil der Funktion $w(t) = e^{z(t)}$ mit Hilfe der Sinusfunktion und der Kosinusfunktion aus.

Realteil von $w(t) = \ldots\ldots\ldots$

Imaginärteil von $w(t) = \ldots\ldots\ldots$

Hilfe erwünscht ◁ - ⟶ (91)

Lösung ◁ - ⟶ (93)

18

Exponentialfunktion
$y = 10^x$

Hinweis: $1000^{100} = (10^3)^{100} = 10^{300} < 10^{1000}$

Ersetzen wir die vertrauten Bezeichnungen x und y durch andere Symbole, so heißt dieser

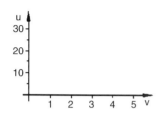

Vorgang *Substitution*.
Durch Substitution wird an der mathematischen Beziehung nichts geändert. Es ist nicht immer einfach, nach einer ungewohnten Substitution die vertraute mathematische Beziehung zu erkennen.

Skizzieren Sie die Funktion $u = 2^v$

- - - - - - - - - - - - - - - - - - - ▷ 19

55

a) $\ln 2^x = x \ln 2$

b) $\lg \sqrt{x} = \frac{1}{2} \lg x$

c) $\lg \sqrt[3]{x} = \frac{1}{3} \lg x$

d) $\operatorname{ld}(4 \cdot 16) = \operatorname{ld}4 + \operatorname{ld}16 = 6$

Können Sie noch aus dem Gedächtnis die Regeln angeben?

1. Multiplikation . . . .

2. Division . . . .

3. Potenz . . . .

4. Wurzel . . . .

- - - - - - - - - - - - - - - - - - - ▷ 56

92

Logarithmusfunktion als Umkehrfunktion der Exponentialfunktion

Den Abschnitt 4.4.3 im Lehrbuch überspringen wir, er ist der Vollständigkeit wegen aufgenommen und muss bei Bedarf selbständig erarbeitet werden.

STUDIEREN SIE im Lehrbuch

4.4.4 Logarithmusfunktion als Umkehrfunktion der Exponentialfunktion
Lehrbuch, Seite 90

BEARBEITEN SIE DANACH Lehrschritt

- - - - - - - - - - - - - - - - - - - ▷ 93

27

z^* ist die zu z konjugiert-komplexe Zahl. Es sei $z = 1 + 2i$. Dann ist $z^* = 1 - 2i$

Das Produkt: $z \cdot z^* = (1 + 2i)(1 - 2i) = 1 + 4 = 5$

Rechnen Sie nun

$$z = 4 + 2i$$

$$z^* = \dots\dots\dots\dots$$

$$z \cdot z^* = \dots\dots\dots\dots$$

 (28)

58

Sie erhalten die konjugiert-komplexe Zahl aus der komplexen, indem Sie i durch $-i$ ersetzen.

1. Beispiel $z = a + ib$ $z^* = a - ib$

2. Beispiel $z = r \cdot e^{i\varphi}$ $z^* = \dots\dots\dots\dots$

Machen Sie sich dies in der Gauß'schen
Zahlenebene klar.

 (59)

68

$$z^6 = 64 \cdot e^{i2\pi} = 64$$

Geben Sie das Produkt und den Quotienten der zwei komplexen Zahlen an.

$$z_1 = 3 \cdot e^{i\pi}$$

$$z_2 = 5 \cdot e^{i\frac{\pi}{4}}$$

$$z_1 \cdot z_2 = \dots\dots\dots\dots$$

$$\frac{z_1}{z_2} = \dots\dots\dots\dots$$

(90)

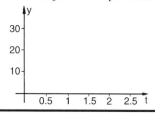

19

Skizzieren Sie jetzt die Exponentialfunktion $y = 2^{at}$ mit $a = 2$

----------------- ▷ (20)

56

Multiplikation:	$\log AB = \log A + \log B$
Division:	$\log \frac{A}{B} = \log A - \log B$
Potenz:	$\log A^m = m \log A$
Wurzel:	$\log \sqrt[n]{A} = \frac{1}{n} \log A$

Wenn die Aufgaben leicht fallen, hat man genug geübt. Fallen sie schwer, können weitere Übungen sehr nützlich sein.

Genug geübt ----------------- ▷ (59)

Weitere Übungen erwünscht ----------------- ▷ (57)

93

Die Logarithmusfunktion ist die Umkehrfunktion der Exponentialfunktion. Ist die Exponentialfunktion dann auch die Umkehrfunktion der Logarithmusfunktion?

☐ ja ----------------- ▷ (95)

☐ nein ----------------- ▷ (94)

26

$19+9i$

Multiplizieren Sie eine komplexe Zahl mit ihrer konjugiert-komplexen $z \cdot z^*$

$z = 4 + 2i$

$z^* = \ldots\ldots\ldots\ldots\ldots$

$z \cdot z^* = \ldots\ldots\ldots\ldots\ldots$

Lösung gefunden ▷ (28)

Erläuterung erwünscht ▷ (27)

57

Gegeben sei $z = r \cdot e^{i\varphi}$.

Wie heißt die konjugiert-komplexe Zahl z^*?

$z^* = \ldots\ldots\ldots\ldots\ldots$

Lösung gefunden ▷ (59)

Hilfe erwünscht ▷ (58)

88

$z(\varphi) = r e^{i\varphi}$ hat die Periode 2π.

Allgemein gilt: $r e^{i\varphi} = r e^{i(\varphi \pm 2k\pi)}$
$k = 1, 2, 3 \cdots$

Es sei $z = 2 \cdot e^{i\frac{\pi}{3}}$.

Berechnen Sie z^6

$z^6 = \ldots\ldots\ldots\ldots$

▷ (89)

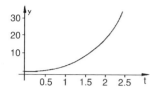

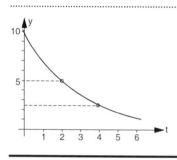

Lösen Sie die folgende Aufgabe, indem Sie bei Schwierigkeiten das Lehrbuch zu Hilfe nehmen.

Die dargestellte Kurve hat die allgemeine Form einer Exponentialfunktion.

$$y = A \cdot 2^{-\frac{t}{t_h}}$$

Die Kurve geht durch die eingezeichneten Punkte. Bestimmen Sie A und t^h. (t^h = Halbwertzeit)

$y = \ldots\ldots\ldots\ldots$ -------------------- ▷ 21

57

Formen Sie folgende Terme um

a) $\ln(C \cdot D) = \ldots\ldots\ldots\ldots$

b) $\lg y^2 = \ldots\ldots\ldots\ldots$

c) $\operatorname{ld}(2 \cdot 32) = \ldots\ldots\ldots\ldots$

 -------------------- ▷ 58

94

Leider falsch. Wir gewinnen die Umkehrfunktion durch Spiegelung an der Geraden, die den 1. Quadranten teilt. Überzeugen Sie sich anhand der Abbildung im Lehrbuch, dass die Beziehung symmetrisch ist.

Wir können von der Logarithmusfunktion durch Spiegelung die Exponentialfunktion gewinnen — und umgekehrt.

Wir können von der Logarithmusfunktion auch durch Rechnung die Exponentialfunktion gewinnen:

$y = \log x$

Bildung der Umkehrfunktion:

1. Schritt $\quad x = \log y$

2. Schritt $\quad e^x = y$

-------------------- ▷ 95

25

Da wir drei Faktoren haben, gehen wir schrittweise vor und multiplizieren zunächst zwei Faktoren und dann das Ergebnis mit dem dritten Faktor.

Beispiel:

$$z_1 = (2 + i) \qquad z_2 = (1 - 2i) \qquad z_3 = (1 + 2i)$$

$$z_1 \cdot z_2 \cdot z_3 = (2 + i) \cdot (1 - 2i) \cdot z_3$$
$$= (4 - 3i) \cdot z_3 = (4 - 3i) \cdot (1 + 2i)$$
$$= 10 + 5i$$

Multiplizieren Sie jetzt: $z_1 = 1 + i$ $z_2 = 2 + 3i$ $z_3 = 1 - 4i$

$$z_1 \cdot z_2 \cdot z_3 = \cdots\cdots\cdots\cdots\cdots$$

◁ - (26)

56

$$\cos \varphi = \frac{1}{2}\left(e^{i\varphi} + e^{-i\varphi}\right)$$

$$\sin \varphi = \frac{1}{2i}\left(e^{i\varphi} - e^{-i\varphi}\right)$$

Eine wichtige Eigenschaft der Umkehrformeln zu den Euler'schen Formeln ist die folgende:

Links stehen reelle Winkelfunktionen.

Rechts dagegen stehen die komplexen Funktionen $e^{\pm i\varphi}$.

Man kann also aus der Summe oder der Differenz von $e^{i\varphi}$ und $e^{-i\varphi}$ reelle Funktionen bilden.

Diese Tatsache wird in der mathematischen Behandlung von Schwingungen (Kapitel 9) von größter Bedeutung sein.

◁ - (57)

87

$$z = \sqrt{2} \cdot e^{-i\frac{\pi}{4}}$$

....

Wir betrachten $z(\varphi) = r e^{i\varphi}$ als Funktion von φ, wie es in der Schreibweise $z(\varphi)$ angedeutet ist.

Welche Periode hat $z(\varphi)$?

....

◁ - (88)

21

$y = 10 \cdot 2^{-\frac{1}{2}}$

....

Alles richtig

Erläuterungen erwünscht   -------------------- ▷ 22

58

a) $\ln C + \ln D$
b) $2\lg y$
c) 6

....

Formen Sie folgende Terme um:

a) $ld\sqrt{x} = \ldots\ldots\ldots$

b) $\ln(e^{2x} \cdot e^{5x}) = \ldots\ldots\ldots$

c) $\lg\frac{1}{10^x} = \ldots\ldots\ldots$

-------------------- ▷ 59

95

Ja, die Exponentialfunktion ist die Umkehrfunktion der Logarithmusfunktion

....

Nicht zu jeder Funktion gibt es eine Umkehrfunktion. Von welcher Funktion existiert *keine* Umkehrfunktion? Denken Sie daran, die Umkehrfunktion muss eindeutig sein.
Bilden Sie die Umkehrfunktion zu den folgenden Funktionen — falls das möglich ist.

$y_1 = 3^{2x}$ $y_1^* = \ldots\ldots\ldots$

$y_2 = 4x^2$ $y_2^* = \ldots\ldots\ldots$

-------------------- ▷

24

$-14 + 22i$

....

Nun wird es mühsamer, aber nicht wirklich schwieriger

$$z_1 = 1 + i \qquad z_2 = 2 + 3i \qquad z_3 = 1 - 4i$$

Berechnen Sie das Produkt

$z_1 \cdot z_2 \cdot z_3 = \ldots\ldots\ldots\ldots$

Lösung gefunden  ▷ 26

Erläuterung erwünscht  ▷ 25

55

Euler'sche Formel: $e^{i\varphi} = \cos \varphi + i \sin \varphi$

Die beiden Umkehrformeln sind:

$\cos \varphi = \ldots\ldots\ldots\ldots$

$\sin \varphi = \ldots\ldots\ldots\ldots$

 ------------------- ▷ 56

86

$z = \sqrt{2}e^{i\frac{\pi}{4}}$

....

Bringen Sie in die Exponentialform

$$z = 1 - i$$
$$z = r \cdot e^{i\varphi} = \ldots\ldots\ldots\ldots$$

 ------------------- ▷ 87

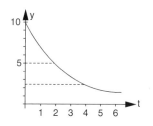

22

Es handelt sich hier um die im Lehrbuch auf Seite 86 erläuterte fallende Exponentialfunktion. Interpretieren wir t als Zeit, so ergibt sich als erstes die *Halbwertzeit*. Aus der Kurve lesen Sie ab, dass die Funktion bei $t_h = \dots$ auf die Hälfte abgefallen ist.

Zur Zeit $t = 0$ ist der Exponentialausdruck $2^0 = 1$

Der im Lehrbuch A genannte Faktor hat daher den Wert $\dots$

Die Funktion ist $y = \dots$

------------------ ▷ 23

59

a) $\frac{1}{2} ld\,x$

b) $7x$

c) $-x$

....

Berechnen Sie durch Logarithmieren

$C = 10^{3x+1}$ $x = \dots$

$A = e^{(r \cdot t)}$ $t = \dots$

$16 = 2^{x+2}$ $x = \dots$

------------------ ▷ 60

$y_1^* = \frac{1}{2} \log_3 x$

96

$y_2 = 4x^2$ hat keine Umkehrfunktion, da der Ausdruck $y_2^* = \pm\frac{1}{2}\sqrt{x}$ nicht eindeutig ist.

....

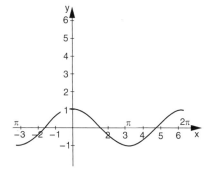

Hier ist die Kosinuskurve gezeichnet. Wir können sie an der Geraden spiegeln, die den

ersten Quadranten teilt.

1. Zeichnen Sie die gespiegelte Kurve.
2. Wird die entstehende Kurve durch eine Funktion beschrieben?
   ☐ ja
   ☐ nein

------------------ ▷ 97

23

Die Multiplikation zweier komplexer Zahlen wird gelöst wie die Multiplikation zweier Klammerausdrücke $(a+b)(c+d) = ac + ad + bc + bd$

Beispiel:

$z_1 = (2+i)$

$z_2 = (1-2i)$

$z_1 \cdot z_2 = (2+i) \cdot (1-2i) = 2 - 4i + i + 2 = 4 - 3i$

Nun lösen Sie die alte Aufgabe

$z_1 = (3+5i)$

$z_2 = (2+4i)$

$z_1 \cdot z_2 = (3+5i) \cdot (2+4i) = \ldots\ldots\ldots$

▷ (24)-------------------

54

$$z = r \cdot e^{i\varphi}$$

Zwischen der Exponentialfunktion $e^{i\varphi}$ und den Winkelfunktionen Sinus und Kosinus bestehen mathematische Beziehungen. Diese brauchen Sie nicht auswendig zu wissen; Sie müssen aber wissen, dass es sie gibt und wo man sie findet.

Suchen Sie die *Euler'sche Formel* aus der Formelzusammenstellung oder dem Lehrbuch heraus!

Die Euler'sche Formel lautet: ....

▷ (55)-------------------

85

1. $z = 1 + i$.

Damit ist $x = 1$

$y = 1$

2. Nach den Umrechnungsgleichungen erhalten wir

$$r = \sqrt{x^2 + y^2} = \sqrt{2}$$

$$\tan\varphi = \frac{y}{x} = 1$$

$$\varphi = \arctan 1 = \frac{\pi}{4} \quad \text{oder} \quad \frac{5\pi}{4}$$

3. Darstellung von z in der Gauß'schen Zahlenebene ergibt $\varphi = \frac{\pi}{4}$.

4. Die komplexe Zahl heißt jetzt in Exponentialschreibweise $z = $ ....

▷ (98)-------------------

$A = 10$

23

$t_\text{h} = 2$ $y = 10 \cdot 2^{-\frac{t}{2}}$

Hinweis: Die Werte sind aus der Zeichnung im vorhergehenden Lehrschritt abzulesen.
Die Funktion steht im Lehrbuch, Seite 85.

Rechengang: $y = A \cdot 2^{-\frac{t}{t_h}}$

Wir setzen ein $A = 10$ und $t_\text{h} = 2$

$$y = 10 \cdot 2^{-\frac{t}{2}}$$

-------------------- ▷ 24

60

$x = \frac{1}{3}(\lg C - 1)$

$t = \dfrac{\ln A}{r}$

$x = 2$

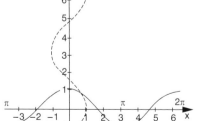

-------------------- ▷ 61

97

Nein. Die Beziehung ist eine Relation Das ist im vorhergehenden Abschnitt erläutert.

Zu einer Funktion kommen wir, wenn wir die Wertebereiche einschränken auf die Hauptwerte $-\frac{\pi}{2} \le y \le \frac{\pi}{2}$.

Die Funktion kennen Sie bereits: $y = \arcsin x$. Ihre Bedeutung kennen Sie auch.
y ist der Winkel ....

-------------------- ▷ 98

22

$2 + 2i$

....

Multiplizieren Sie zwei komplexe Zahlen

$$z_1 = 3 + 5i$$
$$z_2 = 2 + 4i$$
$$z_1 \cdot z_2 = \ldots\ldots\ldots$$

Lösung gefunden   -------------------- ▷

Erläuterung erwünscht   -------------------- ▷ (23)

53

Schreiben Sie eine allgemeine komplexe Zahl z in der Exponentialform:

$z = \ldots\ldots\ldots\ldots$

-------------------- ▷

84

$\sqrt{z} = 2e^{i\frac{\pi}{2}} = 2i$

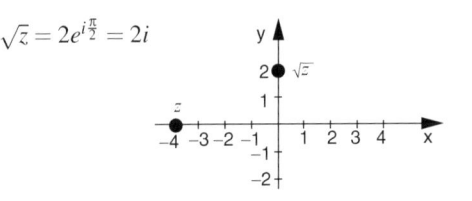

Hinweis: Die Aufgabe ließ sich auch einfacher lösen:

$$z = 4 \cdot e^{i\pi} = -4 \qquad \sqrt{z} = 2i$$

....

Gegeben sei eine komplexe Zahl in der Form $z = x + iy$, und zwar sei $z = 1 + i$. Gesucht ist z in Exponentialschreibweise.

$z = \ldots\ldots\ldots\ldots$

Lösung gefunden   -------------------- ▷ (86)

Hilfe erwünscht   -------------------- ▷

24

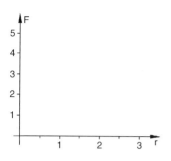

Skizzieren Sie die Exponentialfunktion
$F = e^{0.5r}$ mit $e = 2,72$

Falls Sie Schwierigkeiten haben, ist es hier zweckmäßig, zu substituieren.
Ersetzen Sie F durch y und r durch x.
Durch diese Substitution wird der Ausdruck vielleicht vertrauter.

- - - - - - - - - - - - - - - - - - - ▷ 25

61

Weitere Übungsaufgaben finden Sie im Lehrbuch, Seite 101. Weitere Übungen aber erst morgen oder übermorgen rechnen.

Falls Sie Schwierigkeiten bei der Bearbeitung der Übungsaufgaben haben, sehen Sie immer im entsprechenden Abschnitt des Lehrbuchs nach.

Ein vielleicht überflüssiger Rat: Schreiben Sie die Übungsaufgabe, mit der Sie Schwierigkeiten haben, auf einen Zettel und schlagen Sie den entsprechenden Lehrbuchabschnitt auf. Dann können Sie Übungsaufgabe und Lehrbuch gleichzeitig lesen. Dies erspart Ihnen viel Hin- und Herblättern.

Die Rechenregeln für Logarithmen — es sind nicht mehr als vier Regeln — werden immer wieder gebraucht werden. Sie sollten sie im Gedächtnis behalten. Das fällt leichter, wenn Sie verstanden haben, wie diese Rechenregeln mit den Potenzgesetzen zusammenhängen.

- - - - - - - - - - - - - - - - - - - ▷ 62

98

y ist der Winkel, dessen Sinus x ist.

Hier folgt noch eine Bemerkung zum Bezeichnungswechsel oder zur Substitution.
Physikalische Zuammenhänge werden durch Gleichungen ausgedrückt. In den Anwendungen sind die Variablen Größen wie

t = Zeit	v = Geschwindigkeit
ρ = Dichte	g = Fallbeschleunigung; $g = 9{,}81\,\text{m}/\text{sec}^2$
h = Höhe	p = Druck

Beispiel: Gleichung für den Druck im Wasser als Funktion der Tauchtiefe:

$p = \rho \cdot g \cdot h$

Ersetzen wir Druck p durch y, die Tauchtiefe h durch x und das Produkt $\rho \cdot g$ durch a, so ergibt sich eine neue Formulierung . . . .

- - - - - - - - - - - - - - - - - - - ▷ 99

21

$z = -2$

....

Subtrahieren Sie und ordnen Sie nach Real- und Imaginärteil

$$z_1 = 3 + 5i$$
$$z_2 = 1 + 3i$$
$$z_1 - z_2 = \ldots\ldots\ldots\ldots$$

------------------- ▷ 22

52

Die Exponentialform einer komplexen Zahl

In diesem Abschnitt brauchen wir die Taylorreihe für die Funktion e^x. Sicher wissen Sie noch aus dem vorigen Kapitel, wie sie aussieht. Schreiben Sie die Taylorreihe auf einen Zettel und legen Sie ihn neben das Lehrbuch, damit Sie die Formel während des Lesens zur Hand haben.

STUDIEREN SIE im Lehrbuch   8.3.1 Euler'sche Formel
                                   8.3.2 Umkehrformeln zur Euler'schen Formel
                                   8.3.3 Komplexe Zahlen als Exponenten
                                         Lehrbuch Seite 189–193

BEARBEITEN SIE DANACH Lehrschritt   ------------------- ▷ 53

83

Gegeben sei $z_1 = 4 \cdot e^{i\frac{\pi}{2}}$

Man zieht die Wurzel aus einer komplexen Zahl, indem man aus dem Betrag die Wurzel zieht und den Winkel durch den Wurzelexponenten – er ist hier 2 – teilt.

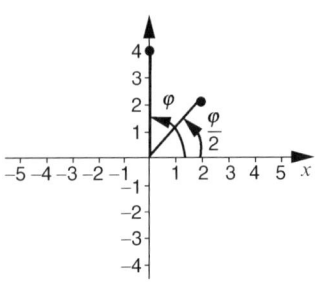

$$\sqrt[2]{z_1} = \sqrt[2]{4} \cdot e^{\frac{1}{2}\left(i\frac{\pi}{2}\right)}$$
$$= 2 \cdot e^{\frac{i\pi}{4}}$$

Das ist links in der Gauß'schen Zahlenebene demonstriert.

Tragen Sie jetzt ein $z = 4 \cdot e^{i\pi}$ und ziehen Sie die Wurzel

$$\sqrt[2]{z} = \ldots\ldots\ldots$$

------------------- ▷ 84

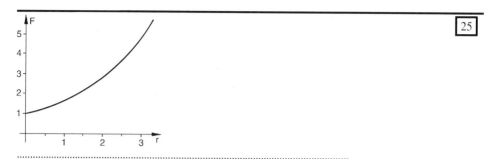

Jetzt wäre wieder eine Pause angebracht, Förderliche Arbeitszeiten, in denen man konzentriert arbeiten kann, liegen bei 20–60 Minuten. Optimale Arbeitszeiten sind individuell verschieden. Bei interessanten Arbeiten kann man sich länger konzentrieren.

Wie groß Ihre optimalen Arbeitszeiten sind, müssen Sie selbst herausfinden. Wichtig ist, dass Sie lernen, sich die Arbeit einzuteilen und auch kurze Pausen einzulegen — und zu beenden.

- ▷ (26)

62

Können Sie die Grundidee der Logarithmenrechnung in Gedanken mit eigenen Worten formulieren? Noch besser wäre es, Sie erläuterten einem Kommilitonen diese Grundidee. Dann müssen Sie die Grundidee sprachlich formulieren.

Dies ist der Vorteil der Arbeit in Gruppen. Sie haben dann häufig Gelegenheit, Sachverhalte aktiv sprachlich zu formulieren. Es genügt nicht, etwas verstanden zu haben, man sollte es auch wiedergeben können. Spätestens in der Prüfung muss man es.

Es folgt jetzt einige Bemerkungen über das Arbeiten in Gruppen. Entscheiden Sie selbst.

☐ Bin neugierig, was hier über Gruppenarbeit gesagt wird.   - ▷ (63)

☐ Möchte mit der Mathematik fortfahren.   - ▷ (67)

99

$y = a \cdot x$

Dies ist die vertraute Form einer Geradengleichung. Um einen physikalischen Zusammenhang zu verstehen, der in Form einer Gleichung geschrieben ist, müssen wir die damit gegebene mathematische Beziehung verstehen.

Dieses Verständnis können wir uns oft durch einen unscheinbaren aber wirksamen Kunstgriff erleichtern. Wir ersetzen die physikalischen Größen durch die aus der Mathematik gewohnten Bezeichnungen. An der Beziehung ändert sich durch den Bezeichnungswechsel nichts, aber die Gleichung ist uns vertrauter. Die Substitution unvertrauter Symbole durch vertraute Symbole erleichtert die Einsicht. Hier sind also drei Schritte notwendig.

1. Substitution unvertrauter Symbole durch vertraute Symbole
2. Diskussion der Beziehung in der gewohnten Notierung
3. Rücksubstitution.

- - - - - - - - - - - - - - - - - - - ▷ (100)

[20]

Hier ist der Rechengang: $z_1 = 1 + i$

$z_2 = -3 - i$

Realteil und Imaginärteil werden für sich addiert:

$z_1 + z_2 = (1-3) + (1-1)i = $ ....

 (21)

[51]

$r = \sqrt{2}$

$\varphi = \dfrac{3\pi}{4}$

$z = \sqrt{2}\left(\cos\dfrac{3\pi}{4} + i\sin\dfrac{3\pi}{4}\right)$

Die Umrechnung einer komplexen Zahl z von der Form $x + iy$ auf die Form $r(\cos\varphi + i\sin\varphi)$ ist im Prinzip einfach. Die einzige Schwierigkeit ist die Bestimmung von φ, weil die Gleichung $\varphi = \arctan\frac{y}{x}$ zwei Lösungen hat. Hier hilft ein Blick auf die Gauß'sche Zahlenebene.

 (52)

[82]

Ziehen Sie die Quadratwurzel aus

$z = 4 \cdot e^{i\pi}$

$\sqrt{z} = $ ....

Tragen Sie die Wurzel in der Gauß'schen Zahlenebene ein.

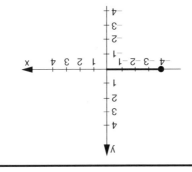

Lösung gefunden (84)

Hilfe erwünscht (83)

26

Die Länge einer kurzen Pause sollte zwischen 5 und 15 Minuten liegen. Bei längeren Pausen wird es schwieriger, sich erneut einzuarbeiten.

Übrigens – es ist gar nicht gleichgültig, was man in der Pause tut. Kreuzen Sie die günstigere Pausentätigkeit an.

☐   Kaffee kochen oder trinken, Kopfstand machen, Blumen gießen …

☐   Mathematische Denksportaufgaben lösen. Ein anderes Kapitel im Mathematikbuch lesen.

-------------------- ▷ 27

63

Gruppenarbeit und Einzelarbeit
Gruppenarbeit und Einzelarbeit schließen sich nicht aus. Sie ergänzen sich.
Einzelarbeit ist angebracht, wenn Sachverhalte sicher eingelernt werden sollen, wenn Rechnungen nachgeprüft werden, Beweise studiert werden, kohärenter Lehrstoff erarbeitet werden muss.
Gruppenarbeit eignet sich

a) zur Identifizierung und Analyse von Problemen
b) zur Diskussion von Ergebnissen und zur Lösung neuer Probleme
c) zur wechselseitigen Kontrolle.

Die Arbeit in Gruppen ist dann besonders fruchtbar, wenn sie durch Einzelarbeit vorbereitet ist, sodass alle Mitglieder der Gruppe möglichst gleichberechtigt und gleich kompetent an der Diskussion teilnehmen.

Gruppenarbeit kann das Einzelstudium nicht ersetzen. Umgekehrt: das Einzelstudium kann bestimmte Funktionen der Gruppenarbeit nicht ersetzen. -------------------- ▷ 64

100

Die Gasgleichung, die die Beziehung zwischen Druck und Temperatur bei konstantem Volumen angibt, hat die Form:

$p = \frac{\rho}{M}RT$ Substituieren Sie

p = Druck
                                          $p \to y$
ρ = Dichte
                                          $T \to x$
M = Molekulargewicht
                                          $\frac{\rho}{M}R \to a\ldots\ldots$
R = Gaskontante
T = absolute Temperatur $y = \ldots\ldots$

-------------------- ▷ 101

19

$k^* = 3 - 4i$

Hinweis: Aus einer komplexen Zahl erhält man die *konjugiert komplexe*, indem man i durch $-i$ ersetzt.

....

Berechnen Sie die Summe aus 2 komplexen Zahlen:

$$z_1 = 1 + i$$
$$z_2 = -3 - i$$
$$z_1 + z_2 = \ldots\ldots\ldots\ldots$$

Lösung gefunden

- ▷ 21

Erläuterung erwünscht

- - - - - - - - - - - - - - - - - - - ▷ 20

50

1. Schritt: $z = -1 + i$
   Gegeben: $x = -1$, $y = +1$
   Gesucht: r, φ

2. Schritt: $r = \sqrt{x^2 + y^2} = \sqrt{2}$
   $\tan\varphi = \frac{y}{x} = -1$
   $\varphi = \arctan -1 = \dfrac{3\pi}{4}$ oder $\dfrac{7\pi}{4}$

3. Schritt: Die Gauß'sche Zahlenebene zeigt,
   dass $\varphi = \dfrac{3\pi}{4}$

4. Schritt: $z = r(\cos\varphi + i\sin\varphi) = \ldots\ldots\ldots\ldots\ldots$

- - - - - - - - - - - - - - - - - - - ▷ 51

81

Die Aufgabe war:

Gegeben: $z = 4 \cdot e^{i\pi}$ Gesucht: $z^3 = \ldots\ldots\ldots\ldots$

Hier ist der Rechengang:

$$z = 4 \cdot e^{i\pi}$$
$$z^2 = 4 \cdot 4 \cdot e^{i(\pi+\pi)}$$
$$z^3 = 4 \cdot 4 \cdot 4 \cdot e^{i(\pi+\pi+\pi)}$$
$$z^3 = 64 \cdot e^{i3\pi}$$

- - - - - - - - - - - - - - - - - - - ▷ 82

$\boxed{27}$

Kaffee kochen oder trinken, Kopfstand machen, Blumen gießen...........

....

Im Leitprogramm Kapitel 2 wurde das Phänomen der *Interferenz* erläutert. Das Lernen und Behalten eines Lehrstoffs wird behindert, wenn ein ähnlicher Lehrstoff gleichzeitig gelernt wird. Als Beispiel wurde die Fremdsprachensekretärin genannt, die gleichzeitig Italienisch und Spanisch lernt.

Die Beschäftigung mit mathematischen Denksportaufgaben ähnelt der Beschäftigung mit Mathematik. Tun Sie lieber etwas anderes oder überhaupt nichts.

Vorgesehenes Ende der Pause auf einen Zettel schreiben.

Und dann: Pause genießen!

-------------------- ▷ (28)

$\boxed{64}$

Die Rechenregeln für Logarithmen prägt man sich am besten in
☐ Einzelarbeit ein
☐ Gruppenarbeit ein

Die aktive sprachliche Formulierung des Zusammenhangs zwischen Logarithmenrechnung und Potenzregeln ist leichter möglich bei

☐ Einzelarbeit
☐ Gruppenarbeit

-------------------- ▷ (65)

$\boxed{101}$

$y = a \cdot x$

....

In den Anwendungen treten häufig kompliziert zusammengesetzte Konstante auf. Auch hier ist es üblich, einen aus mehreren Einzelkonstanten zusammengesetzten Ausdruck zusammenzufassen und durch eine neue Konstante zu ersetzen.

-------------------- ▷ (102)

$\boxed{18}$

$(25 + \sqrt{2})$

....

Jetzt sei eine komplexe Zahl gegeben

$$k = 3 + 4i$$

Wie heißt die dazu *konjugiert-komplexe Zahl*?

$$k^* = \ \cdots\cdots\cdots\cdots$$

$\left(19\right)$ ◁ -----------------------

$\boxed{49}$

$$z = \sqrt{2}\left(\cos\frac{\pi}{4} + i\sin\frac{\pi}{4}\right)$$

....

Noch ein Beispiel: Gegeben sei

$$z = -1 + i$$

Dies ist auf die folgende Form zu bringen:

$$z = r(\cos\varphi + i\sin\varphi)$$

$r = \ \cdots\cdots\cdots\cdots$

$\varphi = \ \cdots\cdots\cdots\cdots$

$z = \ \cdots\cdots\cdots\cdots$

$\left(51\right)$ ◁ -------------------- Lösung gefunden

$\left(50\right)$ ◁ -------------------- Hilfe erwünscht

$\boxed{80}$

$$z^3 = 64 e^{i3\pi}$$

....

$\left(83\right)$ ◁ -------------------- Lösung gefunden

$\left(81\right)$ ◁ -------------------- Fehler gemacht oder Hilfe erwünscht

28

KLEINE

- - - - - - - - - - - - - - - - - - - ▷ 29

65

Einprägung: Einzelarbeit
Sprachliche Formulierung: Gruppenarbeit

Viele Studenten sind der Auffassung, durch die Notwendigkeit, Sachverhalte aktiv sprachlich auszudrücken, bereite man sich indirekt auch auf Prüfungen vor. Sie haben recht. Vorausgesetzt ist allerdings, dass innerhalb der Gruppe auch Unsinn als Unsinn bezeichnet wird.
Wenn jemand etwas Falsches sagt, muss er korrigiert werden, damit sich fehlerhafte Auffassungen von bestimmten Sachverhalten nicht verfestigen und weitererzählt werden.

- - - - - - - - - - - - - - - - - - - ▷ 66

102

Mittelbare Funktion, Funktion einer Funktion

Häufig vereinfachen sich Ausdrücke, wenn man nicht nur die Bezeichnung ändert, sondern Hilfsfunktionen einführt. Dann substituiert man bestimmte Terme in einem Rechenausdruck durch eine Hilfsfunktion. Auch dies kann zweckmäßig sein und Notationen vereinfachen.

STUDIEREN SIE im Lehrbuch   4.5 Mittelbare Funktion, Funktion einer Funktion
                                   Lehrbuch, Seite 99–100

BEARBEITEN SIE DANACH Lehrschritt   - - - - - - - - - - - - - - - - - - - ▷ 103

17

$a^2 + b^2$

....

Viele Anfänger lassen sich durch den Namen „Imaginärteil" verwirren. Der Imaginärteil ist der Vorfaktor, auch „Koeffizient" genannt, der bei i steht.

Der Imaginärteil ist eine reelle Zahl – obwohl der Name das Gegenteil suggeriert.

Die imaginäre Zahl entsteht erst durch das Produkt

$(a^2 + b^2)i$

Was ist der Imaginärteil der komplexen Zahl $z = 25i + \sqrt{2}i + 2$

Imaginärteil: ....

------------------- ▷ 18

48

Die Gleichung $\varphi = \arctan 1$ hat zwei Lösungen – nämlich: $\varphi = \dfrac{\pi}{4}$ und $\varphi = \dfrac{5\pi}{4}$.

Das Problem ist, den richtigen Winkel zu bestimmen. Das tun wir, indem wir $z = 1 + i$ in der Gauß'schen Zahlenebene zeichnen. Dann ergibt sich φ automatisch.

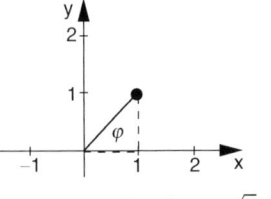

$$\varphi = \frac{\pi}{4}$$

Dementsprechend: $z = \sqrt{2}\ (..................)$

------------------- ▷ 49

79

$z = 4 \cdot e^{i\pi} = -4$

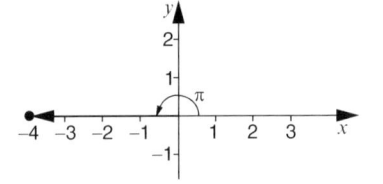

....

Gegeben sei $z = 4 \cdot e^{i\pi}$

Rechnen Sie z^3 aus!

$z^3 = ...$

------------------- ▷ 80

29

Ehe es jetzt weiter geht, vergleichen Sie, bitte, das festgelegte Ende der Pause mit der Uhrzeit. Wir wissen doch, Differenzen können hier auftreten. Das ist nicht schlimm, dafür gibt es immer Gründe.

Wichtig ist nur, dass im Laufe des Studiums solche Gründe für Differenzen zwischen *festgelegten* Terminen und *gehaltenen* Terminen nicht zu häufig werden.

------------------- ▷  30

66

Logarithmusfunktion

Dies ist hier ein sehr kleiner Abschnitt im Lehrbuch.

Studieren Sie im Lehrbuch   4.2.3 Logarithmusfunktion
                                        Lehrbuch, Seite 91–92

Bearbeiten Sie Danach Lehrschritt   ------------------- ▷ 67

103

Bei der mittelbaren Funktion liegt eine Ineinanderschachtelung vor. Ein Funktionsterm ist durch eine neue Funktion substituiert.

Es seien zwei Gleichungen gegeben:

Funktionsgleichung mit einer Hilfsfunktion u

$$y = f(u)$$

Substitutionsgleichung

$$u = g(x)$$

Dann kann die allgemeine Notation lauten:

$$y = \ldots\ldots\ldots$$

------------------- ▷ 104

16

$x =$ Realteil
$y =$ Imaginärteil

....

Gegeben sei jetzt eine komplexe Zahl $z = i(a^2 + b^2) - xt$

x, t, a^2 und b^2 seien reell.

Was ist hier der Imaginärteil?   □ $a^2 + b^2$

□ $i(a^2 + b^2)$

-------------------▷ 17

47

$\varphi = \frac{\pi}{4}$

....

Richtig?
Schreiben Sie jetzt hin, wie die komplexe Zahl in der Schreibweise mit Winkelfunktionen aussieht; wir haben jetzt

$r = \sqrt{2}$ $\varphi = \frac{\pi}{4}$ $z = \ldots\ldots\ldots\ldots\ldots$

Lösung gefunden   -------------------▷ 49

Hilfe erwünscht   -------------------▷ 48

78

Betrachten wir: $z = 2 \cdot e^{i\frac{\pi}{2}}$.

Bekannt ist damit: Betrag $r = 2$ Winkel $\varphi = \dfrac{\pi}{2}$.

In der Gauß'schen Zahlenebene ist z eingezeichnet.

In der Darstellung $z = x + iy$ erhalten wir dafür $z = 0 + 2 \cdot i$.

Zeichnen Sie nun ein

$z = 4 \cdot e^{i\pi}$

Geben Sie z an in der

Form $z = x + iy$

$z = \ldots\ldots\ldots\ldots$

-------------------▷ 79

30

Logarithmus

STUDIEREN SIE im Lehrbuch

4.2.1 Logarithmus
Lehrbuch, Seite 86–89

BEARBEITEN SIE DANACH Lehrschritt ----> (31)

67

In welchem Punkt schneiden sich alle Logarithmusfunktionen?

x = ...
y = ...

Hat die Logarithmusfunktion eine Unendlichkeitsstelle?

☐ Ja
☐ Nein

Hat die Logarithmusfunktion eine Asymptote?

☐ Ja
☐ Nein

----> (68)

104

$y = f(g(x))$

....

Wir lösen eine mittelbare Funktion auf:
Die Rechnung beginnt man immer bei der in der Schachtelung am weitestgehend eingeschachtelten Funktion.

Gegeben $y = u^2 - 1$
$u = x^2 + 1$
$y = \dots\dots\dots\dots$

----> (105)

15

a) $-4+4i$

b) $\sqrt{2}i$

c) $-i$

....

Die allgemeine Form einer *komplexen Zahl* ist: $z = x + iy$

Dann heißt: x: ....

Dann heißt: y: ....

-------------------- ▷ 16

46

Gegeben: $z = 1 + i$

Also ist: $x = 1$ und $y = 1$

Gesucht: $z = r(\cos\varphi + i\sin\varphi)$

Wir müssen r und φ aus x und y bestimmen.

$r = \sqrt{x^2 + y^2} = \sqrt{2}$ und $\tan\varphi = \frac{y}{x} = 1$

$\varphi = \arctan 1 = \frac{\pi}{4}$ oder $\frac{5\pi}{4}$

Wenn wir φ von 0 bis 2π laufen lassen, hat der Tangens zweimal den Wert 1. Welchen Wert nehmen wir? $\varphi = $ ....

-------- ▷ 47

77

Wir wollen den Ausdruck $4e^{i\pi}$ vereinfachen.

Zeichnen Sie zunächst den Punkt $z = 4e^{i\pi}$ in die Gauß'sche Zahlenebene ein.

Ermitteln Sie dann seinen Real- und Imaginärteil und schreiben Sie z in der Form $x + iy$.

$z = $ ....

Lösung gefunden

-------------------- ▷ 79

Hilfe erwünscht

-------------------- ▷ 78

31

Das Logarithmieren macht erfahrungsgemäß beim erstmaligen Lernen große Schwierigkeiten. Wer es bereits konnte, wird hier im Leitprogramm sehr schnell weiterkommen. Logarithmieren ist eine neue Operation.

Logarithmieren heißt: die Gleichung $y = a^x$ nach x auflösen.

Das bedeutet: Gegeben ist ....   und ....
                 Gesucht ist ....

------------------- ▷ 32

68

$x = 1$
$y = 0$
Hat Unendlichkeitsstelle bei $x = 0$
Keine Asymptote

Skizzieren Sie die Funktionen
$y = \lg x$
$y = \ln x$

------------------- ▷ 69

105

$y = x^4 + 2x^2$

Man kann sich den Spaß machen und mehrere Funktionen ineinanderschachteln. Lösen Sie auf:
$y = g^2 + 1$
$g = u - 1$
$u = \dfrac{1}{v + 1}$
$v = x - 1$
$y = g(u(v(x)))$

$y(x) = ...$

------------------- ▷ 106

14

Hier ist ein Teil des Rechenganges.

a) $\sqrt{-2} \cdot \sqrt{-8} + \sqrt{2} \cdot \sqrt{-8} = \sqrt{2} \cdot i \cdot \sqrt{8} \cdot i + \sqrt{2} \cdot \sqrt{8} \cdot i = \sqrt{16} \cdot (-1) + \sqrt{16} \cdot i = \ldots\ldots\ldots\ldots$

b) $\dfrac{\sqrt{-6}}{\sqrt{3}} = \dfrac{i \cdot \sqrt{3} \cdot \sqrt{2}}{\sqrt{3}} = \ldots\ldots\ldots\ldots$

c) $\dfrac{1}{(-i)^3} = \dfrac{1}{(-1)^3 \cdot i^3} = \dfrac{1}{(-1)(-1) \cdot i} = \dfrac{1}{i}$

Jetzt erweitern wir

$\dfrac{1}{i} \cdot \dfrac{i}{i} = \ldots\ldots\ldots\ldots$

- - - - - - - - - - - - - - - - - - - ▷ 15

45

$$r = \sqrt{a^4 + (b+c)^2} \qquad \tan\varphi = \dfrac{b+c}{a^2} \qquad \varphi = \arctan\dfrac{b+c}{a^2}$$

Gegeben sei $z = 1 + i$

Bringen Sie z in die Form

$z = r(\cos\varphi + i\sin\varphi)$

$z = \ldots\ldots\ldots\ldots$

Schaffen Sie es auf Anhieb

- - - - - - - - - - - - - - - - - - - ▷ 47

Hilfe erwünscht

- - - - - - - - - - - - - - - - - - - ▷ 46

76

Die *Selbstkontrolle* erfolgt hier so:

1. Phase   Rechnung selbständig mit möglichst wenig Hilfe durchführen.
2. Phase   Vergleich mit vorgegebener Lösung.
3. Phase   Ist das Ergebnis richtig, so kann der Erfolg sich positiv auf die Lernmotivation auswirken. Ist das Ergebnis falsch, so beginnt die Suche nach
    a) Flüchtigkeitsfehlern,
    b) systematischen Fehlern.
4. Phase   Ist ein systematischer Fehler gefunden, Ursache beseitigen. Das heißt in den meisten Fällen einen Lehrbuchabschnitt mit den dazugehörenden Aufgaben wiederholen.

Es ist also daher nicht einmal abwegig festzustellen, dass wir durch Fehler besonders wirksam lernen. Vorausgesetzt, wir haben sie *identifiziert, analysiert* und die *Ursachen beseitigt.*

- - - - - - - - - - - - - - - - - - - ▷ 77

32

Gegeben a, y Gesucht x

....

In anderer Notierung könnten wir die allgemeine Aufgabe auch so formulieren:
Die Gleichung $a^y = x$ soll nach y aufgelöst werden.
Da wir unter den bisher behandelten Rechenoperationen keine einzige finden, die wir da-
für benutzen können, benötigen wir hier eine neue Operation. Der Mathematiker nennt sie
Logarithmieren.

69

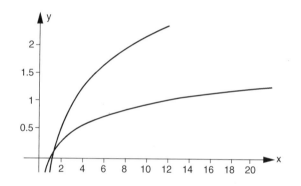

70

106

$$y = \frac{1}{x^2} - \frac{2}{x} + 2$$

....

Die Schreibweise der mittelbaren Funktion, bei der Hilfsvariable eingeführt werden, ist in der
Physik häufig. Dort ist es nicht immer ein Versteckspiel, wie es bei dem vorhergehenden Beispiel
scheinen könnte. Nun folgen Aufgaben aus dem ganzen Kapitel.

Wie lautet die Umkehrfunktion y^*

$y = x^3 + 8$

$y^* = \ldots\ldots\ldots$

107

13

$b \cdot i$

$5 + 3i$

....

Vereinfachen Sie

a) $\sqrt{-2} \cdot \sqrt{-8} + \sqrt{2} \cdot \sqrt{-8} = $ ....

b) $\qquad \dfrac{\sqrt{-6}}{\sqrt{3}} = $ ....

c) $\qquad \dfrac{1}{(-i)^3} = $ ....

Lösung gefunden   - - - - - - - - - - - - - - ▷ 15

Hilfe erwünscht   - - - - - - - - - - - - - - ▷ 14

44

Hinweise: Es war: $z = a^2 + (b+c)i$

Wir vergleichen mit der allgemeinen Form $z = x + iy$. In unserem Fall gilt also

$\qquad x = a^2$

$\qquad y = (b+c)$

Dann ist $\qquad r = \sqrt{x^2 + y^2} = \sqrt{\dots\dots}$

Weiter gilt $\qquad \tan\varphi = \dfrac{y}{x} = $ ....

Schließlich $\qquad \varphi = \arctan\dfrac{y}{x} = \arctan$ ....

- - - - - - - - - - - - - - ▷

75

Die Rückmeldung hat zwei Funktionen:

• Identifizierung von Lerndefiziten

• Bestätigung und Bekräftigung erfolgreichen Lernverhaltens

Das Lernen ist umso wirksamer, je weniger Zeit zwischen Lernvorgang und Rückmeldung liegt.

Die Rückmeldung über die Richtigkeit einer Aufgabenlösung kann über *Fremdkontrolle* oder *Selbstkontrolle* erfolgen.

- - - - - - - - - - - - - - ▷

$\boxed{33}$

Betrachten wir die Gleichung $a^y = x$

Im Lehrbuch wurde definiert: Der Logarithmus von x zur Basis a ist diejenige Hochzahl, die gerade wieder x ergibt, wenn man a damit potenziert. Dafür benutzen wir das Symbol

$$\log_a x$$

Mit anderen Worten: Der Term „$\log_a x$" ist eine Hochzahl oder ein Exponent. Als Hochzahl zu a ergibt er x.

$$a^{(\log_a x)} = \ldots\ldots\ldots$$

-------------------- ▷ $\boxed{34}$

$\boxed{70}$

Umkehrfunktion oder Inverse Funktion

Im Lehrbuch folgt nach der Logarithmusfunktion ein Abschnitt über hyperbolische Funktionen. Diesen Abschnitt überspringen wir im Leitprogramm. Sie können diesen Abschnitt später selbständig studieren, wenn Sie ihn brauchen.

STUDIEREN SIE im Lehrbuch   4.4.1 Umkehrfunktion oder Inverse Funktion
                               4.4.2 Arcusfunktionen
                                     Lehrbuch, Seite 94–97

BEARBEITEN SIE DANACH Lehrschritt   -------------------- ▷ $\boxed{71}$

$\boxed{107}$

$$y^* = \sqrt[3]{x - 8}$$

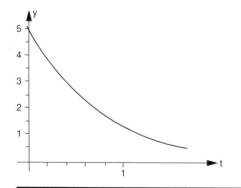

Der Graph zeigt die Funktion

$$y = \ldots\ldots\ldots$$

-------------------- ▷ $\boxed{108}$

$\sqrt{-9} = 3i$

$\sqrt{-16} \cdot \sqrt{-4} = -8$ Erläuterung: $\sqrt{16}\sqrt{-1} \cdot \sqrt{4}\sqrt{-1} = 4 \cdot i \cdot 2 \cdot i = -8$

Die Wurzel aus einer negativen Zahl wird immer nach demselben Algorithmus gezogen:

$\sqrt{-a} = \sqrt{a} \cdot \sqrt{-1} = \sqrt{a} \cdot i$

Lösen Sie

$\sqrt{-b^2} = \ldots\ldots\ldots$

$\sqrt{-25} + \sqrt{-9} = \ldots\ldots\ldots$

▷ - (13)

$r = \sqrt{x^2 + y^2}$

$\tan\phi = \frac{y}{x}$ Hinweis: ϕ ist der Winkel, dessen Tangens den Wert $\frac{y}{x}$ hat.

$\phi = \arctan\frac{y}{x}$

Jetzt ein weiteres Beispiel: Eine komplexe Zahl z sei in der folgenden Form gegeben:

$z = a^2 + (b+c)i$ a^2, b, c seien reell.

Wie schreibt sich z in der Form $z = r(\cos\phi + i\sin\phi)$

$r = \ldots\ldots\ldots$ $\tan\phi = \ldots\ldots\ldots$ $\phi = \ldots\ldots\ldots$

Lösung gefunden ▷ - (45)

Hilfe erwünscht ▷ - (44)

Empirisch gut belegt ist folgender Befund:

Ein Kurs A wird unterrichtet und wöchentlich wird eine Arbeit geschrieben und besprochen.

Ein Kurs B wird in gleicher Weise unterrichtet. Es werden aber keine Kontrollarbeiten geschrieben.

In allen untersuchten Fällen ist der Lernzuwachs im Kurs A größer. Die Leistungskontrollen und die Diskussion der Fehler wirken sich positiv auf die Lernvorgänge aus. Auch wenn sie zunächst als unbequem und störend empfunden werden.

▷ - (75)

34

$a^{(\log_a x)} = x$

....

Dies ist es, was man sich merken muss: Für eine festgesetzte Basis gilt:

Der Logarithmus einer Zahl als Exponent
gesetzt ergibt eben diese Zahl

Man kann sich diese Definition des Logarithmus gar nicht häufig genug klar machen. Logarithmen zur Basis 10 heißen . . . . Logarithmen und werden abgekürzt . . . .

- - - - - - - - - - - - - - - - - - - ▷ (35)

71

Die Bildung der Umkehrfunktion erfolgt in zwei Schritten:

1. . . . .

2. . . . .

- - - - - - - - - - - - - - - - - - - ▷ (72)

108

$y = 5 \cdot 2^{-2x}$

....

$$\frac{27^{-\frac{1}{3}} \cdot 4^5}{4^3 \cdot 2^0} = \ldots \ldots \ldots$$

- - - - - - - - - - - - - - - - - - - ▷ (109)

11

Hier ist die Folge der Umformungen für die Aufgabe $\sqrt{-25}$

$$\sqrt{-25} = \sqrt{25 \cdot (-1)} = \sqrt{25} \cdot \sqrt{-1} = 5i$$

Lösen Sie nun $\sqrt{-9} = \ldots\ldots\ldots\ldots\ldots$

$\sqrt{-16} \cdot \sqrt{-4} = \ldots\ldots\ldots\ldots\ldots$

- ▷ 12

42

$x = r \cdot \cos\varphi$

$y = r \cdot \sin\varphi$

Tun Sie jetzt das Umgekehrte:

Drücken Sie r, $\tan\varphi$ und φ aus durch die Größen x und y.

$r = \ldots\ldots\ldots\ldots\ldots$

$\tan\varphi = \ldots\ldots\ldots\ldots\ldots$

$\varphi = \ldots\ldots\ldots\ldots\ldots$

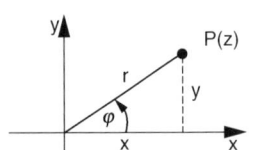

Hinweis: Die Umkehrfunktion zur Tangensfunktion ist im Lehrbuch auf Seite 97 erläutert. Bei Unsicherheit dort kurz wiederholen.

- ▷ 43

73

$\dfrac{z_1}{z_2} = e^{-i\frac{\pi}{3}}$

....

Hier folgen kurze Bemerkungen über Fehler und Rückkopplung beim Lernen.

Will Bemerkung überschlagen - ▷ 77

Bemerkung zu Fehlern und der Rückkopplung beim Lernen - ▷ 74

35

Dekadische Logarithmen
Abkürzung lg

....

Betrachten wir dekadische Logarithmen:
Was ergibt

$10^{\lg 5} = \ldots\ldots\ldots$

$10^{\lg 20} = \ldots\ldots\ldots$

$10^{\lg a} = \ldots\ldots\ldots$

---------------------▷ 36

72

1. Vertauschen von x und y
2. Auflösen nach y

....

Bilden Sie die Umkehrfunktion y^* zu

$$y = 1 - \frac{1}{x}$$

Wählen Sie das richtige Ergebnis

☐ $x^* = \frac{1}{1-y}$ ---------------------▷ 73

☐ $y^* = \frac{1}{1-x}$ ---------------------▷ 75

109

$\dfrac{16}{3}$ Hinweis: $27^{-\frac{1}{3}} = \dfrac{1}{27^{\frac{1}{3}}} = \dfrac{1}{3}$

....

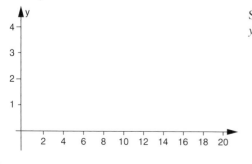

Skizzieren Sie den Graphen der Funktion
$y = 2 \ln x$

---------------------▷ 110

10

$$i^5 = i^2 \cdot i^2 \cdot i = (-1)(-1) \cdot i = i$$
$$i^8 = i^2 \cdot i^2 \cdot i^2 \cdot i^2 = 1$$

....

Berechnen Sie:

$$\sqrt{-9} = \ldots\ldots\ldots\ldots$$
$$\sqrt{-16} \cdot \sqrt{-4} = \ldots\ldots\ldots\ldots$$

Lösung gefunden   - - - - - - - - - - - - - - ▷ (12)

Hilfe erwünscht   - - - - - - - - - - - - - - ▷ (11)

41

Sehen Sie im Lehrbuch nach, und zwar
entweder in der Formelsammlung Seite 190
oder in Abschnitt 8.2.2, Seite 187.

Drücken Sie x und y aus durch r und φ.

$x = \ldots\ldots\ldots\ldots$
$y = \ldots\ldots\ldots\ldots$

- - - - - - - - - - - - - - ▷ (42)

72

Bei der Division sind die Beträge zu dividieren und die Winkel voneinander abzuziehen.

Beispiel: $z_1 = 4 \cdot e^{i2\pi}$

$z_2 = 2 \cdot e^{i\pi}$

$\dfrac{z_1}{z_2} = \dfrac{4}{2} \cdot e^{i2\pi - i\pi} = 2 \cdot e^{i\pi}$

Nun rechnen Sie nach diesem Schema die alte Aufgabe

$z_1 = 2 \cdot e^{i\frac{\pi}{3}}$

$z_2 = 2 \cdot e^{i\frac{2\pi}{3}}$

$\dfrac{z_1}{z_2} = \ldots\ldots\ldots\ldots$

- - - - - - - - - - - - - - ▷ (73)

36

    5
    20
    a
....

Logarithmen zur Basis 2 heißen *Logarithmus dualis* und werden abgekürzt: ....

Was ergibt

$2^{\text{ld}4}$ = ...

$2^{\text{ld}100}$ = ...

$2^{\text{ld}b}$ = ...

--------------------- ▷ (37)

73

Sie haben die Aufgabe falsch gelöst. Es scheint, dass Sie den Unterschied zwischen den folgenden Operation nicht genau kennen.
   a) Auflösung einer Gleichung nach x,
   b) Bildung der Umkehrfunktion

Sie sollten noch einmal den Abschnitt 4.3.1 im Lehrbuch studieren. Bilden Sie dabei die Umkehrfunktion für:

$y = \dfrac{1}{x+1}$ $y^* = $ ....

$y = e^{2x}$ $y^* = $ ....

--------------------- ▷ (74)

110

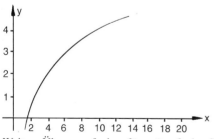

Weitere Übungsaufgaben für später finden Sie auf Seite 101 im Lehrbuch.
Jetzt aber ist es Zeit für eine größere Pause.

--------------------- ▷ (111)

9

$i^4 = 1$

Potenzen von i löst man auf, indem man die Potenz, soweit es geht, in Produkte von $i^2 = (-1)$ zerlegt.

Ein Verfahren wie dieses, das zwangsläufig zur Lösung eines Problems führt, nennt man einen *Algorithmus* oder auch *Lösungsalgorithmus*.

Kennt man den Lösungsalgorithmus einer Aufgabe, dann hat man die Lösung in der Tasche.

Rechnen Sie noch aus: $i^5 = \ldots\ldots\ldots\ldots$
$i^8 = \ldots\ldots\ldots\ldots$

- - - - - - - - - - - - - - - - - - - ▷ (10)

40

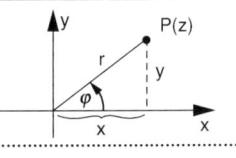

z sei in den beiden Formen gegeben:
$z = x + iy$ und $z = r(\cos\varphi + i\sin\varphi)$
Drücken Sie x und y aus durch r und φ

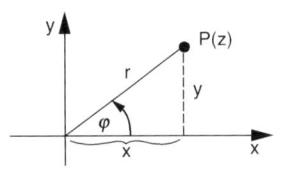

$x = \ldots\ldots\ldots\ldots$

$y = \ldots\ldots\ldots\ldots$

Können Sie die Beziehungen aus der Zeichnung ableiten?

Ja - - - - - - - - - - - - - - - - - - - ▷ (42)

Nein - - - - - - - - - - - - - - - - - - - ▷ (41)

71

$z_1 \cdot z_2 = 4e^{i\pi}$

Berechnen Sie den Quotienten aus den beiden komplexen Zahlen

$$z_1 = 2 \cdot e^{i\frac{\pi}{3}}$$

$$z_2 = 2 \cdot e^{i\frac{2\pi}{3}}$$

$$\frac{z_1}{z_2} = \ldots\ldots\ldots\ldots$$

Lösung gefunden - - - - - - - - - - - - - - - - - - - ▷ (73)

Hilfe erwünscht - - - - - - - - - - - - - - - - - - - ▷ (72)

Abkürzung ld;   4

                    100

                     b

....

Logarithmen zur Basis e heißen *natürliche Logarithmen.*
Sie werden abgekürzt: ....
Was ergibt

$e^{\ln 6}$ = ...

$e^{\ln a}$ = ...

$e^{\ln 10}$ = ...

BLÄTTERN SIE ZURÜCK   - - - - - - - - - - - - - - - - - - - ▷ (38)

$y_* = \frac{1}{x} - 1$

$y^* = \frac{1}{2} \ln x$

....

Weitere Übungsaufgaben finden Sie im Lehrbuch, Seite 77

Versuchen Sie jetzt noch einmal die Umkehrfunktion zu $y = 1 - \frac{1}{x}$ zu bilden.

    $y^* = $...........

BLÄTTERN SIE ZURÜCK   - - - - - - - - - - - - - - - - - - - ▷ (75)

111

Sie haben das   des Kapitels erreicht.

8

Wir wissen: $i^2 = -1$

Um einen Ausdruck wie i^6 zu vereinfachen, zerlegen wir ihn, soweit es geht, in Produkte von $i^2 = (-1)$

Beispiel: $i^6 = i^2 \cdot i^2 \cdot i^2 = (-1) \cdot (-1) \cdot (-1) = -1$

Nun fällt es Ihnen sicher leicht

$$i^4 = \dots\dots\dots$$

- - - - - - - - - - - - - - - - - - ▷ 9

39

$z = 1 + 2i$

Gegeben ist jetzt eine komplexe Zahl

$$z = x + iy$$

Nun kann man den Punkt $P(z)$ auch durch Polarkoordinaten r und φ festlegen.
Zeichnen Sie r und φ in die Zeichnung ein.

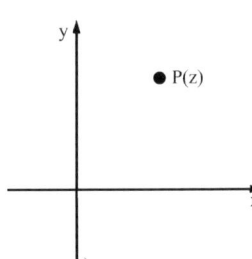

- - - - - - - - - - - - - - - ▷ 40

70

Beim Multiplizieren werden die Beträge multipliziert und die Winkel addiert.
Beispiel:

$$z_1 = e^{i\pi}$$
$$z_2 = 2e^{i\frac{2\pi}{3}}$$
$$z_1 \cdot z_2 = 2 \cdot e^{\left(i\pi + i\frac{2\pi}{3}\right)} = 2 \cdot e^{i\frac{5\pi}{3}}$$

Lösen Sie jetzt: $z_1 = 2 \cdot e^{i\frac{\pi}{3}}$

$$z_2 = 2 \cdot e^{i\frac{2\pi}{3}}$$

$$z_1 \cdot z_2 = \dots\dots\dots$$

- - - - - - - - - - - - - - - - ▷ 71

Kapitel 5
Differentialrechnung

K. Weltner, *Leitprogramm Mathematik für Physiker 1*.
DOI 10.1007/978-3-642-23485-9_5 © Springer-Verlag Berlin Heidelberg 2012

7

RICHTIG!

Vereinfachen Sie jetzt: $i^4 =$ ....

Lösung gefunden ◁ - (9)

Hilfe erwünscht ◁ - (8)

38

Bestimmen Sie aus der nebenstehenden Figur Realteil x und Imaginärteil y der Zahl z.

$z =$ ....

◁ - (39)

69

Gegeben seien die beiden komplexen Zahlen

$$z_1 = 2e^{i\varphi_1} \qquad \varphi_1 = \frac{\pi}{3}$$

$$z_2 = 2e^{i\varphi_2} \qquad \varphi_2 = \frac{2\pi}{3}$$

$z_1 \cdot z_2 =$ ....

Lösung gefunden ◁ - (71)

Hilfe erwünscht ◁ - (70)

Folge und Grenzwert
Grenzwert einer Zahlenfolge
Auch in diesem Abschnitt handelt es sich um Sachverhalte, die vielen aus der Schule bekannt sein dürften. Sie müssen selbst entscheiden, ob Sie den Lehrbuchabschnitt kurz wiederholen oder gründlich studieren.

STUDIEREN SIE im Lehrbuch   5.5.1 Die Zahlenfolge
                                5.5.2 Grenzwert einer Zahlenfolge
                                       Lehrbuch Seite 103–106

BEARBEITEN SIE danach Lehrschritt   --------------------▷ ②

57

Zwei Gruppen A und B schreiben ein Fremdwortdiktat zur Zeit t_1. Die Fehlerzahl ist in beiden Gruppen gleich.

Gruppe A: Das Diktat ist so korrigiert, dass Fehler mit Rotstift unterstrichen sind. Die richtige Schreibweise muss aus Wörterbüchern selbst ermittelt werden.

Gruppe B: Das Diktat ist so korrigiert, dass richtige Schreibweise und Zeichensetzung eingesetzt sind. Nach 4 Wochen (t_2) wird ein zweites identisches Diktat geschrieben.

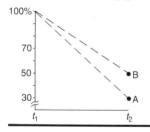

Aufgetragen ist die relative Fehlerzahl, die in Gruppe A wegen der aktiveren Lernform signifikant zurückgegangen ist.

(frei nach Löwe 1972)   --------------------▷ ⑤⑧

Bilden Sie noch die Ableitungen für:

a) $y = e^x$ $y' = \dots$

b) $y = x^4$ $y' = \dots$

c) $y = \cos x$ $y' = \dots$

d) $y = 5 \sin x$ $y' = \dots$

e) $y = \ln x$ $y' = \dots$

f) $y = 2 e^x$ $y' = \dots$

--------------------▷ ⑪⑭

6

Beinahe richtig, aber nicht ganz.

$4 + 4i$ ist eine *komplexe* Zahl. Sie besteht aus der reellen Zahl 4 und der *imaginären* Zahl $4i$.
$4i$ ist eine *imaginäre* Zahl.

▷ 7

37

P(z) = (1,−2)

Zeichnen Sie die Punkte für
die drei komplexen Zahlen
$z_1 = 1 + i$
$z_2 = -2 + i$
$z_3 = -2i$

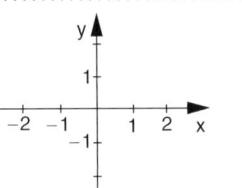

▷ 38

68

Multiplikation und Division komplexer Zahlen
Potenzieren und Wurzelziehen komplexer Zahlen
Periodizität von e^{ia}

STUDIEREN SIE im Lehrbuch   8.3.4 Multiplikation und Division komplexer Zahlen
                                   8.3.5 Potenzieren und Wurzelziehen komplexer Zahlen
                                   8.3.6 Periodizität von $e^{i\alpha}$
                                          Lehrbuch Seite 193–195

BEARBEITEN SIE DANACH Lehrschritt   ▷ 69

2

Der Ausdruck

$a_1, a_2, \ldots\ldots\ldots\ldots, a_n, a_{n+1}, \ldots\ldots\ldots$

heißt..........

a_n ist das.......... ....

------------------- ▷ ③

58

Exzerpieren ist aktives Lernen und erleichtert das Einprägen und Behalten.

....

Wenn Sie neue Begriffe, Definitionen oder Regeln später in einem anderen Zusammenhang anwenden wollen, müssen Sie sie im Gedächtnis haben.

Dazu dienen Auszüge. Die Technik, Auszüge anzufertigen, ist nicht schwer. Sie ist, wie alle wichtigen Techniken, sehr einfach.

Exzerpieren Sie jetzt – falls Sie das nicht bereits getan haben – zur Übung die wichtigsten Begriffe aus dem Lehrbuch Abschnitt 5.3.

------------------- ▷ (59)

114

a) $y' = e^x$ d) $y' = 5\cos x$

b) $y' = 4x^3$ e) $y' = \dfrac{1}{x}$

c) $y' = -\sin x$ f) $y' = 2e^x$

....

Die Technik des Differenzierens muss man üben. Man muss die Ableitungen der einfachen Funktionen im Kopf haben.

Weitere Übungsaufgaben finden Sie auf Seite 131 des Lehrbuchs.

Wir wissen ja, Übungsaufgaben löst man, bis man die Technik beherrscht.

------------------- ▷ (115)

5

Hier haben Sie einen Fehler gemacht.

i ist eine imagniäre Zahl aber es gilt $i^2 = -1$. Die Zahl -1 ist reell.

Noch einmal:

Welche der folgenden Zahlen ist eine *imaginäre* Zahl?

☐ $4i$ --------------------▷ ⑦

☐ $4 + 4i$ --------------------▷ ⑥

36

Zeichnen Sie den Punkt $P(z)$ ein, der zu der komplexen Zahl gehört.

$z = 1 - 2i$

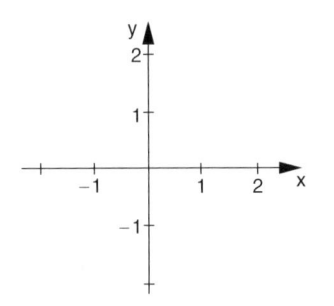

--------------------▷ ㊲

67

Der Imaginärteil von $w = e^{\gamma t}(\cos \omega t + i \sin \omega t)$ ist: $e^{\gamma t} \cdot \sin \omega t$

Sein Graph stellt dar

a) $\gamma > 0$ angefachte Sinusschwingung   b) $\gamma < 0$ gedämpfte Sinusschwingung

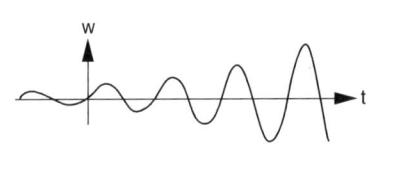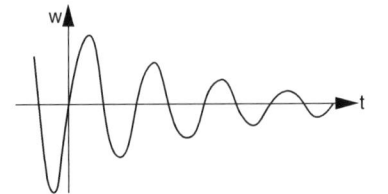

--------------------▷ ㊲

3

Zahlenfolge
allgemeine Glied

....

Geben Sie die ersten fünf Glieder der Zahlenfolge an für

$$a_n = \frac{(-1)^n}{1+n^2}$$

-------------------- ▷ (4)

59

Haben Sie die Begriffe herausgeschrieben?

Nein ich hatte keinen Zettel zur Hand

-------------------- ▷ (60)

Nein, ich kenne alle Begriffe bereits aus der Schule

-------------------- ▷ (61)

Ja

-------------------- ▷ (62)

115

Die Differentiation komplizierter Funktionen

Bei zusammengesetzten Funktionen müssen zwei oder mehrere Regeln nacheinander oder gleichzeitig angewandt werden.

STUDIEREN SIE im Lehrbuch   3.5.3 Ableitung komplizierter Funktionen
                                   Lehrbuch, Seite 123–125

BEARBEITEN SIE DANACH Lehrschritt

-------------------- ▷ (116)

$\boxed{4}$

Welche der folgenden Zahlen ist eine *imaginäre* Zahl?

☐ i^2 ------------------- ▷ ⑤

☐ $4i$ ------------------- ▷ ⑦

☐ $4+4i$ ------------------- ▷ ⑥

$\boxed{35}$

Komplexe Zahlen in der Gauß'schen Zahlenebene

STUDIEREN SIE im Lehrbuch   8.2 Komplexe Zahlen in der
                                          Gauß'schen Zahlenebene
                                          Lehrbuch, Seite 186–188

BEARBEITEN SIE DANACH Lehrschritt   ------------------- ▷ ㊱

$\boxed{66}$

Skizzieren Sie jetzt den Imaginärteil von $w = e^{\gamma t} \cdot e^{i\omega t} = e^{\gamma t}(\cos \omega t + i \sin \omega t)$

a) $\gamma > 0$ b) $\gamma < 0$

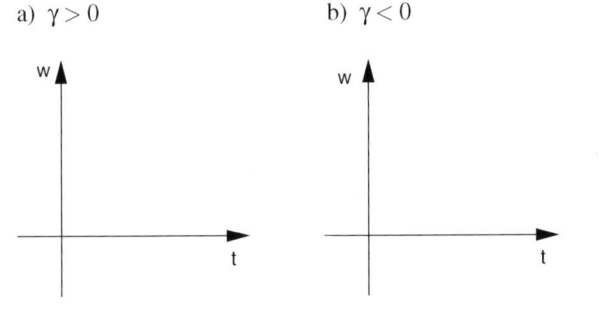

------------------- ▷ ㊷

4

$$-\frac{1}{2}, \frac{1}{5}, -\frac{1}{10}, \frac{1}{17}, -\frac{1}{26} \ldots\ldots\ldots$$

Die obige Zahlenfolge ist eine
☐   konvergente Zahlenfolge
☐   divergente Zahlenfolge

Hat die Zahlenfolge einen Grenzwert?
☐   Ja
☐   Nein

Wenn ja, welchen: ....

Die Folge ist eine ....

------------------▷ ⑤

60

KEIN KOMMENTAR

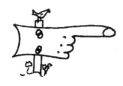

------------------▷ 64

116

Die Differentiationsregeln sind in einer Tabelle auf Seite 129 des Lehrbuchs
zusammengestellt.
Benutzen Sie bei der Lösung der folgenden Aufgaben das Lehrbuch und die Tabelle, und geben
Sie nicht auf, auch wenn es etwas dauert.

1. $y = 4x^3$ $y' = \ldots\ldots\ldots$

2. $y = \dfrac{1}{2x}$ $y' = \ldots\ldots\ldots$

3. $y = 3x^{-\frac{1}{2}} + x^{\frac{1}{2}}$ $y' = \ldots\ldots\ldots$

4. $y = 7 \cdot \sin(ax)$ $y' = \ldots\ldots\ldots$

5. $y = \dfrac{1}{2}\cos(6x)$ $y' = \ldots\ldots\ldots$

------------------▷ ⑪⑰

3

Definition und Eigenschaften der komplexen Zahlen

Die praktische Bedeutung der komplexen Zahlen liegt darin, dass sie die Lösung von Differential-gleichungen erleichtern werden, besonders von Differentialgleichungen, die bei Schwingungsproblemen auftreten.

STUDIEREN SIE im Lehrbuch   8.1 Definition und Eigenschaften der komplexen
                                        Zahlen
                                        Lehrbuch, Seite 183–186

BEARBEITEN SIE danach - - - - - - - - - - - - - - - - - - - ▷ 4

34

$2{,}08 - 0{,}44i$

So, und nun haben Sie wirklich einen erheblichen Fortschritt gemacht und sich eine Pause redlich verdient.

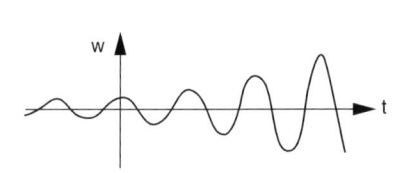

- - - - - - - - - - - - - - - - - - ▷ 35

65

Der Realteil von $w(t) = e^{\gamma t}(\cos(\omega t) + i\sin(\omega t))$ ist: $e^{\gamma t} \cdot \cos\omega t$

Sein Graph stellt dar:

a) $\gamma > 0$ angefachte Kosinusschwingung   b) $\gamma < 0$ gedämpfte Kosinusschwingung

- - - - - - - - - - - - - - - - - - ▷ 66

5

Konvergente Folge

Ja: $\lim\limits_{n\to\infty} \dfrac{(-1)^n}{1+n^2} = 0$

Nullfolge

....

Strebt das allgemeine Glied einer Zahlenfolge für n gegen Unendlich ($n \to \infty$) gegen einen festen Wert, so heißt dieser

. . . .

Rechnen Sie aus $\lim\limits_{n\to\infty} \dfrac{1}{n+10} = \ldots\ldots\ldots$

6

61

Ja, wenn Sie alle Begriffe des Abschnitts bereits aus der Schule genau kannten, ist diese Übung im Augenblick für Sie sinnlos.

Mit dem Exzerpieren sollten Sie anfangen, sobald für Sie Neues kommt. Dann aber sollten Sie es wirklich tun.

63

117

1. $y' = 12x^2$

2. $y' = \dfrac{-1}{2x^2}$

3. $y' = -\dfrac{3}{2}x^{-\frac{3}{2}} + \dfrac{1}{2}x^{-\frac{1}{2}}$

4. $y' = 7a \cdot \cos(ax)$

5. $y' = (-3)\sin(6x)$

....

Alle Aufgaben richtig

122

Fehler bei Aufgabe 4 oder 5

118

Fehler bei Aufgabe 1-3

120

2

1. Eine Funktion $f(x)$ ist einer unendlichen Potenzreihe der Form $a_0 + a_1 x + a_2 x^2 \cdots$ äquivalent.

2. Die Koeffizienten der Potenzreihe lasssen sich bestimmen, wenn man die Ableitungen von $f(x)$ kennt.

$$a_n = \frac{f^{(n)}}{n!}$$

3. Mit Hilfe der Potenzreihen lassen sich Näherungspolynome für Funktionen bilden.

------------------- ▷ ③

33

Um komplexe Zahlen zu dividieren, müssen wir zunächst den Nenner zu einer reellen Zahl machen. Wir wissen bereits, dass das Produkt einer komplexen Zahl mit ihrer konjugiert komplexen immer eine reelle Zahl ergibt. Also erweitern wir den Bruch mit der konjugiert komplexen Zahl des Nenners.

$$\frac{z_1}{z_2} = \frac{z_1 \cdot z_2^*}{z_2 \cdot z_2^*} = \frac{(8+7i) \cdot (3-4i)}{(3+4i) \cdot (3-4i)} = \frac{(8+7i) \cdot (3-4i)}{9+16} = \dots\dots\dots$$

------------------- ▷ ㉞

64

Realteil: $e^{\gamma t} \cdot \cos(\omega t)$

Imaginärteil: $e^{\gamma t} \cdot \sin(\omega t)$

....

Skizzieren Sie den Graphen des Realteils der Funktion

$$w = e^{\gamma t} \cdot e^{i\omega t} = e^{\gamma t}(\cos \omega t + i \sin \omega t)$$

a) $\gamma > 0$ b) $\gamma < 0$

------------------- ▷ ㉖⑤

Grenzwert
0

....

Hatten Sie Schwierigkeiten mit den Begriffen, so ist es zweckmäßig, noch einmal den Abschnitt im Lehrbuch zu studieren. Schreiben Sie dabei auf einem Sonderblatt neue Begriffe und Definitionen mit stichpunktartigen Erklärungen heraus. Sie sollten die Definitionen anhand der Stichworte reproduzieren können.

Rechnen Sie jetzt

$$\lim_{n \to \infty} \frac{1}{n} = \dots \dots \qquad \qquad \lim_{n \to \infty} \left(\frac{2}{n} + 3 \right) = \dots \dots$$

--------------------▷ 7

62

Sehr gut. Herausgeschrieben haben könnten Sie:

　　Zusammenhang zwischen Reihe und Folge;

　　Anfangsglied, Endglied;

　　unendliche Reihe/endliche Reihe;

　　geometrische Reihe;

　　Summe der geometrischen Reihe.

Sie werden diese Technik noch sehr oft brauchen.

-------------------▷ 63

118

Die Ableitung trigonometrischer Funktionen setzt voraus, dass man weiß:

$$y = \sin(ax) \quad \to \quad y' = a \cdot \cos(ax)$$
$$y = \cos(ax) \quad \to \quad y' = -a \cdot \sin(ax)$$

Diese Ableitung finden Sie im Lehrbuch, Seite 124 unter dem Stichwort *mittelbare Funktionen*. Rechnen Sie die Aufgaben noch einmal:

$$y = 7 \sin(cx) \qquad \qquad y' = \dots \dots$$

$$y = \frac{1}{2} \cos(6x) \qquad \qquad y' = \dots \dots$$

-------------------▷ 119

Hier zunächst eine kurze Wiederholung
des vorhergehenden Kapitels.

Nennen Sie in Stichworten die drei wichtigsten Punkte aus dem Kapitel 7 „Taylorreihen und Potenzreihenentwicklung"

1. ....

2. ....

3. ....

------------------------ ▷ ②

32

$$-\frac{1}{2}\sqrt{3} - 2i$$

....

Noch eine Division

$z_1 = 8 + 7i$ $\qquad\qquad$ $z_2 = 3 + 4i$

Gesucht $\dfrac{z_1}{z_2} = \ldots\ldots\ldots$

Lösung gefunden $\qquad\qquad$ -------------------- ▷ ㉞

Hilfe erwünscht $\qquad\qquad$ -------------------- ▷ ㉝

63

$w = e^{\gamma t} \cdot e^{i\omega t}$
$w = e^{\gamma t}(\cos \omega t + i \sin \omega t)$

Schreiben Sie getrennt Realteil und Imaginärteil.

Realteil: $\qquad$ ....

Imaginärteil: ....

-------------------- ▷ ㉟

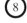

$$\lim_{n\to\infty}\frac{1}{n}=0 \qquad\qquad \lim_{n\to\infty}\left(\frac{2}{n}+3\right)=3$$

Rechnen Sie noch drei Aufgaben:

1. $\lim\limits_{n\to\infty}\dfrac{1}{\sqrt{n}}$ $=\dots\dots$

2. $\lim\limits_{n\to\infty}\left(3+\dfrac{1}{n^2}\right)=\dots\dots$

3. $\lim\limits_{n\to\infty}\dfrac{(-1)^n}{2^n}$ $=\dots\dots$

-------------------- ▷ ⑧

63

Von nun ab sollten Sie von jedem studierten Text einen kurzen Auszug machen. Das gilt nur für solche Texte, bei denen Sie beschlossen haben, sie intensiv zu studieren.
Die Auszüge können in einem Ringbuch, in einem Hefter oder in einer Kartei gesammelt und geordnet werden.
Es ist natürlich nur dann sinnvoll, Auszüge zu machen, wenn der Inhalt Ihnen neu ist.

-------------------- ▷ ㉔

119

$$y' = 7\,c\,\cos(cx)$$

$$y' = -\frac{6}{2}\sin(6x)$$

Alles richtig   -------------------- ▷ ⑫②
Bei Fehlern: Lösen Sie die folgenden Aufgaben
anhand des Lehrbuchs Seite 124 Stichwort: *mittelbare Funktion*

$$y = 3\,\sin\left(\tfrac{1}{3}x\right)$$

$$y = 4\,\cos(2x)$$

BEARBEITEN SIE danach Lehrschritt   -------------------- ▷ ⑫⓪

Kapitel 8
Komplexe Zahlen

K. Weltner, *Leitprogramm Mathematik für Physiker 1*.
DOI 10.1007/978-3-642-23485-9_8 © Springer-Verlag Berlin Heidelberg 2012

8

0

3

0

....

Keine Fehler   -------------------- ▷

Fehler gemacht oder
weitere Erklärungen für die Berechnung von Grenzwerten erwünscht ------------- ▷ ⑨

64

Die Ableitung einer Funktion

Exzerpieren Sie und verfolgen Sie bei der Bearbeitung des Abschnitts die Rechnungen auf Konzeptpapier mit.
Wir verstehen und behalten eine mathematische Ableitung besser bei aktiver Mitarbeit.
Mitrechnen ist zwar unbequem aber nützlich.

STUDIEREN SIE im Lehrbuch   3.4 Ableitung einer Funktion
                                             Lehrbuch Seite 112–117

BEARBEITEN SIE danach Lehrschritt   -------------------- ▷

120

Sie hatten noch Schwierigkeiten. Das ist verständlich. Wenn wir jetzt weitermachen, ohne die Schwierigkeiten zu beheben, sparen wir keine Zeit. Es werden dann künftig Verständnisschwierigkeiten entstehen, deren Ursache nicht genau lokalisiert ist und die Sie sehr aufhalten können. Rechnen Sie alle Beispiele noch einmal nach. Es war:

1. Potenz $y = 4x^3$ $y' = \ldots\ldots\ldots$

2. Potenz oder Quotientenregel $y = \frac{1}{2x}$ $y' = \ldots\ldots\ldots$

3. Potenz $y = 3x^{-\frac{1}{2}} + x^{\frac{1}{2}}$ $y' = \ldots\ldots\ldots$

4. Kettenregel $y = 7\,\sin(ax)$ $y' = \ldots\ldots\ldots$

5. Kettenregel $y = \frac{1}{2}\cos(6x)$ $y' = \ldots\ldots\ldots$

                                                 -------------------- ▷ ⑫①

Gedächtnisexperimente wurden zuerst von Ebbinghaus 1885 durchgeführt.

Zunächst wird ein Gedächtnisinhalt eingelernt (sinnlose Silben, Zahlenreihen, Begriffe, Definitionen oder mathematische Aussagen).
Nach einer Zeitspanne wird dann untersucht, wie weit die Gedächtnisinhalte noch vorhanden sind. Dabei lassen sich folgende Methoden unterscheiden.

Freie Reproduktion: Die Versuchsperson muss ohne Hilfe frei reproduzieren, was sie behalten hat.
Wiederlernen: Es wird die Zeit gemessen, die die Versuchsperson braucht, um den Lernstoff wieder neu zu lernen. Diese Lernzeit liegt zwischen 0 und der ursprünglichen Lernzeit.
Wiedererkennung: Hier wird gemessen, welcher Prozentsatz des ursprünglichen Gedächtsnismaterials wiedererkannt wird.

BLÄTTERN SIE ZURÜCK    ----------------------▷ 42

$$f'\left(\tfrac{\pi}{2}\right) = 0 \qquad f''\left(\tfrac{\pi}{2}\right) = -1$$
$$f\left(\tfrac{\pi}{2}\right) = 1 \qquad f'''\left(\tfrac{\pi}{2}\right) = 0 \qquad f^{(4)}\left(\tfrac{\pi}{2}\right) = 1$$

Setzen Sie nun diese Werte in die Formel ein:

$$f(x) = \sum_{n=0}^{\infty} \frac{f^{(n)}\left(\tfrac{\pi}{2}\right)}{n!} \left(x - \tfrac{\pi}{2}\right)^n$$

$$f(x) = \sin x = \ldots\ldots\ldots\ldots$$

BLÄTTERN SIE ZURÜCK   ----------------------▷ 83

123

Sie haben das des Kapitels erreicht.

Folgendes Verfahren führt bei sehr vielen Grenzwertbestimmungen zum Ziel:

Man muss versuchen, Zähler und Nenner so umzuformen, dass ganzzahlige Potenzen von $\left(\dfrac{1}{n}\right)$

entstehen. Beim Grenzübergang $(n \to \infty)$ verschwinden diese Terme und der dann verbleibende Ausdruck ist der Grenzwert.

Beispiel: $\lim\limits_{n\to\infty} \dfrac{n}{3+n} = \lim\limits_{n\to\infty} \dfrac{n}{n\left(\frac{3}{n}+1\right)} = \ldots\ldots\ldots$

Hilfe erwünscht $------------\triangleright$

Lösung gefunden $------------\triangleright$ (11)

---

[65]

Haben Sie sich ein Exzerpt des Abschnitts 5.4 hergestellt und sich Notizen gemacht?

☐ Ja $------------\triangleright$

☐ Nein $------------\triangleright$ (68)

---

[121]

1. $y' = 3 \cdot 4 \cdot x^2$ 4. $y' = 7 \cdot a \cdot \cos(ax)$

2. $y' = -\dfrac{1}{2x^2}$ 5. $y' = -\dfrac{6}{2}\sin(6x)$

3. $y' = -\dfrac{3}{2}x^{-\frac{3}{2}} + \dfrac{1}{2}x^{-\frac{1}{2}}$

....

Entscheiden Sie selbst:

Alles richtig $------------\triangleright$ (122)

Fehler: Versuchen Sie die Aufgaben anhand des Lehrbuches zu lösen.

BEARBEITEN SIE DANACH Lehrschritt $------------\triangleright$ (122)

$\boxed{40}$

Es folgen jetzt Hinweise über die zweckmäßige Wiederholung von Lerninhalten. Diese Hinweise gelten allgemein – nicht nur für das Studium der Mathematik. Dabei werden zuerst experimentelle Befunde über das Behalten von verschiedenen Sachverhalten mitgeteilt.

Wiederholungstechniken $\qquad\text{-------------------}\triangleright$ $\boxed{41}$

Wiederholungstechniken bekannt, will mit den Potenzreihen fortfahren $\text{-----------}\triangleright$ $\boxed{50^*}$

$\text{-------------------}\triangleright$ $\boxed{50}$

$\boxed{81}$

1. Wir bilden die Ableitungen   2. Wir ermitteln die Werte der Ableitungen für $x_0 = \dfrac{\pi}{2}$

3. Wir setzen die Werte $f'\left(\frac{\pi}{2}\right), \cdots, f^{(4)}\left(\frac{\pi}{2}\right)$ in die Formel ein: $\displaystyle\sum_{n=0}^{\infty} \frac{f^{(n)}\left(\frac{\pi}{2}\right)}{n!}\left(x-\frac{\pi}{2}\right)^n$

Die ersten Ableitungen der Funktion $f(x) = \sin x$ lauten:

$f'(x) = \cos x$ $f''(x) = -\sin x$

$f'''(x) = -\cos$ $f^{(4)}(x) = \sin x$

Berechnen Sie die Werte der Ableitungen an der Stelle $x = \frac{\pi}{2}$

$f'\left(\frac{\pi}{2}\right) = \ldots\ldots\ldots$ $f''\left(\frac{\pi}{2}\right) = \ldots\ldots\ldots$

$f'''\left(\frac{\pi}{2}\right) = \ldots\ldots\ldots$ $f^{4}\left(\frac{\pi}{2}\right) = \ldots\ldots\ldots$ $\text{-------------------}\triangleright$ $\boxed{82}$

$\boxed{122}$

Weitere Aufgaben finden Sie auf Seite 179 des Lehrbuches. Vor Prüfungen oder Klausuren sollten Sie diese Aufgaben zu rechnen versuchen.

$\text{-------------------}\triangleright$ $\boxed{123}$

10

Gesucht: $\lim\limits_{n\to\infty} \dfrac{n}{3+n}$

Rechengang: Wir formen mit dem Ziel um, Glieder der Form $\dfrac{1}{n}$ zu erzeugen.

Im Beispiel kann dann einmal durch n gekürzt werden.

$$\lim_{n\to\infty}\left(\frac{n}{3+n}\right) = \lim_{n\to\infty}\left\{\frac{n}{n}\cdot\frac{1}{\left(\frac{3}{n}+1\right)}\right\} = \lim_{n\to\infty}\left(\frac{1}{\frac{3}{n}+1}\right) = \frac{1}{0+1} = 1$$

Die folgende Aufgabe ist nach dem gleichen Schema zu lösen: $\lim\limits_{n\to\infty}\dfrac{n+2}{n+4} = \ldots\ldots\ldots$

------------------- ▷ 11

66

Das ist glänzend. Sie haben ein großes Lob verdient, weil Sie eine der wichtigen Studiertechniken jetzt anwenden.

Wie heißen die folgenden Symbole?

$\dfrac{\Delta y}{\Delta x} = \ldots\ldots\ldots$ $\qquad\qquad$ $dx = \ldots\ldots\ldots$

$\lim\limits_{\Delta x\to 0}\dfrac{\Delta y}{\Delta x} = \ldots\ldots\ldots$ $\qquad$ $dy = \ldots\ldots\ldots$

$\dfrac{dy}{dx} = \ldots\ldots\ldots$ $\qquad\qquad$ $f'(x) = \ldots\ldots\ldots$

$\qquad\qquad\qquad\qquad\qquad\qquad df = \ldots\ldots\ldots$

------------------- ▷ 67

122

Hier sind Beispiele, bei denen die Bezeichnungen gewechselt sind. Es sind durchweg einfache Aufgaben. Im Zweifelsfall substituieren Sie, d.h. ersetzen Sie die unvertrauten Ausdrücke durch die bekannten Symbole x und y.

$u = v^2$ $\qquad\qquad\qquad\qquad$ $u' = \ldots\ldots\ldots$

$E_{kin} = \dfrac{m}{2}v^2$ $\qquad\qquad\qquad$ $\dfrac{d}{dv}(E_{kin}) = \ldots\ldots\ldots$

$s = \dfrac{g}{2}t^2$ $\qquad\qquad\qquad\quad$ $\dfrac{ds}{dt} = v = \ldots\ldots\ldots$

$p = \rho\cdot h$ $\qquad\qquad\qquad\quad$ $\dfrac{dp}{dh} = \ldots\ldots\ldots$

$A = A_0\,\sin(\omega t)$ $\qquad\qquad$ $\dfrac{dA}{dt} = \ldots\ldots\ldots$

$s = A_0\,\cos(\omega t)$ $\qquad\qquad$ $\dfrac{ds}{dt} = \ldots\ldots\ldots$

------------------- ▷ 123

Weitere Aufgaben für das Entwickeln einer Funktion in eine Taylorreihe finden Sie im Lehrbuch auf Seite 179.

-------------------- ▷ 40

$$f(x) = f(x_0) + f'(x_0)(x - x_0) + \frac{f''(x_0)}{2!}(x - x_0)^2 + \cdots$$

Setzt man in dieser Taylorentwicklung $x_0 = 0$, erhält man wieder die bislang betrachtete Form der Taylorreihe.

Gegeben sei die Funktion $f(x) = \sin x$. Diese soll an der Stelle $x_0 = \frac{\pi}{2}$ in eine Taylorreihe bis zum Gliede $n = 4$ entwickelt werden. Welche Arbeitsschritte sind dazu erforderlich?

1. ....

2. ....

3. ....

-------------------- ▷ 81

$$\int e^x \, dx = \int \left(1 + x + \frac{x^2}{2!} + \frac{x^3}{3!} + \cdots \cdots \right) dx$$

$$= x + \frac{x^2}{2} + \frac{x^3}{2!3} + \frac{x^4}{3!4} + \frac{x^5}{4!5} + \cdots \cdots + C^*$$

$$= x + \frac{x^2}{2} + \frac{x^3}{3!} + \frac{x^4}{4!} + \frac{x^5}{5!} + \cdots \cdots + C^*$$

Vergleichen wir mit dem erwarteten Ergebnis:

$$\int e^x \, dx = \int e^x \, dx = 1 + x + \frac{x^2}{2} + \frac{x^3}{3!} + \frac{x^4}{4!} + \cdots \cdots + C$$

Beide Ergebnisse sind identisch, wenn wir für die beliebig wählbaren Integrationskonstanten setzen: $C^* = C + 1$

-------------------- ▷ 122

11

1

....

Andere allgemeine Glieder von Zahlenfolgen, deren Grenzwert gegen 0 geht, sind:

$$a_n = \frac{1}{2^n}$$

Auch hier wird der Nenner für $n \to \infty$ beliebig groß und im Grenzübergang verschwindet der Term.

Allgemein: $\lim\limits_{n\to\infty} \dfrac{1}{c^n} = 0,$ wenn c > 1

Was ist der Grenzwert von $\lim\limits_{n\to\infty}\left(2 \cdot \dfrac{3^n}{(3+3^n)}\right) = \dots\dots\dots$

-------------------- ▷ 12

67

$\dfrac{\Delta v}{\Delta x}$ = Differenzenquotient dx = unabhängiges Differential

$\lim\limits_{\Delta x\to 0} \dfrac{\Delta y}{\Delta x}$ = Differentialquotient dy = abhängiges Differential

$f'(x)$ = Differentialquotient, Ableitung

$\dfrac{dy}{dx}$ = Differentialquotient df = abhängiges Differential

....

Mit Hilfe Ihrer Aufzeichnungen müsste es Ihnen möglich gewesen sein, diese Begriffe hinzuschreiben.

SPRINGEN SIE AUF

-------------------- ▷ 70

123

$u' = 2v$ $\dfrac{dp}{dh} = \rho$

$\dfrac{d\,E_{kin}}{dv} = mv$ $\dfrac{dA}{dt} = A_0\,\omega\,\cos(\omega t)$

$\dfrac{ds}{dt} = gt$ $\dfrac{ds}{dt} = \dot{s} = -A_0\,\omega\,\sin(\omega t)$

-------------------- ▷ 124

$$\lim_{n\to\infty} \frac{n+1}{n} = \lim_{n\to\infty} \left(1 + \frac{1}{n}\right) = 1$$

Damit haben wir den Konvergenzbereich der Taylorreihe der Funktion $\ln(1+x)$ bestimmt.

$$x < \lim_{n\to\infty}\left|\frac{a_n}{a_{n+1}}\right| = \lim_{n\to\infty} \frac{n+1}{n} = 1$$

Die Reihe konvergiert also im Bereich $-1 < x < 1$.

Über das Verhalten der Reihe in den Endpunkten des Konvergenzbereichs sagt das Konvergenzkriterium nichts aus. Hier kann die Reihe nämlich divergieren oder konvergieren.

Die Reihe *konvergiert* für $x = 1$

Die Reihe *divergiert* für $x = -1$

Im letzten Fall erhalten wir die *harmonische Reihe*.   - - - - - - - - - - - - - - - - - - - ▷ 39

Wir wollen nun noch ein Beispiel zur Taylorreihenentwicklung an einer Stelle $x_0 \neq 0$ rechnen, und dabei direkt die Formel auf Seite 173 benützen.

Die Funktion $f(x)$ soll an der Stelle $x_0 \neq 0$ in eine Taylorreihe entwickelt werden. Welche Form hat dann diese Reihe?

Schauen Sie im Zweifel im Lehrbuch nach.

$$f(x) = \ldots\ldots\ldots\ldots$$

- - - - - - - - - - - - - - - - - - - ▷ 80

Zum Abschluss noch ein vertrautes Beispiel:

Die Taylorentwicklung der Funktion $y = e^x$ lautet:

$$e^x = 1 + \frac{x}{1!} + \frac{x^2}{2!} + \frac{x^3}{3!} + \ldots\ldots\ldots\ldots$$

Berechnen Sie $\int e^x dx$ über diese Reihenentwicklung und vergleichen Sie die dabei entstehende Reihe mit der Ausgangsreihe

$$\int e^x dx = \ldots\ldots\ldots\ldots$$

- - - - - - - - - - - - - - - - - - - ▷ 121

12

2

....

Bestimmen Sie

$$\lim_{n\to\infty} \frac{3n^2 - 2}{2n + n^2} = \ldots\ldots\ldots$$

Ich wünsche noch einen Hinweis   --------------------▷  13

Ergebnis gefunden   --------------------▷  15

68

Sie haben kein Exzerpt angefertigt. Vielleicht kannten Sie den Inhalt bereits gut.
Exzerpte fertigt man an, wenn man neue Sachverhalte lernen muss.
Versuchen Sie jetzt aus dem Gedächtnis, dabei sollten Sie nicht mehr in das Lehrbuch schauen,
die Namen folgender Symbole zu nennen.

$$\frac{\Delta y}{\Delta x} = \ldots\ldots\ldots \qquad\qquad dx = \ldots\ldots\ldots$$

$$\lim_{\Delta x\to 0} \frac{\Delta y}{\Delta x} = \ldots\ldots\ldots \qquad\qquad dy = \ldots\ldots\ldots$$

$$\qquad\qquad\qquad\qquad f'(x) = \ldots\ldots\ldots$$

$$\frac{dy}{dx} = \ldots\ldots\ldots \qquad\qquad df = \ldots\ldots\ldots$$

--------------------▷ 69

124

Jetzt müssten Sie ohne größere Schwierigkeiten die Übungsaufgaben 5.5. im Lehrbuch Seite 131
lösen können. Erst morgen oder später.
Wichtig ist, dass Sie die Produktregel, die Quotientenregel und die Kettenregel anwenden können.
Bei den Übungsaufgaben müssen Sie jetzt selbst entscheiden, wie viele Aufgaben Sie rechnen
wollen. Vielleicht lösen Sie zunächst die ungeraden Aufgaben und falls Sie dabei keine Schwierigkeiten haben, können wir annehmen, dass alles verstanden ist.

--------------------▷ 125

37

$$\left|\frac{a_n}{a_{n+1}}\right| = \frac{n+1}{n}$$

Bestimmen Sie nun den Grenzwert des obigen Ausdrucks für $n \to \infty$!

$$\lim_{n\to\infty}\frac{a_n}{a_{n+1}} = \lim_{n\to\infty}\frac{n+1}{n} = \ldots\ldots\ldots\ldots$$

---------------------▷ 38

78

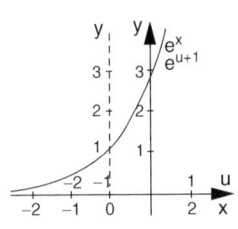

Bei der Verschiebung des Koordinatensystems geht die Funktion $f(x) = e^x$ über in die Funktion $g(u) = e^{u+1}$. Diese hat z.B. an der Stelle $u = 0$ den Wert $g(0) = e$. Bezüglich des x-y-Koordinatensystems drückt sich dieser Sachverhalt wie folgt aus: $f(1) = e$

Es gilt also: $f(x) = e^x = g(u) = e^{u+1}$. Die Taylorreihenentwicklung der Funktion $f(x)$ an der Stelle $x_0 = 1$ ist dann identisch mit der Entwicklung der Funktion $g(u)$ an der Stelle $u_0 = 0$.

---------------------▷ 79

119

$$\frac{1}{1-x^2} \approx 1 - x^2 + x^4$$

$$\int \frac{dx}{1-x^2} \approx \int (1 + x^2 + x^4)\, dx$$

$$= \int dx + \int x^2 dx + \int x^4 dx$$

$$= x + \frac{x^3}{3} + \frac{x^5}{5} + C$$

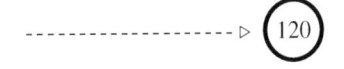---------------------▷ 120

13

Die Aufgabe war: $\displaystyle\lim_{n\to\infty}\frac{3n^2-2}{2n+n^2}=$

Wir versuchen, Zähler und Nenner so umzuformen, dass dort ganzzahlige Potenzen von $\frac{1}{n}$ auftreten. Bei solchen Ausdrücken wird immer die höchste Potenz von n ausgeklammert. Klammern Sie n^2 in Zähler und Nenner aus. Füllen Sie die Klammern aus.

$$\lim_{n\to\infty}\frac{n^2(\ldots)}{n^2(\ldots)}$$

-------------------- ▷ 14

69

$\dfrac{\Delta y}{\Delta x}$ = Differenzenquotient

$\displaystyle\lim_{\Delta x\to 0}\dfrac{\Delta y}{\Delta x}$ = Differentialquotient

$\dfrac{dy}{dx}$ = Differentialquotient

dx = unabhängiges Differential

dy = abhängiges Differential

$f'(x)$ = Differentialquotient, Ableitung

df = abhängiges Differential

Diese Begriffe müssen eingelernt werden. Sie werden immer wieder gebraucht.

-------------------- ▷  70

125

Höhere Ableitungen

STUDIEREN SIE im Lehrbuch   5.6 Höhere Ableitungen
                                   Lehrbuch, Seite 125–126

BEARBEITEN SIE DANACH Lehrschritt   -------------------- ▷ 126

| 36 |

Der Konvergenzbereich der folgenden Potenzreihe soll bestimmt werden.

$$\ln(1+x) = x - \frac{x^2}{2} + \frac{x^3}{3} - \frac{x^4}{4} \ \ldots\ldots \ \mp \ \frac{x^n}{n} \ \cdots$$

Diese Reihe konvergiert für alle x, die der Ungleichung genügen. $\quad x < R = \lim\limits_{n\to\infty} \left|\dfrac{a_n}{a_{n+1}}\right|$

(Anmerkung Lehrbuch, Seite 168)

Berechnen Sie zunächst den Betrag des Quotienten der Koeffizienten dieser Reihe:

$$\left|\frac{a_n}{a_{n+1}}\right| = \ldots\ldots\ldots\ldots$$

(37) ◁ -

| 77 |

Gegeben war die Funktion $f(x) = e^x$. Diese sollte im Punkte $x_0 = 1$ in eine Taylorreihe entwickelt werden. Zu diesem Zwecke führen wir die Hilfsvariable $u = x - 1$ ein. Dies bedeutet geometrisch den Übergang zu einem u-y-Koordinatensystem, das in Richtung der positiven x-Achse um eine Einheit gegen das x-y-System verschoben ist. Die neue Koordinate u hat damit an der Stelle $x_0 = 1$ den Wert $u = 0$.

Zeichnen Sie links das verschobene Koordinatensystem ein.

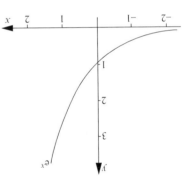

(78) ◁ -

| 118 |

Rechengang: Die Näherung für die Funktion $\dfrac{1}{\sqrt{1+x}}$ lautet: $\dfrac{1}{\sqrt{1+x}} \approx 1 - \dfrac{x}{2} + \dfrac{3}{8}x^2$

Integrieren wir beide Seiten dieser Gleichung, erhalten wir:

$$\int \frac{dx}{\sqrt{1+x}} \approx \int \left(1 - \frac{x}{2} + \frac{3}{8}x^2\right) dx = x - \frac{1}{4}x^2 + \frac{1}{8}x^3 + C$$

Geben Sie nach demselben Verfahren eine Näherung des Integrals $\displaystyle\int \frac{dx}{1-x^2}$ an.

Approximieren Sie die Funktion $\dfrac{1}{1-x^2}$ anhand der Tabelle durch die 2. Näherung.

$$\frac{1}{1-x^2} \approx \ldots\ldots\ldots\ldots \qquad \int \frac{dx}{1-x^2} \approx \ldots\ldots\ldots\ldots$$

(119) ◁ - - - - - - - - - - - - - - - - - -

14

$$\lim_{n\to\infty} \frac{n^2}{n^2} \cdot \frac{\left(3 - \frac{2}{n^2}\right)}{\left(\frac{2}{n} + 1\right)} =$$

....

Falls Sie Schwierigkeiten hatten, übezeugen Sie sich durch Ausmultiplizieren der Klammern von der Richtigkeit.

Jetzt können wir kürzen und den Grenzübergang ausführen.

$$\lim_{n\to\infty} \cdot \frac{\left(3 - \frac{2}{n^2}\right)}{\left(\frac{2}{n} + 1\right)} = \ldots\ldots\ldots$$

Hinweis: Bestimmen Sie die Grenzwerte für Zähler und Nenner getrennt. Jeden einzelnen können Sie sicher bestimmen.

------------------- ▷ (15)

70

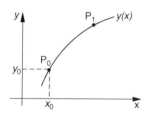

Die Ableitung einer Funktion $y(x)$ an der Stelle x_0 hat eine geometrische Bedeutung.
Suchen Sie die RICHTIGE Aussage.

Die Ableitung $y'(x_0)$ gibt die Steigung der *Sekante* durch

$P_0(x_0, y_0)$ und einen Punkt P_1 der Kurve $y(x)$ an. ------------------- ▷ (71)

Die Ableitung $y'(x_0)$ gibt die Steigung der *Tangente* an

die Kurve $y(x)$ im Punkte $P_0(x_0, y_0)$ an. ------------------- ▷ (73)

126

Hier sind Bezeichnungen gewechselt und in einem Fall ist die 2. Ableitung gesucht, im Fall b) die 4. Ableitung

a) $f(x) = \log x$ $\qquad$ $f''(x) = \ldots\ldots\ldots$

b) $h(x) = x^5 + 2x^2$ $\qquad$ $h^{(4)}(x) = \ldots\ldots\ldots$

c) $v(u) = u^2 \cdot e^u$ $\qquad$ $v'(u) = \ldots\ldots\ldots$

d) $g(\varphi) = a \sin\varphi + tg\varphi$ $\qquad$ $g'(\varphi) = \ldots\ldots\ldots$

------------------- ▷ (127)

$$\boxed{35}$$

Die Potenzreihe, die bei der Entwicklung einer Funktion entsteht, konvergiert nicht immer für alle x-Werte. Der Konvergenzbereich der Reihe lässt sich ermitteln – zwei Beispiele sind in der Anmerkung 1 im Lehrbuch auf Seite 168 angegeben.

Die sehr wichtigen Reihen für e^x, e^{-x}, $\sin x$, $\cos x$ konvergieren für beliebig große x.

Hier wird ein weiteres Beispiel für die Bestimmung des Konvergenzbereichs ausführlich durchgerechnet. Sie können es überschlagen, denn praktisch werden Sie die Rechnung später nicht benötigen.

Beispiel   ----------------------▷ (36)

Will weiter   ----------------------▷ (39)

$$\boxed{76}$$

Die Substitution $u = x - 1$ hat eine geometrische Bedeutung:
Verschiebung des Koordinatensystems. Entscheiden Sie selbst, ob Sie diese geometrische Bedeutung interessiert.

Will weiter   ----------------------▷ (78)

Geometrische Bedeutung der Substitution $u = x - 1$ ----------------------▷ (77)

$$\boxed{117}$$

$$\int \frac{dx}{\sqrt{1+x}} \approx x - \frac{x^2}{4} + \frac{x^3}{8} + C$$

Haben Sie dies Ergebnis?

Ja   ----------------------▷ (120)

Nein   ----------------------▷ (118)

15

3

....

Das Lösungsprinzip bei der Bestimmung der Grenzwerte ist immer das gleiche. Der Ausdruck ist so umzuformen, dass Ausdrücke entstehen, von denen wir wissen, dass sie beim Grenzübergang $n \to \infty$ verschwinden. Derartige Ausdrücke sind:

$$\frac{1}{n}; \quad \frac{1}{\sqrt{n}}; \quad c^{-n}; \quad \frac{1}{2^n} \text{u.a.}$$

Üben Sie noch einmal:

$$\lim_{n \to \infty} \cdot \frac{n^2 + 2n + 1}{5n^2 + 1} = \dots\dots\dots \qquad\qquad \lim_{n \to \infty} \frac{1}{2 + 2^{-n}} = \dots\dots\dots$$

------------------- ▷ 16

71

Leider falsch. Die Ableitung gibt die Steigung der *Tangente* im Punkt P_0 an.

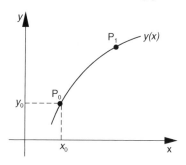

Zeichnen Sie die *Sekante* durch P_0 und P_1 und die *Tangente* im Punkt P_0 ein.

------------------- ▷ 72

127

a) $f''(x) = \dfrac{-1}{x^2}$

b) $h^{(4)}(x) = 120x$

c) $v'(u) = e^u (2u + u^2)$

d) $g'(\varphi) = a \cdot \cos\varphi + \dfrac{1}{\cos^2 \varphi}$

Alles richtig

------------------- ▷ 128

Fehler oder Schwierigkeiten

------------------- ▷ 129

34

$$g(u) = \sum_{n=0}^{\infty} \frac{g^{(n)}(0)}{n!} u^n$$

$$\sin u = u - \frac{u^3}{3!} + \frac{u^5}{5!} \,\ldots\ldots\ldots$$

----------------------▷ 35

75

Die Taylorentwicklung für $g(u) = e^{u+1}$ lautete

$$e^{u+1} = e + \frac{e}{1!}u + \frac{e}{2!}u^2 + \frac{e}{3!}u^3 +$$

Wir ersetzen in dieser Darstellung jeweils u durch $(x-1)$ und erhalten

$$e^x = e + \frac{e}{1!}(x-1) + \frac{e}{2!}(x-1)^2 + \frac{e}{3!}(x-1)^3 + \cdots$$

Wir haben hier die Funktion e^x nach Potenzen von $(x-1)$ entwickelt, d.h. die Reihe ist die Taylorentwicklung der Funktion $f(x) = e^x$ an der Stelle $x = 1$.

----------------------▷ 76

116

Integrieren Sie über eine Potenzreihenentwicklung, indem Sie die 2. Näherung benutzen:

$$\int \frac{dx}{\sqrt{1+x}} \approx \,\ldots\ldots\ldots$$

----------------------▷ 117

16

$$\frac{1}{5} \qquad \frac{1}{2}$$

Weitere Übungsaufgaben finden Sie auf Seite 130 im Lehrbuch. Üben Sie vor allem dann, wenn Sie hier noch Schwierigkeiten hatten. Üben Sie später bei Wiederholungen vor Klausuren und Prüfungen.

- - - - - - - - - - - - - - - - - ▷ (17)

72

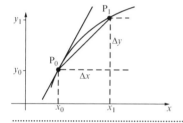

Geben Sie näherungsweise die Ableitungen für die Punkte an:

$f'(1) = \ldots\ldots\ldots$

$f'(2) = \ldots\ldots\ldots$

$f'(3) = \ldots\ldots\ldots$

SPRINGEN SIE AUF - - - - - - - - - - - - - - - - - ▷ (74)

128

AUSGEZEICHNET!

SPRINGEN SIE AUF   - - - - - - - - - - - - - - - - - ▷ (131)

33

Gegeben sei $g(u) = \sin u$

Allgemeine Form der Taylorreihe

$$g(u) = \sum_{n=0}^{\infty} \frac{}{\cdots\cdots\cdots}$$

$\sin u = \cdots\cdots\cdots\cdots$

- - - - - - - - - - - - - - - - - ▷ 34

74

$$f(x) = e^x = e + \frac{e}{1!}(x-1) + \frac{e}{2!}(x-1)^2 + \frac{e}{3!}(x-1)^3 + \cdots$$

Dies ist die Taylorentwicklung der Funktion $f(x) = e^x$ an der Stelle $x_0 = 1$.

Erläuterung der Rechnung - - - - - - - - - - - - - - - - - ▷ 75

Weiter - - - - - - - - - - - - - - - - - ▷ 76

115

Integration über Potenzreihenentwicklung

STUDIEREN SIE im Lehrbuch   7.6.2 Integration über Potenzreihenentwicklung
                             Lehrbuch, Seite 177–178

BEARBEITEN SIE danach - - - - - - - - - - - - - - - - - ▷ 116

17

Grenzwert einer Funktion
Stetigkeit

Wie immer gilt auch hier: Falls die Sachverhalte für Sie neu sind, gründlich studieren. Falls die Sachverhalte bereits bekannt sind, genügt eine rasche Wiederholung.

STUDIEREN SIE im Lehrbuch   5.1.3 Grenzwert einer Funktion
                                    5.2   Stetigkeit
                                           Lehrbuch, Seite 106–109

BEARBEITEN SIE DANACH Lehrschritt   - - - - - - - - - - - - - - - - - - - ▷ 18

73

Richtig. Die Ableitung gibt die Steigung der Tangente an, die im Punkt P_0 an
die Kurve $f(x)$ gelegt wird.
Geben Sie näherungsweise die Ableitungen für die einzelnen Punkte an

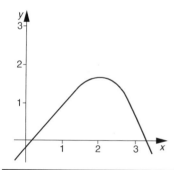

$f'(1) =$..........

$f'(2) =$..........

$f'(3) =$..........

- - - - - - - - - - - - - - - - - - ▷ 74

129

Die höheren Ableitungen berechnen sich wie folgt:
Gegeben sei die Funktion a) $y = \log$ Erste Ableitung $y' = \frac{1}{x}$
Zweite Ableitung: Die erste Ableitung $y' = \frac{1}{x}$ wird noch einmal nach x differenziert.

$$y''(x) = \frac{d}{dx}y'(x) = \left(\frac{1}{x}\right)' = \frac{-1}{x^2}$$

Das Entsprechende gilt für die Aufgabe b). Hier müssen Sie viermal nacheinander differenzieren.

$h(x) = x^5 + 2x^2$ $h'(x) = 5x^4 + 4x$ $h''(x) = 20x^3 + 4$

$h'''(x) = 60x^2$ $h^{(4)}(x) = 120x$

- - - - - - - - - - - - - - - - - - ▷ 130

32

$$\ln(1+v) \approx v - \frac{v^2}{2} + \frac{v^3}{3} - \ldots\ldots\ldots$$

Und nun weiter.
Alles o.k.?

- - - - - - - - - - - - - ▷ 33

73

Die Taylorreihe der Funktion $g(u) = e^{u+1}$ im Punkte $u = 0$ lautete:

$$e^{u+1} = e + \frac{e}{1!}u + \frac{e}{2!}u^2 + \frac{e}{3!}u^3 + \ldots\ldots\ldots\ldots$$

Damit haben wir eine Potenzreihe für u. Wir wollen aber eine Potenzreihe für x.

Rücksubstitution:

Wir können nun mit $u = x - 1$ die Variable u eliminieren und durch x ersetzen.

$$f(x) = e^x = \ldots\ldots\ldots\ldots$$

- - - - - - - - - - - - - ▷ 74

114

Mindestanforderung: Kenntnis der vermittelten Begriffe und Zusammenhänge.

Dies sind Voraussetzungen für eine Vertiefung des angebotenen Stoffgebietes.

Fähigkeiten zur Darstellung und Lösung von Problemen, das Aufzeigen von Parallelen zu anderen Fachbereichen bringen überdurchschnittliche Ergebnisse – für Sie selbst und in der Bewertung Ihrer Leistung durch den Prüfer.

- - - - - - - - - - - - -▷ 115

$\boxed{18}$

Der Grenzwertbegriff lässt sich von der Zahlenfolge auf die Funktion übertragen, wenn Grenzwerte betrachtet werden für $x \to \infty$.

Neu ist, dass auch Grenzwerte betrachtet werden für $x \to 0$ oder $x \to x_0$

Das bedeutet, es werden Grenzwerte für beliebige feste x-Werte berechnet. Jetzt hat es auch einen Sinn, dass unter dem Limeszeichen angegeben wird, für welches x der Grenzwert ausgerechnet werden soll.

-------------------- ▷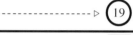

$\boxed{74}$

$f'(1) = 1$
$f'(2) = 0$
$f'(3) = -2$

....

Im Lehrbuch, Seite 115, ist als Beispiel aus der Physik für eine Ableitung der Begriff der *Momentangeschwindigkeit* dargestellt. Die *Momentangeschwindigkeit* muss von der *Durchschnittsgeschwindigkeit* scharf unterschieden werden. Im täglichen Leben werden die Begriffe meist unschärfer gebraucht.
Die Anzeige auf einem Tachometer gibt die .... Geschwindigkeit an.
Wenn von Reisegeschwindigkeit gesprochen wird, ist in der Regel die Rede von der ....
Geschwindigkeit.

-------------------- ▷

$\boxed{130}$

Fertigkeiten im Differenzieren erlangt man nur durch Übung und viel Geduld. Wenn Ihnen das Lösen der Aufgaben noch Schwierigkeiten macht, ist das ein Zeichen dafür, dass Sie den Lehrstoff noch nicht hinreichend gut beherrschen. Gerade dann ist es notwendig, dass man zum Training weitere Aufgaben rechnet. Glücklicherweise werden Sie später derartige Aufgaben mit Hilfe geeigneter Programme wie Mathematica, Derive, Maple u.a. mit dem Computer lösen können.

-------------------- ▷ (131)

31

$$\ln(1+x) \approx x - \frac{x^2}{2} + \frac{x^3}{3}$$

....

Bezeichnungswechsel:

$$\ln(1+v) = \ldots\ldots\ldots\ldots$$

- - - - - - - - - - - - - - - - - ▷ 32

72

Rechengang: Die Ableitungen der Funktion $g(u) = e^{u+1}$ lauten:

$$g'(u) = g''(u) = , \cdots, = g^{(n)}(u) = e^{u+1}.$$

Somit gilt: $\quad g'(0) = g''(0) = , \cdots, = g^{(n)}(u) = e^1 = e$

Setzt man diese Werte in die allgemeine Formel für die Taylorreihen ein, ergibt sich:

$$g(u) = e^{u+1} = \sum_{n=0}^{\infty} \frac{g^{(n)}(u)}{n!} u^n$$

$$= e + \frac{e}{1!}u + \frac{e}{2!}u^2 + \frac{e}{3!}u^3 + \cdots$$

- - - - - - - - - - - - - - - - - ▷ 73

113

Wir setzen voraus, dass ein Exzerpt des Lehrgangs oder des Lehrbuchs vorliegt. Dann kann kapitelweise wiederholt werden.

1. Schritt: aktive Reproduktion.

2. Schritt: Kontrolle anhand des Exzerptes.

3. Schritt: Lösung von Übungsaufgaben und Problemen.

4. Schritt: Eventuelle Vertiefung einzelner Gebiete.

Eine günstige Arbeitstechnik ist die gemeinsame Vorbereitung in einer kleineren Gruppe. Die Verbalisierung von Begriffsbedeutungen und Zusammenhängen festigt das aktive Wissen.

Die nächsthöhere Stufe ist die Lösung von Aufgaben- und Fragesammlungen.

Die Arbeit in einer Gruppe erlaubt Ihnen u.a. eine Einschätzng Ihres Wissensstandes im Vergleich zu den anderen Kommilitonen in Ihrer Gruppe.

- - - - - - - - - - - - - - - - - ▷ 114

19

Gegeben sei $f(x) = \dfrac{1}{x^2}$

Gesucht sei der Grenzwert

$\lim\limits_{x \to 2} \dfrac{1}{x^2} =$ □ 0    20

□ $\dfrac{1}{2}$  21

□ $\dfrac{1}{4}$  22

75

Tachometer-Anzeige: Momentangeschwindigkeit
Reisegeschwindigkeit: Durchschnittsgeschwindigkeit

....

Newton hat für Untersuchungen von Geschwindigkeiten und Bewegungen die Differentialrechnung erfunden. Er nannte sie Fluxionsrechnung. Leibniz hat sie zur gleichen Zeit aus mathematischen Problemen heraus entwickelt.

Auf Newton geht das in der Physik übliche Symbol für die Ableitung nach der Zeit zurück: der Punkt über der Variablen $\dfrac{ds}{st} = \dot{s}$

Dieser Grenzübergang $dt \to 0$ ist eine der fundamentalen mathematischen Abstraktionen der Physik.

 76

131

Die zusammengesetzte Funktion $y(x) = f(g(x)) = \sqrt{2x^3 + 5}$ soll differenziert werden. Dazu muss die Kettenregel herangezogen werden. Geben Sie zunächst die Kettenregel an:

$y = f(g(x))$ $y' = \ldots\ldots\ldots$

132

30

$$f'''(x) = \frac{2}{(1+x)^3}$$

2. Schritt: Wir ermitteln die Werte für $x = 0$:

$f(0) = \ln(1+0) = 0$ $\qquad$ $f'(0) = \frac{1}{1+0} = 1$

$f''(0) = -\frac{1}{(1+0)^2} = -1$ $\qquad$ $f'''(0) = \frac{2}{(1+0)^3} = 2$

3. Schritt: Einsetzen in die Formel für die Potenzreihenentwicklung.

$f(x) = \ln(1+x) \approx \ldots\ldots\ldots\ldots$

◁ - - - - - - - - - - - - - - - - - - - (31)

71

$$g(n) = e^{n+1} = e + \frac{e}{1!}n + \frac{e}{2!}n^2 + \frac{e}{3!}n^3 + \ldots\ldots\ldots\ldots$$

Stimmt Ihr Ergebnis hiermit überein?

Ja $\qquad$ ◁ - - - - - - - - - - - - - - - - - - - (73)

Nein $\qquad$ ◁ - - - - - - - - - - - - - - - - - - - (72)

112

Anhand des geschätzten Zeitaufwandes wird man einen schriftlichen Studienplan für die Prüfungsvorbereitung aufstellen. Er dient dazu, den Lehrstoff richtig auf die zur Verfügung stehende Zeit zu verteilen. Viel schwieriger als das Aufstellen des Studienplans ist es, ihn halbwegs einzuhalten. Denn je weiter ein Ereignis (z.B. Prüfung) zeitlich entfernt ist, desto weniger ernst wird es genommen. Anhand des Plans lässt sich aber kontrollieren, inwieweit "Ist-Zustand" und "Soll-Zustand" jeweils übereinstimmen.

Wie soll nun die Prüfungsvorbereitung aussehen?

◁ - - - - - - - - - - - - - - - - - - -

20

Leider falsch.

....

Gefragt war nach dem Grenzwert der Funktion für $x \to 2$, d.h. gesucht ist der Funktionswert für $x = 2$.

Ihr Fehler liegt darin, dass Sie den Grenzwert für $x \to \infty$ berechnet haben.

Bei Grenzwerten müssen wir ab jetzt immer aufpassen, für welchen Wert von x der Grenzwert bestimmt werden soll. Dies steht unter der Abkürzung für Limes.

Rechnen Sie neu aus.

$$\lim_{x \to 2} \frac{1}{x^2} = \qquad \Box \quad \frac{1}{2} \qquad\qquad\qquad ----------- \triangleright \; \text{\textcircled{21}}$$

$$\Box \quad \frac{1}{4} \qquad\qquad\qquad ----------- \triangleright \; \text{\textcircled{22}}$$

76

Ein Auto fahre auf einer geraden Hauptverkehrsstraße, auf der es viele Ampeln gibt. In Zeitabständen von 10 Sekunden wird der Ort des Fahrzeugs gemessen und in einer Grafik aufgetragen. Die Zeit wird auf der Abszisse, der zurückgelegte Weg auf der Ordinate abgetragen.

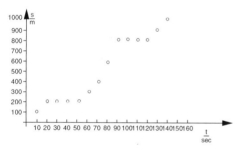

Das Fahrzeug hat ...... mal vor einer Ampel gestanden. Das Fahrzeug hat vor den Ampeln jeweils etwa ...... sec gestanden.

$\qquad\qquad\qquad\qquad\qquad ----------- \triangleright \; \text{\textcircled{77}}$

132

$$y' = \frac{df}{dg} \cdot g'(x) \qquad\qquad \text{oder} \qquad\qquad y' = \frac{df}{dg} \cdot \frac{dg}{dx}$$

....

Gegeben war: $\quad y(x) = \sqrt{2x^3 + 5}$

Setzen Sie $\quad f(x) = \sqrt{g} \quad$ und

$\qquad\qquad g(x) = 2x^3 + 5$

Berechnen Sie die Ableitung

$$y' = \ldots\ldots\ldots$$

$\qquad\qquad\qquad\qquad\qquad ----------- \triangleright \; \text{\textcircled{133}}$

29

1. Schritt: Berechnung der ersten drei Ableitungen von $f(x) = \ln(1+x)$. Wir benutzen die Kettenregel (Seite 119 und 124 im Lehrbuch)

$f(x) = \ln(1+x);$ $g(x) = 1+x$

$f'(x) = \frac{1}{g} \cdot g' = \frac{1}{1+x} \cdot 1$ (Kettenregel, Ableitung der Logarithmusfunktion)

$f''(x) = -\dfrac{1}{(1+x)^2}$ (Quotientenregel)

$f'''(x) = $ ....

 30 ◁--------------------

---

70

1. Wir bilden die Ableitungen $g'(u)$, $g''(u)$ ....
2. Wir ermitteln den Wert der Ableitungen im Punkte $u = 0$
3. Wir setzen die Werte $g'(0)$, $g''(0)$ ... in die Formel ein:

$$\sum_{n=0}^{\infty} \frac{g^{(n)}(u)}{n!}\, u^n \qquad \text{Hinweis: Hier sind Bezeichnungen gewechselt.}$$

....

Berechnen Sie nun die ersten Glieder der Taylorreihe der Funktion $g(u) = e^{u+1}$ an der Stelle $u = 0$.

$g(u) = e^{u+1} = $ ....

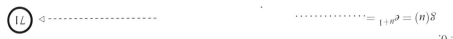 71 ◁--------------------

---

III

Der Erfolg einer Prüfung hängt zum großen Teil von einer sorgfältigen Planung ab. Dazu muss man sich zunächst folgendes überlegen:

a) Welche Anforderungen werden in der Prüfung gestellt?
b) Welche Anforderungen davon erfülle ich bereits?
c) Welche Qualifikationen (Kenntnisse) fehlen mir noch?

Danach wird man zunächst abschätzen, welcher Zeitaufwand notwendig ist, um die gewünschten Kenntnisse zu erwerben. Es empfiehlt sich, den geschätzten Zeitaufwand zu verdoppeln, da man meistens den Arbeitsaufwand erheblich unterschätzt und außerdem unbedingt eine Sicherheitsreserve benötigt. Man ahnt nicht, was alles dazwischen kommt.

 112 ◁--------------------

21

Hier liegt ein Fehler vor, welcher ist nicht ganz klar. Möglicherweise haben Sie den Wert für $\lim\limits_{x\to 2}\left(\dfrac{1}{x}\right)$ berechnet.

Gegeben ist aber die Funktion $f(x) = \dfrac{1}{x^2}$!

Rechnen Sie neu:

$$\lim\limits_{x\to 2}\frac{1}{x^2} =$$

□ 0 zurück   ----------------- ▷ (20)

□ $\dfrac{1}{4}$ ----------------- ▷ (22)

Zweimal.   Etwa 30 Sekunden. 77

Wenn das Auto steht, fließt die Zeit, aber der Ort bleibt konstant. Die Punkte liegen dann auf der Waagrechten.

Zeichnen Sie die Wegzeitkurve ein. 100 Sekunden nach Fahrtbeginn beträgt in diesem Intervall die Durchschnittsgeschwindigkeit ....

    ----------------- ▷ (78)

133

$$y'(x) = \frac{3x^2}{\sqrt{2x^3 + 5}}$$

Alles richtig   ----------------- ▷ (135)

Anderes Ergebnis oder Schwierigkeiten   ----------------- ▷ (134)

28

$$f'(x) = \frac{1}{1+x} \qquad\qquad f'(0) = 1$$

$$f''(x) = \frac{-1}{(1+x)^2} \qquad\qquad f''(0) = -1$$

$$f'''(x) = \frac{2}{(1+x)^3} \qquad\qquad f'''(0) = 2$$

$$\ln(1+x) = x - \frac{x^2}{2} + \frac{x^3}{3} - \ldots\ldots\ldots$$

Alles richtig ·················· ▷ 33

Fehler gemacht oder Erläuterung erwünscht ·················· ▷ 29

69

$$e^{u+1}$$

Die Funktion $f(x) = e^x$ sollte an der Stelle $x_0 = 1$ entwickelt werden.

Durch die Substitution $x = u + 1$ haben wir die gleichwertige Funktion e^{u+1} gewonnen. Wir nennen diese Funktion $g(u)$. Die Variable u hat an der Stelle $x_0 = 1$ den Wert $u = 0$. Folglich muss die Funktion $g(u) = e^{u+1}$ an der Stelle $u = 0$ entwickelt werden. Dies haben wir bereits früher geübt. Welche Arbeitsschritte sind dazu erforderlich?

1. ....
2. ....
3. ....

·················· ▷ 70

110

Prüfungen und Prüfungsvorbereitungen

Die Diskussion über Prüfungen reicht von Vorschlägen zur völligen Abschaffung bis zu Vorschlägen zur Verschärfung der Kontrollen und Leistungsnachweise.

Wir führen hier keine Argumentation pro und contra. Sicher ist, dass Sie sich mit der Problematik von Prüfungen auseinandersetzen müssen.

Prüfungsvorbereitungen stehen meistens unter Zeitdruck. Dieser Umstand ist teils individuell, teils institutionell bedingt.

Wir möchten hier einige – möglicherweise triviale – Ratschläge geben, die den Stress von Prüfungssituationen vermindern können.

·················· ▷ 111

22

Richtig!

Es muss immer genau darauf geachtet werden, für welchen Wert von x der Grenzwert von $f(x)$ gesucht ist.

--------------------- ▷ 23

78

Durchschnittsgeschwindigkeit: $\dfrac{\Delta s}{\Delta t} = 8\,\dfrac{\text{m}}{\text{sec}}$

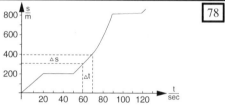

Die Ermittlung der Durchschnittsgeschwindigkeit ist geometrisch identisch mit der Ermittlung der Sekantensteigung an die Kurve. Die Ermittlung der Momentangeschwindigkeit ist geometrisch identisch mit der Ermittlung der Tangente an die Kurve. Newton fand, dass der Begriff des Differenzenquotienten nicht ausreicht, um die Momentangeschwindigkeit zu beschreiben. Er erfand, um aus diesem Dilemma herauszukommen, den *Begriff* des Differentialquotienten. Die *Namen* Differentialquotient und Differentialrechnung gehen auf Leibniz zurück.

Differenzenquotient ist die Steigung der ....

Differentialquotient ist die Steigung der .... --------------------- ▷ 79

134

Die Funktion $y = f(g(x)) = \sqrt{2x^3 + 5}$ war zusammengesetzt aus den Funktionen: $g(x) = 2x^3 + 5$ und $f(g) = \sqrt{g}$.

Nach der Kettenregel sind die beiden Ableitungen $f' = (g) = \frac{df}{dg}$ („äußere Ableitung")

und $g'(x) = \frac{dg}{dx}$ („innere Ableitung") miteinander zu multiplizieren.

Man muss diese Ableitungen bilden:

$g'(x) = \frac{d}{dx}(2x^3 + 5) = 6x^2$ und $f'(g) = \frac{df}{dg} = \frac{d}{dg}\sqrt{g} = \frac{1}{2\sqrt{g}}$

Die Kettenregel war: $y' = f'(g) \cdot g'(x)$.

Nun setzen wir ein: $y'(x) = \frac{1}{2\sqrt{g}} \cdot 6x^2 = \frac{3x^2}{\sqrt{g}}$.

Mit $g(x) = 2x^3 + 5$ erhält man $= y'(x) = \frac{3x^2}{\sqrt{2x^3+5}}$ --------------------- ▷ 135

27

1. **Wir bilden die Ableitungen** $f'(x), f''(x), f'''(x)$.
2. **Wir ermitteln die Werte** $f'(0), f''(0), f'''(0)$.
3. **Wir setzen in die Gleichung ein:** $f(x) = f(0) + f'(0)x + \dfrac{f''(0)}{2!}x^2 + \dfrac{f'''(0)}{3!}x^3 + \cdots\cdots$

1. Schritt:	2. Schritt:
$f'(x) = \cdots\cdots\cdots$	$f'(0) = \cdots\cdots\cdots$
$f''(x) = \cdots\cdots\cdots$	$f''(0) = \cdots\cdots\cdots$
$f'''(x) = \cdots\cdots\cdots$	$f'''(0) = \cdots\cdots\cdots$

3. Schritt: $\ln(1+x) = \cdots\cdots\cdots$

----------------◁ (28)

68

$u = x - 1$

$x = u + 1$ \qquad (Im Lehrbuch steht: $u = x - x_0$, hier ist $x_0 = 1$)

Substituieren Sie mit $x = u + 1$:

$f(x) = e^x = \cdots\cdots\cdots\cdots$

----------------◁ (69)

109

Wiederholungstechniken sind besonders wichtig bei einer Prüfungsvorbereitung.

Ich möchte etwas über Prüfungen und Prüfungsvorbereitung erfahren -----------◁ (110)

Meine nächste Prüfung werde ich erst in einigen Semestern machen.

Ich möchte weitergehen ----------------◁ (115)

23

Berechnen Sie folgenden Grenzwert:

$$\lim_{x \to 0} \left(\frac{x^2 + 6x}{2x} \right) = \dots\dots$$

Hilfe erwünscht

------------------▷ 24

Lösung gefunden

------------------▷ 25

79

Sekante
Tangente

....

Für Sie ist es im Abschnitt 5.4 vor allem wichtig, den Grundgedanken zu verstehen, der zur Lösung des Tangentenproblems führt.

Habe den Grundgedanken verstanden

------------------▷

Habe einiges noch nicht ganz verstanden, möchte zusätzliche Erläuterungen ------▷

135

Berechnen Sie folgende Ableitungen:

$y = (3x^2 + 2)^2$ $y' = \dots\dots$

$y = a\sin(bx + c)$ $y' = \dots\dots$

$y = e^{(2x^3 - 4)}$ $y' = \dots\dots$

------------------▷ 136

$$26$$

$$e^{-x} = 1 - x + \frac{x^2}{2!} - \frac{x^3}{3!} + \frac{x^4}{4!} - \ldots\ldots\ldots\ldots$$

....

Die Funktion $\ln(1+x)$ soll an der Stelle $x = 0$ in eine Taylorreihe entwickelt werden. Die Reihe soll bis zum Gliede n = 3 berechnet werden.

Welche Rechenschritte sind dazu erforderlich?

1. ....

2. ....

3. ....

------------------- ▷ 27

$$67$$

Anhand des Lehrbuchs soll ein Beispiel für die Taylorentwicklung an einer beliebigen Stelle durchgerechnet werden.

Gegeben sei die Funktion $y = f(x) = e^x$. Sie soll im Punkte $x_0 = 1$ in eine Taylorreihe entwickelt werden.

Analog zum Lehrbuch führen wir zunächst eine Hilfsvariable u ein.

$u = $ ....

$x = $ ....

------------------- ▷ 68

$$108$$

$$\sqrt{1{,}4} \approx 1{,}18$$

....

Rechnen Sie bitte morgen oder übermorgen mindestens eine von den Übungsaufgaben 7.5.1. C auf Seite 176.

------------------- ▷ 109

24

Gesucht ist $\lim\limits_{x \to 0} \left(\dfrac{x^2 + 6x}{2x} \right) = \ldots\ldots\ldots$

Hinweis: Bei dem Term gehen für $x \to 0$ sowohl Zähler wie Nenner gegen 0. Das ergibt einen unbestimmten Ausdruck $\dfrac{0}{0}$.

Wir müssen versuchen, den unbestimmten Ausdruck in einen bestimmten Ausdruck zu überführen. Ein Weg ist, in Zähler und Nenner x auszuklammern und dann zu kürzen. Übrig bleibt dann ein Term, dessen Grenzwert bestimmbar ist.

$$\lim\limits_{x \to 0} \left(\frac{x^2 + 6x}{2x} \right) = \ldots\ldots\ldots$$

------------------- ▷ (25)

80

Die Lösung des Tangentenproblems wird noch einmal mit anderen Worten erklärt:

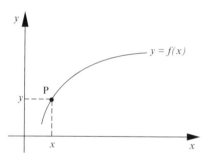

Das Problem ist: Die Steigung der Tangente ist für eine beliebige Kurve an einem beliebigen Punkt zu bestimmen.

Koordinaten des Punktes $P = (x, y)$
 $P = (x, f(x))$

Der Wert von y ist gegeben durch x und die Funktionsgleichung.

------------------- ▷ (81)

136

$y' = 12x(3x^2 + 2)$

$y' = a \cdot b \cdot \cos(bx + c)$

$y' = 6x^2 \cdot e^{(2x^3 - 4)}$

Rechnen Sie später im Lehrbuch, Seite 131 die Aufgaben 5.6.

Inzwischen werden Sie das Prinzip der Übungsaufgaben und Lösungen beherrschen. Hinfort wird nicht mehr gesagt, wo die Lösungen im Lehrbuch stehen. Wir wissen, sie stehen eine oder zwei Seiten weiter.

Benutzen Sie bei Übungsaufgaben die Tabelle auf Seite 130.

------------------- ▷ (137)

25

Wir betrachten die in diesem Kapitel ganz am Anfang behandelte Gleichung.

$$\frac{1}{1-x} = 1 + x + x^2 + x^3 + \cdots\cdots$$

Wir ersetzen die Variable x durch $(-x)$ und erhalten eine neue Reihe:

$$\frac{1}{1-(-x)} = 1 + (-x) + (-x)^2 + (-x)^3 + \cdots\cdots$$

$$\frac{1}{1+x} = 1 - x + x^2 - x^3 + \cdots\cdots$$

Die Potenzreihe der Funktion e^x lautet $e^x = 1 + x + \dfrac{x^2}{2!} + \dfrac{x^3}{3!} + \cdots\cdots$

Bestimmen Sie analog die Potenzreihe für $f(x) = e^{-x}$

$e^{-x} = \ldots\ldots\ldots\ldots\ldots$

------------------------- ▷ 26

66

Allgemeine Taylorreihenentwicklung

In diesem Abschnitt wird gezeigt, dass eine Potenzreihenentwicklung an jeder beliebigen Stelle einer Funktion möglich ist.

STUDIEREN SIE im Lehrbuch   7.5 Allgemeine Taylorreihenentwicklung

                                Lehrbuch, Seite 172–173

BEARBEITEN SIE danach

------------------------- ▷ 67

107

Wir berechnen $\sqrt{1{,}4}$ mit der 2. Näherung:

$$\sqrt{1{,}4} = \sqrt{1 + 0{,}4} \approx 1 + \frac{0{,}4}{2} - \frac{(0{,}4)^2}{8}$$

$$\approx \ldots\ldots\ldots\ldots\ldots$$

------------------------- ▷ 108

25

3   Rechengang: $\lim\limits_{x\to 0}\dfrac{x^2+6x}{2x}=\lim\limits_{x\to 0}\dfrac{x(x+6)}{x\cdot 2}=\lim\limits_{x\to 0}\dfrac{x+6}{2}=3$

Alles richtig

Ausführliche Herleitung

81

Wir zeichnen eine Sekante, indem wir P mit einem beliebigen Punkt Q auf der Kurve verbinden. Je nach Lage von Q gibt es unterschiedliche Sekanten.

Koordinaten von Q: $Q=(x_1,y_1)$ oder $Q=(x_1,f(y_1))$

Δx ist die Differenz der x-Koordinaten: $\Delta x=x_1-x_0$

Δy ist die Differenz der y-Koordinaten: $\Delta y=y_1-y_0$

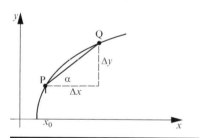

Können Sie die Koordinaten von Q allein durch x_0 und Δx ausdrücken?

$Q=(\dots\dots\dots,\dots\dots\dots)$

82

137

Maxima und Minima

Es gibt zwei Strategien um den graphischen Verlauf einer Funktion $y=f(x)$ zu bestimmen. Das ist in Kapitel 3 besprochen.

- Man macht eine Wertetabelle. Das Verfahren ist mühselig und kostet Zeit – es sei man benutzt Computer.
- Man sucht die charakteristischen Stellen einer Kurve und erhält damit eine Übersicht über den qualitativen Verlauf des Graphen.

Maxima und Minima sind wichtige charakteristische Punkte.

STUDIEREN SIE im Lehrbuch   5.7 Maxima und Minima
                                 Lehrbuch, Seite 126–129

BEARBEITEN SIE DANACH Lehrschritt

24

$$\frac{1}{(1+x)^2} = 1 - 2x + \frac{6}{2!}x^2 - \frac{24}{3!}x^3 + \cdots$$
$$= 1 - 2x + 3x^2 - 4x^3 + \cdots$$

Hinweis: Meistens reicht das Berechnen der ersten 3 bis 4 Glieder einer Taylorreihe schon aus, um auf die Form der *ganzen* Reihe schließen zu können. In unserem Falle vermutet man mit Recht, dass sich die Reihe wie folgt fortsetzt:

$$\frac{1}{(1+x)^2} = 1 - 2x + 3x^2 - 4x^3 + 5x^4 - 6x^5 + 7x^6 + \cdots$$

 25

65

D = 0,0014

....

PAUSE

 99

106

Zu berechnen ist $\sqrt{1,4}$

Maximaler Fehler: 1%

1. **Wir wenden den eben geübten Trick an und formen $\sqrt{1,4}$ so um, dass ein Ausdruck entsteht, für den wir eine Näherung angeben können.**
$$\sqrt{1,4} = \sqrt{1+0,4} \doteq \sqrt{1+x}$$

2. Genauigkeitsabschätzung: x = 0,4
Nach der Tabelle (Seite 176) ist für die 1. Näherung der Bereich mit der geforderten
Genauigkeit von 1% $\quad 0 < x < 0,30$
Unser x-Wert liegt nicht mehr in diesem Bereich.
Die 2. Näherung ist auf 1% genau im Bereich $0 < x < 0,60$
Unser x-Wert liegt in diesem Bereich.

 107

Zu berechnen war: $\lim\limits_{x\to 0}\left(\dfrac{x^2+6x}{2x}\right)$

Bei diesem Term streben für $x \to 0$ sowohl Zähler wie Nenner gegen 0. Der Ausdruck ist unbestimmt. Man klammert deshalb x aus und kürzt.

$$\frac{x^2+6x}{2x}=\frac{x(x+6)}{x\cdot 2}=\frac{x+6}{2}=\frac{x}{2}+3$$

Da gilt: $\lim\limits_{x\to 0}=\dfrac{x}{2}=0$, ergibt sich:

$$\lim_{x\to 0}\frac{x^2+6x}{2x}=\lim_{x\to 0}\left(\frac{x}{2}+3\right)=3$$

--------------------- ▷ (27)

82

$Q=(x_0+\Delta x,\; f(x_0+\Delta x))$

Jetzt drücken wir noch Δy durch x_0 und Δx aus: $\Delta y=f(x_0+\Delta x)-f(x_0)$

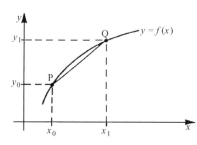

$$\tan\alpha=\frac{\Delta y}{\Delta x}=\frac{f(x_0+\Delta x)-f(x_0)}{\Delta x}$$

Der Zähler gibt die Differenzen der y-Werte.
Der Nenner gibt die Differenzen der x-Werte.
Wenn wir Q immer dichter an P heranrücken lassen, werden die Steigungen von Sekante und Tangente immer ähnlicher.
Zeichnen Sie die Tangente im Punkt P ein.

--------------------- ▷ (83)

138

1. Wie nennt man die Schnittpunkte der Kurve $y(x)$ mit der x-Achse?

....

2. Wie nennt man die Stelle x_0, für deren Umgebung die Gleichung gilt $f(x) > f(x_0)$

....

--------------------- ▷ (139)

23

Die Ableitungen der Funktion $f(x) = \dfrac{1}{(1+x)^2}$ lauten:

$$f'(x) = \frac{-2}{(1+x)^3} \qquad f''(x) = \frac{6}{(1+x)^4} \qquad f'''(x) = \frac{-24}{(1+x)^5}$$

Setzen wir in den Ableitungen $x = 0$, ergibt sich: $f'(0) = -2$, $f''(0) = 6$, $f'''(0) = -24$

Setzen wir nun diese Werte in die Taylorreihe ein:

$$f(x) = f(0) + f'(0)x + \frac{f''(0)}{2!}x^2 + \frac{f'''(0)}{3!}x^3 + \cdots$$

$$\frac{1}{(1+x)^2} = \ldots\ldots\ldots\ldots$$

▷ - (24)

64

$$D = 0,5403 - 0,5000 = 0,0403$$

Die Näherung kann durch Hinzunahme eines weiteren Gliedes verbessert werden.

$$\cos x \approx 1 - \frac{x^2}{2} + \frac{x^4}{4!}$$

Für $x = 1$ erhalten wir: $\cos 1 \approx 1 - 0,5 + \dfrac{1}{24} = 0,5417$

Das ist eine bessere Näherung ($\cos 1 = 0,5403 \ldots$)

Die verbleibende Differenz ist

$$D = \ldots\ldots\ldots\ldots$$

▷ - (65)

105

Genauer als 10%

Berechnen Sie den Wert $\sqrt{1,4}$ mit einer Näherung auf 1% genau.

$$\sqrt{1,4} \approx \ldots\ldots\ldots\ldots$$

Lösung gefunden
▷ - (108)

Hilfe erwünscht
▷ - (106)

27

Welche der gezeichneten Funktionen ist an der Stelle $x = 2$ nicht stetig?

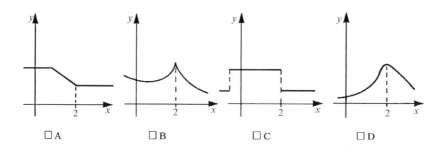

☐ A   ☐ B   ☐ C   ☐ D

----------------▷ 28

83

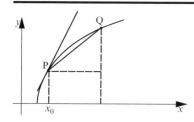

Der geometrische Übergang von der Sekante zur Tangente ist leicht zu verstehen. Für den rechnerischen Übergang müssen wir einen Grenzübergang durchführen. Dafür haben wir Grenzübergänge zu Beginn des Kapitels so oft geübt.

Im Lehrbuch ist dies auf Seite 113 gezeigt für die Funktion $y = f(x) = x^2$. Hier werden wir es zeigen für die Funktion $y = f(x) = x^2 + 2$

Geben Sie an: $f(x + \Delta x) = \dots\dots\dots\dots$

----------------▷ 84

139

1. Nullstellen
2. Relatives Minimum

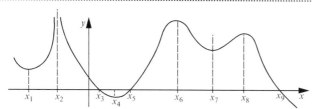

Hier ist eine komplizierte Kurve gezeichnet. Geben Sie die x-Werte an für

Nullstellen   . . . .   relatives Maximum . . . .
relatives Minimum . . . .   Polstellen . . . .

----------------▷ 140

22

$$f'' = \frac{6}{(1+x)^4}$$

$$f''' = \frac{-24}{(1+x)^5}$$

Kehren wir nun zu unserer Aufgabe – Entwicklung der Funktion $f(x) = \dfrac{1}{(1+x)^2}$ in eine Taylorreihe – zurück.

------------------ ◁ (23)

63

$$R_2(1) = \frac{f^{(3)}(\xi)}{3!} = \frac{+\sin \xi}{3!} \qquad (0 < \xi < 1)$$

Den genauen Wert für ξ kennen wir nicht. Ganz sicher liegen wir auf der richtigen Seite der Fehlerabschätzung, wenn wir für $\sin (\xi)$ den größten Wert einsetzen, den die Sinusfunktion überhaupt annehmen kann – nämlich 1. Damit könnte der Fehler allenfalls als zu groß geschätzt werden.

$$|R_2(1)| = \left|\frac{\sin \xi}{3!}\right| \le \frac{1}{3!} = \frac{1}{6} \approx 0{,}17$$

Der Näherungswert für cos(1) ist: $\cos(1) = 1 - \dfrac{1}{2} = 0{,}500$. Der Fehler, den man bei dieser Näherung macht, ist also $\le 0{,}17$. Der wahre Wert ist $\cos(1) = 0{,}5403 \ldots$
Wie groß ist also die Differenz D zwischen wahrem Wert und Näherungswert für cos(1)?

D = ...

------------------ ◁ (64)

104

$$\frac{1}{\sqrt{1-0{,}4}} \approx 1 + \frac{0{,}4}{2} + \frac{3}{8}(0{,}4)^2 = 1{,}26$$

Wie genau ist dieser Wert?

☐ Genauer als 1%

☐ Genauer als 10%

☐ Ungenauer als 10%

------------------ ◁ (105)

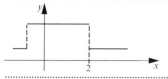

28

Die Funktion C ist an der Stelle $x = 2$ unstetig.

Unstetige Funktionen „springen" an der Unstetigkeitsstelle. D.h. von rechts nähern sie sich einem anderen Grenzwert als von links.
Darf eine *stetige* Funktion einen Knick haben?

☐ Ja   ☐ Nein

- - - - - - - - - - - - - - - - - - - ▷ (29)

84

$$f(x + \Delta x) = (x + \Delta x)^2 + 2 = x^2 + 2x \cdot \Delta x + \Delta x^2 + 2$$

Hinweis: $f(x + \Delta x)$ ist der Funktionswert an der Stelle $(x + \Delta x)$. Wir können auch schreiben

$$y + \Delta y = f(x + \Delta x) = x^2 + 2x\Delta x + \Delta x^2 + 2$$

Wenn Δx eine willkürlich gewählte Änderung des x-Wertes ist, so ist die entsprechende Änderung des y-Wertes Δy:

$$\Delta y = f(x + \Delta x) - f(x).$$

Für $f(x) = x^2 + 2$ gilt $\Delta y = \ldots\ldots\ldots\ldots$

- - - - - - - - - - - - - - - - - - - ▷ (85)

Nullstellen: x_3, x_5, x_9
relatives Minimum: x_1, x_4, x_7

relatives Maximum: x_6, x_8
Polstelle: x_2

140

Wir unterscheiden *relative* und *absolute* Maxima und Minima. Zwischen x_3 und x_9 liegt an der Stelle x_4 ein absolutes Minimum.

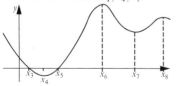

Alles richtig

- - - - - - - - - - - - - - - - - - - ▷ (146)

Nullstellen falsch

- - - - - - - - - - - - - - - - - - - ▷ (141)

Extremwerte falsch

- - - - - - - - - - - - - - - - - - - ▷ (143)

Polstelle falsch

- - - - - - - - - - - - - - - - - - - ▷ (145)

$$f' = \frac{-2}{(1+x)^3}$$

....

Berechnen Sie die noch fehlenden Ableitungen:

$$f = \frac{1}{(1+x)^2}$$

$$f' = \frac{-2}{(1+x)^3}$$

$$f'' = \ldots\ldots\ldots\ldots$$

$$f''' = \ldots\ldots\ldots\ldots$$

-------------------------------- ▷ 22

Die Taylorreihe der cos-Funktion lautet: $\cos x = 1 - \dfrac{x^2}{2!} + \dfrac{x^4}{4!} - \dfrac{x^6}{6!} + \cdots\cdots$

Will man den Wert der cos-Funktion an der Stelle $x = 1$ berechnen, muss man in der

Taylorentwicklung $x = 1$ setzen: $\cos 1 = 1 - \dfrac{1}{2!} + \dfrac{1}{4!} - \dfrac{1}{6!} + \cdots\cdots$

Bricht man diese Reihe nach dem Glied $n = 2$ ab, lässt sich der Rest der Reihe mit Hilfe des

Lagrange'schen Restgliedes $R_2(1)$ abschätzen: $\cos 1 = 1 - \dfrac{1}{2!} + R_2(1)$

Wie sieht das Restglied aus, wenn es die allgemeine Form hat: $R_n(x) = \dfrac{f^{(n+1)}(\xi)}{(n+1)!} \cdot x^{n+1}$

$R_2(1) = \ldots\ldots\ldots\ldots$ -------------------------------- ▷ 63

Für die Funktion $\dfrac{1}{\sqrt{1-x}}$ haben wir die folgende 2. Näherung aufgestellt:

$$\frac{1}{\sqrt{1-x}} \approx 1 + \frac{x}{2} + \frac{3}{8}x^2$$

Wir berechnen damit $\dfrac{1}{\sqrt{0{,}6}} = \dfrac{1}{\sqrt{1-0{,}4}}$

Rechnen Sie den Zahlenwert aus!

$$\frac{1}{\sqrt{1-0{,}4}} \approx \ldots\ldots\ldots\ldots$$

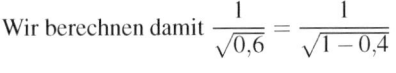

-------------------------------- ▷ 104

Ja |29|

....

Beispiele für
stetige Funktionen

Beispiele für
unstetige Funktionen

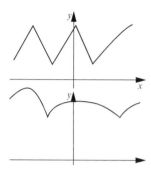
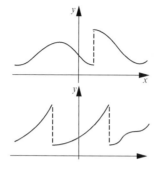

------------- ▷ (30)

|85|

$\Delta y = 2x\Delta x + \Delta x^2$

Nun können wir die Sekantensteigung bilden – es ist der Differenzenquotient:

$$\frac{\Delta y}{\Delta x} = \frac{2x\Delta x + \Delta x^2}{\Delta x}$$

Bilden Sie nun den Diffentialquotienten, indem Sie den Grenzübergang $\Delta x \to 0$ durchführen.

$$y' = \frac{dy}{dx} = \lim_{\Delta x \to 0} \frac{\Delta y}{\Delta x} = \lim_{\Delta x \to 0} \frac{2x\Delta x + \Delta x^2}{\Delta x} = \dots\dots\dots\dots$$

------------- ▷ (86)

|141|

Lesen Sie noch einmal die Definition der Nullstellen im Lehrbuch Seite 61 und bestimmen Sie dabei alle Nullstellen der Kosinusfunktion im Intervall von 0 bis 4π.

$y = \cos(x)$

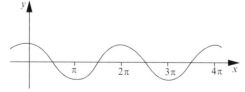

Nullstellen sind ....

------------- ▷ (142)

20

In den Koeffzienten $a_n = \dfrac{f^{(n)}(0)}{n!}$ der Taylorreihe treten die höheren Ableitungen $f^{(n)}(x)$ auf. Zur Berechnung der Taylorreihe von $f(x)$ müssen deshalb zunächst die höheren Ableitungen $f'(x), f''(x), \ldots, f^{(n)}(x)$ gebildet werden.

Da Ihnen dies noch Schwierigkeiten bereitet, unterbrechen wir zunächst an dieser Stelle. Sehen Sie sich im Lehrbuch auf Seite 125, Kapitel 5, an, wie der Begriff der höheren Ableitung definiert ist.

In unserem Beispiel liegt als Funktion ein Quotient vor. Hier muss nach der Quotientenregel differenziert werden. Im Lehrbuch auf Seite 118 nachsehen:

$$f(x) = \frac{1}{(1+x)^2} \qquad f'(x) = \ldots\ldots\ldots\ldots$$

- - - - - - - - - - - - - - - - - - ▷ 21

61

Der Rest oder das Restglied von Lagrange $\quad R_4 = \dfrac{e^{\xi}}{5!} x^5 \qquad (0 < \xi < x)$

Wichtig zu wissen ist: Bei der Benutzung von Näherungspolynomen macht man einen Fehler. Dieser Fehler kann beliebig klein gehalten und abgeschätzt werden. Praktisch werden wir diese Fehlerabschätzung später nicht mehr selbst durchführen.

Für den Leser, der gerne noch ein Beispiel zur Fehlerabschätzung rechnen möchte, ist eine Zusatzerläuterung vorgesehen.

Möchte weitergehen

- - - - - - - - - - - - - - - - ▷ 65

Möchte das Beispiel zur Fehlerabschätzung

- - - - - - - - - - - - - - - - ▷ 62

102

Der Term $\sqrt{1-x}$ entsteht aus dem Term $\sqrt{1+x}$ durch die Substitution $x \to -x$. Ersetzt man in den Näherungsformeln die Variable x durch $-x$, erhält man:

$$\sqrt{(1-x)} = \sqrt{1+(-x)} \approx 1 + \frac{(-x)}{2} = 1 - \frac{x}{2} \quad \text{und} \quad \sqrt{1-x} = 1 + \frac{(-x)}{2} - \frac{(-x)^2}{8} = 1 - \frac{x}{2} - \frac{x^2}{8}$$

Entsprechend gilt:

$$\frac{1}{\sqrt{1-x}} = \frac{1}{\sqrt{1+(-x)}} \approx 1 - \frac{(-x)}{2} = 1 + \frac{x}{2} \quad \text{und} \quad \frac{1}{\sqrt{1-x}} \approx 1 - \frac{(-x)}{2} + \frac{3}{8}(-x)^2 = 1 + \frac{x}{2} + \frac{3}{8}x^2$$

- - - - - - - - - - - - - - - - ▷ 103

30

Rechnen Sie vor einer kurzen Pause noch vier Aufgaben – vor allem zur Selbstkontrolle:

a) $\lim\limits_{x \to 0} \left(\dfrac{x^2 + 1}{x - 1} \right) = \ldots\ldots\ldots\ldots$

b) $\lim\limits_{x \to 0} \left(\dfrac{x^2 + 10x}{2x} \right) = \ldots\ldots\ldots\ldots$

c) $\lim\limits_{x \to 2} \left(\dfrac{1}{x} \right) = \ldots\ldots\ldots\ldots$

d) $\lim\limits_{x \to \infty} e^{-x} = \ldots\ldots\ldots\ldots$

-------------------- ▷ **31**

86

$$y' = \frac{dy}{dx} = \lim_{\Delta x \to 0} \frac{\Delta x (2x + \Delta x)}{\Delta x} = \lim_{\Delta x \to 0} (2x + \Delta x) = 2x$$

Für eine Reihe von Funktionen wird dieser Grenzübergang noch durchgeführt werden. Um Δy zu gewinnen, bilden wir immer die Differenz $\Delta y = f(x + \Delta x) - f(x)$. Dann wird der Differenzenquotient gebildet. Und schließlich versucht man, den Differenzenquotienten so umzuformen, dass der Grenzübergang ausführbar wird.

-------------------- ▷ **87**

142

$$\frac{\pi}{2}, \frac{3\pi}{2}, \frac{5\pi}{2}, \frac{7\pi}{2}$$

Ist der Graph gegeben, ist die Bestimmung der Nullstellen einfach: Es sind die Schnittstellen der Kurve mit der x-Achse, das kann man leicht abzählen.

Sonst alles richtig -------------------- ▷ **146**

Extremwerte falsch -------------------- ▷ **143**

Polstellen falsch -------------------- ▷ **145**

19

Na ja, kann passieren.

Die Fehlerrate sollte aber nicht eine monoton ansteigende Zeitfunktion werden!

Der Teufel steckt eben immer im Detail.

SPRINGEN SIE auf ---------------------- ▷ 23

60

Wir brechen nun die Taylorreihe für die Funktion $f(x) = e^x$ bei $n = 4$ ab.

$$e^x \approx 1 + x + \frac{x^2}{2} + \frac{x^3}{3!} + \frac{x^4}{4!}$$

Der Fehler, den wir machen, wenn die folgenden Glieder nicht berücksichtigt werden, wird im allgemeinen Fall abgeschätzt durch den Ausdruck

$$R_n = \frac{f^{(n+1)}(\xi)}{(n+1)!} \cdot x^{n+1} \qquad \text{Er heißt: } \ldots\ldots\ldots\ldots$$

Wie sieht dieser Ausdruck bei dem hier betrachteten Beispiel $(y = e^x)$ aus?

$$R_4 = \ldots\ldots\ldots\ldots$$

---------------------- ▷ 61

101

1. Näherung   2. Näherung

$$\sqrt{1-x} \approx 1 - \frac{x}{2} \qquad\qquad \sqrt{1-x} \approx 1 - \frac{x}{2} - \frac{x^2}{8}$$

$$\frac{1}{\sqrt{1-x}} \approx 1 + \frac{x}{2} \qquad\qquad \frac{1}{\sqrt{1-x}} \approx 1 + \frac{x}{2} + \frac{3}{8}x^2$$

....

Alles richtig ---------------------- ▷ 103

Noch Fehler gemacht oder Erläuterung gewünscht ---------------------- ▷ 102

a) -1;   b) 5;   31

c) $\dfrac{1}{2}$;   d) 0

....

Welche Funktionen sind stetig?

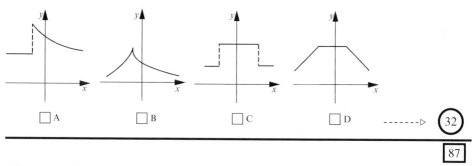

☐ A   ☐ B   ☐ C   ☐ D   -------▷ (32)

87

Führen wir weitere Grenzübergänge für Differenzenquotienten aus:

Gegeben $y = 3x$

Wir bilden den Differenzenquotienten

$$\Delta y = 3(x + \Delta x) - 3x$$

$$\Delta y = 3\Delta x$$

$$\frac{\Delta y}{\Delta x} = \ldots\ldots\ldots$$

In diesem Fall ist der Grenzübergang einfach. $y' = \dfrac{dy}{dx} = \lim\limits_{\Delta x \to 0} \dfrac{\Delta y}{\Delta x} = \ldots\ldots\ldots\ldots$

------------------------ ▷ (88)

143

Ist der Graph gegeben, erkennt man das *relative Maximum*. Es ist die Bergkuppe.
Genauso erkennt man ein relatives Minimum, es ist der tiefste Punkt einer Talsohle.
Relativ heißt ein Maximum oder Minimum deshalb, weil an einer anderen Stelle wieder Maxima
oder Minima auftreten können, die sogar höhere Werte annehmen können. Ein Maximum ist nicht
der absolut höchste Punkt einer Kurve, sondern ein Punkt, der gegenüber seiner Umgebung der
höchste ist.

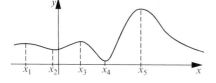

Relative Maxima   ....
Relative Minima   ....
Absolutes Maximum   ....
Absolutes Minimum   ....

------------------------ ▷ (144)

18

Suchen Sie den Fehler, den Sie bei der Ableitung der Funktion $f(x) = \dfrac{1}{(1+x)^2}$ gemacht

haben. Die Ableitungen sind: $f'(x) = \dfrac{-2}{(1+x)^3}$

$$f''(x) = \dfrac{6}{(1+x)^4}$$

$$f'''(x) = \dfrac{-24}{(1+x)^5}$$

Als Fehler kommen in Betracht:

Flüchtigkeitsfehler ------------------ ▷ 19

Schwierigkeiten bei der
Bildung von Ableitungen ------------------ ▷ 20

59

$f''(0) = e^0 = 1$
$p_2''(0) = 1$

Das 3. Näherungspolynom ist $p_3(x) = 1 + x + \dfrac{x^2}{2} + \dfrac{x^3}{3!}$. Es approximiert die Funktion in der Umgebung von $x = 0$ besser als das vorangehende Näherungspolynom.

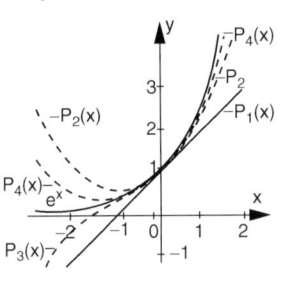

Die Zeichnung zeigt das Bild der Funktion $f(x) = e^x$ mit ihren vier ersten Näherungspolynomen $p_1(x), \ldots, p_4(x)$.

Man erkennt, wie sich mit wachsendem Grad die Polynome in der Umgebung von $x = 0$ immer besser an die Funktion anschmiegen.

------------------ ▷ 60

100

Abweichung $< 1\%$

Die Näherungen für $\sqrt{1-x}$ und $\dfrac{1}{\sqrt{1-x}}$ sind in der Tabelle 176 nicht enthalten.

Sie gehen unmittelbar aus den Näherungen für $\sqrt{1+x}$ und $\dfrac{1}{\sqrt{1+x}}$ hervor, wenn Sie x ersetzen durch $(-x)$. Geben Sie jeweils die 1. und 2. Näherung an:

1. Näherung

$\sqrt{1-x} \approx \ldots\ldots\ldots\ldots$

$\dfrac{1}{\sqrt{1-x}} \approx \ldots\ldots\ldots\ldots$

2. Näherung

$\sqrt{1-x} \approx \ldots\ldots\ldots\ldots$

$\dfrac{1}{\sqrt{1-x}} \approx \ldots\ldots\ldots\ldots$

------------------ ▷ 101

32

Stetig sind B und D

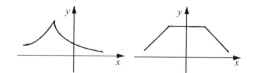

------------------- ▷ 33

88

$$\frac{\Delta y}{\Delta x} = \frac{3\Delta x}{\Delta x} = 3 \qquad y' = \frac{dy}{dx} = \lim_{\Delta x \to 0} 3 = 3$$

Bilden Sie den Differenzenquotienten für

$$y = 2x^2 + 6$$

$$\frac{\Delta y}{\Delta x} = \frac{f(x + \Delta x) - f(x)}{\Delta x}$$

$$\frac{\Delta y}{\Delta x} = \dots\dots\dots$$

Versuchen Sie den Grenzübergang zu bilden. $y' = \frac{dy}{dx} = \lim_{\Delta x \to 0} \frac{\Delta y}{\Delta x} = \dots\dots\dots$

------------------- ▷ 89

144

Relative Maxima: x_1, x_3
Relative Minima: x_2
Absolutes Maximum: x_5
Absolutes Minimum: x_4

Sonst alles richtig

------------------- ▷ 146

Polstelle falsch

------------------- ▷ 145

[17]

Es hilft nichts, wir müssen auf Fehlersuche gehen. Erst wenn der Grund für Schwierigkeiten erkannt ist, können sie behoben werden.

Dies ist eine der schwersten Studiertechniken:

Den Grund für Lernschwierigkeiten identifizieren.

Eine Methode dafür:

Fehler nie – aber auch wirklich nie – auf sich beruhen lassen.

⊲ - (18)

[58]

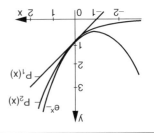

Die Parabel $p_2(x) = 1 + x + \dfrac{x^2}{2}$ schmiegt sich der Kurve $f(x) = e^x$ besser an als die Tangente $p_1(x)$. Die Parabel $p_2(x)$ hat im Punkte $x_0 = 0$ nicht nur die gleiche Steigung wie die Funktion e^x sondern auch die gleiche Krümmung. An dieser Stelle stimmen auch die zweiten Ableitungen beider Funktionen überein:

$f''(0) = \cdots\cdots\cdots$ $p_2''(0) = \cdots\cdots\cdots$ ⊲ - (59)

[99]

1.20

1.22

Man kann auch Brüche, deren Nenner sich nicht wesentlich von 1 unterscheiden, durch Näherungen bequemer bestimmen. Man muss sie umformen. Beispiel:

$$\frac{1}{0{,}94} = \frac{1}{1-0{,}06}$$

kann dann mit Hilfe der Näherungsformel $\dfrac{1}{1-x} \approx 1 + x$ bestimmt werden.

$$\frac{1}{1-0{,}06} = 1 + 0{,}06 = 1{,}06$$ Wie genau ist die Näherung? Abweichung < ……… %

⊲ - (100)

$\boxed{33}$

Der Lernerfolg eines Lernprozesses hängt stark von der Aufmerksamkeit und der Konzentration auf den Lerngegenstand ab.
Individuell unterschiedlich wirken sich auf die Konzentration aus:

- Ermüdung
- Interesse am Lerngegenstand
- Einstellung zum Studium
- Planung des Arbeitsprozesses
- Außenstörungen

Der Einfluss dieser Faktoren auf die Konzentration liegt auf der Hand. Er kann experimentell nachgewiesen werden. Und – daher interessiert dies auch hier – die Faktoren können von Ihnen wenigstens in Grenzen verändert werden.

---------------------▷ (34)

$\boxed{89}$

$$\frac{\Delta y}{\Delta x} = 4x + 2\Delta x \qquad \frac{dy}{dx} = \lim_{\Delta x \to 0} \frac{\Delta y}{\Delta x} = 4x$$

Hinweis: Um die *Differenz* des Funktionswertes zu bekommen, muss man ihn einmal für die Stelle x und dann für die Stelle $x + \Delta x$ berechnen und die Differenz bilden. Für den *Differentialquotienten* muss dann noch durch Δx geteilt werden. Anschließend wird der Grenzübergang durchgeführt. Beim Grenzübergang gehen die Differenzen gegen 0 und einige Glieder können gegenüber den verbleibenden Gliedern vernachlässigt werden. An dieser Stelle wird deutlich, wie die Überlegungen zu Grenzwerten mit der Differentialrechnung zusammenhängen.

---------------------▷ (90)

$\boxed{145}$

An Polstellen geht der Funktionswert gegen ∞. Die diskutierte Funktion hatte *eine* Polstelle.

Die Funktion hier hat 3 Polstellen: An einer Polstelle geht der Funktionswert von beiden Seiten gegen ∞, an der anderen gegen $-\infty$ und an der dritten hängt es davon ab, von welcher Seite aus man sich dem Pol nähert.

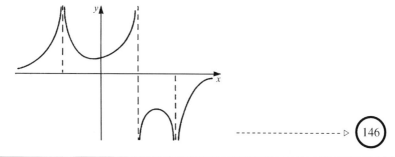

---------------------▷ (146)

16

$$f'(x) = \frac{-2}{(1+x)^3}$$

$$f''(x) = \frac{6}{(1+x)^4}$$

$$f'''(x) = \frac{-24}{(1+x)^5}$$

....

Alles richtig   - - - - - - - - - - - - - - - - - ▷ (23)

Fehler   - - - - - - - - - - - - - - - - - ▷ (17)

57

Die Funktion $p_2(x) = 1 + x + \dfrac{x^2}{2}$ ist eine *Parabel*.

....

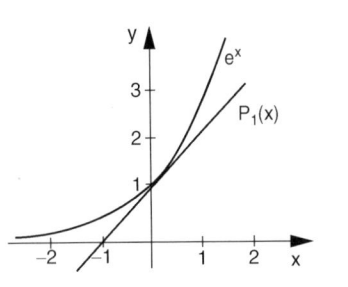

Skizzieren Sie die Parabel

$$p_2(x) = 1 + x + \frac{x^2}{2}$$

              - - - - - - - - - - - - - - - - ▷ (58)

98

1. Näherung $\dfrac{1}{1-x^2} \approx 1 + x^2$

....

Näherungen benutzt man auch gern, um spezielle Funktionswerte zu berechnen, wenn man nicht auf Tabellen zurückgreifen kann oder will.

Beispiel: Gesucht sei $e^{0.2}$

1. Näherung für den Funktionswert

$$e^{0.2} = e^{x_0} \approx 1 + x_0 = 1 + 0{,}2 = \ldots\ldots\ldots\ldots$$

2. Näherung für den Funktionswert

$$e^{0.2} = e^{x_0} \approx 1 + x_0 + \frac{x_0^2}{2} = \ldots\ldots\ldots\ldots$$

              - - - - - - - - - - - - - - - - ▷ (99)

34

Der *Ermüdung* wirkt entgegen, nach definierten Arbeitsabschnitten begrenzte Pausen einzulegen.

Manchmal hat man während der Arbeit am Lehrbuch, Leitprogramm oder einer anderen Arbeit, die Lust, einfach aufzuhören und alles liegen zu lassen. Dann geben Sie dieser Lust nicht einfach nach, sondern reduzieren Sie die Aufgabe und geben Sie sich ein leichteres Zwischenziel. Bis dahin aber weitermachen und das Zwischenziel und damit einen Erfolg erreichen. Dann können Sie sich selbst auf die Schulter klopfen.

Außenstörungen werden oft als willkommene Ablenkung empfunden. Lassen Sie sich nicht stören. Wer gerade konzentriert lernt, hat ein Recht, Störer freundlich, aber entschieden zu verscheuchen.

90

Versuchen Sie, den Differentialquotienten für die Funktion $y = x^3$ zu bilden. Gehen Sie nach dem eben geübten Verfahren vor.

Hinweis: Wenn $\Delta x \to 0$ geht, geht auch $(\Delta x)^2 \to 0$.

$$\frac{dy}{dx} = \dots\dots\dots\dots$$

146

Eine als Graph gegebene Kurve zu diskutieren ist einfach gegenüber der Frage, die Maxima und Minima einer Funktion durch Rechnung, also analytisch, zu bestimmen. Diese Bestimmung ist gerade eine der großen Leistungen der Differentialrechnung.

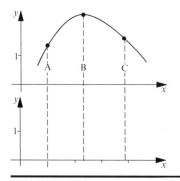

Die skizzierte Funktion hat ein Maximum. Zeichnen Sie jeweils in den Punkten A, B und C ein Stück der Tangente.

Tragen Sie in das nebenstehende Koordinatenkreuz für die Punkte A, B und C die Werte für die Steigung der Tangente ein und skizzieren Sie den Verlauf von y'.

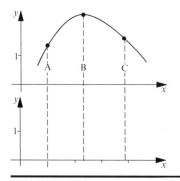147

15

1. Bildung der Ableitungen $f'(x)$, $f''(x)$, $f'''(x)$

2. Ermittlung des Werts der Ableitungen für $x = 0$.

3. Einsetzen der Werte in die Reihe: $f(x) \approx \sum_{n=0}^{3} \dfrac{f^{(n)}(0)}{n!} x^n$

⋯⋯⋯⋯⋯⋯⋯⋯⋯⋯⋯⋯⋯⋯⋯⋯⋯⋯⋯⋯

Berechnen Sie die 3 ersten Ableitungen der Funktion $f(x) = \dfrac{1}{(1+x)^2}$

1. Schritt: $f'(x) = \ldots\ldots\ldots\ldots$

    $f''(x) = \ldots\ldots\ldots\ldots$

    $f'''(x) = \ldots\ldots\ldots\ldots$

- - - - - - - - - - - - - - - - - - - ▷ 16

56

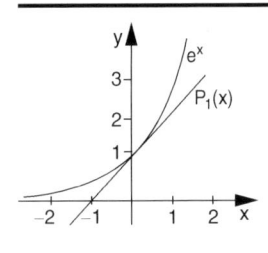

Die Gerade $p_1(x) = 1 + x$ ist die Tangente an die Kurve $y = e^x$ im Punkte $x_0 = 0$.

Der Koeffizient a_1 des Näherungspolynoms $p_1(x) = a_0 + a_1 x = 1 + x$ ist gerade so gewählt, dass diese Bedingung erfüllt ist. Eine bessere Approximation der Funktion $f(x) = e^x$ in der Umgebung des Punktes $x_0 = 0$ liefert das 2. Näherungspolynom

$p_2(x) = 1 + x + \dfrac{x^2}{2}$ Die Funktion $1 + x + \dfrac{x^2}{2}$ ist eine $\ldots\ldots\ldots\ldots$

- - - - - - - - - - - - - - - - - - - ▷ 57

97

$\dfrac{1}{\sqrt{1+x}} \approx 1 - \dfrac{x}{2} + \dfrac{3}{8}x^2$

⋯⋯⋯⋯⋯⋯⋯⋯⋯⋯⋯⋯⋯⋯⋯⋯⋯⋯⋯⋯

$\dfrac{1}{1-x^2}$ soll im Bereich $0{,}2 < x < 0{,}4$ durch eine Näherung ersetzt werden.

Genauigkeitsanspruch: 10%. Welche Näherung nehmen Sie?

☐ 1. Näherung $\dfrac{1}{1-x^2} \approx \ldots\ldots\ldots\ldots$

☐ 2. Näherung $\dfrac{1}{1-x^2} \approx \ldots\ldots\ldots\ldots$

- - - - - - - - - - - - - - - - - - - ▷ 98

35

Diese Bemerkungen – kurz wie sie sind – haben folgenden Sinn:

Die Aufnahme, die Verarbeitung und das Behalten von Lernstoff hängt stark von der Aufmerksamkeit und Konzentration ab.

Wenn Sie Störungen des Lernprozesses auf Konzentrationsschwächen zurückführen, so versuchen Sie, deren Ursachen festzustellen und sie soweit als möglich zu beeinflussen.

Häufig wirkt sich bereits eine Veränderung Ihrer Arbeitsplanung positiv aus. Kürzere Arbeitsabschnitte mit bewusst formulierten Zwischenzielen helfen Ihnen, Fortschritte zu machen, sie wahrzunehmen und sich darüber zu freuen.

----------------- ▷ (36)

Für $y = x^3$ ist $\dfrac{dy}{dx} = 3x^2$

Hier noch zur Kontrolle der Rechengang:

$$\Delta y = (x + \Delta x)^3 - x^3$$
$$= 3x^2\Delta x + 3x\Delta x^2 + \Delta x^3$$
$$\frac{\Delta y}{\Delta x} = 3x^2 + 3x\Delta x + \Delta x^2$$
$$\lim_{\Delta x \to 0} \frac{\Delta y}{\Delta x} = 3x^2$$

----------------- ▷ (92)

147

Rechts sehen Sie die Lösung.

Es kommt hier nicht so sehr auf eine maßstabgerechte Zeichnung an, sondern darauf, dass die Werte für die Steigung links von B positiv und rechts von B negativ sind.

Der Verlauf von y' zwischen den Punktwerten ist hier mitskizziert.

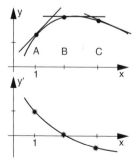

----------------- ▷ (148)

14

Entwickeln Sie die Funktion $f(x) = \dfrac{1}{(1+x)^2}$ an der Stelle $x = 0$ in eine Taylorreihe bis zum Gliede $n = 3$. Welche Rechenschritte müssen Sie dazu nacheinander ausführen?

1. ....

2. ....

3. ....

------------------- ▷ (15)

55

$$p_1(x) = 1 + x$$
$$p_2(x) = 1 + x + \frac{x^2}{2!}$$
$$p_3(x) = 1 + x + \frac{x^2}{2!} + \frac{x^3}{3!}$$
$$p_4(x) = 1 + x + \frac{x^2}{2!} + \frac{x^3}{3!} + \frac{x^4}{4!}$$

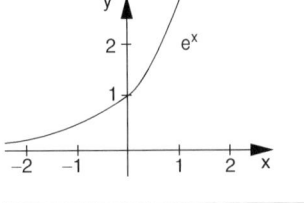

Die Zeichnung zeigt das Bild der Funktion

$y = e^x$

Zeichnen Sie das erste Näherungspolynom ein:

$p_1(x) = 1 + x$

------------------- ▷ (56)

96

2. *Näherung* ist richtig.

Die Funktion

$$\frac{1}{\sqrt{1+x}}$$

soll im Bereich $0 < x < 0{,}7$ durch eine Näherungsformel ersetzt werden. Die Abweichung soll maximal 10% betragen. Geben Sie das Näherungspolynom mit dem niedrigsten Grad an, das diese Bedingung erfüllt.

$$\frac{1}{\sqrt{1+x}} = \ldots\ldots\ldots$$

------------------- ▷ (97)

Reihe und Grenzwert
Geometrische Reihe

STUDIEREN SIE im Lehrbuch   5.3.1 Reihe
                                   5.3.2 Geometrische Reihe
                                          Lehrbuch Seite 109–111

BEARBEITEN SIE danach Lehrschritt   - - - - - - - - - - - - - - - ▷ 37

92

Hier noch eine Bemerkung zum Begriff *Differential*

Das Differential dy der Funktion $y = f(x)$ ist definiert als

$dy = \ldots\ldots\ldots\ldots$

- - - - - - - - - - - - - - - ▷ 93

148

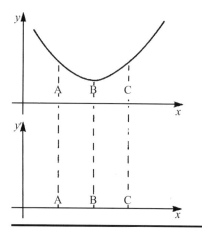

Führen wir dieselbe Aufgabe auch für ein Minimum durch. Zeichnen Sie an die gezeichnete
Kurve in den Punkten A, B und C die Tangenten. Skizzieren Sie den Verlauf von y'.

- - - - - - - - - - - - - - - ▷ 149

13

Die ersten Glieder der Taylorreihe für die cos-Funktion sollen berechnet werden.

1. Wir bilden die Ableitungen:

$f(x) = \cos x$ $\qquad$ $f''(x) = -\cos x$ $\qquad$ $f'(x) = -\sin x$

$f'''(x) = \sin x$ $\qquad$ $f^{(4)}(x) = \cos x$

2. Wir ermitteln die Werte für $x = 0$:

$f(0) = 1$ $\qquad$ $f'(0) = 0$ $\qquad$ $f''(0) = -1$

$f'''(0) = 0$ $\qquad$ $f^{(4)}(0) = 1$

3. Wir setzen ein: $\cos x \approx f(0) + f'(0)x + \frac{f''(0)}{2!}x^2 + \cdots + \frac{f^{(4)}(0)}{4!}x^4$

$\approx 1 + \frac{0 \cdot x}{1!} + \frac{(-1) \cdot x^2}{2!} + \frac{0 \cdot x^3}{3!} + \frac{1 \cdot x^4}{4!}$

$\approx 1 - \frac{1}{2!}x^2 + \frac{1}{4!}x^4$

▷ ---------------------- (14)

54

Näherungspolynom n-ten Grades und Rest

Wir wollen uns mit dem Näherungspolynom beschäftigen. Gegeben sei die Taylorreihe:

$$e^x = 1 + x + \frac{x^2}{2!} + \frac{x^3}{3!} + \frac{x^4}{4!} + \frac{x^5}{5!} + \cdots$$

Nennen Sie die Gleichungen der 4 ersten Näherungspolynome:

1. Näherungspolynom $p_1(x) = \cdots\cdots\cdots$

2. Näherungspolynom $p_2(x) = \cdots\cdots\cdots$

3. Näherungspolynom $p_3(x) = \cdots\cdots\cdots$

4. Näherungspolynom $p_4(x) = \cdots\cdots\cdots$

▷ ---------------------- (55)

95

Welche Näherung muss im Bereich $0 < x < 0,4$ für die Funktion $\tan x$ genommen werden, wenn die Genauigkeit 1 % betragen soll.

☐ 1. Näherung

☐ 2. Näherung

▷ ---------------------- (96)

37

Die unendliche Reihe:
$1 + 4 + 9 + 16 + \ldots\ldots\ldots\ldots$ kürzt man ab $\ldots\ldots\ldots\ldots$

Beispiel für eine allgemeine geometrische Reihe: $\ldots\ldots\ldots\ldots\ldots\ldots\ldots\ldots\ldots\ldots\ldots\ldots\ldots\ldots\ldots$

- - - - - - - - - - - - - - - - - - - ▷ 38

93

$$dy = f'(x) \cdot dx$$

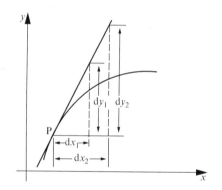

Hinweis: Die Steigung der Tangente ist durch einen Grenzübergang gewonnen und für „infinitesimal" kleine dx und dy definiert. Ist die Tangente aber erst einmal bestimmt, gilt die Steigung auch für größere dy und dx.

Wir können für jeden gewählten Wert dx den zugehörigen Wert dy der Tangente berechnen. dx und dy heißen *Differentiale*.

- - - - - - - - - - - - - - - - - - - ▷ 94

149

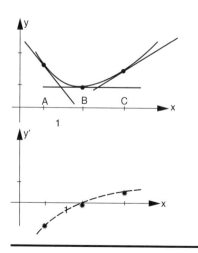

Die Tangenten zu zeichnen war sicher nicht schwer, die Werte der Steigung der Tangenten können nur geschätzt werden. Wichtig ist, dass die Steigung links von B negativ ist und rechts positiv.

Der Verlauf der Kurve für y' ist bei einem Minimum ein anderer. Die Kurve für y' steigt von links nach rechts an.

Beim Maximum fiel sie von links nach rechts.

- - - - - - - - - - - - - - - - - - - ▷ 150

| 12 |

$$\cos x \approx 1 - \frac{x^2}{2!} + \frac{x^4}{4!}$$

....

Alles richtig

◁ - (14)

Fehler gemacht oder
Erläuterung erwünscht

◁ - (13)

| 53 |

Entwickelt man eine Funktion in eine Taylorreihe, so interessiert man sich meistens nur für die ersten Glieder dieser Reihe. Man bricht die Reihe deshalb nach dem n-ten Glied ab.

Wie heißen die beiden Anteile, in die sich eine Taylorreihe aufspalten lässt?

$f(x) = a_0 + a_1 x + \cdots + a_n x^n$ und $+a_{n+1} x^{n+1} + \cdots$

....

◁ - (54)

| 94 |

Richtig!

◁ - (95)

38

Abkürzung: $\sum\limits_{n=1}^{\infty} n^2$ oder mit einer anderen Laufzahl: $\sum\limits_{j=1}^{\infty} j^2$

$a + aq + aq^2 \ldots\ldots\ldots aq^{r-1}$ oder $1 + x + x^2 + x^3 + \ldots\ldots\ldots x^n$

....

Gegeben sei die *Folge* der ungeraden Zahlen:

$1, 3, 5, 7, \ldots\ldots, 19$

Schreiben Sie die zugehörige *Reihe* hin.

....

-------------------- ▷ (39)

94

Die Begriffe *Differential* und *Differenz* muss man scharf unterscheiden. Differentiale beziehen sich auf die Tangente. Differenzen beziehen sich auf die Kurve.

Zeichnen Sie in der Skizze A die Differentiale dx und dy *fett* ein.

Zeichnen Sie in der Skizze B die Differenzen Δx und Δy *fett* ein.

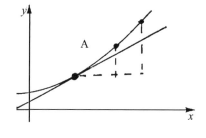
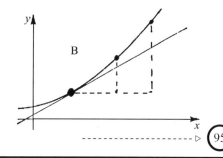

-------------------- ▷ (95)

150

Jetzt kennen wir die Bedingungen für die Bestimmung eines Minimums oder eines Maximums. Für beide gilt: *Tangente waagrecht.*

Mathematische Bedingung: $y' = 0$

Für ein Maximum gilt: Die Ableitungskurve fällt von links nach rechts

Mathematische Bedingung: $y'' < 0$

Für ein Minimum gilt: Die Ableitungskurve steigt von links nach rechts

Mathematische Bedingung: $y'' > 0$

-------------------- ▷ (151)

11

$$f(x) = f(0) + \frac{f'(0)}{1!}x + \frac{f''(0)}{2!}x^2 + \frac{f'''(0)}{3!}x^3 + \cdots$$

Entwickeln Sie nun die Funktion $f(x) = \cos x$ an der Stelle $x = 0$ in eine Taylorreihe bis zum Gliede n = 4.

Gehen Sie so vor:

1. Schritt: Ableitungen $f', f'', f''', f^{(4)}$ bilden.

2. Schritt: Werte der Ableitungen für $x = 0$ ermitteln.

3. Schritt: Werte f(0), f'(0), ..., f$^{(4)}$(0) in die Gleichung einsetzen. Sie steht oben im Antwortfeld.

$\cos x \approx$ ....

------------------- ▷ 12

52

Näherungspolynom
Abschätzung des Fehlers

STUDIEREN SIE im Lehrbuch
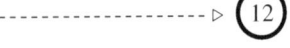

7.4 Näherungspolynom

7.4.1 Abschätzung des Fehlers
Lehrbuch, Seite 169 - 172

BEARBEITEN SIE danach

------------------- ▷ 53

93

Leider falsch!

Die 1. Näherung für $\sqrt{1+x}$ hat einen Fehler, der maximal 1% beträgt, nur im Bereich von $x = 0$ bis $x = 0{,}30$.

Die 2. Näherung hat eine Abweichung von maximal 1% in dem größeren Bereich $x = 0$ bis $x = 0{,}60$. Der geforderte Bereich ist $x = 0$ bis $x = 0{,}50$. Es muss daher die *2. Näherung* genommen werden.

SPRINGEN SIE auf

------------------- ▷ 95

39

$1 + 3 + 5 + 7 + \ldots\ldots + 19$ Hinweis: Die Reihe ist eine *Summe*.

....

Der Summenwert der Reihe sei s_r.

$s_r = 1 + 3 + 5 + 7 + \ldots\ldots + 19$

Drücken Sie diese Reihe mit Hilfe des Summenzeichens aus!

Als Laufzahl nehmen wir hier statt n einmal v.

Wir müssen lernen, mit unterschiedlichen Symbolen umzugehen.

$s_r = \ldots\ldots\ldots\ldots$

- - - - - - - - - - - - - - - - - - ▷ 40

95

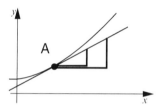 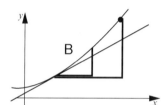

Hinweis: Für die *unabhängige* Variable sind dx und Δx identisch.

      Für die *abhängige* Variable sind dy und Δy unterschiedlich.

Die Differentiale dx und dy beziehen sich auf die $\ldots\ldots\ldots\ldots$

Die Differenzen Δx und Δy beziehen sich auf die $\ldots\ldots\ldots\ldots$

- - - - - - - - - - - - - - - - - - ▷ 96

151

Noch nicht alles verstanden

- - - - - - - - - - - - - - - - - - ▷ 152

Beispiel gewünscht

- - - - - - - - - - - - - - - - - - ▷ 156

10

Geben Sie die allgemeine Form der Taylorreihe für die Funktion $f(x)$ an. Entwickelt wird an der Stelle $x_0 = 0$. Sehen Sie eventuell im Lehrbuch nach.

$f(x) = \ldots\ldots\ldots\ldots\ldots$

- - - - - - - - - - - - - - - - - - - ▷ 11

51

Sie haben jetzt eine KLEINE PAUSE verdient!

- - - - - - - - - - - - - - - - - - - ▷ 52

92

Leider falsch!

Bei Verwendung der 1. Näherung $\tan x \approx x$ ist nach der Tabelle die Abweichung vom wahren Wert kleiner als 1%, wenn x im Bereich $0 < x < 0,17$ liegt. Der Wert $0,15$ liegt innerhalb des Bereichs. Es genügt also in diesem Fall die **1. Näherung**.

Die Funktion $\sqrt{1+x}$ soll im Bereich $x = 0$ bis $x = 0,50$ durch eine Näherung ersetzt werden. Der relative Fehler soll 1% nicht überschreiten.

Welche Näherung kann als **einfachste** genommen werden?

1. Näherung - - - - - - - - - - - - - - - - - - - ▷ 93

2. Näherung - - - - - - - - - - - - - - - - - - - ▷ 94

40

$$s_r = \sum_{v=0}^{9}(2v+1) \qquad \text{oder} \qquad \sum_{v=1}^{10}(2v-1)$$

Alles richtig   - - - - - - - - - - - - - - - - - - ▷ 44

Fehler oder Schwierigkeiten bei der Angabe der Grenzen   - - - - - - - - - - - - - - - - - - ▷ 41

Fehler bei der Bestimmung des des allgemeinen Gliedes   - - - - - - - - - - - - - - - - - - ▷ 43

Tangente   96
Funktion oder Kurve oder den Graph der Funktion.

Hier ist wieder einmal Zeit, wir machen eine

Und wie man die Pause macht, wissen wir. Wir rekapitulieren kurz den Inhalt des Abschnittes und tun dann etwas anderes oder wir träumen nur.

- - - - - - - - - - - - - - - - - - ▷ 97

152

Wiederholen wir noch einmal
den Gedankengang für das
Maximum.

1. Im Punkt x_0 hat $y(x)$ eine waagrechte Tangente. An diesem Punkt ist die Steigung 0.
2. Im 1. Intervall $[a,\ x_0]$ ist die Steigung von $y(x)$ positiv. Die Tangente steigt an. In diesem Intervall ist also $y'(x)$ positiv.
3. Im 2. Intervall $[x_0,\ b]$ ist die Steigung der Kurve negativ. Die Tangente fällt von links nach rechts. Also ist hier $y'(x) < 0$.

Zeichnen Sie in die Abbildung den Verlauf der Kurve $y'(x)$ in der Umgebung eines relativen *Minimums* ein.

- - - - - - - - - - - - - - - - - - ▷ 153

9

$$\frac{n!}{(n-2)!} = \frac{1 \cdot 2 \ldots (n-2)(n-1)n}{1 \cdot 2 \ldots (n-2)} = (n-1)n$$

$$\frac{3! \cdot 5!}{6!} = \frac{(1 \cdot 2 \cdot 3)(1 \cdot 2 \cdot 3 \cdot 4 \cdot \cdot 5)}{1 \cdot 2 \cdot 3 \cdot 4 \cdot \cdot 5 \cdot 6} = 1$$

$$\frac{100!}{101!} = \frac{1 \cdot 2 \ldots \ldots 100}{1 \cdot 2 \ldots \ldots 100 \cdot 101} = \frac{1}{101}$$

▷ (10)

50

Ihnen sind Wiederholungstechniken bekannt. Das ist gut so, denn sie sind nützlich.

Wiederholung vor Pausen.

Wiederholung vor neuem Kapitel.

Wiederholung nach Plan.

Im Übrigen gilt auch hier: Wiederholungstechniken sind nützlich; allerdings nur dem, der sie anwendet.

▷ (51)

91

$p_3(1) = 0{,}83333 \ldots\ldots\ldots\ldots$

Fehler $\approx 0{,}008 \approx 1\%$ 1 rad = 57 grad

....

Im Lehrbuch ist auf Seite 176 in der Tabelle mit den Näherungen der jeweilige Bereich für eine Fehlergrenze von 1% und 10% angegeben. Sie sollen sich nun im Umgang mit dieser Tabelle vertraut machen.

Der Wert der Funktion $f(x) = \tan x$ soll an der Stelle $x = 0{,}15$ mit Hilfe einer Näherung berechnet werden. Die Abweichung vom wahren Wert soll kleiner als 1% sein.

Welche Näherung kann als **einfachste** genommen werden?

1. Näherung: $\tan x \approx x$ ▷ (94)

2. Näherung: $\tan x \approx x + \frac{x^3}{3}$ ▷ (92)

41

Gegeben war die Reihe $1 + 3 + 5, \ldots \ldots + 19$

Die Reihe soll mit Hilfe des Summenzeichens geschrieben werden. Laufzahl: v.

1. Lösung   Das allgemeine Glied wird ausgedrückt durch: $a_v = 2v - 1$

        für $v = 1$ wird $a_v = 1$ für $v = 2$ wird $a_v = 3$

        für $v = 10$ wird $a_v = 19$

        In diesem Fall läuft v von 1 bis 10: $s_r = \displaystyle\sum_{v=1}^{10} (2v - 1)$

2. Lösung: Das allgemeine Glied wird ausgedrückt durch: $a_v = 2v + 1$

        für $v = 0$ wird dann $a_v = 1$ für $v = 1$ wird $a_v = 3$

        für $v = 9$ wird dann $v = 10$

        In diesem Fall läuft v von 0–9 $s_r = \displaystyle\sum_{v=0}^{9} (2v + 1)$

------------------- ▷ 42

97

Praktische Berechnung des Differentialquotienten
Differentiationsregeln
Ableitung einfacher Funktionen

Die praktische Beherrschung der Differentiationsregeln ist wichtiges Handwerkszeug für Ihr weiteres Studium und Ihren Beruf. Exzerpieren Sie und rechnen Sie die Umformungen mit – auch wenn dieser Abschnitt etwas mühselig ist. Teilen Sie sich die Arbeit in zwei oder drei Abschnitte ein.

STUDIEREN SIE im Lehrbuch   3.5.1 Differentiationsregeln

                                 3.5.2 Ableitung einfacher Funktionen

                                 Lehrbuch Seite 117–123

BEARBEITEN SIE danach Lehrschritt   ------------------- ▷ 98

153

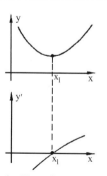

In der Umgebung von x_1 gilt:

$y''(x_1) \ldots 0$ (Setzen Sie ein: größer „>„ oder kleiner „<„)

------------------- ▷ 154

8

$(n-2)! = 1 \cdot 2 \cdot 3 \ldots (n-3)(n-2)$

....

Berechnen Sie nun folgende Aufgaben.

Denken Sie daran, man kann oft kürzen und sich Rechenarbeit sparen.

1. $\dfrac{n!}{(n-2)!} = \ldots\ldots\ldots$

2. $\dfrac{3! \cdot 5!}{6!} = \ldots\ldots\ldots$

3. $\dfrac{100!}{101!} = \ldots\ldots\ldots$

- - - - - - - - - - - - - - - - ▷ ⑨

49

Das Exzerpieren ist wirklich eine wichtige Arbeitstechnik. Die Exzerpte sind in mehrfacher Hinsicht nützlich. Einmal lernt man beim Exzerpieren Wesentliches von Unwesentlichem zu unterscheiden. Dann sind Exzerpte eine gute Hilfe für Wiederholungen.

Es hilft auch, Wesentliches im Lehrbuch anzustreichen. Das nützt aber genau wie das Exzerpieren nur dann, wenn höchstens 5–10% des Textes angestrichen oder exzerpiert werden. Sonst schreibt man ja ab und differenziert nicht mehr.

- - - - - - - - - - - - - - - - ▷ ⑤⓪

90

$0{,}3 - 0{,}2955 = 0{,}005$

Erinnerung: $0{,}3$ rad $\approx 17{,}2$ grad

....

Welchen Fehler hat die folgende Näherung bei $x = 1$?

$\sin x \approx x - \dfrac{x^3}{3!}$

$\sin(1) = 0{,}84147$

$p_3(1) = \ldots\ldots\ldots$

Fehler $= \ldots\ldots\ldots$

1 rad $= \ldots\ldots\ldots$ grad

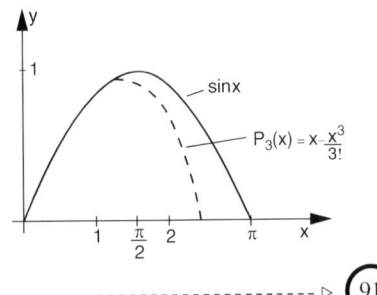

- - - - - - - - - - - - - - - - ▷ ⑨①

42

Geben Sie zur Übung die Grenzen an.

A) $3 + 7 + 11 + \ldots + 31 = \sum (4v - 1) = \sum (4v + 3)$

B) $5 + 5^2 + 5^3 + \ldots + 5^{11} = \sum 5v$

Hier sind die Lösungen zur Ihrer Selbstkontrolle:

$A: \sum\limits_{v=1}^{8} (4v - 1) = \sum\limits_{v=0}^{7} (4v + 3) \qquad B: \sum\limits_{v=1}^{11} 5^v$

Übung zur Bestimmung des allgemeinen Gliedes - - - - - - - - - - - - - - - - - - ▷ ④③

Bestimmung des allgemeinen Gliedes verstanden - - - - - - - - - - - - - - - - - - ▷ ④④

98

Im Abschnitt 5.5.1 sind folgende Regeln behandelt:

1. . . . .
2. . . . .
3. . . . .
4. . . . .
5. . . . .

- - - - - - - - - - - - - - - - - - ▷ ㊅⑨

154

$y''(x_1) > 0$

Für die Bestimmung eines Maximums oder Minimums müssen wir zwei Dinge wissen:
1. Die Steigung ist an der Stelle des Extremwerts 0.
2. Ob es sich um ein Minimum oder Maximum handelt, können wir nur aus dem Verlauf der Steigung in der Umgebung schließen.

Denken Sie immer daran, bei einem *Maximum* ist die Steigung erst positiv, danach negativ.
Die Steigung nimmt ab. Ihre Ableitung ist negativ: $y'' < 0$.
Für ein *Minimum* gilt das Umgekehrte.
Rechts ist die *Steigung* einer Kurve gezeichnet.

Die Kurve hat ein   ☐ Minimum
                   ☐ Maximum

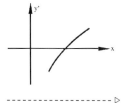

- - - - - - - - - - - - - - - - - - ▷ ⑮⑤

Das Symbol n! (gesprochen n-Fakultät) ist eine Abkürzung für das Produkt der ersten n-Zahlen.

$$n! = 1 \cdot 2 \cdot 3 \ldots n$$

Was ergibt $(n-2)!$?

$$(n-2)! = \ldots\ldots\ldots\ldots\ldots$$

------------------ ▷ 8

Die Wiederholung kann in folgenden Schritten ablaufen:

1. **Schritt**: Man schreibt aus dem Gedächtnis die Gliederung des Kapitels und die Liste der neu eingeführten Begriffe hin (freie Reproduktion).
2. **Schritt**: Man vergleicht diese Liste mit dem Exzerpt und ergänzt sie.
3. **Schritt**: Man versucht die Bedeutung der Begriffe frei zu reproduzieren. Man kontrolliert sie anhand des Textes und des Exzerptes.
   Ursprünglich nicht erinnerte Begriffe und falsch reproduzierte Bedeutungen müssen neu gelernt werden.
4. **Schritt**: Bearbeitung entsprechender Übungen des Kapitels.

------------------ ▷ 49

$$\cos(0{,}75) - p_2(0{,}75) \approx 0{,}732 - 0{,}719 \approx 0{,}013$$

....

Für kleine Winkel x gilt für die Sinusfunktion folgende Näherung

$$\sin x \approx x$$

Der Fehler erreicht bei $x = 0{,}3$ etwa 0,5%. Es gilt:

$$\sin(0{,}3) = 0{,}2955$$

und folglich ist die Differenz

$$0{,}3 - \sin(0{,}3) = \ldots\ldots$$

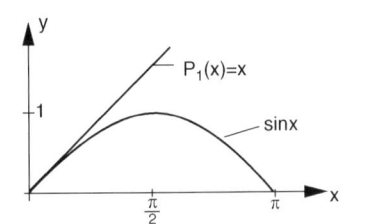

------------------ ▷ 90

Wir betrachten das allgemeine Glied der Folge der positiven geraden Zahlen 2,4,6,8,...,20. Diese Folge besitzt das allgemeine Glied $a_v = 2v$ (Laufzahl v).

Nehmen wir, wie im Lehrbuch, als Laufzahl n, so erhalten wir die gleichwertige Form
$a_n = 2n$

Die Folge der positiven ungeraden Zahlen 1, 3, 5, ..., 19 kann durch zwei Formen dargestellt werden: $a_v = 2v + 1$ oder $a_v = 2v - 1$

Verifizieren Sie die Richtigkeit, indem Sie Zahlen für v einsetzen.

---------------------▷ 44

1. Multiplikative Konstante
2. Summenregel
3. Produktregel
4. Quotientenregel
5. Kettenregel

Konnten Sie alle Regeln aufzählen? Mit Hilfe Ihres Exzerptes müsste das auf jeden Fall möglich sein.

---------------------▷ 100

155

Minimum

---------------------▷ 156

$$5! = 120$$

$$\frac{7!}{5!} = \frac{2 \cdot 3 \cdot 4 \cdot 5 \cdot 6 \cdot 7}{2 \cdot 3 \cdot 4 \cdot 5} = 6 \cdot 7 = 42$$

$$\frac{(n+1)!}{n!} = \frac{2 \cdot 3 \dots n(n+1)}{2 \cdot 3 \dots n} = n+1$$

$$\frac{9!}{11!} = \frac{2 \cdot 3 \dots 9}{2 \cdot 3 \dots 9 \cdot 10 \cdot 11} = \frac{1}{110}$$

Rechenerleichterung: Oft kann man durch Faktoren kürzen, die im Zähler und im Nenner vorkommen. Haben Sie bei den obigen Aufgaben einen oder mehrere Fehler gemacht?

Ja - ▷ (7)

Nein - - - - - - - - - - - - - - - - - ▷ (10)

47

Im Rahmen dieses Leitprogrammes ist mehrfach empfohlen worden:

    Wiederholung nach Abschluss einer Lernphase – vor der Pause.

    Wiederholung nach einigen Tagen oder vor Beginn des neuen Kapitels.

Diese Wiederholungen können und sollten ergänzt werden durch eine zusätzliche systematische Wiederholung nach einem größeren Zeitabstand. Dafür kann man sich einen Wiederholungsplan aufstellen. Er kann darin bestehen, dass man jeweils bei der Durcharbeitung eines Kapitels dasjenige Kapitel wiederholt, das man 4 Wochen vorher bearbeitet hat.

Ziel: Alle im Kapitel neu eingeführten Begriffe sowie die Operationen sollten wieder aktiv beherrscht werden. Hat man Exzerpte angefertigt, so sind diese die Grundlage der Wiederholung.

- - - - - - - - - - - - - - - - - ▷ (48)

88

1. Näherung: $\cos x \approx 1 - \dfrac{x^2}{2}$ 2. Näherung: $\cos x \approx 1 - \dfrac{x^2}{2} + \dfrac{x^4}{4!}$

Bei der cos-Funktion benutzt man häufig die 1. Näherung: $\cos x \approx 1 - \dfrac{x^2}{2}$.

Betrachten wir den Fehler, den man bei der Benutzung dieser Näherung macht:
Für $x = 0,5$ rad gilt:

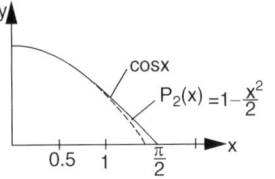

Exakter Wert: $\cos(0,5) = 0,8776$

Näherung: $p_2(0,5) = 1 - \dfrac{(0,5)^2}{2} = 0,8750$

Fehler der Näherung: $\cos(0,5) - p_2(0,5) \approx 0,0026 \approx 0,0026 \approx 0,3\%$. Berechnen Sie entsprechend den Fehler der 1. Näherung für den Wert $x = 0,75$ $\cos 0,75 = 0,732$

$\cos(0,75) - p_2(0,75) \approx 0,732 \dots$ - - - - - - - - - - - - - - - - - ▷ (89)

44

Gegeben sei die folgende Reihe

$$s_r = 5 \cdot \frac{1}{2} + 5 \cdot \frac{1}{4} + 5 \cdot \frac{1}{8} + \ldots\ldots\ldots$$

$$= 5 \cdot \left(\frac{1}{2}\right) + 5 \cdot \left(\frac{1}{2}\right)^2 + 5 \cdot \left(\frac{1}{2}\right)^3 + \ldots\ldots\ldots$$

Eine solche Reihe heißt: ....

- - - - - - - - - - - - - - - - - - ▷ 45

100

Die Technik des Differenzierens setzt Übung voraus. Man braucht dazu zwei Dinge:

a) Kenntnis der Differenzierungsregeln,

b) Kenntnis der Ableitungen einfacher Funktionen.

Bilden Sie die Ableitungen folgender Funktionen:

1. $y = 5$ $\qquad$ $y' = \ldots\ldots\ldots\ldots$

2. $y = x^n$ $\qquad$ $y' = \ldots\ldots\ldots\ldots$

3. $y = \dfrac{1}{x^n}$ $\qquad$ $y' = \ldots\ldots\ldots\ldots$

4. $y = \sqrt{x}$ $\qquad$ $y' = \ldots\ldots\ldots\ldots$

5. $y = x^{-\frac{5}{3}}$ $\qquad$ $y' = \ldots\ldots\ldots\ldots$  - - - - - - - - - - - - - - - - - - ▷ 101

156

Für die Bestimmung von charakteristischen Kurvenpunkten haben wir folgende Bedingungen:

1. Nullstellen $\qquad y = 0$

2. relative Maxima $\qquad y' = 0, \qquad y'' < 0$

3. relative Minima $\qquad y' = 0, \qquad y'' > 0$

An welcher Stelle hat die Funktion $y = x^2 + 1$ einen Extremwert? Die Parabel kennen wir ja. Rechnen wir es formal aus:

1. $y' = \ldots\ldots\ldots\ldots$

2. Gleichung auflösen

$\quad y' = \ldots\ldots\ldots\ldots$

$\quad y' = 0 = \ldots\ldots\ldots : x_E = \ldots\ldots$

- - - - - - - - - - - - - - - - - - ▷ 157

n-Fakultät

$n! = 1 \cdot 2 \cdot 3 \ldots\ldots (n-1) \cdot n$

....

Berechnen Sie und nutzen Sie Rechenerleichterungen aus:

$5! = \ldots\ldots\ldots$

$\dfrac{7!}{5!} = \ldots\ldots\ldots$

$\dfrac{(n+1)!}{n!} = \ldots\ldots\ldots$

$\dfrac{9!}{11!} = \ldots\ldots\ldots$

- - - - - - - - - - - - - - - - - ▷ 6

46

Experimentelle Untersuchungen zeigen die deutliche Überlegenheit des verteilten Lernens. So hat Engelmayer (1969) den gleichen Anteil an Übungs- und Wiederholungsphasen über

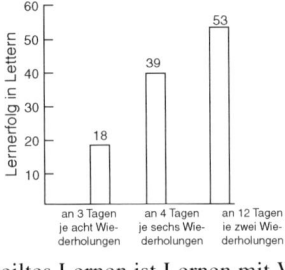

3, 4 und 12 Tage verteilt und jeweils den Lernerfolg gemessen

Unterschiedliche Verteilung der Wiederholung und Lernerfolg (nach Engelmayer).

Verteiltes Lernen ist Lernen mit Wiederholungsphasen. Wiederholung sichert nicht nur den Lernerfolg, sondern ist gleichzeitig ein Mittel, das Lernen zu rationalisieren und bei gleichen Lernzeiten den Lehrstoff sicherer einzulernen.

- - - - - - - - - - - - - - - - - ▷ 47

87

Mit Hilfe der Taylorentwicklung lassen sich Näherungsformeln für die wichtigsten Funktionen gewinnen. So genügt es oft, bei kleinen Winkeln die trigonometrischen Funktionen durch ihre Näherungspolynome zu ersetzen. Dadurch lassen sich schwierige mathematische Ausdrücke erheblich vereinfachen.

Geben Sie die 1. und 2. Näherung nach der Tabelle – Lehrbuch, Seite 176 – für $\cos x$ an.

1. Näherung: $\cos x \approx \ldots\ldots\ldots$
2. Näherung: $\cos x \approx \ldots\ldots\ldots$

- - - - - - - - - - - - - - - - - ▷ 88

45

Geometrische Reihe

....

Berechnen Sie den Wert der unendlichen geometrischen Reihe unter Benutzung des Lehrbuches.

$$s = 5 + 5 \cdot \left(\frac{1}{2}\right) + 5 \cdot \left(\frac{1}{2}\right)^2 + 5 \cdot \left(\frac{1}{2}\right)^3 + \ldots\ldots\ldots$$

$$s = 5 \sum_{v=0}^{\infty} \left(\frac{1}{2}\right)^v$$

$$s = \ldots\ldots\ldots\ldots\ldots$$

- - - - - - - - - - - - - - - - - - - ▷ (46)

101

1. $y' = 0$

2. $y' = n\,x^{n-1}$

3. $y' = (-n)x^{-(n+1)} = \dfrac{-n}{x^{n+1}}$

4. $y' = \dfrac{1}{2}x^{-\frac{1}{2}}$

5. $y' = \left(-\dfrac{5}{3}\right)x^{-\frac{8}{3}}$

Alles richtig

- - - - - - - - - - - - - - - - - - - ▷ (106)

Fehler bei Aufgabe 1

- - - - - - - - - - - - - - - - - - - ▷ (102)

Fehler bei den Aufgaben 2–5

- - - - - - - - - - - - - - - - - - - ▷ (103)

157

$y' = 2x$

$y' = 0 = 2x$

$x_E = 0$

Handelt es sich um ein Minimum oder ein Maximum?

$y'' = \ldots\ldots\ldots\ldots$

$y'' \ldots\ldots\ldots\ldots 0$ ($<$ oder $>$ einsetzen)

☐ Minimum

☐ Maximum

- - - - - - - - - - - - - - - - - - - ▷ (158)

4

a) Die ersten Glieder einer Potenzreihe eignen sich als Näherungsausdrücke für die Funktion.

b) Potenzreihen lassen sich gliedweise differenzieren und integrieren.

c) Mittels Potenzreihen lassen sich Funktionswerte beliebig genau berechnen.

....

Der Ausdruck n! wird gesprochen: ....

Der Ausdruck n! bedeutet: ....

-------------------- ▷ (5)

45

Gedächtnisinhalte hängen von der Art ab, in der sie eingelernt werden.

a) Massiertes Lernen: Ein Kapitel wird 4 Stunden lang studiert.

b) Verteiles Lernen: Die Arbeit wird auf 4 zeitlich auseinanderliegende Arbeitsphasen von je einer Stunde verteilt.

-------------------- ▷ (46)

86

Nutzen der Reihenentwicklung
Polynome als Näherungsfunktionen
Tabelle gebräuchlicher Näherungspolynome

STUDIEREN SIE im Lehrbuch   7.6   Nutzen der Reihenentwicklung

                               7.6.1 Polynome als Näherungsfunktionen

                               7.6.2 Tabelle gebräuchlicher Näherungspolynome
                                      Lehrbuch, Seite 173–176

BEARBEITEN SIE DANACH   -------------------- ▷ (87)

46

$$s = 5 \cdot \frac{1}{1 - \frac{1}{2}} = 5 \cdot 2 = 10$$

....

Haben Sie dieses Ergebnis?

Ja ------------------- ▷ 48

Nein ------------------- ▷ 47

102

Wir müssen unterscheiden zwischen der Ableitung einer additiven Konstanten und einer mulitplikativen Konstanten. Nur die Ableitung einer additiven Konstante ist 0.

Beispiele:

$$y = a \qquad\qquad y' = 0$$
$$y = ax \qquad\qquad y' = a$$
$$y = c \cdot x^2 \qquad\qquad y' = \dots\dots\dots$$
$$y = xc + x^2 \qquad\qquad y' = \dots\dots\dots$$

Kontrollieren Sie selbst anhand des Lehrbuches Seite 117 und 119.

☐ Fehler bei den Aufgaben 2–5 ------------------- ▷ 103

☐ Aufgaben 2–5 richtig ------------------- ▷ 106

158

$y'' = 2$
$y'' > 0$
Minimum

....

An welchen Stellen im Intervall $0 \le x \le 2\pi$ hat die Funktion $y = \sin x$ Nullstellen?

....

Bilden Sie die Ableitung.
An welchen Stellen im Intervall
$0 = x \le 2\pi$ hat die Funktion $y = \sin x$

Maxima ....
Minima ....

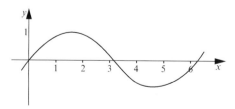

------------------- ▷ 159

| 3 |

Potenzreihe

Taylor-Reihe

Konvergenzbereich

....

Nennen Sie stichwortartig die drei Gründe dafür, dass die Entwicklung einer Funktion in eine Potenzreihe nützlich sein kann:

a) ....

b) ....

c) ....

◁ - (4)

| 44 |

Die Absicht, sich etwas einzuprägen, wirkt sich positiv auf die Fähigkeit, Gelerntes zu reproduzieren.

LEWIN (1963) berichtet über folgendes Experiment:

Ein Student sollte seinen Kommilitonen einen Merkstoff solange vorlesen, bis diese ihn reproduzieren konnten.

Danach wurde der vortragende Student selber aufgefordert, den Text frei wiederzugeben.

Im Gegensatz zu den Teilnehmern hatte er sich fast nichts gemerkt.

Daraus folgt: Es ist vorteilhaft, während des Studierens immer zu entscheiden, was behaltenswert ist, dies zu exzerpieren oder mindestens zu unterstreichen.

◁ - - - - - - - - - - - - - - - - - - - (45)

| 85 |

Lösen Sie nach einigen Tagen die Übungsaufgaben 7.4, Lehrbuch, Seite 179, bis Sie mindestens eine Aufgabe richtig gerechnet haben.

◁ - (98)

47

Hier ist eine Hilfe: Gegeben sei die unendliche Reihe $a + aq + aq^2 + \ldots\ldots = \sum\limits_{v=0}^{\infty} aq^v$

Die Reihe konvergiert für $|q| < 1$. Sie hat dann den Wert $s = a\dfrac{1}{1-q}$

(siehe S. 111 im Lehrbuch)

In unserem Beispiel lautete die Reihe $5 + 5\left(\dfrac{1}{2}\right) + 5\left(\dfrac{1}{2}\right)^2 + \ldots\ldots$

Hier ist also $a = 5$ und $q = \dfrac{1}{2}$. Die Reihe konvergiert also und hat den Grenzwert

$s = 5 \cdot \dfrac{1}{1 - \frac{1}{2}} = 5 \cdot 2 = \underline{\underline{10}}$

---------------------- ▷ (48)

103

Bei allen Aufgaben ging es um die Ableitung einer Potenzfunktion: $y = x^r$
r kann jede beliebige rationale Zahl sein, r braucht nicht ganzzahlig zu sein.

Ableitung einer Potenz: $y = x^r$ \qquad $y' = r \cdot x^{r-1}$

Diese Gleichung sollten Sie auswendig können. Lösen Sie jetzt:

$y = x^2$ \qquad\qquad\qquad $y' = \ldots\ldots\ldots\ldots$

$y = \sqrt[3]{x}$ \qquad\qquad\qquad $y' = \ldots\ldots\ldots\ldots$

$y = x^{-2}$ \qquad\qquad\qquad $y' = \ldots\ldots\ldots\ldots$

---------------------- ▷ (104)

159

Im Intervall $0 \leq x \leq 2\pi$: \quad Nullstellen: \quad $x = 0$; \quad $x = \pi$; \quad $x = 2\pi$

Maximum: \quad $x = \dfrac{\pi}{2}$

Minimum: \quad $x = \dfrac{3\pi}{2}$

Schrittweise Berechnung des Maximums:
1. Schritt \quad $y' = \cos x$
2. Schritt \quad $y' = 0$ \quad für $x = \dfrac{\pi}{2}$ \quad und \quad $x = \dfrac{3\pi}{2}$
3. Schritt \quad $y'' = -1$ \quad für $x = \dfrac{\pi}{2}$: Maximum (Steigung der Ableitungsfunktion ist negativ)

\qquad\qquad $y'' = 1$ \quad für $x = \dfrac{3\pi}{2}$ Minimum (Steigung der Ableitungsfunktion ist positiv)

---------------------- ▷ (160)

Nennen Sie mindestens drei Begriffe, die in diesem Abschnitt neu eingeführt werden.

1) ....

2) ....

3) ....

- - - - - - - - - - - - - - - - - - ▷ ③

43

Die Verfügbarkeit über Gedächtnisinhalte hängt von der Art des Lerninhaltes ab. Material, das einsichtig gelernt und im Zusammenhang erfasst wird, bleibt länger reproduzierbar.

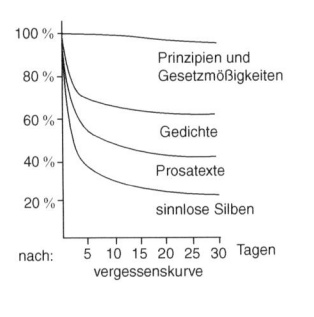

Die Abbildung verdeutlicht diesen Sachverhalt an verschiedenen Lerninhalten.

Daraus folgt, es ist vorteilhaft, sich Gelerntes immer im Zusammenhang zu vergegenwärtigen.

- - - - - - - - - - - - - - - - - - ▷ ㊹

84

$$\sin\left(x + \tfrac{\pi}{2}\right) = 1 - \frac{x^2}{2!} + \frac{x^4}{4!} - \ldots\ldots\ldots$$

Die Reihe auf der rechten Seite der Gleichung ist die Taylorreihe der Funktion $f(x)$ $\cos x$:

$$\cos x = 1 - \frac{x^2}{2!} + \frac{x^4}{4!} - \ldots\ldots\ldots$$

Damit erhalten wir das Ergebnis: $\sin\left(x + \tfrac{\pi}{2}\right) = \cos x$

Diese Gleichung wurde bereits in der Trigonometrie abgeleitet $\sin\left(\alpha + \tfrac{\pi}{2}\right) = \cos\alpha$. Diesmal haben wir sie mit Hilfe der Taylorreihenentwicklung also „analytisch" bewiesen.

- - - - - - - - - - - - - - - - - - ▷ ⑧⑤

$\boxed{48}$

Im Leitprogramm werden immer zunächst die Begriffe und Operationen abgefragt und wiederholt, die im betreffenden Abschnitt des Lehrbuchs vorkamen. Kommt es dabei vor, dass Sie einen Abschnitt gelesen und auch verstanden hatten und dass Sie sich trotzdem hinterher nicht mehr an alle Begriffe erinnerten?

□ Nein ----------------▷ $\boxed{49}$

□ Ja ----------------▷ $\boxed{50}$

$\boxed{104}$

$$y' = 2x$$
$$y' = \frac{1}{3} \cdot x^{-\frac{2}{3}} = \frac{1}{3\sqrt[3]{x^2}}$$
$$y' = \frac{-2}{x^3}$$

Schreiben Sie noch den allgemeinen Ausdruck hin für die Ableitung von $y = x^n$

$y' = \ldots\ldots\ldots$ ----------------▷ $\boxed{105}$

$\boxed{160}$

Ob es sich um ein Minimum oder ein Maximum handelt, ergibt sich in der Praxis meist aus der Natur des Problems. Dann braucht man den 2. Prüfschritt nicht mehr durchzuführen.

Falls man die Bedingung vergisst, man kann sie immer nachschlagen.

Wichtig ist vor allem, dass Sie die Bestimmung des Extremwertes beherrschen:

1. Schritt: Ableitung bilden

2. Schritt: Ableitung = 0 setzen. Die dann entstehende Bestimmungsgleichung ausrechnen.

In Formeln: y' bilden

$y' = 0$ setzen und entstandene Gleichung lösen.

Noch ein Beispiel: $y = x^3 + x^2$ $\qquad y' = \ldots\ldots\ldots$

Extremwerte bei $x_{E1} = \ldots\ldots\ldots\ldots \qquad x_{E2} =$

Lösung gefunden ----------------▷ $\boxed{164}$

Hilfe gewünscht ----------------▷ $\boxed{161}$

[1]

Vorbemerkung
Entwicklung einer Funktion in eine Potenzreihe
Gültigkeitsbereich der Taylor-Entwicklung

Taylorreihen und Potenzreihenentwicklung sind für viele Studienanfänger völlig neue Gebiete. Manche Ausdrücke scheinen schwerfällig. Sie werden klarer, wenn man die Umformungen geduldig auf einem Zettel mitrechnet. So kommen Sie zwar im Augenblick langsamer voran, aber im Endeffekt sparen Sie Zeit, weil Sie besser behalten, was Sie aktiv erarbeiten. Teilen Sie sich die Arbeit in Abschnitte ein.

STUDIEREN SIE IM LEHRBUCH   7.1   Vorbemerkung

7.2   Entwicklung einer Funktion in eine Potenzreihe

7.3   Gültigkeitsbereich der Taylor-Entwicklung
(Konvergenzbereich)

Lehrbuch, Seite 163–168

BEARBEITEN SIE DANACH   ▷ (2)

▷ (2)

---

[42]

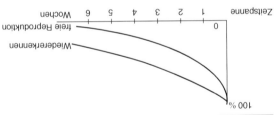

Die Abbildung zeigt „*Vergessenskurven*", die zeitliche Abnahme des Gedächtnisinhaltes.

In grober Näherung ergeben sich exponentiell fallende Kurven. Die Fähigkeit, Sachverhalte zu reproduzieren, fällt rascher ab, als die Fähigkeit, Sachverhalte wiederzuerkennen. Sachverhalte, die man beim Lesen wiedererkennt, können keineswegs immer aktiv reproduziert werden. Das Wiedererkennen täuscht subjektiv einen höheren Kenntnisstand vor. Das stellt sich in jenen Situationen heraus, in denen man darauf angewiesen ist, Sachverhalte ohne Hilfe selbständig darzustellen und seine Kenntnisse anzuwenden.

▷ (43)

---

[83]

$$\sin x = 1 - \frac{1}{2!}\left(x - \frac{\pi}{2}\right)^2 + \frac{1}{4!}\left(x - \frac{\pi}{2}\right)^4 - \;\cdots\cdots$$

Setzt man in der obigen Taylorentwicklung für x den Wert $\frac{\pi}{2}$ ein, ergibt sich $\sin\frac{\pi}{2} = 1$, da alle Potenzen von $\left(x - \frac{\pi}{2}\right)$ verschwinden.

Was ergibt sich, wenn man in der obigen Taylorreihe die Variable x durch $\left(x + \frac{\pi}{2}\right)$ ersetzt?

$$\sin\left(x + \frac{\pi}{2}\right) = \;\cdots\cdots\cdots\cdots$$

▷ (84)

49

Das ist eine erstaunliche Fähigkeit, über die Sie verfügen. Die meisten Menschen vergessen gelegentlich. Auch das, was Sie in einer Vorlesung oder in einem Buch verstanden hatten.

Lesen Sie trotzdem - ▷ (50)

105

$$y = x^n$$
$$y' = n x^{n-1}$$

....

So, und nun weiter!

- - - - - - - - - - - - - - - - - - ▷ (106)

161

Es ist gegeben: $y = x^3 + x^2$

Es wird gesucht: Extremwerte

Für Extremwerte gilt: $y' = 0$

1. Schritt: Berechnung von y' $y' = 3x^2 + 2x$

2. Schritt: $y' = 0$ $0 = 3x^2 + 2x$

Diese Gleichung ist nach x aufzulösen.

Zwischenschritt: $0 = x(3x + 2)$

Diese Gleichung müssten Sie nach x auflösen können.

$x_{E1} = \ldots\ldots\ldots\ldots$

$x_{E2} = \ldots\ldots\ldots\ldots$

- - - - - - - - - - - - - - - - - - ▷ (162)

K. Weltner, *Leitprogramm Mathematik für Physiker 1.*,
DOI 10.1007/978-3-642-23485-9_7, © Springer-Verlag Berlin Heidelberg 2012

Kapitel 7
Taylorreihen und Potenzreihenentwicklung

50

Niemand kann alles behalten, was er liest. Die Geschwindigkeit, mit der Informationen ins Bewußtsein gelangen – die Psychologen nennen es Apperzeptionsgeschwindigkeit – ist 10 bis 20 mal größer, als die Geschwindigkeit mit der der Mensch Informationen im Gedächtnis einspeichern kann.

Man kann es auch so sagen: Man kann sehr viel mehr wahrnehmen, lesen, hören und verstehen als *behalten*. Versuchen Sie, eine Vorlesung, die Sie interessiert hat und die Sie verstanden haben, nachher wiederzugeben. Jeder ist immer wieder überrascht, wie wenig er behalten und wie viele Details er vergessen hat.

Das Ziel vieler Lerntechnikem ist es, mehr zu ....

-------------------- ▷ 51

106

Alles richtig – gut so. Nun geht es weiter mit den trigonometrischen Funktionen.

a) $y = \sin x$

$y' = ...$

b) $y = 3 \cos x$

$y' = ...$

c) $y = 2 \sin x + 4 \cos x$ (Summenregel)

$y' = ...$

-------------------- ▷ 107

162

$x_{E1} = 0$ $x_{E2} = -\dfrac{2}{3}$

Bestimmen Sie Nullstellen und Extremwerte der Funktion: $y = -x^2 + 2x$

Nullstellen: ....   Extremwerte: ....

Lösung gefunden   -------------------- ▷ 166

Hilfe gewünscht für Nullstellen   -------------------- ▷ 163

Hilfe gewünscht für Extremwerte   -------------------- ▷ 164

$$\int \sin(5x)dx = -\frac{1}{5}\cos(5x) + C$$

Lösen Sie folgende Aufgaben entweder durch Substituieren oder Erraten einer Lösung und Verifikation.

$$\int \sin(4\pi x)dx = \dots\dots\dots$$

$$\int \cos(ax)dx = \dots\dots\dots$$

$$\int 4\sin(4t)dt = \dots\dots\dots$$

BLÄTTERN SIE ZURÜCK   -------------------- ▷ 85

$$\int\limits_{a}^{b} f(x)dx$$

$$\int \left(a\frac{x^3}{4} + b\cdot x^2 + c\right)dx = \dots\dots\dots$$

BLÄTTERN SIE ZURÜCK   -------------------- ▷ 112

Ja, und nun haben Sie wirklich wieder einmal eine längere Pause verdient.

Sie haben das  des Kapitels erreicht.

$\boxed{51}$

Das Ziel vieler Lerntechniken ist es, mehr zu *behalten*.

....

Ein Schema im Leitprogramm werden Sie entdeckt haben. Zunächst werden neue Begriffe abgefragt. Gelegentlich werden sie danach geübt.

Beispiel: Ein neuer Begriff wird aufgeschrieben

Begründung: Was einmal geschrieben ist, wird besser behalten, als was nur gelesen wurde.

Bedeutung und Benennung eines neuen Begriffs werden oft wechselseitig abgefragt. Schließlich ist wiederholt empfohlen worden, neue Begriffe mit ihren Bedeutungen zu exzerpieren.

-------------------- ▷ $\boxed{52}$

$\boxed{107}$

a) $y = \cos x$

b) $y' = -3 \sin x$

c) $y' = 2 \cos x - 4 \sin x$

....

Leiten Sie ab.

a) $y = 2 \sin x + x$

$y' = \ldots\ldots\ldots\ldots$

b) $y = -\cos x + x^2 + 3$

$y' = \ldots\ldots\ldots\ldots$

-------------------- ▷ $\boxed{108}$

$\boxed{163}$

Die Nullstellen erhält man, indem man in der Funktionsgleichung y gleich Null setzt.

Beispiel: $y = -x^2 + 2x$

$0 = -x^2 + 2x$ oder $x^2 - 2x = 0$

$x(x - 2) = 0$

$x_1 = 0$

$x_2 = 2$

....

Berechnen Sie nun die Extremwerte dieser Funktion $y = -x^2 + 2x$

Extremwerte $\ldots\ldots\ldots\ldots$ -------------------- ▷ $\boxed{165}$

Hilfe gewünscht   -------------------- ▷ $\boxed{164}$

83

1. Schritt: $5x = u$

2. Schritt: $\int \sin u \cdot dx \cdot dx = \dfrac{du}{5}$

$$\int \dfrac{du}{5} \cdot \sin u$$

Jetzt folgt der 3. Schritt, die Integration $\int \dfrac{du}{5} \cdot \sin u = -\dfrac{1}{5} \cos u + C$

Und schließlich folgt die Rücksubstitution gemäß $u = 5x$

$$\int \sin(5x) \; dx = \cdots\cdots\cdots$$

◁ - (84)

110

$$\int\limits_{1.76}^{0} x^3\,dx + \int\limits_{2}^{1.76} x^3\,dx = \int\limits_{2}^{0} x\,dx = \left[\dfrac{1}{4}x^4\right]_0^2 = 4$$

Allgemein gilt:

$$\int\limits_{c}^{b} f(x)\,dx + \int\limits_{a}^{c} f(x)\,dx = \cdots\cdots\cdots\cdots$$

◁ - (111)

137

Hier sind sie:

Integration ist die Umkehroperation zur Differentiation

Integrieren wir die Funktion $f(x)$, erhalten wir die Stammfunktion $F(x)$.

Bestimmtes Integral
Unbestimmtes Integral
Uneigentliches Integral
Verifikationsprinzip
Substitution
Techniken der Integration
Benutzung der Integraltabelle u.a.

◁ - (138)

52

In der Mathematik kommt es auf das Verständnis an. Man kann aber Erläuterungen oder Texte nur verstehen, wenn man die in der Erläuterung, im Text oder in der Vorlesung gebrauchten Begriffe kennt. Mathematik und Physik sind *kohärente Lehrstoffe*, die besondere Studiertechniken erfordern. Was Kohärenz bedeutet, zeigt am besten ein Beispiel:

Im Abschnitt 5.1.4 wurde folgender Grenzwert berechnet: $\lim\limits_{x \to 0} \dfrac{\sin x}{x} = 1$

Den Gedankengang kann nur verstehen, wer *Grenzwerte* und *Sinusfunktion* kennt. Den Begriff der trigonometrischen Funktion kann nur verstehen, wer weiß, was eine Funktion ist. Eine Funktion kann nur verstehen, wenn man mindestens die Grundrechenarten kennt.

Die Reihe lässt sich verlängern. Die Bedeutung ist sofort klar. Man kann einen Sachverhalt nur verstehen, wenn bestimmte Voraussetzungen bekannt sind. Gegenstandsbereiche, in denen viele solcher Beziehungen und lange solcher Voraussetzungsketten bestehen, nennt man k .... Lehrstoffe.

----------------- ▷ (53)

108

a) $y' = 2\cos x + 1$

b) $y' = \sin x + 2x$

....

Leiten Sie ab

$$y = \frac{x}{\sin x} \qquad \text{(Quotientenregel)}$$

$$y' = \ldots\ldots\ldots$$

----------------- ▷

164

Gegeben $y = -x^2 + 2x$

Gesucht: Extremwerte

1. Schritt: Wir bilden ....

2. Schritt: Wir setzen $y' = \ldots\ldots\ldots = 0$ und erhalten die Bestimmungsgleichung für x.

$$0 = -2x + 2$$

Auflösung nach x ergibt

$$x = \ldots\ldots\ldots$$

----------------- ▷

82

Zu ermitteln ist $\int \sin(5x)\, dx$.

Hier ist der Rechengang – wie im Lehrbuch: Wir substituieren die Funktion $(5x)$ durch eine Hilfsfunktion u.

1. Schritt: Wahl der Hilfsfunktion $5x = u$

2. Schritt: Substitution a) der Funktion: $\int \ldots\ldots\ldots\ldots\ldots\, dx$

b) des Differentials $dx = \ldots\ldots\ldots\ldots\ldots$

Damit wird das Integral zu $\int \ldots\ldots\ldots\ldots\ldots$

- - - - - - - - - - - - - - - - - - - ▷ 83

109

Rechnen Sie: $\displaystyle\int_{0}^{1.76} x^3\, dx + \int_{1.76}^{2} x^3\, dx = \ldots\ldots\ldots\ldots\ldots$

- - - - - - - - - - - - - - - - - - ▷ 110

136

Wichtig ist, nach Schluss einer Arbeitsphase das Gelernte kurz zu rekapitulieren.

Was Sie jetzt nicht aktiv reproduzieren können, können Sie später erst recht nicht reproduzieren und anwenden.

Um welche Begriffe, Operationen und Stichworte ging es in diesem Kapitel?

- - - - - - - - - - - - - - - - - - ▷ 137

Kohärente Lehrstoffe

....

Wer lernen will, wo Addis Abeba liegt, braucht nicht zu wissen, wo Cape Coast liegt. Wer lernen will, wo Tunis liegt, braucht nicht zu wissen, wie lang der Nil ist. Diese geographischen Daten sind nicht oder wenig kohärent.

Der Kohärenzgrad eines Lehrstoff ist nicht ohne Einfluss auf die zweckmäßigste Studiertechnik. Über grundlegendes Wissen muss man *sicher* verfügen. Sonst kann man spätere Ausführungen in Büchern, Vorlesungen und Diskussionen nicht verstehen. Hier muss man *intensiv* lernen. (In der Schule musste der Lehrer dafür sorgen – hier im Studium müssen Sie einen Teil dieser Sorge übernehmen.)

Intensives Lernen heißt: 1. Mitdenken und Mitrechnen.
2. Nichts Unverstandenes hinnehmen.
3. Grundlegendes (Begriffe, Regeln) erkennen, zusammenfassen, exzerpieren und wiederholen.

------------------- ▷ 54

$$\frac{\sin x - x \cdot \cos x}{(\sin x)^2}$$

....

Berechnen Sie mit Hilfe der Quotientenregel die Ableitung der Tangensfunktion:
(Beachten Sie dabei $\sin^2 x + \cos^2 x = 1$)

$$y = \tan x = \frac{\sin x}{\cos x}$$
$$y' = \ldots\ldots\ldots\ldots$$

------------------- ▷ 110

165

Extremwert $x_E = 1$

Hinweis: Wir bilden die Ableitung y'. Wir setzen $y' = -2x + 2 = 0$

------------------- ▷ 166

81

Lösen Sie – ohne das Lehrbuch zu benutzen – das dort durchgeführte Beispiel noch einmal durch die Substitutionsmethode.

$$\int \sin(5x)dx = \ldots\ldots\ldots\ldots$$

Lösung gefunden

------------------- ▷  84

Habe noch Schwierigkeiten mit dem Verfahren

------------------- ▷ 82

108

Rechenregeln für bestimmte Integrale
Substitution bei bestimmten Integralen
Mittelwertsatz der Integralrechnung

STUDIEREN SIE im Lehrbuch

6.6 Rechenregeln für bestimmte Integrale
6.7 Substitution bei bestimmten Integralen
6.8 Mittelwertsatz der Integralrechnung
Lehrbuch, Seite 150–153

BEARBEITEN SIE DANACH Lehrschritt

------------------- ▷ 109

135

1. Einteilung von Arbeit und Pausen, Einhaltung von Terminen.

2. Intensives Lesen
   Exzerpieren neuer Begriffe, Regeln und Definitionen; im Falle mathematischer Ableitungen mitrechnen.

3. Selektives Lesen
   Rasches Aufsuchen neuer Informationen, Überfliegen größerer Textabschnitte mit dem Ziel, bestimmte Informationen zu suchen.

Vermutlich werden Sie es mit eigenen Worten gesagt haben, sinngemäß sollten Sie die drei Studiertechniken jetzt aber kennen. Es genügt allerdings nicht, die Studiertechniken zu kennen, man muss sie auch *anwenden*.

------------------- ▷  136

54

Im Lehrbuch sind neue Begriffe *kursiv* geschrieben. Definitionen und Regeln sind hervorgehoben. Wie lernt man nun zweckmäßig neue Begriffe und Definitionen?

Durch sorgfältiges und wiederholtes Lesen des Lehrbuchs, bis man sie kann -------▷ 55

Durch Exzerpieren und Wiederholen anhand der Exzerpte ---------------------▷ 56

$\dfrac{1}{\cos^2 x}$ Rechengang: 110

$$y = \frac{\sin x}{\cos x}$$

$$y' = \frac{\cos x \cdot \cos x - (\sin x \cdot (-\sin x))}{\cos^2 x} = \frac{\cos^2 x + \sin^2 x}{\cos^2 x} = \frac{1}{\cos^2 x}$$

....

Haben Sie dasselbe Ergebnis?

Nein   -------------------▷ 111

Ja   -------------------▷ 113

Sie finden Lehrschritt 113 **unten auf der Seite** unterhalb der Lehrschritte 1 und 57.
BLÄTTERN SIE ZURÜCK

166

Die Funktion $y = -x^2 + 2x$ hat zwei Nullstellen $x_1 = 0$ und $x_2 = 2$

Extremwert bei $x = 1$

....

Hier sind noch einige Übungsaufgaben. Bestimmen Sie Nullstellen und Extremwerte. Bestimmen Sie selbst, wie viele der Übungsaufgaben Sie rechnen möchten. Wenn Sie die Sache beherrschen, nicht weiter rechnen. Dann ist es wichtiger, dass Sie in einer Woche oder in 14 Tagen noch einmal wiederholen.

$y = 2x^4 - 8x^2$ $y = \sin(0{,}5x)$

$y = 2 + \dfrac{1}{2}x^3$ $y = 2(\cos(\varphi + 2))$

-------------------▷ 167

80

Integration durch Substitution

STUDIEREN SIE im Lehrbuch   6.5.4 Integration durch Substitution
Lehrbuch, Seite 147–148

BEARBEITEN SIE DANACH Lehrschritt   ------------------ ▷ 81

107

Die partielle Integration erfordert einige Aufmerksamkeit und viel Übung. Weitere Übungen finden Sie im Lehrbuch, Seite 150.
Glücklicherweise gibt es für den Praktiker aber Integraltafeln.

Kleine

------------------ ▷ 108

134

In den letzten Kapiteln sind drei Studiertechniken besprochen worden.

Worum handelt es sich noch?

Schreiben Sie es in Stichworten hin.

     1.: ....

     2.: ....

     3.: ....

------------------ ▷ 135

$\boxed{55}$

Eine Definition oder die Erklärung eines neuen Begriffs solange zu lesen, bis man glaubt, alles zu kennen, ist verlockend aber falsch.

Die Gefahr dabei ist, dass man den Wortlaut lernt, darüber aber den Inhalt vernachlässigt.

Ein wirksameres Verfahren ist es, neue Begriffe und Definitionen zu *exzerpieren*. Exzerpieren bedeutet, Stichworte herauszuschreiben. Das sind neue Begriffe, Regeln und Definitionen mit kurzen Erläuterungen. Dabei muss man denken und den Inhalt verarbeiten.

Exzerpieren ist aktives Lernen   ------------------- ▷ $\boxed{57}$

Aktives Lernen ist wirksamer als passives Lernen.   ------------------- ▷ $\boxed{57}$

Jetzt geht es weiter mit den Lehrschritten auf der **Mitte der Seiten**.

Sie finden Lehrschritt 57 unter Lehrschritt 1. BITTE BLÄTTERN SIE ZURÜCK.

$\boxed{111}$

Gegeben ist:

$y = \sin x$ $\qquad\qquad$ $y' = \cos x$
$y = \cos x$ $\qquad\qquad$ $y' = -\sin x$

....

Gesucht: Ableitung der Kotangensfunktion.

Quotientenregel: $\quad y = \dfrac{u(x)}{v(x)} \qquad y' = \dfrac{u'v - v'u}{v^2}$

$y = \cot x - \dfrac{\cos x}{\sin x} \qquad$ Hinweis: $\sin^2 x + \cos^2 x = 1$

$y' = \ldots\ldots\ldots$

------------------- ▷ $\boxed{112}$

$\boxed{167}$

Diese Übungsaufgaben stehen auch im Lehrbuch, Seite 131 Aufgabe 5.7.

Die Lösungen finden Sie ebenfalls im Lehrbuch, Seite 133.

------------------- ▷ $\boxed{168}$

79

$$\frac{d}{dx}\{-\ln(\cos x)\} = -\frac{1}{\cos x}\cdot(-\sin x) = \frac{\sin x}{\cos x} = \tan x$$

Hinweis: Alle Grundintegrale lassen sich auf diese Weise verifizieren.

Durch die Verifizierung ist bewiesen, dass das Grundintegral eine richtige Lösung der Integrationsaufgabe ist.

08 ◁ -

106

$$\int x\cdot\cos x\,dx = \ldots\ldots\ldots\ldots\ldots$$

Wahl der Ersatzfunktionen

$u(x) = x$ $u'(x) = 1$

$v'(x) = \cos x$ $v(x) = \sin x$

Ersatzfunktionen werden eingesetzt in die Grundgleichung $\int uv'\,dx = u\cdot v - \int vu'\,dx$

Das ergibt:

$$\int x\cos x\,dx = x\sin x - \int \sin x\cdot 1\,dx$$
$$= x\sin x + \cos x + C$$

107 ◁ -

133

Üben Sie nach Bedarf Aufgaben im Lehrbuch – Seite 159 – Gruppe 6.9.
Sie wissen doch:
- Wenn Aufgaben leicht fallen: Übung unnötig.
- Wenn Aufgaben schwer fallen: Übung nötig.

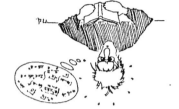

Man kann es auch pseudogelehrt sagen:

„Die Übungsnotwendigkeit verhält sich umgekehrt proportional zum Übungslustwert."

134 ◁ -

Ja, gut. Exzerpieren ist tatsächlich die wirksamste Methode, um sich Neues einzuprägen. Exzerpieren heißt, das Wichtigste aus einem Text herausschreiben. Es sind meist die neuen Begriffe, Regeln und Definitionen sowie kurze stichwortartige Erläuterungen. Sie brauchen nur so ausführlich zu sein, dass man später die Bedeutung rekonstruieren kann. Exzerpte sind keine Stilübungen.

Exzerpieren ist *aktives* Lernen. Aktives Lernen ist wirksamer als passives Lernen.

Jetzt geht es weiter mit den Lehrschritten auf der Mitte der Seiten.

BLÄTTERN SIE ZURÜCK -------------------- ▷ 57

112

$$y' = -\frac{1}{\sin^2 x}$$

Der Rechengang war :

$$y = \frac{\cos x}{\sin x}$$

$$y' = \frac{(-)\sin x \cdot \sin x - \cos x \cdot \cos x}{\sin^2 x} = \frac{-\sin^2 x - \cos^2 x}{\sin^2 x}$$

$$= \frac{(-1)(\sin^2 x + \cos^2 x)}{\sin^2 x} = \frac{-1}{\sin^2 x}$$

Jetzt geht es weiter mit den Lehrschritten unten auf der Seite.

BLÄTTERN SIE ZURÜCK -------------------- ▷ 113

168

Dieses Kapitel war lang. Wer bis hierher durchgehalten hat, wird auch die weiteren Kapitel schaffen – auch wenn man sich gelegentlich vorkommt, als ob kein Land in Sicht sei. Mit Geduld und Beharrlichkeit erreicht man aber immer das rettende Ufer.

Sie haben das  des Kapitels erreicht.

78

$$\frac{t^3}{3}+C; \qquad \tan z + C; \qquad \frac{u^2}{2}+C$$

....

In der Tabelle im Lehrbuch – Seite 157 – steht:

$$\int \tan x \, dx = -\ln(\cos x) \qquad \text{für} \qquad \cos x > 0$$

Verifizieren Sie die Richtigkeit:

$$\frac{d}{dx}\{-\ln(\cos x)\} = \cdots\cdots\cdots\cdots\cdots$$

◁ - (79)

105

$$\int x \cdot \cos x \, dx = x \sin x + \cos x + C$$

....

Aufgabe richtig ◁ - (107)

Ausführliche Herleitung gewünscht ◁ - (106)

132

Im Augenblick gibt es für Sie nur zwei Möglichkeiten:

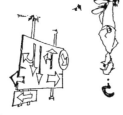

Kommilitonen oder Dozenten fragen und sich die Sache noch einmal erklären lassen und danach weitergehen - - - - - - ▷ (133)

Noch einmal das Leitprogramm ab Lehrschritt 124 bearbeiten - - - - - - - - - - - - - - - - ▷ (124)

77

In der Praxis wechseln die Bezeichnungen häufig je nach dem Problem. Es hilft in diesem Fall, die vertraute Bezeichnung durch Substitution herzustellen.
Gehen Sie dann nach folgendem Schema vor:

1. Schritt: Substitution: Ersetzen Sie $t, z, u, \ldots\ldots\ldots\ldots\ldots$ durch x.
2. Schritt: Führen Sie nun die Rechenoperation aus.
3. Schritt: Rücksubstitution: Ersetzen Sie x wieder durch $t, z, u \ldots\ldots\ldots\ldots$

Lösen Sie jetzt:

$\qquad$ 1. $\int t^2 dt = \ldots\ldots\ldots\ldots$

$\qquad$ 2. $\int \dfrac{dz}{\cos^2 z} = \ldots\ldots\ldots\ldots$

$\qquad$ 3. $\int u\, du = \ldots\ldots\ldots\ldots$

$----------\,\triangleright$ 78

104

Berechnen Sie wieder nach der Methode der partiellen Integration

$$\int x \cdot \cos x\, dx = \ldots\ldots\ldots\ldots$$

Bei Schwierigkeiten sehen Sie im Lehrbuch bei den Beispielen nach.

$----------\,\triangleright$ 105

131

1. $\displaystyle\int_{4}^{\infty} \dfrac{d\rho}{\rho^2} = \dfrac{1}{4}$

2. $\displaystyle\int_{10}^{\infty} \dfrac{dx}{x} = \infty$

3. $\gamma \displaystyle\int_{r_0}^{\infty} \dfrac{dr}{r^2} = +\gamma \cdot \dfrac{1}{r_0}$

4. $\displaystyle\int_{1}^{\infty} \dfrac{d\lambda}{\lambda} = \infty$

Keine Schwierigkeiten

$----------\,\triangleright$ 133

Falls noch Schwierigkeiten

$----------\,\triangleright$ 132

Kapitel 6
Integralrechnung

K. Weltner, *Leitprogramm Mathematik für Physiker 1.*
DOI 10.1007/978-3-642-23485-9_6 © Springer-Verlag Berlin Heidelberg 2012

$\boxed{76}$

$$\frac{1}{2}(\varphi - \sin\varphi \cdot \cos\varphi) + C \qquad\qquad \frac{a^t}{\ln a} + C$$

....

Hier sind weitere Aufgaben mit wechselnden Bezeichnungen:

1. $\displaystyle\int t^2 dt = \dots\dots\dots\dots$

2. $\displaystyle\int \frac{dz}{\cos^2 z} = \dots\dots\dots\dots$

3. $\displaystyle\int u\, du = \dots\dots\dots\dots$

Habe Integrale gelöst - - - - - - - - - - - - - - - - - - - ▷ 78

Habe noch Schwierigkeiten, Hinweis auf Substitutionstechnik - - - - - - - - - - - - ▷ 77

$\boxed{103}$

Grundgleichung $\displaystyle\int u\, v'\, dx = u\, v - \int v\, u'\, dx$. Zu lösen: $\displaystyle\int \ln x\, dx = \int \ln x \cdot 1 \cdot dx$

Wahl der Ersatzfunktionen: $\ln x = u$ dann ist $u' = \dfrac{1}{x}$

$\qquad\qquad\qquad\qquad\qquad\quad 1 = v'$ also $v = x$

Damit erhalten wir
$$\int \ln x \cdot 1\, dx = (\ln x)x - \int x \cdot \frac{1}{x}\, dx = (\ln x)x - \int dx = (\ln x)x - x + C$$

- - - - - - - - - - - - - - - - - - ▷ 104

$\boxed{130}$

$$\int_{2}^{\infty} \frac{1}{x}\, dx = \infty$$

....

Hier sind noch Übungsaufgaben. Üben Sie je nach Bedarf. Es handelt sich um bereits prinzipiell gelöste Aufgaben mit neuen Grenzen und neuen Bezeichnungen.

1. $\displaystyle\int_{4}^{\infty} \frac{d\rho}{\rho^2} = \dots\dots\dots\dots$
2. $\displaystyle\int_{10}^{\infty} \frac{dx}{x} = \dots\dots\dots\dots$

3. $\displaystyle\gamma\int_{r_0}^{\infty} \frac{dr}{r^2} = \dots\dots\dots\dots$
4. $\displaystyle\int_{1}^{\infty} \frac{d\lambda}{\lambda} = \dots\dots\dots\dots$

- - - - - - - - - - - - - - - - - - ▷ 131

Vorbemerkung: Zur Integration führen zwei Zugänge:

1. Analytischer Zugang:

   Die Integration ist formal die Umkehroperation zur Differentiation. Bei der Differentiation wird aus der Funktion deren Ableitung berechnet. Bei der Integration wird aus der Ableitung auf die zugehörige Funktion geschlossen.

2. Geometrischer Zugang:

   Die Integration ist die Bestimmung der Fläche unterhalb einer gegebenen Kurve.

Beide Zugänge sind gleichwertig und mathematisch identisch. Sie werden nacheinander in den Abschnitten 6.1 und 6.2 dargestellt.

---------------------▷ ②

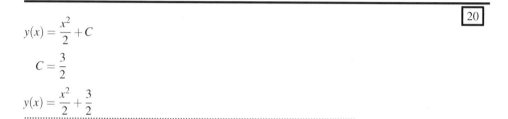

20

$$y(x) = \frac{x^2}{2} + C$$

$$C = \frac{3}{2}$$

$$y(x) = \frac{x^2}{2} + \frac{3}{2}$$

Aufgabe richtig gelöst   --------------------▷ ㉔

Hatte Schwierigkeiten, wünsche Erläuterung   --------------------▷ ㉑

39

Richtig!

Es muss gelten: $A(0) = 0$ und außerdem müssen die Funktionswerte $A(x)$ mit wachsendem x stets zunehmen.

SPRINGEN SIE AUF   --------------------▷ ㊶

75

$$\ln|x - a| + C$$
$$\tan x + C$$
$$\arctan \frac{x}{a} + C$$

$$\int \sin^2 \phi \, d\phi = \cdots\cdots\cdots\cdots$$

$$\int a^t \, dt = \cdots\cdots\cdots\cdots$$

◁ - (76)

102

$$\int \ln x \, dx = x \cdot \ln x - x + C$$

Ihr Ergebnis war richtig ◁ - (104)

Ausführliche Herleitung erwünscht ◁ - (103)

129

Nein, Nein!

Für $b \to \infty$ wächst $\ln b$ über alle Grenzen. Abgekürzt: $\ln \infty = \infty$

Dieses unbestimmte Integral konvergiert *nicht* gegen einen festen endlichen Wert

$$\int_2^\infty \frac{dx}{x} = \Big[\ln x \Big]_2^\infty = \cdots\cdots\cdots\cdots$$

◁ - (130)

2

Die Stammfunktion
Grundproblem der Integralrechnung

STUDIEREN SIE im Lehrbuch

6.1 Die Stammfunktion
Lehrbuch, Seite 135–135

BEARBEITEN SIE DANACH Lehrschritt ------------------------▷ ③

21

Gegeben war die Funktion $y' = x$
Gesucht war die Gleichung der Integralkurve, die durch den Punkt $P(1,2)$ geht.

1. Schritt: Bestimmung einer Stammfunktion zu $y' = x$: $\quad y(x) = \frac{1}{2}x^2 + C$
   C ist noch unbekannt.
2. Schritt: Bestimmung der Integrationskonstanten C: Die Kurve $y(x) = \frac{1}{2}x^2 + C$ soll durch den Punkt $P(1,2)$ gehen.

Folglich müssen die Koordinaten des Punktes die Kurvengleichung erfüllen. Man muss $x = 1$ und $y = 2$ in die Gleichung einsetzen: $2 = \frac{1}{2} \cdot 1^2 + C$. Auflösen nach C: $C = \frac{3}{2}$
Damit ist C bestimmt und C wird in die Gleichung der Integralkurve eingesetzt:

$y(x) = \frac{1}{2}x^2 + \frac{3}{2}$

------------------------▷ ㉒

40

Leider nicht ganz richtig. Richtig ist, dass $A(x)$ durch den Nullpunkt geht.

Die Funktion $A(x)$ muss monoton steigend sein. Mit wachsendem x wachsen auch die Funktionswerte $A(x)$, da die Fläche unterhalb der Kurve $f(x)$ umso größer wird, je weiter die rechte Intervallgrenze x nach rechts wandert.

Die gezeichnete Funktion $A(x)$ ist

aber ab der Stelle a konstant!

Richtig ist:

------------------------▷ ㊶

74

Nun kommen drei Aufgaben. Lösen Sie diese mit Hilfe der Tabelle im Lehrbuch, Seite 157

$$\int \frac{1}{x-a}dx = \dots\dots\dots$$

$$\int \frac{1}{\cos^2 x}dx = \dots\dots\dots$$

$$\int \frac{a}{x^2+a^2}dx = \dots\dots\dots$$

------------------- ▷ (75)

101

Wir gehen aus von der Grundgleichung $\int u\,v'dx = u\,v - \int v\,u'dx$

Zu lösen war $\int \ln x\,dx$. Wir wählen als Ersatzfunktionen:

$$\ln x = u(x)$$
$$1 = v'(x) \qquad \text{daraus folgt } v(x) = x$$

Lösen Sie nun die Aufgabe:

$$\int \ln x \cdot 1 \cdot dx = \dots\dots\dots$$

------------------- ▷ (102)

128

1. Schritt: Das Integral wird als bestimmtes Integral aufgefasst und gelöst: $\int_a^b \frac{1}{x}dx = \left[\ln x\right]_a^b$

2. Schritt: Einsetzen der Grenzen und Grenzübergang

$$\int_2^\infty \frac{dx}{x} = \lim_{b\to\infty}\left[\ln x\right]_2^b = \lim_{b\to\infty}\left[\ln b - \ln 2\right]$$

Konvergiert der Ausdruck $\ln b$ für $b \to \infty$ gegen einen festen endlichen Wert?

☐ Ja ------------------- ▷ (129)

☐ Nein ------------------- ▷ (130)

3

Gegeben sei eine Funktion: $f(x)$
Gesucht ist ihre Stammfunktion $F(x)$

Welche Beziehung besteht zwischen beiden Funktionen:

.... = ...

--------------------▷ 4

22

Gegeben ist $y'(x) = -\dfrac{3}{4}x^2$

Wie lautet die Gleichung der Integralkurve $y(x)$, die durch den Punkt P $(1, -3)$ geht?
Bestimmung der Stammfunktion $y(x) = \ldots\ldots\ldots\ldots\ldots$

1. Schritt: Einsetzen der Werte $x = 1$, $y = -3$.

2. Schritt: Bestimmung der Integrationskonstanten C. $C = \ldots\ldots\ldots\ldots\ldots$

3. Schritt: Einsetzen von C in die Stammfunktion: $y(x) = \ldots\ldots\ldots\ldots\ldots$

--------------------▷ 23

41

Skizzieren Sie die
Flächenfunktion zu $f(x)$!

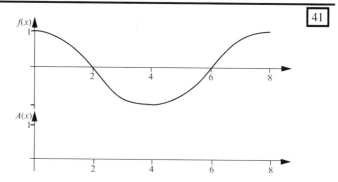

Lösung gefunden

--------------------▷ 44

Hilfe erwünscht

--------------------▷ 42

73

$$\int \frac{1}{(x-a)^2}dx = -\frac{1}{x-a}+C$$

$$\int \frac{1}{1+\sin x}dx = \tan\left(\frac{x}{2}-\frac{\pi}{4}\right)+C$$

Falls Sie Schwierigkeiten hatten, hier noch ein Hinweis:

1. In der Integrationstabelle ist die Integrationskonstante weggelassen.
2. In der Tabelle steht links der Integrand und rechts davon das ausgerechnete Integral.
3. Den Umgang mit der Tabelle kann man auch so üben, dass man zunächst einen bekannten Fall aufsucht. Links oben in der Tabelle steht auf Seite 157

$f(x)$	$\int f(x)dx$
c	cx

Das bedeutet: $\int c\,dx = c\cdot x$

------------------- ▷ 74

100

$$\int x\,e^x dx = x\cdot e^x - e^x +C$$

Grundgleichung der partiellen Integration

$$\int u\,v'dx = u\,v - \int v\,u'dx$$

Lösen Sie die folgende Aufgabe mit Hilfe der partiellen Integration:

$$\int \ln x\,dx = \ldots\ldots\ldots\ldots$$

Hinweise erwünscht ------------------- ▷ 101

Lösung gefunden ------------------- ▷ 102

127

$$\int_a^\infty \frac{dx}{x^2} = \frac{1}{a} \qquad\qquad \int_b^\infty \frac{dr}{r^2} = \frac{1}{b}$$

Welchen Wert hat das folgende uneigentliche Integral: $\int_2^\infty \frac{1}{x}dx = \ldots\ldots\ldots\ldots$

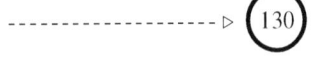

Lösung gefunden ------------------- ▷ 130

Hilfe und Erläuterung erwünscht ------------------- ▷ 128

4

$$F'(x) = f(x)$$

Die Integration ist die Umkehroperation zur Differentiation.
Das bedeutet: Wenn man eine gegebene Funktion differenziert und die erhaltene Ableitung wieder integriert, so erhält man die ursprüngliche Funktion bis auf eine additive Konstante zurück.
Führen Sie nacheinander Differentiation und Integration an der folgenden Funktion durch

$$y = x^3$$

Differentiation $\quad y' = \ldots\ldots\ldots\ldots$

Integration $\qquad y = \ldots\ldots\ldots\ldots$

-------------------▷ (5)

23

$$y(x) = -\frac{1}{4}x^3 + C; \qquad C = -\frac{11}{4}; \qquad y = -\frac{1}{4}x^3 - \frac{11}{4}$$

-------------------▷ (24)

42

Gegeben ist $f(x)$. Gesucht ist die Flächenfunktion $A(x)$. Beachten Sie, dass die Fläche, die unterhalb der x-Achse liegt, negativ gezählt wird. Wir teilen die Kurve in grobe Intervalle ein.

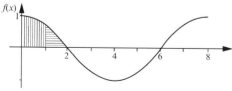

Die Flächenkurve hat für $x = 0$ den Wert 0. Die Fläche des 1. Intervalls ist etwas kleiner als 1. Die Fläche des 2. Intervalls ist etwa 0,5. Vervollständigen Sie die Kurve, indem Sie die Flächen – Intervall für Intervall addieren – oder subtrahieren.

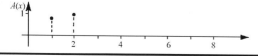

-------------------▷ (43)

72

Bronstein, Semendjajew, Musiol, Mühlig: Taschenbuch der Mathematik
Stöcker: Taschenbuch mathematischer Formeln und Verfahren
Tabelle im Lehrbuch, Seite 157

....

Es ist wichtig, Tabellen benutzen zu lernen. Lösen Sie mit Hilfe der Tabelle:

$$\int \frac{1}{(x-a)^2}\,dx = \dots\dots\dots\dots$$

$$\int \frac{1}{1+\sin x}\,dx = \dots\dots\dots\dots$$

▷ --------------------- (73)

99

$$\int u\,v'\,dx = u\,v - \int v\,u'\,dx$$

Dies ist die Grundformel für die partielle Integration. Bei der Anwendung muss man das ursprüngliche Integral geschickt interpretieren. Das Beispiel im Lehrbuch war: $\int x \cdot e^x\,dx$

Dort wurde $x = u$ gesetzt und $e^x = v'$

Der Grund ist klar, bei der partiellen Integration entsteht dann auf der rechten Seite ein Integral, das lösbar ist.

Rechnen Sie unter diesem Gesichtspunkt noch einmal das Beispiel, wenn möglich ohne das Lehrbuch zu benutzen.

$$\int x\,e^x\,dx = \dots\dots\dots\dots$$

▷ --------------------- (100)

126

Uneigentliches Integral
endlichen Wert

Für den Physiker ist besonders von Bedeutung das uneigentliche Integral $\int\limits_\infty^a \frac{dx}{x^2}$

....

$$\int\limits_\infty^a \frac{dx}{x^2} = \dots\dots\dots\dots \qquad \int\limits_\infty^b \frac{dr}{r^2} = \dots\dots\dots\dots$$

▷ -------------------- (127)

5

$y' = 3x^2$

$y = x^3 + C$ Hinweis: Bei der Integration tritt eine Konstante auf.

....

Rechnen wir noch ein Beispiel in der üblichen Notierung. Dabei werden Stammfunktionen durch Großbuchstaben bezeichnet. Achten Sie auf die Konstante in der Stammfunktion

$$F(x) = y = x^2 + 4$$

Differentiation: $F'(x) = f(x) = y' = \ldots\ldots\ldots\ldots$

Integration: $F(x) = y = \ldots\ldots\ldots\ldots$

-------------------- ▷ ⑥

24

Weitere Übungen finden Sie im Lehrbuch, Seite 158.
Lösungen stehen im Lehrbuch auf Seite 160.

-------------------- ▷ 25

43

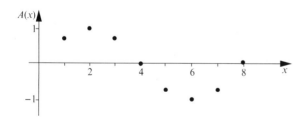

Durch die gewonnenen Kurvenpunkte lässt sich die Kurve zeichnen.
Verbinden Sie die Kurve und zeichnen Sie jetzt die Flächenfunktion.

-------------------- ▷ 44

71

$$\int t^2 dt = \frac{t^3}{3} + C$$

$$\int \cos\varphi d = \sin\varphi + C$$

$$\int e^u du = e^u + C$$

....

Viele Integrale löst man bequem, indem man in Tabellen nachschlägt. Im Abschnitt 6.5.1, Seite 146, sind Integrationstafeln erwähnt.

Suchen Sie durch selektives Lesen rasch die Namen der Autoren.

Sie heißen: ....

Weiter ist eine Tabelle im Lehrbuch erwähnt, die für viele Fälle ausreicht. Sie befindet sich auf

Seite ....

------------------- ▷ (72)

98

Wie lautet die Formel für die partielle Integration?

$$\int u v' dx = ...$$

------------------- ▷ (99)

125

Ein Integral, bei dem mindestens eine Integrationsgrenze gegen ∞ geht, heißt ....

Ein derartiges Integral kann einen .... Wert haben.

------------------- ▷ (126)

6

$$F'(x) = 2x$$
$$F(x) = x^2 + C$$

....

Führt man Differentiation und Integration nacheinander an einer Funktion aus, erhält man die ursprüngliche Funktion bis auf eine additive Konstante zurück.

Verfolgen wir an einem anderen Beispiel noch einmal die beiden Umformungen: Wir beginnen mit der Funktion $y = \sin(2\pi x)$

Differenzieren wir, so erhalten wir $F'(x) = f(x) = 2\pi \cdot \cos(2\pi \cdot x)$

Integrieren wir, so erhalten wir $F(x) = \sin(2\pi \cdot x) + C$

Geben Sie die Stammfunktion an für $f(x) = \cos x$

$$F(x) = \dots\dots\dots\dots$$

------------------- ▷ ⑦

Intensives Lesen und selektives Lesen

25

Wiederholen wir: *Intensives* Lesen bedeutet, einen Lehrstoff gründlich und systematisch zu erarbeiten. Techniken dafür sind:

* stichwortartige Auszüge machen, exzerpieren
* Umformungen mitrechnen; Beweise nachvollziehen;
* Wichtiges unterstreichen und markieren.

Diese Techniken sind zeitraubend, aber sie helfen zu verstehen und zu behalten, was man liest.

Versuchen Sie nach einem Abschnitt intensiven Lesens immer

* das Gelesene und Erarbeitete anhand ihrer Stichworte zu rekonstruieren;
* das Wesentliche mit eigenen Worten zu formulieren und mit bereits Bekanntem in Beziehung zu setzen.

Anwendungsbereich für intensives Lesen:

* Grundlegende Texte und kohärente Lehrstoffe, die im Zusammenhang studiert werden.

------------------- ▷ 26

44

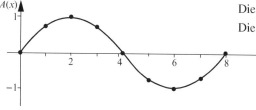

Die Ausgangsfunktion war die *Kosinusfunktion*.
Die Flächenfunktion ist die *Sinusfunktion*.

Können Sie die Gleichung hinschreiben?

Hinweis: Achten Sie auf die Periode. Der Wert des Arguments beim Abschluss der vollen Periode ist 2π.

$$f(x) = \dots\dots\dots\dots$$

------------------- ▷ 45

$$\int x^n dx = \frac{1}{n+1} \cdot x^{n+1} + C \qquad \text{für } n \neq -1$$

70

$$\int \sin x \, dx = -\cos x + C$$

$$\int e^x dx = e^x + C$$

$$\int \frac{1}{x} dx = \ln x + C$$

....

Bestimmen Sie einige Stammintegrale, bei denen die Bezeichnungen gewechselt sind:

$$\int t^2 dt = \dots\dots\dots\dots$$

$$\int \cos\varphi \, d\varphi = \dots\dots\dots\dots$$

$$\int e^u \, du = \dots\dots\dots\dots$$

- - - - - - - - - - - - - - - - - - - ▷ ⃝71

97

Partielle Integration

Hier ist es besonders wichtig, dass Sie aktiv mitrechnen. Nur dann ist gesichert, dass man die Umformungen verstanden hat. Eine wirksame Form der Kontrolle ist, die im Text gerechneten Beispiele hinterher noch einmal selbständig zu rechnen.

STUDIEREN SIE im Lehrbuch   6.5.5 Partielle Integration
                                   Lehrbuch, Seite 149–150

BEARBEITEN SIE DANACH Lehrschritt   - - - - - - - - - - - - - - - - - ▷ ⃝98

124

Uneigentliche Integrale

Der Begriff des bestimmten Integrals wird insofern erweitert, als unendliche Integralgrenzen zugelassen werden. Ein spezielles Integral mit unendlicher Integrationsgrenze kommt in der Physik besonders häufig vor. Es ist das Integral

$$\int_{x_0}^{\infty} \frac{dx}{x^2}$$

Beispiel: Arbeit bei der Entfernung eines Körpers aus dem Gravitationsfeld der Erde.

STUDIEREN SIE im Lehrbuch   6.9   Uneigentliche Integrale
                                             6.10 Arbeit im Gravitationsfeld
                                                   Lehrbuch, Seite 153–155

BEARBEITEN SIE DANACH Lehrschritt   - - - - - - - - - - - - - - - - - ▷ ⃝125

7

Für $f(x) = \cos x$ gilt $F(x) = \sin x + C$

....

Falls Sie das Ergebnis nicht hatten, überzeugen Sie sich von der Richtigkeit, indem Sie $F(x)$ differenzieren. Dann erhalten Sie $f(x)$.

Schwierigkeiten könnten mit den Bezeichnungen entstehen. Wir müssen uns merken: Die Stammfunktion wird meist mit $F(x)$ bezeichnet; die zugehörige Ausgangsfunktion mit $f(x)$.

Diese Bezeichnungsweise muss man sich einprägen. Jedenfalls werden wir sie hier immer benutzen. Es ist eine sehr gebräuchliche Bezeichnungsweise.

Integrieren heißt: Zu einer gegebenen Funktion die .... zu suchen.

Die gegebene Funktion ist die Ableitung der ....

---------------------▷ (8)

26

Nicht jedes Buch, das man liest, kann intensiv gelesen werden. Hier müssen Sie selbst beurteilen, welche Inhalte für Ihr Studium grundlegend sind. Dies setzt Überlegung, Planung und Entscheidung voraus. Dieser Mathematikkurs gehört für Physiker und Ingenieure sicher dazu. Exzerpieren muss geübt werden. Es ist unbequem, ist aber außerordentlich hilfreich.

---------------------▷ (27)

45

$$f(x) = \sin\left(\frac{\pi}{4} \cdot x\right)$$

....

Entscheiden Sie, bitte, selbst:

Wünsche eine anschauliche Erläuterung des Zusammenhangs zwischen Flächenkurve und Integralfunktion

---------------------▷ (46)

Lösung des Flächenproblems verstanden

---------------------▷ (50)

69

Grundintegrale
Stammintegrale

....

Einige Stammintegrale sollte man auswendig wissen. Können Sie die Tabelle vervollständigen?

Funktion	Stammintegral
x^n	. . . .
$\sin x$	. . . .
e^x	. . . .
$\frac{1}{x}$	. . . .

------------------- ▷ 70

96

Im nächsten Abschnitt wird die partielle Integration behandelt. Einige der Grundintegrale, die in der Tabelle im Lehrbuch auf Seite 157 aufgeführt sind, sind durch die Methode der partiellen Integration gewonnen.
Entscheiden Sie jetzt selbst, wie es für Sie weitergehen soll. Hier noch eine Entscheidungshilfe.

Hatten Sie bisher große Mühe, oder ist die Integralrechnung ganz neu für Sie,

so überspringen Sie den Abschnitt jetzt und studieren Sie ihn bei späterem Bedarf. -- ▷ 108

Sind Ihnen die Übungen bisher gelungen und wollen

Sie die neue Integrationstechnik kennen lernen, so ------------------- ▷ 97

123

$$\int (3\sin\Omega + \cos\Omega)d\Omega \rightarrow \int 3\sin x\, dx + \int \cos x\, dx = (-3)\cdot\cos x + \sin x + C$$
$$\rightarrow -3\cos\Omega + \sin\Omega + C$$

....

Merken Sie sich das Handlungsschema:
1. Schritt: Substitution: Ersetzen der nicht vertrauten Integrationsvariablen durch x.
2. Schritt: Ausführung der Integration – falls nötig mit Benutzung der Integrationstafeln.
3. Schritt: Rücksubstitution, d.h. Ersatz der Variablen x durch die unvertraute ursprüngliche Variable.

------------------- ▷ 124

8

Stammfunktion

Stammfunktion

....

Entscheiden Sie selbst über den Fortgang Ihrer Arbeit:

Zusatzerläuterung zur graphischen Darstellung
des Zusammenhangs von Integral- und Differentialrechnung. --------------------▷ 9

Falls Ihnen alles bekannt, so springen Sie auf ------------------▷ 14

27

Beim Exzerpieren lernen Sie aktiv, denn Sie müssen selbständig denken, um das Entscheidende
zu erkennen.

Hinweis für das Mitschreiben von Vorlesungen:

• Nicht versuchen alles mitzuschreiben.

Ihre Aufzeichnungen können enthalten:

• Stichwörter, Skizzen, Gliederungen, Hinweise.

Diese Aufzeichnungen sind immer lückenhaft. Sie müssen umgehend überarbeitet und „gepflegt"
werden. Dadurch werden die Aufzeichnungen auch später noch lesbar und verständlich. Diese
Überarbeitung kann länger dauern als die Vorlesung selbst. Es empfiehlt sich nicht, hier Zeit zu
sparen.

--------------------▷ 28

46

Eine Halbinsel sei von einer Seite
von einer geraden Küste begrenzt.
Wir nennen sie x-Achse. Die andere Seite sei durch eine krum-
me Linie begrenzt. Wir nennen sie
$f(x)$.

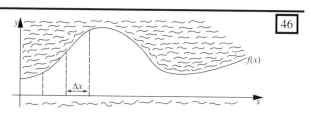

Die Halbinsel soll von Unkraut gerodet werden. Eine Arbeitsgruppe stellt sich in einer geraden
Linie senkrecht zur x-Achse auf und arbeitet sich jeden Tag um das gleiche Stück Δx_i voran.
Die jeden Tag neu gerodete Fläche wird annähernd berechnet aus Δx_i und $f(x_i)$. $f(x_i)$. ist die
Breite der Halbinsel an der Stelle, an der die Gruppe arbeitet. Die Größe des insgesamt gerodeten
Gebietes wird jeden Abend graphisch auf einer Tafel eingetragen. Diese Graphik nennen wir
Landgewinnkurve.

--------------------▷ 47

68

Unbestimmtes Integral
$$\int f(x)dx$$
....

Die Stammfunktion für elementare Funktionen heißen:
.... oder
....

◁ - (69)

95

Und wieder ist es Zeit für eine

◁ - (96)

122

Ihnen bereitet die Schreibweise der Integrationsvariablen Schwierigkeiten. Physikalische Größen werden oft mit bestimmten Buchstaben bezeichnet. Diese Buchstaben treten häufig als Integrationsvariable auf.

Wenn Ihnen solche Integrationsvariable nicht vertraut sind, können Sie diese wieder durch x ersetzen. Der Wert des Integrals ändert sich dadurch nicht.

Ersetzen Sie bei dem folgenden Integral die Integrationsvariable durch x und lösen Sie die Aufgabe:

$$\int (3\sin\Omega + \cos\Omega)d\Omega = \cdots\cdots\cdots\cdots$$

◁ - (123)

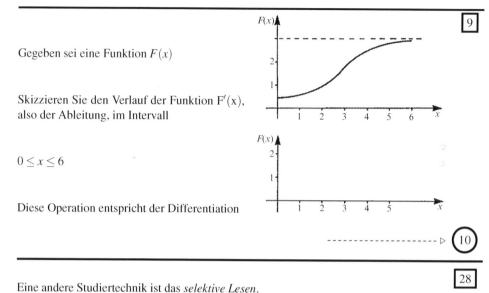

Gegeben sei eine Funktion $F(x)$

Skizzieren Sie den Verlauf der Funktion F'(x),
also der Ableitung, im Intervall

$0 \leq x \leq 6$

Diese Operation entspricht der Differentiation

9

- ▷ 10

28

Eine andere Studiertechnik ist das *selektive Lesen*.

1. Anwendungsfall für selektives Lesen:

Gesetzt den Fall, große Teile des Inhaltes der bisherigen Kapitel seien Ihnen bekannt. In diesem Fall ist intesives Lesen *nicht* angebracht. Sie kennen den Sachverhalt bereits. Hier kommt
es auf etwas anderes an: Sie müssen den Text daraufhin durchlesen, ob etwas für Sie Neues
eingeführt, definiert oder abgeleitet wird. Es geht darum, aus der Menge des Vertrauten und
Bekannten das Neue rasch herauszusuchen.

- ▷ 29

Wie verläuft die
Landgewinnkurve?
Hier noch eine Skiz-
ze
der Halbinsel.

Vervollständigen Sie
die Graphik, die die
Größe des gerodeten
Landes angibt.

47

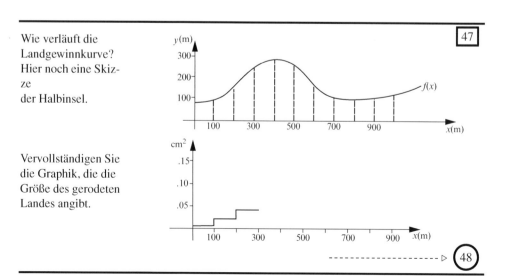

- ▷ 48

67

Die Menge aller Stammfunktion von $f(x)$

heißt: ....

Symbol dafür: ....

-------------------- ▷ 68

94

Wenn man ein Prinzip und seine Anwendung verstanden hat, bringen weitere Übungen keinen wesentlichen Lerngewinn.
Übungen dienen vor allem der Selbstkontrolle, ob nämlich ein Verfahren, das man verstanden hat, auch aktiv angewandt werden kann.
Leider vergisst man auch. Wiederholungen wirken dem Vergessensprozess entgegen. Wiederholen Sie nach einem oder mehreren Tagen. Dazu finden Sie Übungsaufgaben im Lehrbuch auf Seite 158. Hier sollten Sie folgende Aufgaben lösen können:

6.5 A   6.5. B   und   6.5.4

-------------------- ▷ 95

121

1. $\left[-\dfrac{\cos(\pi\vartheta)}{\pi} \right]_0^{1/2} = \dfrac{1}{\pi}$

2. $\left[av^3 \cdot \dfrac{1}{3} \right]_1^2 = a\dfrac{7}{3}$

3. $\left[-\dfrac{e^{-\gamma}}{\gamma} \right]_0^3 = \dfrac{1}{\gamma}(1 - e^{-3\gamma})$

Weiter -------------------- ▷ 124

Schwierigkeiten mit den Bezeichnungen -------------------- ▷ 122

Für den Verlauf von F' hatten Sie drei Anhaltspunkte: Für $x = 0$ hat die Kurve $F(x)$ eine horizontale Tangente. Steigung: $F'(0) = 0$ Für $x = 3$ ist die Steigung von $F(x)$ am größten. Steigung: $F(3) \approx 1$

Für $x > 5$ nähert sich die Kurve $F(x)$ immer mehr der Horizontalen. Steigung: $F'(10) \approx 0$

Skizzieren Sie zwei Funktionen $F(x)$ aufgrund des oben angegeben Verlaufs der Ableitung $F'(x)$. Eine Funktionskurve soll durch den Nullpunkt des Koordinatensystems gehen, eine zweite durch den Punkt $(0,1)$. Diese Operation entspricht der Integration.

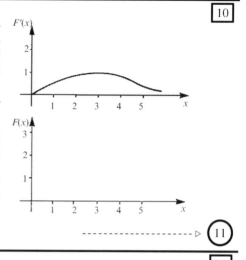

------------------- ▷ 11

29

2. Anwendungsfall für *selektives Lesen*:

Sie suchen eine bestimmte Informaqtion in einem umfangreichen Text. Beispiel: Sie suchen die Ableitung der Funktion $y = \sin(ax)$.

Um diese Information rasch herauszufinden, muss der Text überflogen werden.

Eine Gefahr dabei ist, dass man von seinem eigentlichen Ziel abgelenkt wird und Unwesentliches plötzlich interessant findet und liest. Oft passiert dies beim Aufsuchen von Stichworten im Lexikon oder im Internet. Wem ist es nicht schon passiert, dass er im Lexikon das Stichwort *Synergie* suchte und dabei die Artikel über *Solipsismus, Synagoge* und *Symbol* gelesen hätte. Das Abweichen von dem zielgerichteten Suchverhalten nennt man „*Brockhauseffekt*".

Selektives Lesen als zeitsparende Studiertechnik erfordert Trennung der – im Augenblick – irrelevanten Information von der relevanten. Die irrelevante Information sollte dann praktisch nicht mehr bewusst wahrgenommen werden.

------------------- ▷ 30

Jeden Tag kommt die Größe des gerodeten Flächenstreifens $F(x_i) \cdot \Delta x_i$ hinzu. Die Landgewinnkurve wächst dort am stärksten, wo die Halbinsel am breitesten ist.

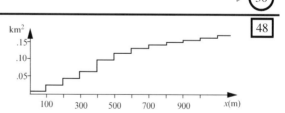

48

Diese Angabe wird umso genauer, je kleiner die Intervalle sind, in denen die Meldungen über das neu gewonnene Gebiet eingehen (zweimal am Tag, dreimal …)

Die Landgewinnkurve geht schließlich in die Integralkurve über. Skizzieren Sie die Integralkurve.

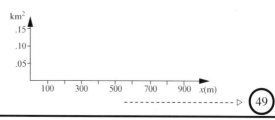

------------------- ▷ 49

66

Zur Technik des Integrierens
Verifizierungsprinzip
Stammintegrale
Konstanter Faktor und Summe

STUDIEREN SIE im Lehrbuch   6.5   Zur Technik des Integrierens
6.5.1   Verifizierungsprinzip
6.5.2   Stammintegrale
6.5.3   Konstanter Faktor und Summe
Lehrbuch, Seite 145–147

BEARBEITEN SIE DANACH Lehrschritt   --------------------- ◁ (67)

93

$$\int e^{2ax}dx = \frac{1}{2a}e^{2ax} + C$$

....

Genug geübt   --------------------- ◁ (95)

Weitere Übung gewünscht   --------------------- ◁ (94)

120

Rechnen Sie noch drei bestimmte Integrale:

1.) $\displaystyle\int_{1/2}^{0} \sin(\pi \cdot \vartheta)\,d\vartheta = $ ....

2.) $\displaystyle\int_{2}^{1} a \cdot v^2\,dv = $ ....

3.) $\displaystyle\int_{3}^{0} e^{-\pi t}\,dt = $ ....

--------------------- ◁ (121)

Es kommt hier nicht auf Einzelheiten der Zeichnung an. Sie muss qualitativ richtig sein. Überprüfen Sie die Merkmale.

Horizontale Tangente bei $x = 0$ und für große x

Steigung 1 bei $x = 3$

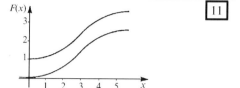

11

Welche der gezeichneten Kurven $F(x)$ sind ebenfalls Lösungskurven für den auf der vorhergehenden Seite gegebenen Verlauf von $F'(x)$?

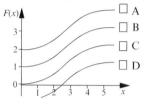

☐ A
☐ B
☐ C
☐ D

-------------------- ▷ 12

30

Üben wir hier einmal selektives Lesen:

Auf welcher Seite im Lehrbuch steht die Ableitung der Funktion $y = \cos(ax)$?

    Seite ....

    $y' = $................

Auf welchen Seiten des Lehrbuches wird die Euler'sche Zahl e angegeben?

    1. Seite ....

    2. Seite ....

e hat den Zahlenwert ....

-------------------- ▷ 31

49

Der Übergang von der unstetigen Summenkurve zur stetigen Integralkurve ist auch hier durch einen Grenzübergang gewonnen.

In Formeln: $L(x) = \lim\limits_{\Delta x_i \to 0} \sum\limits_{i=1}^{n} f(x_i) \cdot \Delta x_i = \int\limits_{0}^{x} f(x)dx$

-------------------- ▷ 50

65

Aber Nein!

Sie wissen doch, vor der Pause immer kontrollieren, ob die Begriffe und Regeln des gelesenen Abschnittes wirklich gelernt sind. Benutzen Sie dabei Ihr Exzerpt als Kontrollinstrument.

------------------------------- ▷ 66

92

Berechnen Sie $\int e^{2ax}dx = $ ....

--------------------------- ▷ 93

119

Richtig! $\int\limits_{1}^{2}(3x-4)^2dx = \frac{1}{3}\int\limits_{-1}^{2}t^2dt$

Die Berechnung des Integrals macht nun keine Schwierigkeiten mehr.

$$\frac{1}{3}\int\limits_{-1}^{2}t^2dt = \left[\frac{1}{9}t^3\right]_{-1}^{2} = \frac{8}{9} + \frac{1}{9} = 1$$

Das Integral $\int\limits_{1}^{2}(3x-4)^2dx$ hätte man natürlich auch ohne Substitution lösen können:

$$\int\limits_{1}^{2}(3x-4)^2dx = \int\limits_{1}^{2}(9x^2-24x+16)dx = \left[3x^3-12x^2+16x\right]_{1}^{2}$$

$$= 24-48+32-(3-12+16) = 8-7 = 1$$

--------------------- ▷ 120

12

Alle hier gezeichneten Kurven sind Integralkurven für die gleiche Ableitungsfunktion. Sie unterscheiden sich durch eine additive Konstante.

Geben Sie die Randbedingungen der vier Kurven A, B, C, D für $x = 0$ an.

A $F(0) = \ldots\ldots$

B $F(0) = \ldots\ldots$

C $F(0) = \ldots\ldots$

D $F(0) = \ldots\ldots$

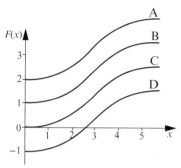

----------------------- ▷ 13

31

Auf Seite 124, $y' = -a \cdot \sin(ax)$
Euler'sche Zahl e: Seite 84, 105
$e = 2{,}71828 \ldots\ldots\ldots\ldots$

Die Technik beim selektiven Lesen ist der Technik beim intensiven Lesen entgegengesetzt.
Es werden andere Ziele verfolgt. Beim selektiven Lesen wird aufmerksam überflogen, aber die Aufmerksamkeit ausschließlich auf bestimmte gesuchte Informationen gerichtet.
Übungen zum selektiven Lesen werden gelegentlich eingestreut werden. Für den Fall, dass Ihnen die Integralrechnung bekannt ist, versuchen Sie die nächsten Abschnitte *selektiv* zu lesen. Was Ihnen neu ist, müssen Sie *intensiv* lesen.
Beim nächsten Abschnitt wenden wir bereits mehrere Studiertechniken an.

- Einteilung in Arbeitsphasen
- Intensives Lesen und selektives Lesen.

----------------------- ▷ 32

50

Die folgenden Aufgaben können Sie ohne Rechnung lösen, wenn Ihnen der Zusammenhang zwischen Differenzieren und Integrieren klar ist.

Gegeben ist die Funktion $F(x) = \int\limits_0^x (3x^2 + 2)\,dx$

Gesucht ist die Ableitung $F'(x)$

$\dfrac{d}{dx} F(x) = F'(x) = \ldots\ldots\ldots\ldots$

Lösung gefunden

----------------------- ▷ 52

Hinweis erwünscht

----------------------- ▷ 51

64

Jetzt ist es aber wirklich Zeit für eine Pause. Wie war es noch mit der Einteilung der Arbeitsphasen? Wird nach dem Ende des Arbeitsabschnittes das Buch zugeklappt und die Pause angefangen?

□ Ja

□ Nein

 65

91

2. Aufgabe:

Jetzt wird das Integral $\int \sqrt{3x+1}\,dx$ ebenso ausführlich gelöst.

1. Wahl der Hilfsfunktion $\sqrt{3x+1} = u$ $\qquad 3x+1 = u^2$

2. Substitution der Funktion und des Differentials. Aus $3x+1 = u^2$ wird $3dx = 2u \cdot du$
$$dx = \frac{2}{3}u \cdot du$$

Substituiertes Integral $\int \sqrt{3x+1}\,dx = \int u \cdot \frac{2}{3} \cdot u \cdot du = \frac{2u^3}{9} + C$

Rücksubstitution $\qquad \dfrac{2u^3}{9} + C = \dfrac{2}{9} \cdot (3x+1)^{\frac{3}{2}} + C$

 92

118

Fehler bei den Integrationsgrenzen: Die neuen Grenzen lassen sich nach der Substitutionsgleichung $t = 3x - 4$ durch Einsetzen berechnen:

Alte Grenzen $\qquad$ Neue Grenzen

$x_1 = 1$ $\qquad\qquad$ $t_1 = 3x_1 - 4 = 3 \cdot 1 - 4 = -1$

$x_2 = 2$ $\qquad\qquad$ $t_2 = 3 \cdot x_2 - 4 = 3 \cdot 2 - 4 = 2$

Damit erhält man $\displaystyle\int_2^{\cdots} (3x-4)\,dx = \int_{\cdots}^1 \frac{1}{3}t^2\,dt$

119

13

Kurve A	$F(0) = 2$
Kurve B	$F(0) = 1$
Kurve C	$F(0) = 0$
Kurve D	$F(0) = -1$

Mit der Angabe einer Randbedingung wird aus der Kurvenschar der Integralkurven, die sich alle durch eine additive Konstante unterscheiden, eine einzige festgelegt. Damit ist dann auch die additive Konstante festgelegt.

---------------------- ▷ (14)

32

Flächenproblem und bestimmtes Integral
Hauptsatz der Differential- und Integralrechnung
Bestimmtes Integral

Der nächste Arbeitsabschnitt ist länger als üblich. Teilen Sie sich selbständig die Arbeit in zwei oder drei Abschnitte ein.

Kontrollieren Sie nach dem ersten Abschnitt, ob Sie die neuen Begriffe beherrschen und den Grundgedanken mit eigenen Worten wiedergeben können. Gelingt dies nicht, nicht weiterarbeiten. Sofort wiederholen. Danach Pause machen.

STUDIEREN SIE im Lehrbuch   6.2 Das Flächenproblem und bestimmtes Integral

           6.3 Hauptsatz der Differential- und Integralrechnung

           6.4 Bestimmtes Integral

           Lehrbuch, Seite 136–143

BEARBEITEN SIE DANACH Lehrschritt   ---------------------- ▷ (33)

51

Hinweis: Nach dem Hauptsatz der Differential und Integralrechnung gilt für die

Flächenfunktion $F(x) = \int\limits_{0}^{x} f(x)\,dx$:

$$F'(x) = \frac{d}{dx} \int\limits_{0}^{x} f(x)\,dx = f(x)$$

Die Aufgabe war: Gegeben $F(x) = \int\limits_{0}^{x} (3x^2 + 2)\,dx$

Gesucht ist $\dfrac{d}{dx} F(x) = F'(x) = \dfrac{d}{dx} \int\limits_{0}^{x} (3x^2 + 2)\,dx = \ldots\ldots\ldots\ldots\ldots$

---------------------- ▷ (52)

63

1) a) 3   b) 6   c) $6 = |3| + |-3|$
2) a) $6 = |-6|$,   b) $2 = |-2|$,   c) 2

Die Flächen unterhalb der x-Achse haben negatives Vorzeichen. Hier muss der *Absolutbetrag* genommen werden.

....

Weitere Übungen finden Sie auf Seite 158 des Lehrbuches. Sie müssten jetzt die Aufgaben 6.4. A, B lösen können.

------------------------ ▷ 64

90

1. Aufgabe: $\int (4\sin(3x) + 2\cos\frac{1}{2}x)dx = 4\int \sin(3x)dx + 2\int \cos\frac{1}{2}x\, dx$

Die beiden Integrale werden nacheinander gelöst. Wir beginnen mit dem ersten Integral und substituieren: $3x = u$ und $3\, dx = du$

$$4\int \sin 3x\, dx = 4\int \sin u \frac{du}{3} = \frac{4}{3}(-\cos u) = \frac{4}{3}(-\cos 3x)$$

Zweites Integral; Substitution: $\frac{1}{2}x = v$; $\frac{1}{2}dx = dv$

$$2\int \cos\frac{1}{2}x\, dx = 2\int \cos v \cdot 2dv = 4\int \cos v\, dv = 4\sin v = 4\sin\frac{1}{2}x$$

Zusammengenommen:

$$4\int \sin 3x\, dx + 2\int \cos\frac{1}{2}x\, dx = -\frac{4}{3}\cos 3x + 4\sin\frac{1}{2}x + C$$

------------------------ ▷ 91

117

Sie haben noch einen Fehler gemacht: Sie haben vergessen, dass auch dx substituiert werden muss. Differenzieren Sie die Substitutionsgleichung $t = 3x - 4$ nach dx, so erhalten Sie

$$\frac{dt}{dx} = \frac{d}{dx}(3x - 4) = 3 \qquad dt = 3\, dx \qquad dx = \frac{1}{3}dt$$

Bei der Substitution ändern sich natürlich auch die Integrationsgrenzen. Die neuen Grenzen berechnet man ebenfalls aus der Substitutionsgleichung. Mit $3x - 4 = t$ ergibt das:

$$\int_1^2 (3x-4)^2 dx = \int_1^2 t^2 \frac{1}{3}dt$$

------------------------ ▷ 118

$$= \int_{-1}^2 t^2 \frac{1}{3}dt$$

------------------------ ▷ 119

14

a) Bilden Sie die Ableitung

$y = x^3 + 5$ $\qquad$ $y' = \ldots\ldots\ldots\ldots\ldots$

Suchen Sie die Stammfunktion

$F'(x) = f(x) = 3x^2$ $\qquad$ $F(x) = \ldots\ldots\ldots\ldots\ldots$

b) Bilden Sie die Ableitung

$y = 3x + 2$ $\qquad$ $y' = \ldots\ldots\ldots\ldots\ldots$

Suchen Sie die Stammfunktion

$F'(x) = f(x) = 3$ $\qquad$ $F(x) = \ldots\ldots\ldots\ldots\ldots$

-------------------- ▷ 15

33

Der Ausdruck $\displaystyle\int_0^b f(x)dx$ heißt $\ldots\ldots\ldots\ldots\ldots$

0 heißt $\ldots\ldots\ldots\ldots\ldots$
b heißt $\ldots\ldots\ldots\ldots\ldots$
$f(x)$ heißt $\ldots\ldots\ldots\ldots\ldots$
dx ist aus Kapitel 5 bekannt und heißt $\ldots\ldots\ldots\ldots\ldots$
Steht dx in einem Integral, heißt dx: Integrations $\ldots\ldots\ldots\ldots\ldots$

-------------------- ▷ 34

52

Ergebnis: $F'(x) = \dfrac{d}{dx}\displaystyle\int_0^x (3x^2+2)dx = 3x^2+2$

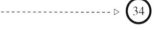

Die Notierung mag ungewohnt sein, deshalb wird sie hier ja geübt. Der Inhalt ist geläufig:
Differenzieren und Integrieren sind *Umkehroperationen* oder *inverse Operationen.* Sie heben sich
auf, wenn sie unmittelbar nacheinander ausgeführt werden.
Beispiel für eine andere inverse mathematische Operation: Quadrieren – Wurzelziehen:

$+\sqrt{a^2} = a$ $\qquad$ Entsprechend ist: $\dfrac{d}{dx}\displaystyle\int_0^x f(x)dx = f(x)$

-------------------- ▷ 53

62

$$v(5) = [a \cdot t]_0^5 \qquad\qquad v(5) = 10\,\frac{m}{sec} = 36\,\frac{km}{h}$$

$$s(5) = \int_0^5 v \cdot dt = \int_0^5 at\,dt = \left[\frac{a}{2}t^2\right]_0^5 \qquad s(5) = 25\,m$$

....

Es sei der *Absolutbetrag* der Flächen gesucht. Hier muss man wieder bei den Grenzen aufpassen.

1. $f(x) = 3\cos x$ a) $\displaystyle\int_0^{\pi/2} f(x)\,dx$ b) $\displaystyle\int_{-\pi/2}^{+\pi/2} f(x)\,dx$ c) $\displaystyle\int_0^{\pi} f(x)\,dx$

2. $f(x) = x - 2$ a) $\displaystyle\int_{-2}^{0} f(x)\,dx$ b) $\displaystyle\int_0^2 f(x)\,dx$ c) $\displaystyle\int_2^4 f(x)\,dx$

- - - - - - - - - - - - - - - ▷ 63

89

1.) $\displaystyle\int \left(4\sin 3x + 2\cos\tfrac{1}{2}x\right)dx = -\tfrac{4}{3}\cos 3x + 4\sin\tfrac{1}{2}x + C$

2.) $\displaystyle\int \sqrt{3x+1}\cdot dx = \tfrac{2}{9}(3x+1)^{\frac{3}{2}} + C$

....

Alles richtig   - - - - - - - - - - - - - - - ▷ 92

Ausführliche Lösung der Aufgaben   - - - - - - - - - - - - - - - ▷ 90

116

$\displaystyle\int_0^1 e^x\,dx = e - 1$ ist richtig

....

Das Integral $\displaystyle\int_1^2 (3x-4)^2$ soll durch folgende Substitution gelöst werden: $t = 3x - 4$

Substituieren Sie   a) den Ausdruck $(3x-4)$ b) dx c) die Integrationsgrenzen.

$$\int_1^2 (3x-4)^2 dx = \int_1^2 t^2 dt \qquad\qquad$$ - - - - - - - - - - - - - - - ▷ 117

$$= \int_1^2 t^2\tfrac{1}{3}dt \qquad\qquad$$ - - - - - - - - - - - - - - - ▷ 118

$$= \int_{-1}^2 t^2\tfrac{1}{3}dt \qquad\qquad$$ - - - - - - - - - - - - - - - ▷ 119

a) $y' = 3x^2$ b) $y' = 3$
$F(x) = x^3 + C$ $F(x) = 3x + C$

Hinweis: Bei der Angabe der Stammfunktion war es wichtig, die additive Konstante nicht zu vergessen.

$\boxed{15}$

....

Können Sie jetzt ohne Hilfe die Stammfunktionen für folgende Funktionen bilden?

a) $f_1(x) = 2x$ $F_1(x) = \ldots\ldots$

b) $f_2(x) = x^2$ $F_2(x) = \ldots\ldots$

Und nun ein Bezeichnungswechsel: Statt f schreiben wir g, statt x schreiben wir t.

c) $g(t) = t + 1$ $G(t) = \ldots\ldots$

- - - - - - - - - - - - - - - - - - - ▷ (16)

$\boxed{34}$

$$\int_0^b f(x)\,dx = \text{bestimmtes Integral}$$

$0 = $ untere Integrationsgrenze
$b = $ obere Integrationsgrenze
$f(x) = $ Integrand
$dx = $ Differential
$dx = $ Integrationsdifferential

Hatten Sie Schwierigkeiten, so üben Sie, die Begriffe den Symbolen zuzuordnen.

- - - - - - - - - - - - - - - - - - - ▷ (35)

$\boxed{53}$

Gegeben sei die Funktion $f(x) = x^4$.

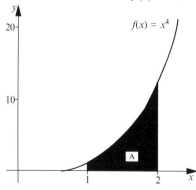

Zu berechnen sei der Inhalt A der schraffierten. Fläche. Wie würden Sie vorgehen?

• Zerlegung des Intervalls in äquidistante Teilpunkte
$x_1 = 1$, x_2, x_3, $\ldots\ldots\ldots\ldots\ldots$, $x_n = 2$
Bestimmung von A als Grenzwert

$$A = \lim_{\Delta x_i} \sum_{i=1}^n f(x_i)\Delta x_i$$ - - - - - - - - - - - - - - - ▷ (54)

• Sie suchen eine Stammfunktion $F(x)$ von $f(x)$.
Danach Berechnung von A gemäß:

$$A = F(2) - F(1)$$ - - - - - - - - - - - - - - ▷ (55)

61

Ein Kraftfahrzeug beschleunige während des Anfahrens gleichmäßig.
Die Beschleunigung betrage $a = 2\,\dfrac{m}{\sec^2}$.
Wie groß ist die Geschwindigkeit des Fahrzeugs nach 5 Sekunden?

$$v = \int_0^5 a\,dt$$

$v(5) = \ldots\ldots\ldots\ldots\ldots$

Wie viele Meter hat das Fahrzeug in diesen 5 Sekunden zurückgelegt?

$$s = \int_0^5 v\,dt \qquad s(5) = \ldots\ldots\ldots\ldots$$

---------------- ▷ 62

88

Sehr schön!

Lösen Sie folgende Aufgaben:

1.) $\displaystyle\int \left(4\sin 3x + 2\cos\tfrac{1}{2}x\right) dx = \ldots\ldots\ldots\ldots\ldots\ldots$

2.) $\displaystyle\int \sqrt{3x+1}\cdot dx = \ldots\ldots\ldots\ldots\ldots\ldots\ldots$

---------------- ▷ 89

115

Falsch, Grenzen sind falsch eingesetzt. Noch einmal probieren.

$$\int_0^1 e^x\,dx = \ldots\ldots\ldots\ldots$$

---------------- ▷ 116

a) $F_1(x) = x^2 + C$ Hinweis: Die Konstante nicht vergessen!

b) $F_2(x) = \dfrac{x^3}{3} + C$

c) $G(t) = \dfrac{t^2}{2} + t + C$

....

Bestimmung der Konstante aus einer Randbedingung:

Gegeben sei: $f(x) = x + 1$ Stammfunktion: $F(x)$ ....

Randbedingung: Die Lösungskurve soll durch den Punkt $P = (0,1)$ gehen. Von den möglichen Lösungskurven – wir nennen sie auch Integralkurven – geht nur eine einzige durch diesen Punkt. Ihre Gleichung heißt:

$F(x) =$ .... $C =$ ....   -------------------------- ▷ (17)

Die schraffierte Fläche unten ist von $f(x)$ begrenzt. Die Flächenfunktion $F(x)$ gebe an, welche Fläche unter der Kurve $f(x)$ zwischen 0 und x liegt. Welche Skizze zeigt die Flächenfunktion

$$A(x) = \int\limits_0^x f(x)\, dx$$

35

-------------------- ▷ (36)

-------------------- ▷ (38)

-------------------- ▷ (39)

-------------------- ▷ (40)

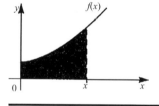

54

Sie haben durchaus recht. Man kann die Fläche A so berechnen.

Aber dieses Verfahren ist sehr unhandlich. Man muss es dann anwenden, wenn sich eine Funktion nicht in geschlossener Form integrieren lässt.

Im Übrigen berechnen Computer die Flächenfunktionen immer auf diese Weise.

Leichter ist es für Sie aber, die Stammfunktion zu $f(x) = x^4$ aufzusuchen und damit die Fläche A zu berechnen.

-------------------- ▷ (55)

| 60 |

a) $\int\limits_{\pi/2}^{0} \sin x\, dx = [-\cos x]_{\frac{\pi}{2}}^{0} = 0 - (-1) = 1$

b) $\int\limits_{\pi}^{0} \sin x\, dx = [-\cos x]_{\pi}^{0} = 1 - (-1) = 2$

Wenn wir den Absolutbetrag der Fläche suchen, so muss die Kurve in zwei Abschnitte aufgeteilt werden.

c) $\int\limits_{0}^{2\pi} \sin x\, dx = \left|\int\limits_{\pi}^{0} \sin x\, dx\right| + \left|\int\limits_{2\pi}^{\pi} \sin x\, dx\right| = |2| + |-2| = 4$

Wichtig ist es, die Grenzen einsetzen zu lernen. Theoretisch ist das nicht schwer, doch muss man es sicher im Griff haben

 61

| 87 |

b) Substitution. Die Berechnung nach der Substitutionsmethode erfolgt in 4 Schritten:

1. Schritt: Wahl einer Hilfsfunktion: $u = 4\pi x$

2. Schritt: a) Substitution der Funktion: $\sin 4\pi x \to \sin u$

   b) Substitution des Differentials dx: $\dfrac{du}{dx} = 4\pi \qquad dx = \dfrac{1}{4\pi} du$

3. Schritt: Integration $\int \sin(4\pi x) dx = \int \sin u\, \frac{1}{4\pi} du = \frac{-1}{4\pi}\cos u + C =$

4. Schritt: Rücksubstitution $\int \sin(4\pi x) dx = \frac{-1}{4\pi}\cos u + C = \frac{-1}{4\pi}\cos(4\pi x) + C$

88

| 114 |

Sie haben sicherlich einen Rechenfehler gemacht. Überprüfen Sie Ihre Rechnung!

Das bestimmte Integral $\int\limits_{1}^{0} e^x\, dx$ berechnet sich mit Hilfe der

Stammfunktion $F(x) = e^x$ wie folgt: $\int\limits_{1}^{0} e^x\, dx = F(1) - F(0)$.

Setzt man ein, erhält man: $F(1) = e^1 = e \qquad F(0) = e^0 = 1$

Folglich gilt: $\int\limits_{1}^{0} e^x\, dx = F(1) - F(0) = e - 1$

116

17

$$F(x) = \frac{x^2}{2} + x + C$$

$$F(x) = \frac{x^2}{2} + x + 1; \qquad C = 1$$

....

Alles verstanden ----------------------▷ 19

Erläuterung erwünscht ----------------------▷ 18

36

Leider falsch!

Die Flächenfunktion $A(x)$ muss mehrere Bedingungen erfüllen:

1. Die Kurve muss durch den Koordinatenursprung gehen, $A(0) = 0$.
   Begründung: Die untere Integrationsgrenze ist 0. Falls die obere Integrationsgrenze x mit der unteren zusammenfällt, ist die Fläche unter der Kurve auf einen Strich zusammengeschrumpft, also von der Größe 0.
2. Außerdem muss die Funktion $A(x)$ monoton steigend sein. Mit wachsendem x wachsen auch die Funktionswerte $A(x)$, die Fläche unterhalb der Kurve $f(x)$ wird umso größer, je weiter die rechte Intervallgrenze x nach rechts wandert.

----------------------▷ 37

55

Richtig, so geht es für uns am leichtesten.

Der Flächeninhalt $\qquad A = \int\limits_{1}^{2} f(x)\,dx$ lässt sich mit Hilfe einer Stammfunktion $F(x)$

von (x) wie folgt berechnen: $A = \int\limits_{1}^{2} f(x)\,dx = F(2) - F(1)$

Suchen Sie nun eine Stammfunktion $F(x)$ zu $f(x) = x^4$ und berechnen Sie A.

Stammfunktion $\quad F(x) = \ldots\ldots\ldots\ldots$

Flächeninhalt $\qquad A = F(2) - F(1) = \ldots\ldots\ldots\ldots$

----------------------▷ 56

59

$$\int_0^2 x\,dx = \left[\frac{x^2}{2} + C\right]_0^2 = 2 - 0 = 2 \qquad\qquad \int_1^2 x\,dx = \left[\frac{x^2}{2} + C\right]_1^2 = 2 - \frac{1}{2} = 1,5$$

Berechnen Sie den *Absolutbetrag* der Fläche unter der Sinusfunktion für verschiedene Intervalle.

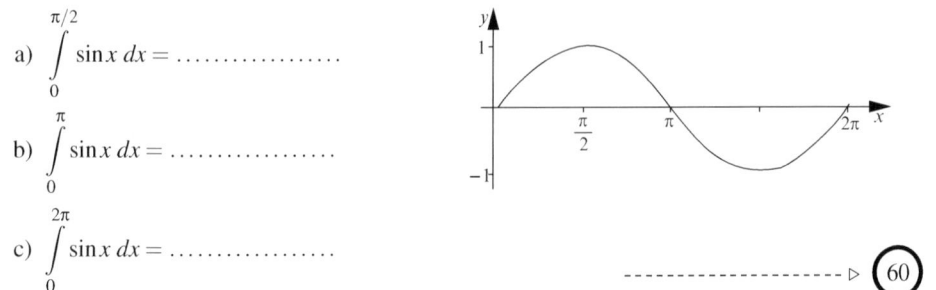

a) $\displaystyle\int_0^{\pi/2} \sin x\,dx = \ldots\ldots\ldots$

b) $\displaystyle\int_0^{\pi} \sin x\,dx = \ldots\ldots\ldots$

c) $\displaystyle\int_0^{2\pi} \sin x\,dx = \ldots\ldots\ldots$

- - - - - - - - - - - - - - - - - - - ▷ 60

86

Für das Berechnen solcher Integrale gibt es zwei verschiedene Lösungswege: Verifizierung – also probieren – oder Substitution.

a) Wir erläutern zunächst die *Verifizierung* an der Aufgabe $\displaystyle\int \sin(4\pi x)dx$

Wir probieren eine Stammfunktion $F(x)$ Ansatz: $F(x) = \cos(4\pi x)$
$$F'(x) = -4\pi\sin(4\pi x)$$

Statt $\sin(4\pi x)$ haben wir erhalten: $-4\pi x\sin(4\pi x)$. Der Unterschied zwischen diesen beiden Funktion besteht im Faktor (-4π).

Neuer Ansatz: $F(x) = \dfrac{1}{-4\pi}\cos(4\pi x)$

$$F'(x) = \frac{-4\pi}{-4\pi}\sin(4\pi x) = \sin(4\pi x)$$

Somit haben wir die Lösung: $\displaystyle\int \sin(4\pi x)dx = F(x) + C = \frac{1}{-4\pi}\cos(4\pi x) + C$

- - - - - - - - - - - - - - - - - ▷ 87

113

Falsch, wir müssen aufpassen.

Der Wert eines bestimmten Integrals $\displaystyle\int_a^b f(x)dx$ mit festen Grenzen a und b kann nur eine Zahl

sein. Dieser Wert ist gleich der Differenz $F(a) - F(b)$: $\displaystyle\int_a^b f(x)dx = F(b) - F(a)$

Sie haben aber die *Funktion* e^x als *Wert* des Integrals angegeben.
Gegeben war die Funktion $f(x) = e^x$ mit der Stammfunktion $F(x) = e^x$.

Um das Integral $\displaystyle\int_a^b e^x\,dx$ zu bestimmen, *müssen Sie die Grenzen einsetzen.*

$\displaystyle\int_0^1 e^x\,dx = F(1) - F(0)$ $F(1) = e^1 = e$ $F(0) = e^0 = 1$ also $\displaystyle\int_0^1 e^x\,dx = e - 1$ - - - - - ▷ 116

Erläuterung zur Bestimmung der Konstanten C aus der Randbedingung. $\boxed{18}$

Gegeben ist die Stammfunktion mit der unbestimmten Konstanten C: $F(x) = \dfrac{x^2}{2} + x + C$

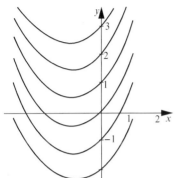

Dies ist eine Parabelschar. Randbedingung: Die Kurve soll durch den Punkt $P = (0,1)$ gehen. Wir können es auch so formulieren:
Für $x = 0$ ist $y = F(0) = 1$

1. Schritt: Zur Bestimmung von C: Wir setzen $x = 0$ und $y = 1$ in die Stammfunktion ein und erhalten: $1 = \dfrac{0^2}{2} + 0 + C$
2. Schritt: Die Gleichung wird nach C aufgelöst. In unserem Fall: $C = 1$.

------------------ ▷ (19)

$\boxed{37}$

Entscheiden Sie nun noch einmal, wie die Flächenfunktion aussehen muss.

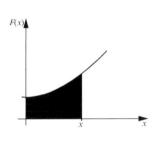

------------------ ▷ (40)

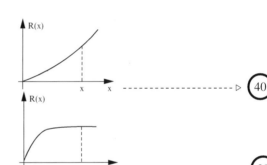

------------------ ▷ (39)

$\boxed{56}$

$$F(x) = \frac{x^5}{5} + C$$
$$A = F(2) - F(1) = \left(\frac{32}{5} + C \right) - \left(\frac{1}{5} + C \right) = \frac{32}{5} - \frac{1}{5} = 6\frac{1}{5}$$

------------------ ▷ (57)

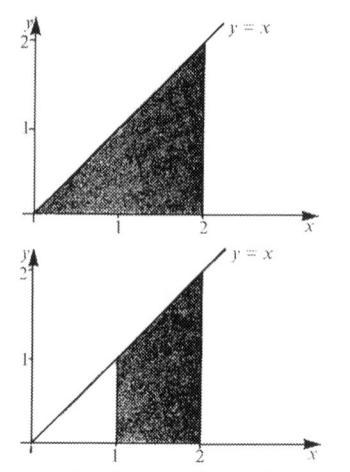

58

Berechnen Sie die Fläche unter der Funktion $y = x$ im Intervall 0–2 und im Intervall 1–2.

$$\int_0^2 x\,dx = \ldots\ldots\ldots$$

$$\int_1^2 x\,dx = \ldots\ldots\ldots$$

- - - - - - - - - - - - - - ▷ 59

85

$$\int \sin(4\pi x)\,dx = \frac{-1}{4\pi}\cos(4\pi x) + C$$

$$\int \cos(ax)\,dx = \frac{1}{a}\sin ax + C$$

$$\int 4\sin(4t)\,dt = -\cos(4t) + C$$

Alles richtig - - - - - - - - - - - - - - ▷ 88

Wünsche Hilfe und Übung - - - - - - - - - - - - - - ▷ 86

$$\frac{a}{16}x^4 + \frac{b}{3}x^3 + cx$$

112

Gegeben sei die Funktion $F(x) = e^x$. Dann gilt: $F'(x) = f(x) = e^x$

Wie groß ist das *bestimmte Integral* $\int_0^1 e^x\,dx = e^x$ - - - - - - - - - - - - - - ▷ 113

$= e$ - - - - - - - - - - - - - - ▷ 114

$= 1$ - - - - - - - - - - - - - - ▷ 115

$= (e - 1)$ - - - - - - - - - - - - - - ▷ 116

19

Gegeben sei die Ableitung $y' = x$.

Die Integralkurve heißt $y(x) = \ldots\ldots\ldots\ldots\ldots$

Randbedingung: Die Integralkurve soll durch den Punkt $P = (1,2)$ gehen. Bestimmen Sie die Integrationskonstante und die Lösung.

$$C = \ldots\ldots\ldots\ldots\ldots$$
$$y(x) = \ldots\ldots\ldots\ldots\ldots$$

BLÄTTERN SIE ZURÜCK   - - - - - - - - - - - - - - - - - - ▷ 20

38

Leider falsch!

Die Flächenfunktion muss durch den Koordinatenanfangspunkt gehen.
Wenn nämlich linke und rechte Integrationsgenze zusammenfallen, ist die Fläche unter der Kurve auf einen Strich zusammengeschrumpft, also von der Größe 0.
Folglich gilt: $A(0) = 0$. Hier aber ist $A(0) = a$.

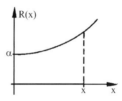

BLÄTTERN SIE ZURÜCK   - - - - - - - - - - - - - - - - - - ▷ 37

57

Beispiele für das bestimmte Integral

In diesem Abschnitt folgen Übungen für die Berechnung bestimmter Integrale, sowie Anwendungen auf Flächenberechnungen und physikalische Probleme.

STUDIEREN SIE im Lehrbuch   6.4.1 Beispiele für das bestimmte Integral
                                 Lehrbuch, Seite 143–145

ZUM NÄCHSTEN PUNKT GELANGEN SIE DURCH UMDREHEN DES BUCHES, BEI DER ELEKTRONISCHEN VERSION ENTFÄLLT DIESER SCHRITT. DANN FINDEN SIE LEHRSCHRITT 58 OBEN AUF DER SEITE 249. DANACH GEHT ES WIE GEWOHNT WEITER.

- - - - - - - - - - - - - - - - - - ▷ 58